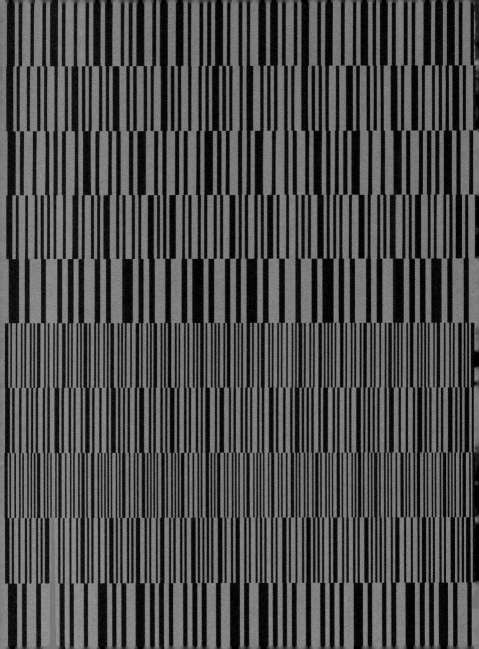

Sciencepedia 1000

サイエンスペディア1000
ポール・パーソンズ=著
古谷美央=訳

PHYSICS
CHEMISTRY
BIOLOGY
EARTH
SPACE
HEALTH AND MEDICINE
SOCIAL SCIENCE
INFORMATION
APPLIED SCIENCE
FUTURE

Discover

物理学 PHYSICS

- 力学_8
- 熱_13
- 物質_18
- 流体_22
- 波_27
- 電気と磁気_30
- 光学_36
- 相対論_39
- 量子論_46
- 量子現象_52
- 素粒子物理学_56
- 原子核物理学_64
- 統一理論_68

化学 CHEMISTRY

- 原子_76
- 化学合成_79
- 分子_86
- 化学変化_91
- 化学分析_97
- 物理化学_102
- 材料化学_105

生物学 BIOLOGY

- 生化学_114
- 細胞生物学_120
- 微生物学_128
- 分子生物学_132
- 生物分類学_139
- 動物学_143
- 植物学_147
- 生態学_154
- 進化_158
- 進化遺伝学_164
- 生命の起源_169
- 生物物理学_174

健康・医学 HEALTH AND MEDICINE

- 人体_306
- 医療_312
- 病理学_317
- 病気と病的状態_321
- 医療処置_325
- 医用画像_331
- 薬_336
- 手術_340
- 移植手術_344
- 近代医学_347
- 遺伝子医学_350
- 補完医療_353

社会科学 SOCIAL SCIENCE

- 言語学_360
- 心理学_364
- 脳機能_367
- 心理現象_370
- 精神疾患_376
- 意識_380
- 社会的趨勢_385
- 人文科学_389
- 経済_391
- 政治_398

情報 INFORMATION

- 科学的方法_404
- 純粋数学_409
- 応用数学_413
- 情報_418
- 計算_422
- データ_430
- オンライン技術_434
- ウェブ_439
- 人工知能_444

地球科学_180
地質年代_185
地形_188
地下構造_195
海洋_199
テクトニクス_204
自然災害_208
地球大気_216
気象学_221
地質学_225
気候学_230
地球の不思議_235

地球 EARTH

夜空_242
天文学_246
太陽系_251
惑星_260
恒星_267
銀河_274
初期の宇宙_281
宇宙論_289
宇宙旅行_294
宇宙生命_298

宇宙科学 SPACE

006
074
112
178
240
304

工学_452
材料科学_456
エネルギー産生_461
エネルギー貯蔵_466
通信技術_469
軍事技術_475
遺伝子改変_481
食糧_486
法医学_491
考古学_496
歴史的発明_502

応用科学 APPLIED SCIENCE

未来の物理学_510
未来の化学_512
未来の生物学_513
未来の地球_517
未来の宇宙科学_520
未来の健康・医学_523
未来の社会科学_526
未来の情報_528
未来の応用科学_531

未来 FUTURE

358
402
450
508

まえがき_004
索引_536

まえがき

科学とは、世の中がどうしてこういうふうなのかという根源的な問いかけをすることである。歴史を通して、世界中の偉大な科学者たちがその答えを導いてきた。宇宙が137億年前にビッグバンとよばれる超高温の火の玉の爆発から生まれたことを我々が知っているのは科学のおかげだ。地球上のすべての生き物が自身の体を作り上げる設計図をDNAという分子に刻み込んでいること、そして親から子へと特徴や性質を伝えるための乗り物としてDNAが使われていることを知っているのも、科学のおかげだ。我々の惑星がかつて巨大な爬虫類に支配されていたこと、6500万年前のある日巨大な彗星か小惑星が地球に衝突したために彼らが滅亡したことを知っているのも科学のおかげだ。そして、今や10年前の大学にあった最速のスパコンよりも高性能のパソコンを家で使えるのも、科学のおかげだ。

科学は人類の知的努力のもっとも大きな部分をカバーしているのではないだろうか。この本のタイトルの横に1000という大きな番号がついているのも致し方ないことだ。それでもなお、過去5000年間ほどの科学の発展を1000個の一口サイズの項目にまとめてみると、恐ろしく小さく感じられる。およそ5年おきに1項目というペースであり、暗黒時代ならそれでもかまわないかもしれないが、ドリー（世界初のクローン動物）が生まれ、（隕石のなかの化石化した虫らしきものという形で）火星に生命の徴候が見つかり、チェスコンピューターのディープブルーが当時のチェス世界チャンピオンのガルリ・カスパロフを初めて破った1996年を語り尽くすには少々詰め込む必要があった。

もし本書を時系列に沿って書き進めていっていたら、ルネッサンス時代の途中でスペースが尽きていたことだろう。そうならないよう、分野ごとに項目をまとめることとした。近代科学を、物理学、化学、生物学、地球、宇宙科学、健康・医学、社会科学、情報、応用科学、未来という10の章に分割したのだ。各章をさらに主な領域ごとに節に分割し、各領域について12個ほどの項目を割り振った。

そのようなわけで、物理学の章には熱や相対論や量子論といった節がある。そして量子論という節には、シュレディンガーの猫や不確定性原理、コペンハーゲン解釈といった項目が含まれている。

本書の狙いは、科学辞典のような広範さと、ポピュラーサイエンスの文体によるとっかかりやすさやちょっとしたおもしろさとを融合することにあった。これを指針として、油断すれば『サイエンスペディア100000』となっていたかもしれないものを今の形にまとめていった。その過程で難解すぎたり不可思議すぎたりするトピック、興味をもってもらえなさそうなトピックは除外した。そうしてここに残されたものは濃縮され、蒸留され、浄化された、読みやすさと網羅性との絶妙なバランスが取れているトピックばかりだと信じている。

すべての項目は平易で簡潔な言葉で書かれている。項目内で完結しているものがほとんどだが、そうでないものについては理解を助け、さらなる情報を与えてくれる他の項目や節を参照するよう促している。どのページを見ればいいのかよく分からない場合は、巻末に全体をまとめた索引があるのでそこを利用してほしい。ひとつひとつの節は、そのなかでできる限り連続的に読めるように書いたので、たとえばあなたが量子論の全体像を理解したいと思ったならば、物理学の章の量子論の節を最初から最後まで通して読むことで、1つのエッセイのように読み進めることができるはずだ。

大きな大きなテーマに取り組んだ大きな本、それが本書だ。ぜひ楽しみながら読んでほしい。

ポール・パーソンズ

PHYSICS
物理学

物理学は科学の基本である。世界を構成するクォークから素粒子、ビッグバン直後に作られ宇宙に充満し、今日も宇宙のなかで人知れず動き回っているかもしれない質量とエネルギーの不可思議な形態にいたるまで、物質とエネルギーの振る舞いをもっとも基本的なレベルで司っているのが物理学だ。

　物理学は歴史的には、力学（力の働いている物体の運動科学）や熱、光、音、電気、磁気といった領域に分けられてきた。しかし、20世紀に量子論（小さな粒子の振る舞いに関する新たなアプローチ）と相対性理論（光速に近い速度で動く物体の振る舞いに関する同じく新たなアプローチ）が発見され、物理法則に対する理解に革命がもたらされた。これらの分野を組み合わせることで「場の量子論」が導かれ、高速で動きながら自然界の基本的な力を運ぶ素粒子に対する見方が劇変したのである。

　場の量子論は、「自然の力はすべて、同一の根源的な存在をさまざまな側面から見たものに過ぎない」と考える新たな統一性を物理学にもたらしつつある。科学者はここから物理学が追い求める至高の目標、すなわちあらゆるものを網羅する「万物の理論」が導かれるのではないかと期待している。

Mechanics

力学

001 速度と加速度 SPEED AND ACCELERATION

　速度というのは、**進んだ距離をかかった時間で割ったもの**である。そのため、たとえばキロメートル毎時（km/h）やメートル毎秒（m/s）のように単位時間当たりの移動距離として表される。

　速度の変化率が加速度であり、単位時間当たりの速度変化として与えられる。たとえば、短距離走の選手が静止した状態から10m/sで走るまでに5秒かかるとすると、平均加速度は毎秒2mであり、2m/s^{2}と書く。

002 慣性と運動量 INERTIA AND MOMENTUM

　慣性というのは物体が**動きに対して抵抗**することで、物体の質量として表れてくる。物体の**慣性質量**が大きいほど動かすことが難しくなる。たとえば、ショッピングカートを押すのは簡単だがトラックを押すとなると大変な苦闘を強いられることになる。運動量は**速度と質量のかけ算**で与えられ、運動する物体のもつ勢いの尺度となる。それゆえ、速度が同じだとしても、ショッピングカートにぶつかるよりもトラックにぶつかる方が怪我の程度はずっと重くなる。

003 ニュートンの法則 NEWTON'S LAWS OF MOTION

　17世紀の物理学者**アイザック・ニュートン卿**は、運動する物体の振る舞いを要約する3つの法則を考え出した。1番目の法則は**慣性**について触れたもので、「外力のない状態では物体は静止し続けるか等速直線運動を続けるか」だという。

　ところで、ニュートンは「外力」という言葉にどのような意味を与えていたのだろうか？　彼は、第2法則でそれを明らかにしている。曰く、物体に働く「外力」は、**質量と加速度のかけ算**で与えられる。具体的な数字を入れてみると、10トントラックを加速するには、15kgのショッピングカートを同じだけ加速するより多くの力が必要だということが分かるだろう。ちなみに、力は**運動量の変化率**でもあり、ニュートン卿にちなんでニュートンという単位が与えられている。

　ニュートンの第3法則は、すべての作用（すなわちすべての力）に対して等しい反作用（押し戻す力）が起きるというもので、ロケットが飛べるのもこの理由による。ロケットが下向きに高熱ガスを噴出すること

で（作用）、ロケットを上向きに押し出す力が生じるのだ（反作用）。

004 保存則 CONSERVATION LAWS

物理学で重要な概念は**保存量**、すなわち物理系の状態が変化しても変わらない量である。**運動量**はその好例で、ある出来事の前の総運動量は出来事の後の総運動量と等しくなければならない。保存則から系の振る舞いを予測することができる。2つのビリヤード球の衝突を考えよう。そして、一方の球がもう一方の球にぶつかった後、完全に停止するとしよう。**運動量保存則**が意味するところは、最初の球が衝突前にもっていたのとまったく同じ運動量を2番目の球が帯びて動き出すということだ。もし2つの球の質量が等しければ、2つ目の球は1つ目の球のもともとの速度と同じ速度で飛び出すことになる。

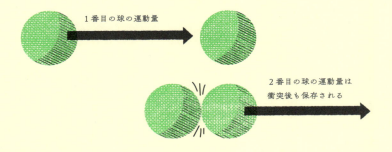

005 仕事とエネルギー WORK AND ENERGY

仕事とエネルギーは科学の基本である。科学者が定義する仕事とは、**物体に加えられる力にその物体が移動した距離をかけたもの**だ。一方、系の**エネルギー**というのは**仕事をする能力**のことである。たとえば、トラックのエンジンは燃料に蓄えられた化学エネルギーを解放し、このエネルギーを使ってトラックを動かすという仕事をする。エネルギーと仕事はどちらも**ジュール**（J）（19世紀の物理学者ジェームス・ジュールにちなむ）で計測される。大雑把に言うと、100gの物体を1m持ち上げるのに必要なエネルギーが1Jだ。

運動量と同じく、エネルギーは保存則に従う。そのため、エネルギーは作りだすことも、損なうこともできない。

動いているトラックは燃料の化学エネルギーに由来する運動エネルギーを保持している。トラックが止まるときは、ブレーキによって運動エネルギーが熱エネルギーという別の形に変換される。

エネルギーには音、重力、電気、磁気、原子力といったさまざまな形がある。

006 摩擦 FRICTION

理想的な世界では、物理系に含まれるすべてのエネルギーが役に立つ仕事に使われる。しかし現実世界ではそうはいかない。摩擦とは、**物体の運動を遅くしようとする抵抗力**である。2つの面が擦れ合うとき、表面の**顕微鏡レベルの微細なこぶや突起**が擦れることで摩擦力が生じる。

摩擦はあらゆるところに存在し、最高のベアリングと潤滑剤をもってしても、車のエンジン内の可動部品間、ギア伝達機構、車軸等々に摩擦力が生じてしまう。そして、摩擦力を克服するために余分なエネルギーを消費する羽目になる。

ただし、摩擦はいつも悪者というわけではない。車のタイヤを道路にとどめるグリップを生むし、我々が手で物を持ち上げることができるのも摩擦力のおかげだ。もし摩擦がなかったとしたら、物体は指の間で滑るだけだろう。ちなみに、寒い日に手をこすり合わせることで温もりが得られるのも摩擦の賜物だ。

007 動力学と運動学 DYNAMICS AND KINEMATICS

運動を記述する数学、すなわち力の概念を除外した任意の時間の物体の位置、速度、加速度の方程式は「運動学」として知られる。運動をもたらす**力の影響を含める**場合、正式には「動力学」という。運動学と動力学は**古典力学**（運動する物体の物理学）の2本柱である。

008 最小作用の原理 PRINCIPLE OF LEAST ACTION

力学のもっとも強力な定式化は、おそらく最小作用の原理に基づいたものである。その要点は、「**物理系は可能な限りもっとも効率的な経路を通って時間変化する**」というものだ。ボールが上り坂を上へと転がっていき、そこらを一回りして頂上に到達してからようやく

戻って下りてくるなどということはなく、まっすぐに転がり下りてくる。

この原理を利用するためには、まず系のなかのあらゆるエネルギーを評価する数式を組み立てることになる。作用とよばれるこの式から、系がたどる経路によって異なる値が得られる。その数値が、経路がどの程度非効率的であるかを示す尺度となるのである。最後に、作用の値が最小になる経路を選びだし、その運動を記述する**運動方程式**を導く。

最小作用の原理は**理論物理学**の複雑な領域（相対論や量子理論など）での動力学を扱いやすくするためにも使われる。

009 回転体力学 ROTATIONAL DYNAMICS

直線運動する物体と同様、回転体の動きも法則に支配されている。ここでは速度が角速度（1秒間に動く角度）に、運動量が**角運動量**に置き換えられる。

通常の運動量と同じく、角運動量は角速度と共に増加し、保存則に従う。ただし、角運動量は回転体の大きさと共に増加する。そのため、もし回転体が突然収縮すると、角運動量の保存のため回転が速くならなければならない。**アイススケーター**はまさにこの効果を利用していて、腕や足を体にきつく引き寄せることでスピンの回転を速めている。回転いすを使えば、誰もがこれを体感できる。

010 向心力 CENTRIPETAL FORCE

人々はよく**遠心力**という言葉を口にする。しかし科学者は「向心力」の方を好む。頭上でおもりのついた紐を回転させているところを想像してほしい。遠心力は紐を引きちぎっておもりを直線的に飛び出させようとする**外向きの力**のことだ。一方、おもりを**円運動**させる力（この場合は紐の**張力**）も働いていて、おもりが飛び出さないようにとどめている。これこそが向心力である。とはいえ、遠心力は確かに存在するのだと、遊園地

の乗り物に乗ったことがある人なら誰でも言いたくなるだろう。けれどもそれは、より根源的な向心力に対する（ニュートンの運動法則における）**反作用**と考えるのが適切なのだ。

011 ニュートン重力 NEWTONIAN GRAVITY

1687年、**アイザック・ニュートン**が重力に関する数学的理論を発表した。その**万有引力の法則**によれば、2つの物体間の重力は両方の質量に正比例して増加し、それらの間の距離の二乗に応じて減少し、さらにそれに**重力定数G**を乗じたものとなる。

ニュートンの理論はただ1つの公式でリンゴの落下から遙か彼方の惑星や月の運動といった現象まで正確に記述できる。まさに17世紀の科学の金字塔であった。ニュートンの法則は今日でも、**弱い重力場**を扱うときには依然として優れた近似式だ。ただし、**強い重力場**を扱う場面では、アインシュタインの一般相対性理論が必要となる。

012 等価原理 EQUIVALENCE PRINCIPLE

重力理論における等価原理とは、重力下で**異なる質量の物体が同じ速さで落下**することを意味する。17世紀の科学者ガリレオがピサの斜塔の最上部から異なる重さのボールを落としてこれを証明したという逸話がある。また、月面の宇宙飛行士がハンマーと羽を同時に落とす実験を行ったところ、空気抵抗がないことからその2つは同時に月面に落ちた。その後研究室内の制御された実験系において、1兆分の1の正確さで等価原理が示された。

ニュートン重力は等価原理と表面的には一致するのだが、等価原理を柱とした重力理論はアインシュタインの**一般相対性理論**の方だった。

013 ケプラーの法則 KEPLER'S LAWS

ドイツの数学者であり天文学者でもある**ヨハネス・ケプラー**には、太陽系を回る惑星の運動を司る法則の発見という功績がある。1605年、ケプラーは3つの法則を提案した。第1の法則は、あらゆる惑星の軌道が太陽を1つの焦点にもつ**楕円型**になっているというものだ。第2の法則は惑星と太陽を結ぶ線が単位時間に描く**面

積が一定であるというもので、第3の法則は惑星の公転周期（太陽を完全に1周するのにかかる時間）の二乗は楕円軌道の**長径の三乗に比例**するというものだ。

　驚くべきことにケプラーは、これらの法則が重力に基づいたものであるにもかかわらず、ニュートン重力が公式化される前にこれらを発見していた。これは、ケプラーがデンマークの天文学者**ティコ・ブラーエ**のもとで働いていたことによるものだ。ブラーエは惑星の位置を正確に観測することで有名で、ケプラーが方程式を仕上げるのにもその観測結果を使っていたという。

Heat

014 温度と圧力　TEMPERATURE AND PRESSURE　熱

　熱力学は、熱を介してエネルギーがどのように運搬・操作され、有益な仕事を行うかを研究する物理学の一分野である。鍵となる性質の1つは**温度**であり、熱エネルギーは高温の部分から低温の部分へと流れ込む。アイザック・ニュートンの**冷却の法則**によれば、エネルギーの流量は2つの部分の温度差に比例する。つまり、熱いコーヒーはなまぬるいコーヒーより速く熱を失うことになる。

　もう1つの重要な変数は**圧力**である。容器内で加熱された気体は容器壁を押す力をもつが、その力は容器の大きさに依存する。力の総量を容器壁の面積で割ったものが圧力でニュートン/m^2という単位が使われる。これは、17世紀のフランスの数学者**ブレーズ・パスカル**にちなんで**パスカル**とよばれることもある。

015 気体分子運動論　KINETIC THEORY

　気体分子運動論とは物質、特に**気体の巨視的な熱的性質**を、それを構成する個々の粒子（通常は原子や分子）の運動という形で記述する手段である。気体中のすべての粒子は勢いよくランダムに動きまわっている。気体分子運動論の中心となる考え方は、**気体の熱エネルギーと渦巻く全粒子の運動エネルギーの総計とを等しくすること**である。気体が熱くなるほど構成粒子の運動速度は平均的に上昇し、互いに激しくぶつかり合うようになるので、容器壁の温度と

圧力が上昇する。気体分子運動論の数値予測は実験結果と正確に合致する。気体分子運動論はまた、粒子の運動エネルギーがゼロになる**最低温度**の存在を導き出す。それは–273℃で、どんなものもこれより冷たくすることはできない。

気体分子運動論の基礎は1738年にスイス人数学者**ダニエル・ベルヌーイ**によって構築され、18、19世紀を通してさらに発展した。科学者はその後さらに強力な理論である統計力学へと進んでいった。

016 熱膨張 THERMAL EXPANSION

一般的に、**物質は熱せられると体積が増加**する。物質のこの性質は**熱膨張**として知られている。**気体分子運動論**はそれが起こる理由について、物質が加熱されると、構成粒子間の衝突が冷えているときよりも激しくなるからだとする。衝突による反動が大きくなり、粒子間の平均距離を増加させるために物質が膨張するのだ。

熱膨張は数学的に予測可能で、幅広い温度範囲で作動させなければならない構造体を設計するエンジニアにとって特に役立つ。たとえば、橋を作るときに**スベリ形伸縮可撓管継手**などを組み込むのは、冬深い極寒の時期や灼熱の真夏日にもひび割れたりねじれたりしないようにするためだ。

017 伝導と対流 CONDUCTION AND CONVECTION

熱エネルギーは、熱い領域から冷たい領域へ移動するときに**伝導**、**対流**、**熱放射**という3つの手段をとることができる。伝導は物質内部の熱く動きが速い粒子が低温の粒子と衝突するときに起こる。衝突で運動エネルギーが冷たい方の粒子へ移動することでその粒子が暖められ、物質を介した熱の拡散が起こるのだ。一方対流は、液体と気体のみで起こる。高温の気体のなかでは、熱膨張により気体の密度が下がり浮力が増す（**アルキメデスの原理**による）ので、気体は上昇する。熱気球が飛行できるのもこの理由だ。そして冷

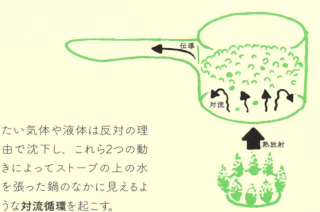

たい気体や液体は反対の理由で沈下し、これら2つの動きによってストーブの上の水を張った鍋のなかに見えるような**対流循環**を起こす。

018 ブラウン運動 BROWNIAN MOTION

気体または液体中に拡散している粒子は、**ブラウン運動**とよばれる動きをする。1827年に物理学者**ロバート・ブラウン**が発見したことからこの名がついた。ブラウンがもともと観察していたのは、花粉粒がもつ**液胞**という構造のなかに存在する小さい粒子だった。彼は顕微鏡下で、まるで目に見えない力に打たれるがごとく粒子があちこちに揺れ動くのを見た。後に彼は塵の微粒子の運動を調べ、同じ現象を確認した。

1905年、**アルバート・アインシュタイン**はブラウン運動は**気体分子運動論**に従って動く空気中の原子や分子から粒子が不規則に衝突されることで生じると説明した。さらにアインシュタインは、粒子が1回のキックでどれくらい動くかを計算し、その予測結果と観測結果が一致することを確かめた。ブラウンの発見とアインシュタイ

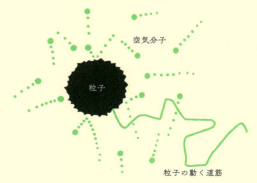

ンの説明は**原子が存在すること**を示す初期の証拠の1つとなった。

019 熱力学的平衡 THERMODYNAMIC EQUILIBRIUM

ある系について、温度などの**状態量が時間に対して不変**になる、すなわち系が**熱的に時間変化**しなくなったとき、その系は**熱力学的平衡**に達したという。簡単な例は暖かい部屋に置かれたバケツの氷だ。氷が溶けるに従い部屋から熱を吸収していき、バケツの温度は上昇、部屋の温度は低下し続け、ついには2つの温度が同じ値になる。これが熱力学的平衡である。

020 エントロピー ENTROPY

エントロピーとは、熱力学の分野で、系のなかにあるエネルギーのうち有益な仕事に利用できる量を測るために使われる量である。エントロピーが高いほど、系の仕事をする能力は低下する。系が**熱力学的平衡状態**にないときのみ仕事をすることができるので、熱力学的平衡状態は**高エントロピー状態**だということになる。熱源とピストンで構成され、内部に冷却ガスをもつ系を想像してみよう。熱は熱源からピストンへと流れ、冷却ガスを膨張させ、ピストンアームを動かすことで仕事をする。しかし系が平衡状態にあれば、熱は流れることができず、仕事をすることもできない。エントロピーはまた、系の**不規則性の程度**を示すものだと考えることもできる。すべてのものがきちんと積み重ねられ、きれいに片づいた机は低エントロピーの状態であり、そこら中に物が散らばっている乱雑な机は高エントロピー状態にある。

021 熱力学法則 LAWS OF THERMODYNAMICS

動力学と運動学が機械系を司る数学法則を与えるように、熱力系にもその振る舞いを司る4つの鍵となる法則がある。第0法則（他の3つの後に公式化されたが、より根源的であると考えられこの名がついた）はA、B、Cという3つの熱系があるとして、AとB、BとCが共に熱力学的平衡状態にあるならば、AとCもまた**平衡状態**にあるというものだ。第1法則は**エネルギー保存則**で、系全体の熱力学エネルギーの変化は投入された熱エネルギーから系が行った仕事を引いたものに等しいというものだ。第2法則は、**エントロピーは常に増加**しな

ければならない、言い換えると熱力学系は必然的に平衡状態へと進み、有益な仕事をする能力は減少する、というものだ。そして第3法則は、気体分子運動論によって定義される-273℃の**絶対零度でエントロピーが最小**となるというものである。第2法則と第3法則を組み合わせると、エントロピーは温度と共に増加することが分かる。

022 統計力学 STATISTICAL MECHANICS

気体分子運動論の発展形である**統計力学**は、物質を構成する個々の粒子の性質から、数理統計学の高度な法則を応用して物質の巨視的、あるいは「ひとまとめ」にした熱力学的性質に関する結論を引き出す。

大きな粒子からなる系は古典的な気体分子運動論から導かれる**マクスウェル-ボルツマン統計**に従う。小さな粒子は量子論の範疇となり、研究対象の粒子の量子スピンに応じて、**ボース・アインシュタイン統計**か**フェルミ・ディラック統計**に従う。物理学者が白色矮星という死んだ星の内部構造を解明したり、熱い物質が放つ熱放射の振る舞いを正確に記述したりする際に使われている。

023 熱放射 THERMAL RADIATION

たき火のそばに立つと、赤々と燃える薪が熱を放射していることを感じることができる。実際、絶対零度より高い温度をもつ**すべてのものが熱放射**する。統計力学を使った計算により、熱源から電磁スペクトルの周波数ごとにどれくらいのエネルギーが発せられるかを予測できる。理論的にはグラフは上に凸の曲線となり、放射体の温度が増加するにつれてピークの波長が短くなる。

暖炉で数百度にも熱せられた火かき棒は赤やオレンジといった可視光を放ちながら輝く。身のまわりの物はだいたいが**赤外線領域にピーク**をもつ放射をする。兵士が夜間に赤外線ゴーグルを使うのはそのためだ。熱放射と伝導や対流との違いは、熱放射は真空中を進むことができるというところである。太陽からの熱が宇宙を通って地球に届けられるのはそのためだ。

024 熱容量 HEAT CAPACITY

物質に熱を加えると暖かくなる。これを科学的にいうならば、その物質の温度が上昇する。ただし、温度を1℃上昇させるために必要な熱エネルギー量は物質ごとに異なっている。構造が複雑な分子では、吸収されたエネルギーのすべてが運動に変換されるわけではなく、分子を構成する内部結合を振動させたりするのに使われる。**熱容量**とは、物質に吸収された熱エネルギーのうち、物質内部で**運動エネルギーに変換される量**を定量化したものである。それは結果的に物質の温度を上昇させる。単位はジュール/温度となる。

Matter

物質 025 固体・液体・気体 SOLIDS, LIQUIDS AND GASES

物質は主に**固体、液体、気体**という3つの状態で存在することが可能で、通常温度の上昇に伴いこの並びで変化していく。水は0℃未満で固体(氷)、0℃〜100℃で液体、100℃を超えると気体(蒸気)となる。これは、温度(つまり気体分子運動論でいう物質粒子の活発な運動)が原子間や分子間の**結合を壊す**ことで起きる。

固体はもっとも秩序立った状態で、構成粒子は組織化された格子にしっかりと固定されている。気体はその対極の状態で、原子や分子はまったく組織化されておらず、常に容器内に充満するべく膨張し続ける。液体はこれら2つの状態の中間くらいで、固体の堅固な構造は失われているが、ある程度の秩序を維持できる程度の粒子間力が存在し、それが原子群や分子群をまとめている。

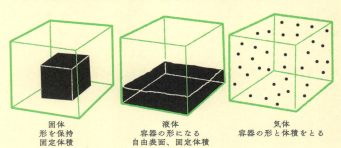

固体
形を保持
固定体積

液体
容器の形になる
自由表面、固定体積

気体
容器の形と体積をとる

026 密度 DENSITY

密度は物質の質量を体積で割ったもので、通常はkg/m³で表されるが、他にも表現方法がある。**比重**とよばれる方法では、物質の密度を水の密度（1000kg/m³）と比較する。比重は、物質の密度を水の密度で割ることで得られる。よって、1055kg/m³の液体の比重は1.055となる。醸造家は比重を用いて飲料のなかの砂糖が発酵後にどれだけアルコールに変わったかを評価し、また地質学者は試料の密度を決定するために比重を使う。密度はkg/Lで測られることもある。水は1m³当たり1000Lなので、水の密度は1kg/Lとなる。

027 フックの法則 HOOKE'S LAW

弾性とは固体の性質で、外力を受けたとき伸張し、力が取り除かれるともとの形に戻る能力のことだ。イギリスの物理学者ロバート・フックは1678年、弾性のある材料の伸びる量が、加えられた力（力に**ある数**をかけたもの）に**比例**することを示した。ある数とは物質ごとに固有の値であり、どの程度伸縮性があるかを定量化するものだ。

ただし、フックの法則は**比例限界**として知られる点までしか有効ではない。この点を超えて物質を伸ばそうとすると、加える力の増加量以上に物質が伸びる。しかし依然として力が取り除かれた後にもとの形に戻ろうとする弾性は備えている。ただしこれも**弾性限界**に達するまでのことだ。その後は、加えられるどんな力も**永久変形**を引き起こす。さらに力を加えれば、やがて物質は壊れてしまう。

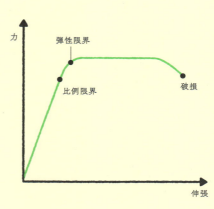

028 潜熱 LATENT HEAT

物質が温度の上昇によって無秩序な状態に変わる（たとえば固体が溶けて液体になるように）ときには、冷えた秩序立った状態を維持しようとする引力に打ち勝つために周囲からエネルギーを吸収しなければならない。このエネルギーは**潜熱**として知られている。95℃の水を100℃の蒸気にするには、水を5℃熱するのに必要なエネルギーと、100℃の液体を100℃の蒸気へと変換するために必要とされる潜熱分のエネルギーが加えられなければならない。各々の物質は、固有の**蒸発熱**（液体を気体に沸騰させるのに必要なエネルギー）と**融解熱**（固体を液体に溶かすのに必要なエネルギー）をもつ。蒸発熱は通常、融解熱よりもずっと大きい。

029 相転移 PHASE TRANSITIONS

物質がその物理的性質を変えるプロセスを**相転移**という。固体、液体、気体と状態が変化するのがその一例だ。相転移は物質が固体から液体に、液体から気体に、固体から直接気体（**昇華**とよばれる過程だ）へと飛び移るまさにその瞬間に起こる。それだけではなく、初期宇宙における自発的対称性の破れや、普通の金属が**超電導体に変化**（「超電導」を参照）するような形の相転移もある。

相転移は2つの型、**1次相転移**と**2次相転移**に分類される。1次相転移は新しい相が点々と形成され、ときに激しく拡大・衝突していくことで起こる。液体の蒸発のように潜熱が関わる相転移がこれだ。2次相転移はそれよりはずっとなだらかなプロセスで、前の相から新しい相へと徐々に変化していく。

030 状態方程式 EQUATION OF STATE

物質は、圧力、体積、温度を関連付ける数式である**状態方程式**によって記述することができる。もっとも単純な状態方程式は、**理想気体**という、気体に含まれる粒子の体積が0で、互いに力を及ぼさない気体がどのように働くかを記述したものだ。これは初歩的な計算には役立つが、現実の気体を扱うにはより正確な公式が必要となる。そのような式の1つが、分子サイズとそれらの間に作用する力を考慮した**ファン・デル・ワールスの方程式**（「分子間力」を参照）だ。

天体物理学者は惑星の大気から星の内部構造、初期宇宙の振る舞いまであらゆるものごとをモデル化するために状態方程式を使う。

031 三重点 TRIPLE POINT

物質が固体、液体、気体という3つの状態で併存できる**熱力学的平衡状態**の温度と圧力が**三重点**である。水の三重点は温度が0.01℃、圧力が611.73パスカル（地表の標準的な気圧の0.006倍）のポイントに存在する。ただし、これらの数値は物質ごとに異なる。

三重点以下の圧力では、物質は液体の状態で存在できない。そのような圧力下で固体を熱すると、**昇華**という相転移が起こり直接気体に変わる。三重点は温度計を較正するときの標準点として利用されている。

032 プラズマ物理学 PLASMA PHYSICS

固体、液体、気体に加えて、**プラズマ**とよばれる第4の状態が存在する。プラズマは何千度にも達する高温の気体で、原子や分子がバラバラになった状態だ。

バラバラになる過程はイオン化と呼ばれ、正に帯電した原子（イオン）と負に帯電した電子の海が作られる。

プラズマは核融合炉の設計（「核分裂と核融合」を参照）や、天文物理学の分野で星間空間にある星や星雲内で出現する。他にも、試験的な宇宙船の動力機構の基礎をなすなど重要な役割を演じてもいる。

もっと身近なところにもプラズマは存在する。落雷で瞬間的に作られるし、プラズマテレビでは人工的に作られたプラズマが蛍光体を熱し、画面を光らせる。

プラズマが冷却されると**再結合**とよばれるイオン化の逆の過程が起こる。原子核と電子の間の結合を壊すときにはエネルギーが必要で、再結合の際はこれと同じだけのエネルギーが光として解放される。

流体 *Fluids*

033 表面張力 SURFACE TENSION

流体は、あたかも弾力のある被膜に覆われているかのように振る舞う。これは**表面張力**によるもので、液体のしずくを球形にする要因でもある。表面張力は液体の分子間に生じる引き合う力に起因する。液体の内部にある分子は他の分子に囲まれているためすべての方向に等しい力で引っ張られ、結果として平衡状態にある。しかし表層にある液体分子には下側から引っ張る力しか働かないため、ここに液体をできるだけ小さい体積に詰め込もうとする内向きの力が生じる。液滴が球状になるのはこういう仕組みだ。

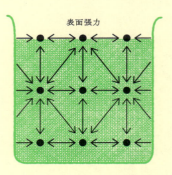
表面張力

水の表面張力は、小さな物体が沈まないよう支えるには十分な強さである。アメンボなどの昆虫は表面張力を利用して池や湖の水面を歩行する。

034 毛細管現象 CAPILLARY RISE

細い管のなかで液体が引き上げられる**毛細管現象**は**表面張力**の賜物だ。管壁にある分子間の引力は、液体の表面を引っ張って湾曲させ、**メニスカス**という形を生む。メニスカスは容器内にある異なる流体間のあらゆる境界で生じるもので、容器壁との間で生じる引力がもっとも小さい流体の方へメニスカスの端は曲がる。水と空気の場合、空気は水に比べてガラス管壁から受ける引力が少ないので、メニスカスの端は上方（空気側）へ湾曲する。表面張力はこのようにしてメニスカスの端で水を引っ張り上げるのである。

表面張力が大きい低密度の液体がもっとも高く管を上昇し、管の直径が細くなるにつれその高さはさらに上がる。毛細管現象は地中から水を吸い上げる植物の力や、ティッシュペーパーの吸水性のような、多くの日常的な現象に寄与している。

035 アルキメデスの原理
ARCHIMEDES' PRINCIPLE

コルクから船にいたるまで、浮かぶものはすべて平均密度が水（またはそれが浮いている液体）より小さいため浮かぶことができる。科学用語ではこれを**浮力**という。これに根拠を与える理屈が、紀元前3世紀に生きたギリシア・シラクサ出身の科学者アルキメデスが唱えた**アルキメデスの原理**だ。それは、水中に置かれた物体はそれが押しのけた水の重さと等しい上向きの力を受ける、というものである。重いものほどより多くの液体を押しのけながら水中に深く入っていき、水が物体を持ち上げようとする力が物体の重さと等しくなるまで水を押しのけ続ける。持ち上げる力が物体の重さに及ばなければ、物体は**沈む**。

現代の船は水よりも重い金属でできているが、金属でできた船体と内部の空間を合わせた船の**平均密度**はずっと小さく、それゆえ水に浮くことができる。**潜水艦**は、浮力を調節するために計算された量の水を搭載している。

036 粘性 VISCOSITY

コーヒーをかき混ぜてみよう。次に、シロップを加えてかき混ぜてみよう。液体の動き方が違ってこないだろうか。これは**粘性**という性質によるものである。粘性というのは大まかに言って液体の「粘り気」と捉えることができるのだが、科学者はより厳密な定義を好む。間に流体を挟んで、一定の距離だけ離れた2枚の板を想像してほしい。粘性とは、この2枚の板を互いに逆方向にずらそうとするときに液体から生じる**抵抗力**のことだ。

この点で粘性は、一種の**流体摩擦**と考えられる。これこそが、車や空を飛ぶ飛行機や海上の船の動きを遅くする流体力学の力のもとである。粘性は**温度に依存**する。ほとんどの流体は熱せられるにつれ粘り気が減り、流れやすくなる。たとえば、10℃の水は100℃の水の4倍以上の粘性をもっている。

037 ニュートン流体 NEWTONIAN FLUIDS

流速にかかわらず粘性が一定の液体は**ニュートン流体**とよばれ

る。水やすべての既知の気体、エンジンオイルのようなさまざまな工業用潤滑油などがそうだ。非ニュートン流体でもっとも一般的なものは**チキソトロピー性流体**とよばれるもので、速度が増加するにつれ粘性が減少する。トマト・ケチャップはチキソトロピー性で、チューブから出す前に勢いよく振るのはそのためだ。垂れない塗料もそうで、刷毛で簡単に塗ることができるが、塗った後は粘性が上がるのであまり流れなくなる。

これと対極にある非ニュートン流体が**ダイラタント流体**だ。こちらは速度と共に粘性が増していく。水と混ぜたトウモロコシ粉はダイラタント流体である。穏やかにかき回している間は粘性が低いままだが、勢いよくかき回すと石のように固くなっていく。

038 流体力学 FLUID DYNAMICS

動力学と運動学は力の作用を受ける物体の動きを司り、熱力学は熱交換系をモデル化する。同様に、**流体力学**の法則は動く流体の振る舞いを理解するための数学的枠組みを与える。流体力学はさらに、液体の流れを記述する**水力学**と気体の流れを模式化する**気体工学**という分野に分けられる。

流体力学は、輸送機関の設計や流体力学的エネルギーの産生など多岐にわたり工学的に応用されている。また、気象系(「気象学」を参照)、魚や鳥の移動様式といった自然界の様相を理解するためにも使われている。

039 ナビエ・ストークス方程式 NAVIER-STOKES EQUATIONS

19世紀の物理学者**クロード・ルイス・ナビエ**と**ジョージ・ガブリエル・ストークス**にちなんで名づけられた**ナビエ・ストークス方程式**は、粘性をもつ液体の流れを説明する一連の方程式で、**エネルギー、運動量、質量の各保存則**と**ニュートンの運動の法則**を液体に適用したものだ。ナビエ–ストークス方程式は解くのが難しいことで有名で、**厳密解**がほとんど存在しない。そのためこの方程式を解くときは、計算科学を用いて**数値解**を得ることが多い。

040 ベルヌーイの法則 BERNOULLI PRINCIPLE

空気力学が応用される主な分野の1つは航空で、これを使って

飛行中の飛行機に作用する力を説明しようとする。とりわけ重要なものは**揚力**（翼の上側を流れる空気によって作られる上向きの力）で、この力が飛行機を空中にとどめている。揚力はスイスの数学者**ダニエル・ベルヌーイ**によって初めて公式化された**ベルヌーイの法則**に従い発生する。

ベルヌーイの法則によれば、高速で流れる空気の圧力は低速の空気の圧力より低くなる。**翼断面**の湾曲した形は、翼の上側を

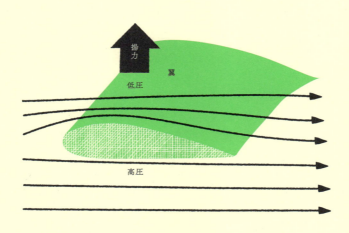

通る空気が下側を通る空気よりも速く流れるように設計されていて、その速度差によって上下の圧力に差が生じる。風船のなかの圧力が高まっている空気が周囲の圧力の低い環境中へと抜け出そうとするように、翼の下にある圧力が高い空気が、上にある圧力の低い領域へと移動しようとする。この力が翼を上向きに押し、揚力を生みだす。

04| 乱流 TURBULENCE

飛行機に乗ったときに機体を激しく揺るがす荒れた不安定な大気、すなわち**乱気流**を経験したことはないだろうか。乱流は気体だけにとどまらず、流体の流れを伴う多くの工学分野で出現する。流体の振る舞いは平滑で予測可能な**層流**から、予測不能で無秩序な**乱流**にいたるまで、未だに不明な点が多い。

乱流になる可能性は計測可能であり、それは**流体運動量**と**粘性**

の比、いわゆる**レイノルズ数**で与えられる。レイノルズ数が大きくなると流れは乱流になりやすくなる。たとえば、まっすぐで一様な管のなかでは、レイノルズ数が3000を超える流体が乱流に変化する。流体力学者は乱流を理解する鍵は**ナビエ・ストークス方程式**を解くことにあると信じていて、マサチューセッツ州ケンブリッジのクレイ数学研究所はこの悪魔のように複雑な方程式から乱流理論を構築するというテーマで「相当の進展」を成し遂げられた人には賞金100万ドルを授与すると発表した。

042 マグナス効果 MAGNUS EFFECT

　野球やサッカーのファンは、熟練のピッチャーやキッカーがボールを回転させることでボールの軌道を曲げることを知っている。この背景にある物理学が**マグナス効果**である。物が流体中を動くとき、流体の層はその表面、つまり**境界層**に密着する。表面が回転するボールの場合、空中を前進するにつれて境界層はボールのまわりに旋回する渦を作る。ボールの片側では、渦のなかの空気は流れ去る空気と同じ方向に移動し、わずかにその気流の速度を上げる。ボールの反対側ではこれと反対のことが起こり、渦は流れ去る気流を遅くする方向に働く。**ベルヌーイの法則**によれば、流速の違いは圧力差を生じさせる。これがボールを気流のもっとも速い側へ湾曲させる力を生む。

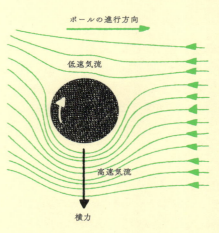

　1920年代には、ドイツの技師**アントン・フレットナー**がマグナス効果を利用し、帆の代わりに回転筒（ローター）を使う船を建造し、後に翼を必要としない航空機も建造した。

043 衝撃波 SHOCK WAVES

　あらゆる流体は固有の音速、すなわち音波が伝わる速度をもつ。

一般的に音速は媒質の密度と共に大きくなる。流体中を音速より速く移動する物体は、**衝撃波**という温度、密度、圧力が急激に上昇する流体の薄層を発生させる。

　関連する現象として**ソニックブーム**があり、これは空気中を音速より速く移動する航空機が生み出す雷のような轟音のことだ。航空機の飛行に伴い衝撃波が外側に移動していくときに生じ、背後に**マッハコーン**を形成する。コーン（円錐）の角度は航空機の速度を音速で割ったマッハ数で決まる。**マッハ数**が大きいほど円錐は細くなり、航空機が通過してから地上の観測者にソニックブームが聞こえるようになるまでより長い時間がかかるようになる。これまでに飛行した最速のジェット動力航空機は**ロッキード・マーチンSR-71**で、**マッハ3.3**で飛行した。

　爆風や落雷も超音速の衝撃波を発生させるし、鞭を打つときの鋭いピシッという音もまた、鞭の端が音速の壁を突破することで生じるソニックブームだ。

044 波動論 WAVE THEORY

　波動とは媒質中を動いていく**乱れ**のことであり、主に2つの種類がある。**横波**の乱れは波の動きに対して直角である。池にできる波紋は横波で、池に石を投げ込むと衝撃点から波紋が広がるが、水面にできる各波紋の高さが乱れとなる。一方**縦波**では、乱れは波の運動方向と平行である。たとえば、引き伸ばされたばねを2、3巻き分押しつぶして放すと、乱れがばねに沿って、ばねの圧縮方向と同じ方向に移動していく。音波はばね上の圧縮波の仲間で、こちらのカテゴリーに分類される。

　物理学者は、波動に4つの主な性質を与える。1つ目は**波長**（1つの波の最大点から次の波の最大点までの物理的な距

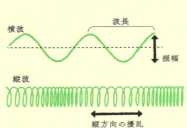

離)である。2番目はある点を1秒間に通過する波の数を表した**周波数**で、サイクル毎秒またはヘルツ（Hz）で測られる。3番目は**速度**で、周波数と波長のかけ算によって波が毎秒どれだけ移動するかが与えられる。そして最後は波の**振幅**で、波が通過するのに伴って作られる乱れの大きさ（たとえば池の波紋の高さ）である。

045 音波 SOUND WAVES

振動するのに十分な弾力性がある固体をハンマーで打つと、乱れが縦波（「波動論」を参照）として物体内部を移動する。もし**周波数**が我々の聞くことができる20〜20000Hzの範囲にあるならば、それは音波である。音の大きさは**デシベル（dB）**で表され、**音波の振幅**を直接反映した値となる。車の音は10m離れたところではおよそ30dBで、1m離れたところにある空気ドリルは100dB、痛覚の閾値は130dB、そして30m先のジェットエンジンの騒音は耳を劈く150dBだ。

音波は移動する媒質の密度によっては膨大な距離を進むことができる。空気よりおよそ100万倍密度が高い水中を伝わるクジラの歌は、数千km先でも聞こえる。

046 定在波 STANDING WAVES

縦波、横波（「波動論」を参照）は共に**進行波**の例で、ある点から他の点へとエネルギーを運ぶ。一方、動いていかずに、定まった場所に固定されている波もある。**定在波**として知られ、ギターの弦がその代表だ。弦を中心点で弾くと振動する。両端は固定されているがその間の部分は自由に振動でき、1/2波長の横波に似た形をとる。どちらかの端から1/4のところを弾くと弦は1波長全体を描き、1/6のところでは、1.5波長の波を形成する、といった具合で、弦に生じる定在波の**モード**は無限に存在す

る。これは横定在波の例である。縦定在波も存在し、管のなかに音波を閉じ込めたりすることで作りだせる。

047 共振 RESONANCE

　ベルを叩くと**固有振動数**の音が響く。今度は音響スピーカーをベルにつけて、スピーカーから流す音の周波数を徐々に大きくしていってみよう。ベルは音に反応して振動を始め、その振幅は着実に大きくなっていき、ベルの周波数と固有振動数が一致したときに最大となる。これが**共振**、すなわち振幅の小さな入力によって大きな振幅の振動が得られる現象である。

　共振は、アイドリング中の車が時折、エンジンが高速回転しているときよりもずっと大きな振動を伴って震える理由でもある。これはアイドリング状態のときの周波数（アイドリング中のエンジンが1秒間に回転する数）が車のシャシーや車体の固有振動数と近いために起こる。技術者はときに共鳴振動の振幅を抑える**ダンパー**という装置を使って共振の影響を制御しようとする。この方法は、地震多発地帯での高層建築の設計時にも重要となる。

048 単振動 SIMPLE HARMONIC MOTION

　波間で上下するコルクは、時間軸上に縦方向の位置をプロットすると完全な波形となる。これは**単振動**という動きだ。厳密に言えば単振動は波動ではないが、密接に関連していて物理学の多くの分野に登場する。

　力学の分野での例としては、重力の作用によって前後に振れる**振り子**や、ばねの端にとりつけたおもりの上下動などがある。電子回路における**電流**と**電圧**の値もまた単振動を示す。一方、粒子の世界では分子の振動を**量子調和振動子**で近似する。

049 ドップラー効果 DOPPLER EFFECT

　ほとんどの人が救急車が通過するにつれサイレンの音の高さが高周波から低周波へと変わるのを聞いたことがあるだろう。これは1842年にオーストリアの物理学者**クリスチャン・ドップラー**が**波動説**を使って説明した**ドップラー効果**の例だ。ドップラーは、音源が向かってくるときその音の周波数は高くなる、別の言い方をすると波長が短く

なる（波長は波の速度を周波数で割ったものなので）ことに気づいた。波長というのは連続波の頂点間の距離である。動いている音源の場合、次の頂点が放出されるまでに前の頂点が進んでいった方向に若干近づくので、実質的に波長が短くなり周波数が高くなる。音源が離れていくときは逆の効果が起こり、周波数が低くなる。

　光もドップラー効果を受ける。実際、赤信号に向かって高速に移動すれば、短波長の緑色に変化する。ただし、それを体験するには光速のおよそ18%という速さで赤信号に突進しなくてはならない！　天文学者はドップラー効果を使って星の後退速度や接近速度を計算している。レーダーオペレーターも、航空機の速度を割りだすためにドップラー効果を用いている。

Electricity and Magnetism

電気と磁気

050 電荷 ELECTRIC CHARGE

　電気の基本性質は**電荷**で、フランスの物理学者**シャルル・オーギュスタン・ド・クーロン**にちなみ**クーロン**（**C**）で表される。多くの**亜原子粒子**（素粒子や電子、核子など）が電荷をもち、その電荷は通常、電子1つがもつ電荷「-e」の整数倍という飛び飛びの量になる。「-e」は、指数表記で-1.6×10^{-19}Cである。

　電荷は**電場**を発生させるので、離れたところにある電荷同士の相互作用が可能である。電場はたとえば「+e」と「-e」のような「反対の」電荷同士を引き合わせたり、「-e」という「同じ」電荷をもつ2つの電子を反発させたりする。2つの電荷間の相互作用の大きさ、すなわち電荷に加わる力は、電荷の大きさに伴って増加し、電荷間の距離の二乗で減少する。これが**クーロンの法則**である。エネルギーや運動量や質量と同様、電荷も保存則に従うので、作りだしたり破壊したりすることはできない。

051 電流 ELECTRIC CURRENT

　電荷の流れは**電流**として知られ、単位は**アンペア**である。1秒間に1クーロンの電荷が流れる場合の電流が1アンペアだ。電流はたとえば、電池のような**起電力**をもつ電源にワイヤーをつなぐことで

流れる。起電力はボルトという単位で表され、**電位**と称されることもある。

　電荷と起電力の関係は質量と重力場の関係に似ている。重力場に落とされた質量は落下し、落下する速さは場の強さによって決まる。同様に起電力が電荷を動かし、その「速さ」は起電力の強さで決まる。

052 抵抗　RESISTANCE

　電池につながれたワイヤーを流れる電流は、電荷の流れを妨げるワイヤーの**抵抗**によって弱められる。具体的に言うと、電池の**電圧**を**抵抗**で**割った**ものが**電流**となる。抵抗の値は材料によって変わり、**オーム**という単位で表される。

　電流は、電圧によって**電荷担体**（ふつうは**自由電子**）が押し流されることで導体を通り抜けることができる。金属のような**良導体**は、多くの自由電子をもっているため抵抗が少ない。一方、プラスチックのような**不良導体**は自由電子が極めて少ないため、抵抗が大きい。

　電流が電気抵抗に打ち勝つためにはエネルギーを消費しなければならず、このエネルギー損失率は**ジュール**（J）、すなわち**ワット毎秒**で測られ、抵抗に電流の二乗をかけたもので与えられる。100Wタングステン・フィラメント電球はタングステンの抵抗により100J/sの割合でエネルギーを失い、このエネルギーが光と熱として放射されている。

053 静電容量　CAPACITANCE

　コンデンサとは、誘電体とよばれる絶縁材料によって分離された2枚の導電板からなる電荷を蓄えることができる電子部品だ。

　ひとたび完全に充電されると、コンデンサは放電が可能となり事実上ミニ電池として機能する。大容量のコンデンサは懐中電灯の電球を1分間程度点灯するのに十分な電荷を保持することができる。また他の適用例としては、小型電池から強力な電流パルスを引き出すためのカメラのフラッシュ装置がある。電荷を蓄えられる量は**静電容量**とよばれ、イギリスの偉大な電気技師**マイケル・ファラデー**にちなんで**ファラッド**を単位として測られる。

　雷雲と地面は、空気という誘電層によって分離されたある種天

然のコンデンサを形成している。時折電流が誘電層を越えて閃光と轟音を伴う**アーク放電**をするのが、雷鳴と稲妻だ。

054 磁気・磁性 MAGNETISM

磁石は通常**双極**であり、周囲に**磁場**を発生させる。つまりNとSという2つの極をもち、極の間に磁場を生じさせる。反対の極同士は互いに引きつける一方、同一の極は反発する。

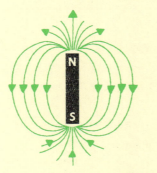

磁場は鉄やコバルトのようないわゆる**強磁性体**を引きつける。**永久磁石**（冷蔵庫に張り付くマグネットなど）になる素材はすべて強磁性体だ。磁場は**テスラ**という単位で表され、磁力計という機器を使って測定される。磁気はデータ記憶、ナビゲーション、医用画像へも応用されている。

055 電磁誘導 INDUCTION

電流と**磁気**に何らかのつながりがあることが19世紀初頭に物理学者によって明らかにされた。導線を磁場内で動かしたり、静止した導線に変化する磁場をかけたりすると、導線内に電流が生じる。同様に、電池からの電流を動いている導線に流すと磁場が発

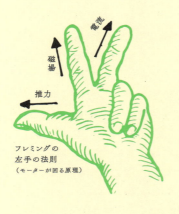

フレミングの
左手の法則
（モーターが回る原理）

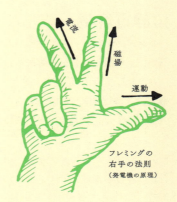

フレミングの
右手の法則
（発電機の原理）

生する。この効果は**電磁誘導**として知られるようになり、これを記述する法則が**マイケル・ファラデー**とアメリカの物理学者**ジョセフ・ヘンリー**によって公式化された。電磁誘導は内燃機関で生じる回転運動を電気に変える発電機や、電流から回転運動を作りだす電気モーターなどの働きの鍵である。

　各々の事例における電流、磁場、運動の関係はイギリスの物理学者**ジョン・アンブローズ・フレミング**にちなみ名づけられた**フレミングの右手の法則や左手の法則**で与えられる。地球や他の惑星は、コアのなかで循環する**導電性流体**の**ダイナモ効果**に起因するとみられる磁場をもつ。

056 交流・直流　AC/DC

　電流には**交流**（**AC**）と**直流**（**DC**）という2つの形がある。電圧が、直流では時間に対し一定であるのに対し、交流では波動論に明確に従った周波数と振幅で時間的に変化する。懐中電灯、携帯電話、iPodのような単純な電池式の機器はすべて直流で動く。しかし、家庭に届けられる電気は交流である。

057 変圧器　TRANSFORMERS

　変圧器は低電圧を高電圧に（**昇圧変圧器**）、または高電圧を低電圧に（**降圧変圧器**）変換するための装置であり、**電磁誘導**の原理によって働く。まず、**入力電圧**が輪状の**鉄心**の片側に巻き付けられた導線にかけられる。この電圧によって鉄心のなかに磁場が生じ、次に鉄心の反対側に巻かれた別の導線に**出力電圧**を誘起する。入出力の電圧比は各導線の**巻き数比**によって決まる。

　電磁誘導には磁場の変化が必要なため、変圧器は**交流電流**でのみ働く。これが、家庭に専ら交流電流が届けられる理由だ。家庭の電気は発電所から消費者のところまで、長い距離を伝送される必要がある。そのため、電気抵抗で失われる熱がより少ない**高電圧**かつ**低電流**で送るのがもっとも費用対効果が高い。そのようなわけで、頭上の送電線は何十万ボルトもの電圧を運んでいる。しかし、家庭にそのような高圧の電気を供給するのは危険なので、**変電所**を経由し、そこで変圧器によって家庭使用に適した数百ボルトにまで落としている。

058 マクスウェル方程式 MAXWELL'S EQUATIONS

19世紀初頭までに、科学者は電気と磁気というものが同じ現象の異なる見方だということを理解し始めていた。スコットランドの物理学者**ジェイムズ・クラーク・マクスウェル**は、1861年に発表した**電磁気理論**のなかで最終的にこれらを包括的に記述する理論を作り上げた。それは**4つの鍵**となる方程式にまとめられていて、電気と磁気のすべての性質を導出することができるうえに、それらの関連を要約している。**マクスウェル方程式**は、自然界の異なる力をまとめる科学的な枠組みである統一理論の最初の例となり、この後に**カルツァ・クライン理論**や**弦理論**などが続いた。

059 電磁波 ELECTROMAGNETIC RADIATION

マクスウェル方程式に支配される**電磁気理論**からは、空間を進む**電磁波**の存在が予測される。電磁波は互いに直交して振動する電場と磁場からなり、光の速さ(秒速30万km)で進む。その波は波長によってスペクトルに分類される。

波長が何kmにもなる長波長側には**長波**がある。長波から波長10cm程度、さらにはミリ波領域にいたるまでという、電磁スペクトルのなかで巨大な帯を占めているのが**電波**だ。それより短い波長域は**赤外線**である。電磁波のなかで実際に我々が見ることができる**可視スペクトル**は、赤色光である0.75μmから始まる。可視スペクトルは橙、黄色、緑、青、藍、紫と続き、0.35μm程度で最終的に**紫外線**になる。我々が日常的に目にする白色光は可視スペクトルの全色が混じり合ったものだ。紫外線はおよそ1mmの100万分の1まで続き、そこから先は医用画像に使われる放射線である**X線**と

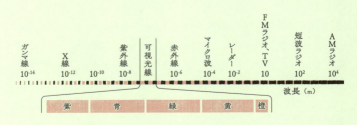

なる。スペクトルの高エネルギー端を締めくくるのは、1mmのおよそ1000万分の1の波長から始まる**ガンマ線**である。

060 光子 PHOTONS

特定の金属は光が当たると、**光電効果**（光が波だけではなく粒のようにも振る舞うことを証明した）というプロセスにより電子を放出する。これは量子論の発展の鍵となる現象で、その実際の仕組みを説明した若き**アルバート・アインシュタインはノーベル賞**を獲得した。

光電効果が最初に観測されたのは1839年のことだったが、光波がどうして固体から電子を外へ叩き出すことができるのかを説明することはできなかった。アインシュタインの天才的なひらめきは、光を**光子**という粒としてモデル化したことにある。このアイデアはドイツの物理学者**マックス・プランク**が**熱放射理論**を構築する際にも使われた。光子は金属中でビリヤード球のように電子と衝突する。そして、十分なエネルギーをもって突入してくる光子は金属外に電子を叩き出す。光電効果は、光が当たると電気を発生する**光起電力効果**と密接に関連しており、最新の**太陽電池パネル**の基礎となっている。

061 磁気流体力学 MAGNETOHYDRODYNAMICS

磁気流体力学（MHD）は、磁場の存在下での導電性流体の振る舞いをモデル化するために**流体力学**と**マクスウェル方程式**を組み合わせる悪魔のように複雑な分野で、世界中の物理学や数学を専攻する学生の悩みの種となっている。磁場を流れる**荷電流体**が発電機と同じ原理で電圧を発生させることから、MHDは発電機の開発に用いられてきた。また、船や潜水艦の分野では、電流を海水に流して磁場を与え、ジェットのように海水を後方に押し出すという推進システムの基盤ともなっている。**ビッグバン理論**を研究している一部の宇宙学者は、MHDの複雑さにも満足できないと見え、曲がった空間内での導電性流体の振る舞いをモデル化するためにMHDとアインシュタインの一般相対性理論とを融合させようと試みている。

Optics

光学

062 光波 LIGHT WAVES

　音が耳で聞くことのできる一種の力学的な波であるのと同様、光は目で見ることのできる**電磁波**である。光の波動性は電磁気学が発達するずっと前から理解されていた。オランダの物理学者**クリスチャン・ホイヘンス**は、1678年に光の波動説を発表し、その多くは今日でもあてはまる。19世紀後半に光の波動説はイギリスの**トマス・ヤング**とフランスの**オーギュスタン・ジャン・フレネル**という研究者によってさらに発展した。彼らは音波が進むために物質を必要とするのと同様、光を運ぶためにも媒体が必要だという立場をとった。この媒体は**エーテル**と名づけられたのだが、エーテルを見つけようという試みはことごとく失敗に終わった。今では、光は振動する電磁場から作られた横波で、媒体を必要とせず秒速30万kmで空間を進むことが知られている。光や光と物質との相互作用を扱う物理学の一分野は**光学**とよばれる。

063 反射 REFLECTION

　2つのもっとも基本的な光の性質は**反射**と**屈折**である。これはたとえば、空気中の光が窓ガラスにぶつかるときのように、光の波がより密度の高い表面に当たったときに起こる現象を表している。光の一部は反射し一部は屈折するのだが、正確な量は光の**偏光**に依存する。反射を司る法則は2つある。1つ目は**入射光線、反射光線、法線**（表面に対して垂直の線）という3つの線が同一平面になければならないというもので、2つ目は入射光と反射光は法線に対して同じ角度でなければならないというものである。

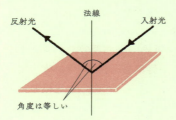

反射光　法線　入射光
角度は等しい

064 屈折 REFRACTION

　屈折は反射より少々複雑で、異なる**屈折率**（訳注：物質中を進む光の速度は遅くなるのだが、その程度を屈折率という）をもつ媒質間を移動する際に生じる光線の曲がりである。一般的に、屈折率が大きな媒体に移るとき、光は法線（ガラス表面に垂直な線）の方向に曲がり、屈折率が小

さな媒質に移るときは法線から離れる方向へ曲がる。

　光線が屈折中に曲がる程度はその波長にも依存する。そのため、屈折により白色光線をその構成要素に分離することができる。この過程は**分光**とよばれ、光を三角形のガラスプリズムに通したときに特に顕著に見られる。

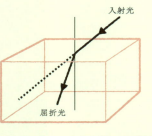

065 拡大　MAGNIFICATION

　屈折は望遠鏡や顕微鏡やメガネに使われるレンズの仕組みを教えてくれる。ガラスの表面を湾曲させると法線（ガラス表面に垂直な線）の方向が変わるため光の曲がる方向が変化する。レンズが生み出す曲がりの度合いによってレンズを通過する対象物の像が大きくなる場合、これを**拡大**という。

　簡単な**屈折望遠鏡**は**対物レンズ**と**接眼レンズ**という2枚のレンズをもつ。対物レンズは集光し、接眼レンズは眼に焦点を結ぶ役割を果たす。光学系の倍率は両方のレンズの性質で決まるので、接眼レンズを交換することで倍率を変えることができる。

　曲面鏡も光を拡大するのに使われる。レンズが屈折によって焦点に光を集束するのに対し、鏡は**反射**によって達成する。**反射望遠鏡**は光を集めるために曲面鏡を使い、次に接眼レンズが集められた光を眼に導く。

066 回折　DIFFRACTION

　屈折が光線を曲げる唯一の方法ではない。光が細いスリット（切れ込み）を通過すると、出口で広がって明暗の帯となるパターンを作る。このとき切れ込みは小さくなければならない。部屋の出入り口に光を当てても**回折**を観察することはできないが、光の波長と同じくらいそれより小さなスリットであれば回折効果が現れる。

　光の波長はおよそ1000分の1mmである。光を回折するスリットは一般的には**回折格子**とよばれ、ガラスなどの素材表面に数千分の1mm程度の間隔で線を刻んで作られる。光がスリットを通過した後

に広がる角度は光の**周波数**に依存するので、屈折と同じく光を構成する色に**分光**することができる。X線、音、水などすべての**波**が回折を受ける。

067 収差 ABERRATION

レンズや光学ミラーは完璧というわけではない。**収差**という欠点があるのだ。さまざまな原因があるが、**球面収差**と**色収差**がもっとも一般的だ。球面収差は光学ミラーが誤った形に研磨されているために、ミラーの各地点に当たった光がそれぞれ違う場所を焦点として反射されてしまい、結果としてぼやけた像が形成される。通常、光学ミラーはその断面が深い凹形（放物線という）になるよう研磨される。球面収差はミラーの形状が球形に近いときに生じやすく、ハッブル宇宙望遠鏡を苦しませたのもこれだった。

色収差はレンズ系においてガラスを通過する光の屈折度合いがその波長、すなわち色に依存するために起こる現象で、レンズからそれぞれ異なる距離に異なる色で描かれる多重像が焦点を結び作りだされる。写真でこれが起こると、対象物の周辺にぼんやり色のついた縞模様が描かれる。異なる色の像をだいたい同じ焦点位置にもってくるために、屈折率の異なるガラスを重ねて作られる**アクロマート**（色収差補正）レンズを使えば、その影響を最小にできる。

068 偏光 POLARIZATION

通常の光波では、光の電場は進行方向に対し垂直なすべての方向を向くことができる。しかし、**偏光**においてはこれが制限される。もっとも単純な例は**平面偏光**で、電場の振動方向が一方向に固定されるため、波はちょうど振動する弦のように見える。カメラやサングラスに使われる**ポラロイド・フィルタ**は、垂直な縦縞がついたゲートのようなもので、縦縞に平行な面で振動する波だけを通すことで平面偏光を生じさせる。2枚のフィルタを重ね合わせたものは、互いに対して

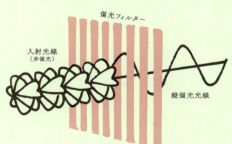

回転させることで通過する光の量を変化させることができる。しかも、各羽板が互いに90度となる位置まで回転させれば、光の量を完全にゼロにすることができる。また、**円偏光**や**楕円偏光**といった別の種類の偏光も存在し、これらは偏光面が回転しているので、波が前進するにつれ電場が**螺旋状**の形を描く。

069 干渉 INTERFERENCE

2個の石を互いの近くにくるように池に投げ入れて、波紋の広がる様を見たとしよう。波紋はぶつかったり重なったりして、山と谷の複雑な模様を見せる。この現象を**干渉**とよぶ。干渉は媒質中の波による乱れが重なり積み上がるために起こり、2つの波の山が出会うところではその2つの山を足した高さに等しい1つの大きな山ができる。同様に、2つの谷が重なり合うと1つの大きな谷が形成される。どちらも**強め合う干渉**の例だ。しかしながら、山と谷が出会うときには小さな乱れが残る程度になり、まったく同じ大きさの山と谷が出会う場合は互いを相殺して何も残らない。これらは**弱め合う干渉**である。

干渉は光をはじめとしてあらゆる種類の波に影響する。回折によって作られる明暗の帯は干渉作用の現れであり、周波数がわずかに異なる2つの音を同時に鳴らしたとき、強弱に脈打つような音が発生する**うなり現象**も同じである。**ノイズキャンセリングヘッドホン**は弱め合う干渉の原理に基づいており、外部の雑音をモニタリングし、それを相殺するために必要な音波を正確に発生させることでノイズを消している。

Relativity

070 ガリレオの相対論 GALILEAN RELATIVITY

1632年、イタリアの物理学者で数学者の**ガリレオ・ガリレイ**が初めて**相対論**を提唱した。彼は一定速度で動いているすべての観測者に対し物理学の法則は同じであると述べた。つまり、たとえば陸上の研究室で振り子の動きを観察しても、航行する船の上で観察しても、まったく同一の動きを見ることになるということだ。それゆ

え、振り子だけを見て自分たちが今動いているのか止まっているのかを言い当てることは不可能だ。

電車に乗るとガリレイの相対性原理を体感することができる。電車が加速をやめて定速運転に達したところで目を閉じてみよう。電車が横揺れするので、静止していないことは分かってしまうかもしれないが、窓の外を見なければ、前進しているのか後退しているのか、そしてどれほど速く動いているかを知ることはできない。ガリレイの原理は、400年近く後になって、**アインシュタイン**の**特殊相対性理論**のお膳立てをした。

071 特殊相対性理論 SPECIAL RELATIVITY

19世紀後半、**マクスウェル方程式**と運動体の振る舞いを支配する**力学法則**の間に細かな相違があることが、実験を通じて表面化し始めた。その解を1905年に与えたのが、スイス・ベルンの特許庁で働いていた物理学者**アルバート・アインシュタイン**だ。彼は光速に近い速度で移動する物体を力学で説明する方法に問題があると気づいた。ガリレオの相対論では、光速の半分で動いている宇宙飛行士が正面からくる光を見ると、対向車線を走る車を見るときと同様に自分の速度が足されて光速の1.5倍という相対速度で動いているように見えることになる。しかしアインシュタインの革新的な観察から、観測者がどれほど速く移動していようとも、光速はあらゆる観測者から見て不変であるということが分かった。

ここから導かれた新しい運動の法則は**特殊相対性理論**として知られるようになった。それは電磁気学と力学の矛盾を片づけただけでなく、何物も光速より速く移動することはできないという予測など、**空間、時間、物質の性質**について驚くべき新事実をもたらした。

072 長さの収縮と時間の遅れ LENGTH NTRACTION AND TIME DILATION

アインシュタインの特殊相対性理論からはいくつか不思議な結論が導かれる。たとえば、光速に近い速度で進む物体から見ると、空間は縮まり、時間は引き伸ばされる。空間が縮む現象は**長さの収縮**として知られている。光速の半分の速度で通り過ぎる宇宙船を見ている観測者には、宇宙船の長さが静止時の85%しかない

ように見える。さらに、宇宙船に搭載された時計はよりゆっくりと時を刻む。**時間の遅れ**とよばれるこの相対論的効果により、宇宙船上の1秒間は観測者の時計のおよそ1.15秒分になる。もし宇宙船がその速度のまま飛び去り、宇宙船乗組員の時計できっちり10年後に戻ってきたとしたら、そのとき観測者は11.5年分歳をとっている。つまり彼らは実際の年齢より1.5年若返って宇宙の旅から帰ってくるというわけだ。奇妙に聞こえるだろうがこれらの効果は現実のものであり、**粒子加速器**という亜原子粒子を光速に近づける巨大な装置で日常的に起こっている。

073 $E=mc^2$ E=MC2

これはおそらく科学界全体を見渡してもっとも有名な方程式であろう。$E=mc^2$の意味するところは、物体のエネルギー量Eが質量mに光速cの二乗をかけたものに等しいということである。この公式はアインシュタインの特殊相対性理論の計算から踊り出て、**核分裂**および**核融合反応**の基礎となった。物理学者は重い原子核を分割したり、軽い原子核を融合させたりすることで正味の質量が減少し、結果的に巨大なエネルギー放出が起こることを見出した。**原子力発電所**や**核兵器**がこの理論を後に実証した。

074 一般相対性理論 GENERAL RELATIVITY

アインシュタインの特殊相対性理論が1905年に発表されたころは、惑星の周回運動の原動力である重力はニュートンによって記述されていた。ニュートンの法則においては重力とは**瞬間的な力**であり、空間を無限に速く伝搬する。しかしこれでは何ものも光速を超えることはできないとするアインシュタインの理論と明らかに矛盾する。アインシュタインは、1915年に特殊相対性理論と互換性をもつ新たな重力理論である**一般相対性理論**を発表するまで、10年にわたりこの問題に没頭した。

このときのアインシュタインにとって鍵となった観察結果は、重力が空間と時間の曲がり（**時空の歪み**）と同じものだということだった。何もない空間は平坦なゴムシートのようなものだということに彼は気づいたのだ。シートを横切るようにビー玉を転がすと直線状に動く。しかしボウリングの球のような重い物体をシート上に落とすと、それ

は周囲をへこませ、ビー玉の通り道を曲げる。これはまさに重い物体が空間に作用して、我々が重力とよぶ作用を生んでいることを意味している。その後、アインシュタインは歪みと物体の質量との関連を解き、**場の方程式**に集約したことでついに重力と相対性原理とを統一することに成功した。

075 星の光の曲がり BENDING OF STAR LIGHT

科学者が一般相対性理論を真剣に受け止めるきっかけとなった実験の1つが1919年の**皆既日食**の間に行われた。ケンブリッジ大学の天文学者**アーサー・エディントン**は日食をきれいに見ることができる場所を求めてアフリカ・プリンシペ島へとやってきた。明るい太陽を月が遮る皆既日食のときを狙って、太陽の近くを通過する恒星の見かけの位置を正確に測定するためだ。

一般相対性理論が作りだす空間の歪みは、ニュートン重力と異なり、物体のみならず光線にも作用する。つまり、アインシュタインが正しいのであれば太陽の近くを通過する遠方の星の光は重力によって曲げられ、見かけ上の星の位置に小さなずれが生じるはずだ。そしてこれがまさにエディントンが観察した現象であった。今日の天文学者は、いわゆる**重力レンズ**を用いて遠方銀河からの光を拡大するという壮大なスケールの実験で、同じ物理現象を利用している。

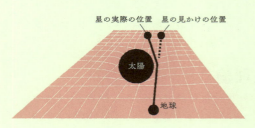

076 ブラックホール BLACK HOLES

アインシュタインが一般相対性理論を発表したちょうど1年後の1916年、ドイツの物理学者**カール・シュバルツシルト**は、球対称な天体についての複雑な場の方程式を解いて、星や惑星周辺の重力場を説明することに成功した。

弱い重力場ではニュートン重力に帰着したが、重力場が非常に強いと仮定したとき、興味深いことが現れることに気づいた。方

程式は、重力をもつ物体の半径が十分に小さいときにはその重力が極めて強大になり、何もかも、光でさえも、そこから逃げることはできないと語っているようだったのだ。

シュバルツシルトは今日**ブラックホール**として知られるものに関する数学的記述を見出したのである。**シュバルツシルト半径**は、一定の質量をもつ物体がブラックホールになるために押し込められなければならない大きさを与える。地球でさえも十分に小さく圧縮できればブラックホールになる（ただしそのときの地球のシュバルツシルト半径はおよそ1cmだ）。大部分の星のシュバルツシルト半径は2〜3kmといったところである。シュバルツシルト半径によってブラックホールのまわりに描き出される面は、**事象の地平線**とよばれることもある。ブラックホールは星が死ぬ際に起こす**超新星爆発**によっても生まれることがある。そして、多くの銀河の中心には、太陽の何十億倍もの質量をもつ超大質量ブラックホールが潜んでいると考えられている。

077 重力の特異点 GRAVITATIONAL SINGULARITIES

ブラックホールの中心では物理学の法則が破綻し、**重力の特異点**とよばれる密度が無限大になる点が存在する。これは、崩壊する物体の重力場があまりにも強く、それに抵抗して物体の崩壊を止めうる自然の力がないときに生じる。

たとえばふつうの星であれば、気体分子運動論に由来する内部の**ガス圧力**が外向きの力となって、内向きの引力と釣り合う形で支えている。白色矮星や中性子星のような小型の天体はまた異なる種類の**量子力学的圧力**で維持されているが、重力がひとたびこれらの力を圧倒するようになると、大きさがゼロになる点へと崩壊していくのを何も止めることができなくなる。

特異点の性質や、それがどうやって形成されるかに関する膨大な研究が1960年代にオックスフォード大学の数学者**ロジャー・ペンローズ**とケンブリッジ大学の**スティーブン・ホーキング**によってなされた。ペンローズはまた、特異点は事象の地平線の背後にあって、常に視界から隠されているという**宇宙検閲仮説**を提唱した。今日、ほとんどの研究者が重力の特異点は古典的な一般相対性理論に生じる数学上の偶然の産物だと考えており、完全な**量子重力理論**が完成した暁にはこの問題も消え去ると信じている。

078 ワームホール WORMHOLES

　ブラックホールはその事象の地平線の内側に落ち込むすべての物をのみこむわけだが、これらの物質はいったいどこへ行くのだろうか？　1935年、**アルバート・アインシュタイン**とプリンストン高等研究所の同僚**ネイサン・ローゼン**は、それらがホワイトホールとよばれる相方から噴出するのではないかと主張した。アインシュタインとローゼンはブラックホールとホワイトホールが空間と時間を通り抜けるパイプによってつながれていると推定した。後にこのパイプは**ワームホール**と名づけられた。

　ワームホールは、遙か遠く分離されている宇宙の領域をつなぐ近道を提供するとされ、時間旅行の鍵となるかもしれない。しかしながら、どんな類の旅行をするにせよ、人間がこれを利用しようとするなら克服しなければならない大きな壁がある。この時空トンネルは生来不安定であることが物理学者によって示されている。2つの口をつなぐ細い喉の部分は、引き伸ばされたゴム管のようにすぐ閉じ

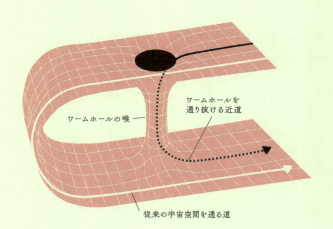

ワームホールの喉
ワームホールを通り抜ける近道
従来の宇宙空間を通る道

てしまうのだ。これを開いたままにしておく唯一の方法は、エキゾチック物質として知られる負のエネルギーをもつ不可思議な物質を使うことである。1gのさらに何分の1程度であれば実験で作られたことがあるが、ワームホールをこじ開けようと思ったら木星質量の10倍ものエキゾチック物質を運び込まなければならない。

079 重力波 GRAVITATIONAL WAVES

一般相対性理論に残された数少ない**未検証の予測**の1つは、時間と共に強い重力場（時空の歪み）が振動するような系（たとえば光速の半分の速さで互いのまわりを回る2個のブラックホールの連星系によって生み出される）においては、時空の構造の歪みそのものが波紋状に広がっていくというものである。この**重力波**は光速で空間を進み、その波が通過する際、近くの点同士の距離にごくわずかな変動を生じさせる。実験物理学者は10^{-19}mというわずかな動きを計測できる精巧なレーザーを使ってその変動を検出しようと試みているが、これまでのところ成功していない。

重力波は直接的な意味では未だ検出されていないが、その存在を示す間接的証拠がある。一対の中性子星（超新星爆発によって形成される超高密度の天体）の連星系が、重力波によってエネルギーを失っていると仮定したときに予測される速度と一致する速度で合体しつつある様子が観測されたのだ。

080 慣性系の引きずり FRAME DRAGGING

1918年、オーストリアの2人の物理学者**ヨセフ・レンズ**と**ハンス・ティリング**は、アインシュタインの一般相対性理論から他に類を見ない奇抜な結果を導き出した。彼らは、回転している物体は糖蜜（シロップ）のなかに入れたスプーンのようにまわりの空間を引きずりながら回るという計算結果を得たのである。したがって、回転している物体の近くの空間に存在するあらゆる物体はこの影響で引っ張り回されていることになる。通常の惑星や星においてはこの**慣性系の引きずり**効果は極めて小さいが、強い引力をもつ物体の近くではその効果は強大になりうる。

特に**エルゴ球**として知られる**回転するブラックホール**の近接領域で空間は恐ろしい強さで引きずられており、回転から有用なエネルギーを抽出することも可能となる。一部の科学者は、進化を遂げた宇宙文明はこれをエネルギー源として使っているとすら予想している。慣性系が引きずられているという証拠は、未だに議論は多くあるものの、地球軌道を回る2基の人工衛星からのデータを分析する科学者らによって2004年に実証されたとされる。彼らは、

地球がもつごく小さな慣性系の引きずり効果を検出できたと主張している。

Quantum Theory

量子論

081 粒子 PARTICLES

物質を構成するもっとも小さな要素は、すべての物質の基本成分である**素粒子**だ。代表的な亜原子粒子は**陽子**と**中性子**であり、陽子は「+e」の電荷を帯びているが中性子は電気的に中性である。どちらも直径はおよそ1フェルミ（10^{-15}m）、重さは約2×10^{-27}kgである。極めて小さいようにも見えるが、粒子界のもう1つの一般的な仲間である**電子**がちょうど10^{-30}kgであることを考えると、陽子と中性子は巨大だ。

陽子と中性子が集まることで既知のすべての化学元素の原子核を形成する。電子はこの原子核のまわりを旋回して原子を形成すると共に、原子同士を互いに結びつけて分子を形成させる。**中間子**や**ニュートリノ**や**クォーク**など多くの亜原子粒子が存在し、さらに理論的に存在が予測されていながら未検出の粒子も多くある。**量子論**は、原子よりも小さな世界で起こることすべてを司る物理学の理論である。

082 量子化 QUANTIZATION

量子論でもっとも重要な前提は、原子以下のレベルでは物質がもはや連続的には振る舞わないということである。代わりに、離散的な塊（量子）の状態をとる。つまり、自然は**量子化**されているのだ。このような振る舞いをする物理量として物理学者が最初に気づいたものの1つが電荷だ。

1910年に結果が公表された画期的な実験においてアメリカの理学者**ロバート・ミリカン**は、油滴の電荷が必ずある基本的な値（電子がもつ電荷「-e」）の整数倍となることを発見した。他の量、たとえばエネルギーや運動量、さらには空間や時間までもが最小スケールでは量子化されているという証拠が得られている。

083 エネルギー準位 ENERGY LEVELS

量子物理学におけるエネルギーは量子化過程を経て、不連続な範囲に束縛された値をとる。たとえば原子核を周回する電子は量子法則から導かれる特定の**エネルギー準位**にのみ収まることができる。そして、2つのエネルギー準位の差に等しい量のエネルギーを原子が吸収すると、1つ上の準位へとジャンプすることができる。しばらくするとその電子は同じエネルギー量の**光子**を放出してもとの準位に落ちてくる。

光子のエネルギーは**振動数**と直接結びついていて、エネルギーは量子論ではお馴染みのプランク定数(6.6×10^{-34}J・秒)を振動数にかけたものとなる。振動数は色とも結びついているので、電子が特定のエネルギー準位間を落下するときに、原子は特徴的な色の光を放射することになる。日常世界では、北極・南極の上空を彩る光のショーの**オーロラ**や、街の**ネオンサイン**にこれを見ることができる。電場がネオンガスにエネルギーを送り込み電子のエネルギー準位を上げる。その電子がもとの準位に落ちるときにネオンの特徴的な赤色光が放射されるという仕組みだ。

084 粒子と波動の二重性 WAVE-PARTICLE DUALITY

光電効果は波が粒のように振る舞えることを光子で証明した。しかしすぐに、粒子もまた波のような性質を示しうることも明らかになった。たとえば、電子は結晶格子の隙間を通り抜けるとき**回折**する。かくして、量子の実体は波であると同時に粒子でもあるという二面性を明確に示す重要な結果が、いわゆる**二重スリット実験**から得られた。一対の平行スリットを通して照射された光は光波の山と谷が重なって、スクリーン上に多くの明暗の帯として**干渉パターン**を描き出す。ここで、光の強度を弱めて光子が1つだけ装置を通過するようにしたらどうなるだろうか? 各々の光子はどちらか一方のスリットを通過するはずなので、干渉パターンが消えると考えるのが

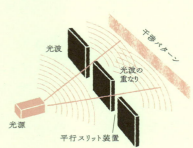

普通ではないだろうか。

ところが実際は異なる。確かに単一の光子はスクリーン上に1つの明るい点を作るが、実験を何度も繰り返して明るい点の位置を毎回記録していくと、そこにはもとの干渉パターンが現れる。物質は本当に、同時に波としても粒子としても振る舞うのだ。

085 シュレディンガー方程式 SCHRÖDINGER EQUATION

量子的な粒子と波の関係に対して、1926年にオーストリアの物理学者**エルヴィン・シュレディンガー**が確たる基盤を与えた。彼は物質粒子に関する**波動方程式**を定式化したのだ。この方程式は空間における粒子の明確な位置を与えるのではなく、粒子を特定の位置で発見する**確率**を与えるものだ。

粒子と波動の二重性を確立する上で極めて重要な前項の二重スリット実験でいえば、シュレディンガー方程式で予測されるのはスクリーン上における粒子の存在確率のピークであり、そのピークは個々の光子が落ち着く可能性がもっとも高いところと一致する。

086 不確定性原理 UNCERTAINTY PRINCIPLE

1927年にドイツの物理学者**ヴェルナー・ハイゼンベルク**によって提案された**不確定性原理**は、量子論のなかでももっとも奇妙な法則の1つである。その要点は、粒子の**位置**と**運動量**を同時に知ることは不可能だというものである。どちらかを正確に知れば知るほど、もう一方はより不正確にならざるを得ない。具体的には、位置の不確定性に運動量の不確定性をかけたものは、原子のエネルギー準位の定義に現れるプランク定数より大きくならなければならない。

当初、不確定性原理は量子系の状態を測定する過程で**観測行為**によって系が乱される結果だと考えられた。しかし現在ではこの見方ではなく、不確定性は量子論の**根源的な性質**であるとされている。

087 量子スピン QUANTUM SPIN

量子の世界には巨視的な世界（日常世界）と類似した多くの現象が認められるが、1つ根本的に異なっているものが**量子スピン**である。日常世界でスピンといえば速度と加速度のような運動に関する物

理量であるのに対して、量子スピンは質量や電荷と同じ類の粒子固有の物理量である。他の量子的な物理量と同じくスピンは量子化されていて、通常1/2の整数倍をとる。

粒子はそのスピン量によって2つの族に大きく分けられる。整数スピン（0、1、2など）をもつ粒子はボソンとよばれる。一方、半整数スピン（1/2、3/2、5/2など）をもつ粒子はフェルミオンとして知られている。陽子、中性子、電子はすべて1/2スピンをもっているのでフェルミオンである。一方、光子は1のスピンをもつボソンである。粒子のスピンは不変だが、**アップ**（+）、**ダウン**（-）という2つの状態を行き来することができる。つまり、電子はアップの状態では+1/2スピンをもち、ダウンの状態では-1/2スピンをもつ。

088 量子数 QUANTUM NUMBERS

原子内部の電子の振る舞いは、**量子数**とよばれる4つの値で表現される。1つ目の数は原子核のまわりの電子が占める**エネルギー準位**を与え、アルファベットの「n」で表記され、1、2、3のような整数値をとる。各エネルギー準位のなかには、「l」で表される**角運動量の量子版**の数があり、0以上n-1未満のどんな整数値でもとることができる。つまり、n=2のエネルギー準位では、lは0か1をとりうる。一方、**磁気量子数**「m_l」は-lとlの間を変化することができるので、n=2の場合、-1、0、1をとりうる。最後の**スピン磁気量子数**「m_s」は電子の量子スピンが上向きか下向きかを示しており、+1/2か-1/2の値をとる。

量子数はすべて**保存則**に従い量子の系の状態を規定する。原子内の電子の状態を規定する場合は上述の4つの数で十分だが、より複雑な系ではより多くの量子数が必要となる。

089 排他原理 EXCLUSION PRINCIPLE

1925年に物理学者**ウォルフガング・パウリ**によって発見されその名がついたパウリの**排他原理**は、**フェルミオン**（半整数の量子スピンをもつ粒子）の振る舞いを支配する理論である。そのもっとも基本的な原則は、1つの原子のなかに4つの量子数すべてが同じ値をもつ電子が2つ以上存在することはできないというものである。パウリの排他原理は量子数の付け方と共に、原子の各エネルギー準位に

収まることができる電子の数を規定する。たとえば、もっとも低いエネルギー準位である$n=1$では量子数lとm_lに許される値は0のみである。最後の量子数m_sは$+1/2$かまたは$-1/2$をとりうる。すなわち、$n=1$の準位には2つの異なった状態があり、最大2つの電子を保持できることになる。同様に、$n=2$、3、4はそれぞれ8、18、32の電子をもつことができる。排他原理はボソン同士の相互作用とフェルミオン同士の相互作用の様式がまったく異なるということを示しており、この違いが**統計力学**で見られる巨視的な性質にも影響を及ぼしている。

090 シュレディンガーの猫 SCHRÖDINGER'S CAT

量子論における波の解釈では、粒子が同時に2カ所に存在できるように見える。たとえば波動と粒子の二重性の**二重スリット実験**では、あたかも単一の粒子が両方のスリットを通り抜けたかのように干渉パターンをスクリーン上に作りだした。オーストリアの物理学者**エルヴィン・シュレディンガー**はこの明らかな不合理性を示すために、シュレディンガーの猫としてその後知られるようになった狡猾な思考実験を考案した。

鍵がかかる箱のなかに**猫**と致死量の**毒**が入った小瓶を入れたとしよう。毒入りの小瓶は量子過程と連動していて、放射性原子が崩壊すると毒の小瓶が割れて猫は死ぬ。原子が崩壊しなければ猫は生きたままだ。シュレディンガーはこの状況において、測定がなされる前、すなわち箱が開けられる前の状態は、原子が崩壊していると同時に崩壊していないということを表す波動方程式によって支配されていると結論づけた。したがってこのとき、猫は死んでいると同時に生きていなければならない。なんとも奇妙なことである。

091 コペンハーゲン解釈 COPENHAGEN INTERPRETATION

シュレディンガーの猫のような思考実験によって、量子の法則が現実の世界について実際のところ何を語りかけているのかを、物理学者は長きにわたり真剣に考える必要に迫られた。その初期の見方が、理論の発展に大いに労力を費やしたデンマーク・コペンハーゲン大学の量子物理学者**ニールス・ボーア**に敬意を表して命名された、量子論の**コペンハーゲン解釈**である。

コペンハーゲン解釈の中核は**波動関数の収縮**というプロセスである。この考え方によれば、量子は測定される前は一度に2カ所に存在することが可能で波のように振る舞うが、測定されると波動関数が収縮し、明確な位置に存在する粒になる。シュレディンガーの猫の思考実験において、放射線源の波動関数（すなわちそれは放射線源に直接関連している猫の波動関数でもある）は、箱が開けられると同時に明確に定まった状態へと収縮する。そのときまでは、猫は死んでいると共に生きているのであり、その後どちらか一方に決まるのだ。

092 多世界 MANY WORLDS

現代版コペンハーゲン解釈ともいえる多世界解釈は、1957年に物理学者ヒュー・エヴェレットによって提唱された。その意味するところは、量子のあらゆる事象が我々の宇宙を多くの**平行宇宙**に分割していき、それぞれの平行宇宙でその事象のとりうる結果がすべて実現しているというものだ。一見信じがたいかもしれないが、多世界は観測者に依存しないため、コペンハーゲン解釈の波動関数の収縮よりも優れた量子論的解釈を与えることができる。

多世界解釈的シュレディンガーの猫の実験では、我々の宇宙は放射線源が崩壊する宇宙と崩壊しない宇宙の2つに分かれる。つまり、一方の宇宙では猫は生きており、他方では死んでいる。そして量子論の方程式は、我々がそれぞれの宇宙に存在する相対的な確率を与える。ここで注意すべきは、同一の宇宙内では猫が同時に生と死の両方の状態にいることはないということである。これは**デコヒーレンス**とよばれる多世界解釈の特徴へと行き着く。

093 デコヒーレンス DECOHERENCE

量子論のコペンハーゲン解釈においては、粒子が量子波としての振る舞いを止めて一度に1カ所にしか存在できない**古典的な物体**のように振る舞い始める瞬間を**波動関数の収縮**が決める。多世界解釈では、量子から古典的な振る舞いへ移行することをデコヒーレンスとよぶ。波動関数の収縮では観察者がちょっかいを出すためにこの移行が起こると考えるのだが、デコヒーレンスは繊細な量子系とその周囲の環境との避けられない相互作用によって起こるものだと考える。量子効果は、完璧な煙の輪を空気中に作り

だそうとするときの微妙な力と気流のバランスに少し似ている。それは、一陣の風によって一瞬のうちに失われてしまう。

多世界的な見方でシュレディンガーの猫の実験を考えると、放射線源の波動関数が粒子検出器と相互作用するたびにデコヒーレンスを起こし、放射線粒子を放ったか放たなかったかのいずれかの状態へと波動を追い込む。そしてまさにこの瞬間、各々の可能性に対応する宇宙がバラバラと剥がれていくのである。

094 **量子自殺** QUANTUM SUICIDE

量子論の多世界解釈とコペンハーゲン解釈、結局どちらが本当なのかを知ることはできるのだろうか？　マサチューセッツ工科大学の物理学者**マックス・テグマーク**は、シュレディンガーの猫の思考実験にひとひねりを加えて、**量子自殺**という名のぞっとするような仕掛けを考えた。テグマークは自動で引き金を引く機構が付いたライフルをイメージした。この機構には量子装置が含まれており、1/2の確率で実弾を、1/2の確率で無害なクリック音のみを発する。

これを見ている誰に対しても、銃はランダムに実弾を発射するか、クリック音のみを立てるかする。しかしテグマークが言うには、銃身を頭に突きつけている人は毎回必ずクリック音を聞いて生き延びるのだそうだ。そしてその理由は、彼が支持する多世界解釈においては、銃が発砲されない宇宙が常に存在するからだという。銃が発射される宇宙のなかでは実験者が生き延びて結果を知ることはありえないので、実験者は自身が生き残る宇宙にのみ自分自身を見出すに違いないというわけだ。そうは言うものの、テグマーク自身は、近い将来量子自殺を試みる計画はないと付け加えている。

量子現象　*Quantum Phenomena*

095 **仮想粒子** VIRTUAL PARTICLES

何もない空間も、実際は空ではない。不確定性原理によれば、何もない空間というのは**仮想粒子**として知られる急に現れたりいなくなったりする原子より小さな粒子が集まりごった返している場である。不確定性原理によると、粒子の位置の不確定性に運動量の

不確定性をかけたものは、プランク定数よりも常に大きくなければならない。しかしこれは同時に、粒子の**エネルギーの不確定性**に、観測する**時間の不確定性**をかけたものがある最小値よりも大きくなければならないと言っているのと同値であることが知られている。それゆえ、エネルギー E をもつ粒子は、それが時間 t の後にいなくなるのであれば、自然発生的に現れることができる（E と t をかけ合わせると不確定性原理を満たす場合）。それはすなわち、短命で高エネルギーの粒子か、長時間存在できる低エネルギーの粒子を作りだせることを意味する。仮想粒子は、1 つの物質粒子とその組となる 1 つの**反物質**からなる対で形成される。

096 零点エネルギー ZERO-POINT ENERGY

量子系でエネルギーがもっとも低い状態は**基底状態**として知られている。基底状態のエネルギー準位は、ときに**零点エネルギー**とよばれる。この名前は、気体分子運動論で用いられる熱力学的温度の絶対零度の零に由来し、系のとりうる最低エネルギーを表すという程度の意味でつけられたものだ。仮想粒子が存在するということは、空間の零点エネルギー（**真空エネルギー**ともいわれる）が実際にはゼロではないことを意味する。また、全宇宙空間の真空エネルギーの合計は宇宙定数、あるいはダークエネルギーとよばれ、宇宙の膨張率に影響すると考えられている。

097 カシミール効果 CASIMIR EFFECT

空間の**零点エネルギー**から直接的に導かれる結論に、**カシミール効果**とよばれる現象がある。それは、真空中に 200～300 万分の 1mm 離して平行に置かれた 2 枚の金属板は互いに引き合う力を受けるのだが、この力が仮想粒子に由来するというものだ。その理由は次の通りだ。仮想粒子は波動と捉えることもできる。板の外側には全波長の波が存在できるが、内側には板の間を通れる波、すなわち板間の距離が半波長の整数倍となる定在波のみが存在できる。ここで粒子的な描像に戻って考えると、内側にあ

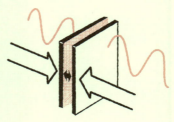

る粒子数が外側より少なくなるために、板を互いに押しつける圧力差が生じることを意味する。

カシミール効果は、1948年オランダの物理学者**ヘンドリック・カシミール**によって理論的に提唱された。そして1997年、ロスアラモス国立研究所で**スティーヴ・ラモロー**によって実験的に測定された。

098 エンタングルメント QUANTUM ENTANGLEMENT

1935年**アルバート・アインシュタイン**と2人の同僚**ボリス・ポドルスキー**と**ネイサン・ローゼン**は、後々まで影響を与え続ける量子的な思考実験を提案した。彼らは、正反対の量子スピンをもつ2つの粒子を作りだす量子過程をイメージした。たとえば**パイオン粒子**は**電子**と**陽電子**（電子の反物質）からなる対に崩壊することが知られているのでこれを満たす候補となる。崩壊粒子の1つはスピンが+1/2で、もう一方は-1/2であるが、測定がなされるまではどちらがどちらかを知ることはできない。それどころか、波動関数にデコヒーレンスを起こさせる測定がなされるまではどちらとも決まらない。

しかしながら、その測定がなされ、ある粒子の波動関数がデコヒーレンスすると、その瞬間どんなに離れていようとももう一方の粒子の状態もたちまち決まる。粒子をそれぞれ宇宙の両端へもっていったとしても、片方を測定した途端にもう他方の状態が直ちに決まる。アインシュタインがこれを非現実的だと考え、**遠隔怪作用**だとあざけったことは有名だ。しかしながら、量子がこの方法で結びついた状態を保つ能力は現在では量子もつれとよばれ、盗聴できない量子通信システムや量子テレポーテーションの基盤となっている。

099 ボース・アインシュタイン凝縮 BOSE-EINSTEIN CONDENSATE

半整数倍という量子スピンをもつ**フェルミオン**は、あらゆる量子系で2つ以上の粒子が同じ状態を占有することはできないという**排他原理**に従う。ただし整数倍スピンをもつボソンでは話が異なる。ボソンは同じ状態にいくつでも入ることができるのだ。そしてこのことは、系が絶対零度（「気体分子運動論」を参照）に極めて近くまで冷やされたときに、すべての粒子が系の最低エネルギーである**基底状態**に落ち込むことを意味する。このような系は、1920年代にこの状

態を理論的に予測した物理学者**サチェンドラ・ナート・ボース**と**アルバート・アインシュタイン**にちなんで**ボース・アインシュタイン凝縮体**とよばれている。

　以後ボース・アインシュタイン凝縮体は実験室内で作りだされてきた。ボース・アインシュタイン凝縮体ではすべての粒子の波動関数が重なり合い、大規模な量子効果をもたらす単一の巨大な「粒子のようなもの」を形成する。

100 超流動 SUPERFLUIDITY

　ボース・アインシュタイン凝縮体理論は、物質の驚くべき性質である**超流動**（極低温で液体の粘性が消失する性質）を発見する道を開いた。1938年、絶対温度2℃まで冷却されたヘリウム4（核に中性子を2つもつヘリウムの同位体）はボース・アインシュタイン凝縮を起こし、かつ超流動体としても振る舞うということが明らかとなった。

　超流動体は奇妙な性質を示す。粘性が0であることに加えて、エントロピーも0で、熱伝導率は無限大だ。また、超流動体は容器の壁面を這い上がり流体が縁を越えて溢れ出る**ローリン膜**を作る。そしてとりわけ奇妙なのは、回転容器内の超流動体は、特定の量子化された速度でのみ回転する**量子渦**を作るということだ。容器が徐々に回転速度を上げるにつれ、なかの超流動体は許容される回転速度を階段状に駆け上がる。

　ヘリウム4はボソンだが、超流動はヘリウム3などのフェルミオンでも見られる。フェルミオン超流動体の物理学は**超電導**と密接な関連をもつ。

101 超電導 SUPERCONDUCTIVITY

　超電導体は十分に冷却されたときに**電気抵抗が0**になる材料である。超電導は1911年にオランダの物理学者**ヘイケ・カメルリング・オネス**によって初めて観測された。しかしその仕組みを満足に説明できる理論は1950年代後期まで現れなかった。

　冷却が電気伝導度を改善するこ

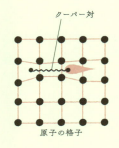

クーパー対

原子の格子

とは古くから知られていた。通常の導体において負に帯電している電子は導体中で電流を運ぶ。熱は材料中の原子格子を振動させ、それが電子と衝突することで電子の運動を妨げる。冷却すれば振動が減り、抵抗も下がっていくというわけだ。しかし、超電導体では抵抗が完全に消滅する。このとき十分に冷却された電子は格子のなかを自由に通り抜けることができるクーパー対を作る。大まかに言うと、各々の電子の負電荷が正に帯電している原子を引きつけるような働きをすることで格子が歪み、正の電荷が集中する場所が生じ、次に来る電子がそちらへ引っ張られるという形で電流が流れ続けるのである。

超電導体は現在、**超高効率発電機**、**加速器磁石**、**医用画像機器**の製造に使われている。しかしこれらすべての装置が冷却を必要とするので、現在の究極的な目標は常温で動作可能な超電導体を開発することである。

Particle Physics

素粒子物理学

102 ディラック方程式 DIRAC EQUATION

シュレディンガー方程式はゆっくり動く量子についてはうまく説明できる。しかし、光速に近い速度で移動する粒子に関しては役立たずで、アインシュタインが示したように**特殊相対性理論**が必要だった。1927年イギリスの理論物理学者**ポール・ディラック**は負の電荷をもち高速に移動する電子について記述するため、相対論を取り入れたシュレディンガー方程式の改良版を作り上げた。

ディラック方程式として知られるこの式は一見単純そうに見えるし、水素原子の電子については正確に解くことができるが、その他の場合に解を得るには近似法を使うかコンピューターが必要だ。ディラック方程式は量子物理学の新しい時代の始まりを告げる先駆的役割を果たした。それは**反物質**の存在を予測しただけでなく、電子と電磁場の量子的説明を組み込むことで**場の量子論**の原型にもなった。

103 反物質 ANTIMATTER

最初に**ディラック方程式**を詳細に研究した科学者は、それが**電子**の振る舞いを記述しているだけではないことを発見した。それどころか数学的には解が2つ出てきた。1つは電子を記述するものだったのだが、もう1つは、電荷だけが電子と逆のそっくりな粒子についてだった。電子はマイナス電荷を帯びているので、もう一方の粒子はプラスに帯電していることになり、**陽電子**と名づけられた。

ディラック方程式が発表された4年後の1932年に、実験物理学者が最初の陽電子を正式に発見した。陽電子は現在、**反物質**の最初の例といわれている。物質と質量が同じで、反対の電荷をもつ粒子を反物質粒子とよぶ。粒子とその反粒子が出会うと**対消滅**が起き、両方の質量が電磁波である**光子**に変換される。それはアインシュタインの公式 $E=mc^2$ で与えられるエネルギーをもつ。

104 場の量子論 QUANTUM FIELD THEORY

マクスウェル方程式によって記述される電磁気力は、この宇宙で働く**4つの基本的な力**の1つであることが突き止められた。電磁気力は**遠隔作用**するように見え、電子などの荷電粒子は、近くの粒子の電荷を感じる。この電磁相互作用は、電磁的に放射される光子によって空間を越えて媒介される。光子は**電磁場の量子**であり、それを記述する物理学は**場の量子論**（**QFT**）として知られている。

QFTは1927年、単独で存在する電子の周辺の場についての**ディラック方程式**から始まった。理論はリチャード・ファインマンを含めた物理学者らの手によって1940年代にさらに発展し、物質と電磁波間の相互作用を完全に記述できる場の量子論（現在の量子電磁力学）へと洗練されていった。次なる挑戦は、**重力**、原子核に働く**強い力**、**弱い力**といったその他の場の力を量子で記述することである。

105 ファインマン図 FEYNMAN DIAGRAMS

場の量子論が非常に複雑であることは疑う余地もなく、その数学的方程式の正確な解を得ることはしばしば不可能だ。この場合、

物理学者は有益な数値解を得るために近似法を使うことがある。ノーベル賞受賞物理学者リチャード・ファインマンによる**ファインマン図**はそうした方法の1つである。各々の図が粒子の相互作用の仕方を示す。そしてファインマンはこの図から比較的単純な計算に落とし込むための法則（ルール）を見つけた。量子論的な計算を行うときには、ありうるすべての相互作用の仕方についてファインマン図を描き、それを数式に変換し、すべての項を足し合わせればよい。

106 繰り込み RENORMALIZATION

ファインマン図が常に場の量子論の計算を簡単にしてくれるとは限らない。ときに計算により弾き出される数字は意味不明で、現実世界の物理量の値が無限大になるなどと予測したりする。このような数学的な大惨事は**発散**として知られている。

繰り込みは望ましくない発散を取り除く数学的方法である。最初にこの手法が量子電磁力学に使われたときは賛否両論で、多くの物理学者は巨大な槌でもって丸い穴に四角い杭を無理矢理打ちこもうとしているようなものだと批判した。ノーベル賞受賞者リチャード・ファインマンも「ばかげた処理」、「ごまかし」とよんだ。しかし、それが正解を与えることもまた事実だ。最近では理論家も繰り込みに共感を寄せるようになってきた。彼らは繰り込みが、新しい現象として物理学的に解釈可能なことを発見したのだ。

107 弱い力 WEAK FORCE

弱い力は原子核内部の粒子間に働く自然界の2つの基本的な相互作用のうちの1つであり、マクスウェル方程式や量子電磁力学によって記述される電磁気力の約1000億分の1という弱さのためそうよばれる。電磁気力が電磁場に存在する光子によって伝達されるのに対し、弱い力の担い手は単に**W粒子**と**Z粒子**として知られている。両方とも量子スピンが-1の重たい粒子である。Wは電子と同じだけの電荷（ただし正または負）を運び、Zは帯電しない。W

とZは共に粒子加速器で実験的に検出されている。

弱い力は原子核の**放射性崩壊**に関与し、1960年代後半に定式化された**電弱統一理論**によって量子レベルで記述される。この力は非常に狭い範囲にしか及ばず、原子核の外では存在しない。そのため弱い力は純粋なる量子現象であり、電磁気力のように対応する巨視的（あるいは「古典的」）な理論は存在しない。

108 クォーク QUARKS

原子核を構成する粒子である陽子と中性子はクォークとよばれるより小さな構成単位からできている。クォークにはu（アップ）、d（ダウン）、s（ストレンジ）と名づけられた3つの主なフレーバーがある。陽子と中性子はそれぞれ3つのクォークからできていて、陽子は2つのuクォークと1つのdクォーク、中性子は2つのdクォークと1つのuクォークからなる。また、u、d、sに加えてさらに3つのフレーバーがあり、c（チャーム）、t（トップ）、b（ボトム）とよばれる。クォークは量子スピンが1/2で、電荷がe/3の整数倍のフェルミオンである。6つのクォーク・フレーバーは**弱い力**によって互いの間を変化することができ、すべて実験的に検出されている。

クォークモデルは1964年、物理学者**マレー・ゲルマン**とジョージ・ツワイクによって別々に提案された。クォークという名前は、ジェイムズ・ジョイスの小説フィネガンズ・ウェイクの一節「Three quarks for Muster Mark（マーク王のためにクォーク三唱）！」からつけられた。

109 強い力 STRONG FORCE

強い力（電磁気力より100倍強いためそうよばれる）は**クォーク同士を結合**させて陽子と中性子を作り、さらにこれらの粒子を結合させて原子核を形成する。この力はグルーオンという、質量をもたずスピンが1の粒子の量子場によって伝達される。グルーオンの振る舞いを支配する場の量子論は**量子色力学（QCD）**として知られている。

色力学という名前は、クォークが**カラーチャージ（色荷）**とよばれる固有の量子数をもつことに由来する。電荷に少々似ているが、赤、緑、青の3つの型をもっているためより複雑であり、それぞれが正または負（たとえば赤と反赤）の値をとる。QCDのカラーは現実世界における色とは無関係であり、抽象的な量子概念に恣意的につけら

れた名前である。弱い力同様、強い力は非常に小さな量子スケールの範囲内でのみ働くため、対応する巨視的（あるいは「古典的」）な理論は存在しない。

粒子族 PARTICLE FAMILIES

素粒子物理学の主題は性質に従って粒子をグループ分けすることであり、実際、素粒子は**族**によって分けられている。**フェルミオン**と**ボソン**は量子スピンに従ってグループ分けをした例だ。**ハドロン**と**レプトン**はもう1つの例であり、ハドロンは強い力の影響を受ける粒子、レプトンは強い力以外のあらゆる力の影響を受ける粒子である。ハドロンにはクォークと陽子が含まれ、レプトンにはミュー粒子、タウ粒子、電子が含まれる。

一方、**バリオン**はハドロンの部分集合で、3つのクォークをもつ粒子である。この族には陽子と中性子が含まれ、宇宙のなかの「ふつうの物質」とでもいうべき物体の大半はバリオンでできている。バリオンではない方のグループは**中間子**（メソン）で、クォーク対（クォークダブレット）からなり、K中間子やπ中間子などがある。一部の実験物理学者は新しい粒子族の証拠を見つけたと主張している。4つのクォークで構成される「テトラクォーク」や、5つのクォークで構成される「ペンタクォーク」などだ。

ニュートリノ NEUTRINOS

ニュートリノは、**レプトン粒子族**の一員であり、電荷はゼロ、質量は無視できるほど小さく、量子スピンが1/2の**フェルミオン**である。ウォルフガング・パウリが放射性崩壊におけるさまざまな保存則を満たすために1930年に初めてその存在を提唱したニュートリノは、1956年に検出された。

ニュートリノは他のすべての物質とほとんど相互作用しないため、観察が難しいことで有名だ。実際、あなたが今これを読んでいる間も宇宙から飛来したニュートリノが毎秒何十億個もあなたの体を突き抜けている。今日のニュートリノ検出器は水で満たされた巨大なタンクを用いる。水を通過する何十億ものニュートリノのうち1つが、ときどき水分子と衝突して**チェレンコフ光**という測定可能な閃光を発するのだ。

星は超新星になる前に大量のニュートリノを放出(**ニュートリノバースト**)するため、天文学者は降り注ぐニュートリノのシャワーが検出されると、超新星爆発を観測しようと望遠鏡を放射源に向ける。ニュートリノはまた、太陽の動力源である核反応の副産物として日々太陽からも降り注いでいる。太陽ニュートリノ研究から、ニュートリノが3つの型に分けられるということが分かった。放射源であるレプトン粒子族メンバーにちなんで**電子ニュートリノ、ミューニュートリノ、タウニュートリノ**と名づけられたこれらの粒子は互いの間で自発的に変化する**ニュートリノ振動**を起こす。

112 標準模型 STANDARD MODEL

標準模型は、素粒子物理学の包括的理論である。科学者は自然界の4つの力についての場の量子論の記述と、既存の粒子族の分類について知っていることをまとめてこの理論を組み立てた。

大雑把に言って、標準模型は粒子を3つの主要なグループに分ける。まず、電子、ミュー粒子、タウ粒子と、それぞれに対するニュートリノ粒子を足して計6つのレプトンがある。そして6つのハドロンすなわちクォークがある。これら12の粒子はすべて量子スピン1/2をもっているのでフェルミオンだ。最後のグループには、ハドロンとレプトンの間の相互作用を伝える電磁気の**光子**、弱い力の**W粒子とZ粒子**、強い力を伝える**グルーオン**(すべて量子スピン1をもつのでボソンである)の4つの粒子がある。

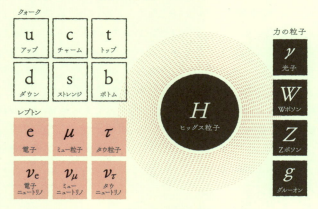

113 ヒッグス粒子 HIGGS BOSON

1964年に物理学者**ピーター・ヒッグス**によって提唱されたヒッグス機構は、宇宙に存在する粒子がなぜ質量をもつのかを説明する。これは標準模型が成立するには必須なのだが、未だ実験的に検出されたことはない。ヒッグスは、「**ヒッグス粒子**」として知られるようになる粒子の場が全宇宙に充満していると考えた。質量をもたない粒子が宇宙を進むと場が歪み、ヒッグス粒子がそのまわりに群がるため重くなる。粒子はさまざまな数のヒッグス粒子を引きつけるので、異なる粒子が異なる質量をもつ理由、そしてまったく質量をもたない粒子が存在する理由を説明することができる。ヒッグス機構は弱い力を記述する電弱理論において基本的な役割を演じる。この理論においてW粒子とZ粒子が重いことはヒッグス粒子の助けを借りなければ説明がつかない。粒子加速器によるヒッグス粒子を実験的に検出する競争が現在進行中である（訳注：2013年にヒッグス粒子はついに見つかったのではないかとされる）。

114 粒子加速器 PARTICLE ACCELERATOR

素粒子物理学の大半の実験は、**粒子加速器**とよばれる巨大な機械を使って実施される。粒子加速器は円形の地下トンネルからなり、強力な磁石によって進路を曲げられた亜原子粒子の「ビーム」が円形の軌道で発射される。

磁力の強さを厳密に制御することで、2つの対向するビームを光速近くまで加速し、正面衝突させることができる。このようにして粒子同士をぶつけることで、粒子が割れて内部構造を明らかにできるかもしれない、という発想だ。衝突によって飛び出した断片を研究することで、科学者は時折新たな物質粒子を発見することができる。これが、世界最大かつ最強の加速器である**大型ハドロン衝突型加速器**（LHC）を使って研究者が幻のヒッグス粒子を垣間見ようとしている方法だ。LHCはフランスとスイスの国境にある**欧州原子核研究機構CERN**に位置していて、1周27kmもある。

115 量子重力 QUANTUM GRAVITY

自然界の4つの基本的な相互作用における最後の力はもちろん、

重力である。アインシュタインの一般相対性理論は巨視的または古典的な世界での重力について卓越した説明を提供したが、量子論の原理と一致するような重力理論を構築する試みは困難に陥った。電磁気力がただの光子によって伝えられるのに対して、重力相互作用はより複雑な働きをする粒子を必要とする。この粒子は**グラビトン**とよばれ、質量をもたず、量子スピンは2であると予測されている。スピン2の粒子の相互作用を記述する場の量子論を構築することは可能であるが、通常の繰り込みでは除去することのできない無限大が出現してしまう。

弦理論や**M理論**はつじつまの合う量子重力理論構築につながりうる有力な研究分野だ。また、**ループ量子重力理論**というアイデアも有望である。この理論では、一般相対性理論における曲がった空間が、鎖かたびらのような輪や鎖のネットワークに量子化されると仮定する。

116 ホーキング輻射 HAWKING RADIATION

1974年、ケンブリッジ大学の物理学者**スティーブン・ホーキング**が、**ブラックホール**は実際それほど黒くもないかもしれないと論じた。彼は容赦なく物質を消費しつくすブラックホールという存在に関する物理学のなかで、量子効果を考慮するとブラックホールが少しだけものを返してくれることを示したのだ。完全な量子重力理論の代わりに、ホーキングは「半古典的な重力」として知られる近似を使って、一般相対性理論によって記述される曲がった空間上の粒子についての標準的な場の量子論を構築した。彼がこれをブラックホールの外面（**事象の地平線**）のすぐ外側に適用すると、興味深いことが見つかった。

他のあらゆる場所と同じくここでも仮想粒子対が作られるが、ホーキングの計算によれば、時折その粒子対のうち片方はブラックホールの重力によって地平線の彼方へ引っ張られるが、もう一方は逃れることがあるのだという。ブラックホールに落ち込んでいく粒子は逃れた粒子との関係から負のエネルギーをもち、正味の効果としては粒子が安定的に放射され、ブラックホールの質量があたかも蒸発するかのように時間と共に減少していく。

これが**ホーキング輻射**として知られる過程である。

原子核物理学
Nuclear Physics

117 原子核 ATOMIC NUCLEUS

原子核は原子の中心にあるコアであり、そこには**陽子**と**中性子**が存在する。1909年、ニュージーランドの物理学者**アーネスト・ラザフォード**と同僚らが正に帯電したアルファ粒子(放射性崩壊で作られる)を1枚の薄い金箔に当てたときに核の存在が明らかとなった。大部分の粒子は金箔をまっすぐに通り抜けたが、たまに大きな角度で屈折する粒子があったのだ。ラザフォードはこれを、アルファ粒子が原子内の電荷が集中した微小領域、すなわち核に衝突したと解釈した。これは、原子の他の部分と比較して原子核が微小であることを意味し、実際に原子をサッカー競技場の大きさに見立てると、核はえんどう豆ほどの大きさだ。原子物理学者はその後、原子核にしまい込まれているエネルギーを良くも悪くも有効利用する方法を学んでいった。

118 原子核殻模型 NUCLEAR SHELL MODEL

原子核の内部構造はいわゆる**原子核殻模型**に支配される。電子のエネルギー準位の理論と同様、このモデルでは核内にある**核子**という粒子が固有のエネルギー準位を占有し、その準位は核子数の増加に伴い満たされていくことが予測される。

各々の殻が保持できる核子数は2、6、12、8、22、32という並びに従う。電子のエネルギー準位が電子のみを保持できるのに対し、核のエネルギー準位には陽子と中性子が同居し、それぞれが独自の準位の組み合わせをもつ。この並びからは原子核の「**魔法数(マジック・ナンバー)**」ともよばれる、核が殻を過不足なく満たす中性子または陽子の数が導かれる。魔法数は核子数の1つ前までの項をすべて加えることで与えられ、2、8、20、28、50、82となる。魔法数の中性子または陽子をもつ核は特に放射性崩壊に対して安定であることが分かっている。原子核殻模型を用いて、原子核の量子スピンの総量のような他の物理量も正確に予測できる。

119 核反応 NUCLEAR REACTIONS

2つ以上の原子核が一緒になったり、核を粒子や光子と衝突させたりすると**核反応**が起こりうる。厳密に言うと、最初の核とは異な

る核ができたときに核反応が起きたとみなされる。これは核反応がある化学元素を別のものに変える力をもつためだ。核の化学的な型は**原子番号**、すなわち**陽子数**で決定する。たとえば窒素は7個、炭素は6個の陽子をもつ。単純な核反応は、たとえば窒素の核に中性子を1つ打ち込むといったもので、中性子が吸収され陽子が吐き出されることで、窒素が炭素に変わる。

核反応にはエネルギーを解放するものも吸収するものもある。解放される、あるいは吸収されるエネルギー量はアインシュタインの有名な公式$E=mc^2$によって与えられる。ここでのmは、反応前と反応後の質量の差分である。

120 核結合エネルギー NUCLEAR BINDING ENERGY

原子核の**結合エネルギー**というのは、強い力に打ち勝って核を構成粒子に分割するために必要とされるエネルギーのことである。核の総結合エネルギーをそこに含まれる粒子数で割った核子当たりの結合エネルギーは、すべての元素についておおむね一定だろうと期待するかもしれないが、そうではない。実際は、軽い元素の結合エネルギーは小さく、鉄元素で最大となり、その後再び減少する。

核子当たりの結合エネルギーを増加させるあらゆる核反応は、エネルギーを解放する。結合エネルギーは、核を分割するために入力しなければならないエネルギーである。したがって、核を組み立てるときには正反対のことが起きるはずであり、結合エネルギーの正味の増加分が解放されることになるからだ。

この理屈が**核分裂**と**核融合**の基礎である。重い原子核の分裂、あるいは軽い原子核の融合によって利用可能な大量のエネルギーが生成される。

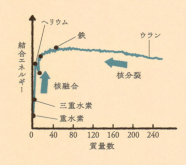

121 核分裂と核融合 FISSION AND FUSION

核反応には膨大な量のエネルギーを発するものがあり、**核分裂**と**核融合**として知られている。核分裂反応では、重い原子核が2つのより小さな核に分割した結果、エネルギーが放出される。一方の核融合反応では軽い核が結合する。正に帯電している核同士が作用範囲の狭い強い力によって結合するためには、互いの陽子によるクーロン反発を克服しなければならない。これは核を高温に加熱し、核の衝突エネルギーが非常に高い状態にすることで実現できる。この温度依存性が、核融合がときに熱核反応として知られるゆえんである。

さらに、不確定性原理によって、衝突する各々の核に実際にもっているよりも高いエネルギーが一時的に付与される**量子トンネル効果**という現象も作用し始める。核反応から放出されるエネルギーは、ガソリンのような化学燃料を燃やすことで得られるエネルギーの何百万倍にもなる。

122 連鎖反応 CHAIN REACTIONS

原子炉や核兵器は、1つか2つの原子核が**核分裂**、あるいは**核融合**するやいなやその過程が自律的に進行する。すなわち連鎖反応を起こす。

核分裂はウランやプルトニウムなどの重い元素の核に中性子を打ち込むことで始まる。中性子を吸収した重い核は不安定になり、エネルギーを放出しながら分裂する。同時に多数の中性子が放出され、これが他の重い原子核と再び衝突する。これが**核連鎖反応**である。

一方の核融合反応も、1〜2個の原子核を融合させるのに十分な温度まで上昇させると、放出されたエネルギーによってそのプロセスを継続させるのに十分な温度が保たれるので、連鎖反応とみなすことができる。

123 放射性崩壊 RADIOACTIVE DECAY

他の原子核などの亜原子粒子と衝突せずとも核反応を起こす原子核がある。このような核は**放射性崩壊**とよばれる過程で自発

的に粒子を放出する。放射される粒子は**核放射線**として知られ、**3 種類がある**。**アルファ粒子**は2つの陽子と2つの中性子の集まりであり、基本的にはヘリウム核と同じである。**ベータ粒子**は高速の電子だ。原子核自体は電子をもたないが、核内の中性子が弱い力によって陽子と電子とニュートリノに変換される過程で電子が放出される。

短寿命の核は、第3のタイプの核放射線である**ガンマ線**を放出することがある。これはアルファ線とベータ線放出の副産物として生じる**高エネルギー電磁波**(光子)である。

また、原子核殻模型に従い核内の粒子がより高い準位に押し上げられ、その後もとの準位に戻るとき、エネルギー準位間を移動する電子と同じように光子を放射する。核の放射能の強さは、試料中の核の半分が崩壊するのにかかる時間である**半減期**によって与えられる。

124 ガイガー管 GEIGER TUBE

放射性崩壊(正確にはそれによって放出される放射線)は**ガイガー管**とよばれる機器を用いて検出できる。ガイガー管は、放射線粒子が通過したときに短時間通電する気体が封入された手持式の管からなる。管を作る金属製の筒の中心部には金属突起が取り付けてあり、筒との間に高電圧がかけられている。管を通過する放射線粒子は、気体中に存在する原子から電子を叩き出し、原子を帯電させる。次に帯電した原子が高電圧によって加速され、気体中の他の多くの原子と衝突する。衝突によって電子がこれらの原子から叩き出され、原子が帯電し、気体中を流れる電気パルスへといたる「なだれ」効果を生み出す、という仕組みだ。生じた電気パルスは、管につながれたカウンターに記録されるか、スピーカーに送られて「クリック音」を与える。

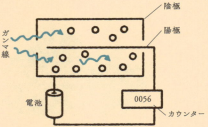

Unification Theories

統一理論

125 カルツァ・クライン理論 KALUZA-KLEIN THEORY

アインシュタインの一般相対性理論は空間と時間を**時空**として知られる1つの4次元体に統合した。彼の理論の重要なポイントは、時空の湾曲によって重力を説明するところにある。1920年代に、数学者**テオドール・カルツァ**と**オスカー・クライン**はそこに第5次元が存在すると仮定して電磁気力のマクスウェル方程式を加えた。そして、結果として生じる5次元時空の湾曲を重力と電磁気力の両方を記述する統一理論を構築するために利用した。また彼らは、余剰次元が**コンパクト化**、すなわち非常に小さく折り込まれているために我々の視界からは隠されていて見ることができないのだと主張した。

この理論のつじつまを合わせるために、カルツァとクラインは空間に広がる粒子の新しい場を方程式に導入しなければならなかった。1920年代当時、物理学者はそのような粒子場が存在するなどということは信じなかったものだが、今日では新しい粒子は日常的に予測されるし、場合によっては実験的に検出されてもいる。カルツァとクラインのモデルは、**弦理論**や**M理論**といった自然界の力を統合する現代的な考えの基礎となるものだと評価されている。

126 余剰次元 EXTRA DIMENSIONS

我々はみな、3次元の空間と1次元の時間の世界に居住していることに慣れているが、物理学の理論においてはそれより多くの、視界から隠されている**余剰次元**が存在する可能性が示唆されている。余剰次元は自然界の力を統一しようとする理論のなかに出現する。M理論は時間の余剰次元の存在をもうかがわせるが、もっとも一般的なのは空間の余剰次元である。

我々に余剰次元が見えない理由は、それらがコンパクト化され

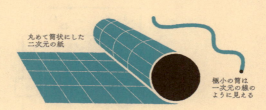

丸めて筒状にした二次元の紙

極小の筒は一次元の線のように見える

ているからである。1枚の紙を使って筒状に巻いていってみよう。筒の径が小さくなるにつれて、二次元の紙は次第に一次元の線のように見え始める。これが、次元がコンパクト化される際に起こることだ。余剰次元のなかを動こうとする粒子はスタート地点にすぐに戻ってくることになる。2007年、ウィスコンシン大学マディソン校の物理学者が、マイクロ波背景放射の研究は我々の宇宙に実際いくつの次元が存在するのかを知る方法になるかもしれないと唱えた。

127 電弱理論 ELECTROWEAK THEORY

　20世紀の物理学の決定的なブレークスルーの1つは、電磁気学のマクスウェル方程式と原子核内の放射性崩壊に関与する弱い力が、**電弱力**（電弱相互作用）という同じ基本的な現象の異なった見方に過ぎないという1968年の発見であった。一見したところこの2つを一緒にすることなど不可能に思える。なんといっても弱い力はその名の通り非常に弱いのだ。電磁気力は長距離に作用し、光や電波のような電磁波は全宇宙を横切ることができる一方、弱い力は原子核に限定される。

　それにもかかわらず、物理学者**アブドゥス・サラム**、**シェルドン・グラショウ**、**スティーヴン・ワインバーグ**は、これらの力がビッグバン後の初期宇宙のような高エネルギー状態のもとでは統一されることを示した。自発的対称性の破れを組み込んだ彼らの理論はWとZという2つの新しい素粒子を予測した。そしてその直後、1973年にこれらの粒子が欧州原子核研究機構CERNで検出されたのである。電弱理論は物理学における大発見であり、発案者らは1979年のノーベル賞を受賞した。

128 自発的対称性の破れ SPONTANEOUS SYMMETRY BREAKING

　これは素粒子物理学の統一理論による、高エネルギーで統合された力が、エネルギーが低くなるにつれて分離する現象を指す。たとえば電弱力（電弱相互作用）は、高温、高エネルギー状態のビッグバンの中で作られた後、1秒の何分の1かの時間宇宙に存在した。

　宇宙が十分に冷えた後、相転移を経て我々が今日見ている電

磁気力と弱い力に分離した。

ここでの「対称性」という言葉は単純な鏡像を意味しているのではなく、各々の理論を記述する数学における複雑な自己類似性を示している。自発的対称性の破れが生じると、統一理論の全体的な対称性は構成要素である個々の理論の対称性に分割される。高エネルギーの対称状態というのは、鉛筆をおしりの部分で立ててバランスをとっているようなものだ。ひとたび鉛筆が特定方向に倒れれば、対称性は破れてしまう。

129 大統一理論 GRAND UNIFIED THEORY

電弱理論が電磁気力と弱い力を結合することに成功したように、物理学者は電弱力と原子核内で粒子を結びつける強い力を1つにすることのできる理論を捜してきた。そのような構想は**大統一理論**（**GUT**）として知られている。

しかしながら、科学者たちは正しいGUTがどのようなものであるかについて未だ合意にいたっていない。1つの理由は実験データの不足である。電弱理論と同様GUTモデルは自発的対称性の破れを含んでおり、電弱力と強い力は高エネルギー状態の初期宇宙において結びつけられ、宇宙が冷やされるにつれ分離したことを意味する。しかしGUT統一エネルギーは電弱力のおよそ**100兆倍**大きいと考えられ、現在使われている粒子加速器のパワーでこのような領域を探索することは不可能である。

130 超対称性 SUPERSYMMETRY

理論物理学とは対称性、つまり理論の予測値が不変になるようにする学問だ。簡単な例は時間対称性である。火曜日に寝室の窓から石を落とし、水曜日にも同じ実験を繰り返すと、石は火曜日と同じ運動方程式に従って落ちる。もっとずっと深いところで見られるかすかな対称性が、素粒子の世界の複雑な法則を特徴づけている。その一例が**超対称性**（SUSYとも書かれる）だ。素粒子はボソン、フェルミオンとよばれる明確に異なる2つの族のどちらかに分けられる。そしてその違いは、量子スピンという抽象的な量で決まる。

超対称性の下では、あらゆるボソンは対応するフェルミオンのパートナーをもち、逆もまたしかりであると考えられている。これらの

いわゆる**超対称性パートナー**はすべて、ビッグバン直後の最初の瞬間にだけ存在し、その後の自発的対称性の破れが宇宙を非対称にしたことで、今日我々が目にする粒子のみが残された。理論物理学者は超対称性を用いることで、大統一理論や万物の理論において繰り込みを用いてもなお解決できない非現実的な**発散**(粒子の質量のような物理量に対し無限大という解が得られること)にいたるいくつかのケースを解消することに成功している。

131 ミラーマター MIRROR MATTER

超対称性パートナー同様、**ミラーマター**というのは自然の基本的な対称性によって存在が予測される素粒子の仮想の族である。

ミラーマターは文字通り**パリティ**という鏡像対称性に関係する。我々の手はパリティ対称性をもち、左手に対しその鏡像である右手が存在する。同様に、電磁気力、強い力、重力もすべてパリティを守っていて、これらの理論においては左巻きの粒子に対して右巻きの相手が存在する。しかしながら、弱い力はこの法則に従わないように見える。

ミラーマターは弱い力の理論において、あらゆる粒子に鏡像パートナーが存在すると仮定することでバランスをとろうと試みるものである。もしこのようなミラー粒子が存在するならば、通常の物質とは重力を介してしか相互作用できない。すると好都合なことに、そのような粒子は実質的に見えなくなるので、ミラーマターが未だに見つからないのもうなずける。ただし、一部の科学者は、ミラー粒子が宇宙の暗黒物質の正体だと予想しており、もう見つかっていると信じている。

132 万物の理論 THEORY OF EVERYTHING

究極の統一理論は電磁気力、強い力、弱い力、重力という4つの自然の力すべてを1つの理路整然とした数学的な枠組みに集約する。このような理論モデルは**万物の理論**として知られ、我々の宇宙を記述する理論を見つけることは現代物理学の至高の目標であると広く認められている。万物の理論によって、存在するあらゆる粒子ひとつひとつの任意の時点における状態を計算することが可能になり、それにより宇宙の未来全体を厳密に描き上げることが

できると誤解されがちだが、そうはいかない。電磁気学理論が、ラジオで今どんな歌がかかっているかをあなたに教えてくれないのと同じことである。

万物の理論を構築することの難しさは、電磁気力と核力を記述する量子論と、重力を記述するアインシュタインの一般相対性理論を結合するところにある。**量子重力**を作りだすために一般相対性理論を量子化する試みはしばしば、非物理的な結果を生む。しかしながら、弦理論やその兄貴分であるM理論といった候補モデルの開発が進んでいる。

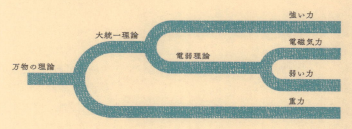

133 弦理論 STRING THEORY

1970年代の初めに開発された弦理論は、**粒子を排した**、素粒子物理学の新しい見方である。電子や陽子のように自然界で実際に観測される実在の粒子は有限のサイズをもつので、これらの粒子に計算によって点状の性質を与えることについて批判する科学者は少なくなかった。**弦理論**はこれに対応するため、点粒子を空間中である程度の広がりをもつ実体（この場合は一次元の振動エネルギーである弦）で置き換える試みである。これにより我々の知る粒子はむしろ定在波、または弦を弾くことで生まれる音のようなものだと考えることができるようになる。

弦理論は一般相対性理論と量子論を統合し、ひいては万物の理論になりうる1つの案である。先行したカルツァ・クライン理論のような統合モデルと同じく弦理論は余剰次元を必要とし、一般的には全部で10または26の時空次元が必要となる。弦理論のいくつかは**超対称性**を取り入れて**超弦理論**へと発展している。

134 M理論 M-THEORY

　1995年、弦理論に多くのバージョンが存在し、そのなかから正しいものを選択する明確な手立てもないという状況にあった科学者は、すべての弦理論は単なる特例に過ぎないとする新しい包括的な理論の構築を提案した。この新たなモデルは**M理論**と名づけられた。M理論では粒子を1次元の「弦」と考えるのではなく、2次元の「膜」として扱う。弦は依然として存在しているが、それは2次元膜を1次元にスライスしたものに過ぎず、そのスライスの向きが着目している特定の弦理論に対応する。この理論をうまく活かすためには、弦理論が必要とするたくさんの次元の上にさらにもう1つ余剰次元をもたなくてはならない。つまり、複数の10次元弦理論が1つの11次元M理論にまとめられるということだ。

　ところで、M理論の「M」が何を指すのか今や誰も定かではないようだ。「mother（母）」や「master（支配者）」、「matrix（母体）」や「membrane（膜）」などが提案されている。

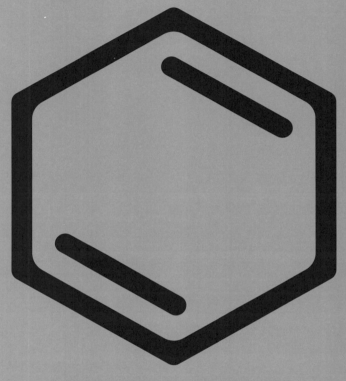

CHEMISTRY
化学

化学元素、元素間で起こる反応、そこで生じる化合物の研究を行うのが化学という学問だ。
　化学は物理学から生じたものだといえる。原子核の周りを周回する電子とよばれる粒子の振る舞いが物理学の法則によって予測できるからだ。そして、物質ごとの性質や他の物質との反応の仕方などは、すべて物質に固有の電子構造によって決まる。
　最初の化学者は、紀元前2000年頃の古代エジプトに存在したと考えられている。彼らは、植物から薬を抽出したり、石鹸を作ったり、皮をなめしたりといった化学的手法を完成させたのだ。西洋最初の化学者は、ありふれた金属を金に変えられると信じる錬金術師だった（実は錬金術は可能だ。ただ、原子核の複雑な反応が必要であり、実験机の上でできるようなものではない）。
　科学としての化学は17世紀の哲学者ロバート・ボイルの、気体の振る舞いを数学的に記述する研究からスタートした。そして18世紀後期、フランスの科学者アントワーヌ・ラヴォアジエがこの研究を発展させた。ラヴォアジエは、錬金術師のとりとめのない似非科学的なやり方を一蹴し、確固たる科学的原理に基づく新しい化学の生みの親となった。
　その後、原子論や原子の性質がいかにして元素の性質を説明するかが明らかにされた。こうして、近代化学が産声を上げたのだ。

原子

135 原子番号 ATOMIC NUMBERS

化学者や物理学者は、**原子核の電荷を原子番号**（Zと書き表される）で分類している。これは、核のなかに存在する陽子（正に荷電している素粒子）の数に等しい。陽子の数は、核の周りをビュンビュン飛び回っている電子（負に荷電している素粒子）の数とも等しい。それゆえ原子番号は、原子の化学的性質を調べるときの有用な数となっている。

136 電子殻 ELECTRON SHELLS

電子は、**原子核を取り巻く同心円状の殻**（電子殻）の上を周回していて、各軌道は電子のエネルギー準位に対応している。量子論の排他原理によると、すべての電子が同じ電子殻に収まることはできない。そのため電子は、エネルギー準位の低い内側の電子殻から順番に埋めていくことになる。各電子殻に入る電子の数は、内側から2個、8個、18個、32個……と決まっている。n番目の電子殻に入る電子の数は$2n^2$個である。

原子の**外殻**（一番外側の電子殻）に含まれる電子は化学反応に関わっており、**原子価殻**ともよばれる。この殻に含まれる電子の数が少なければ少ないほど、その物質の反応性は高くなる。たとえば原子番号11のナトリウムは電子を11個もっている。n=1の電子殻は満員、n=2の電子殻も満員、そしてn=3の電子殻（これが原子価殻）に残り1つの電子がひとりぼっちで収まっている。これが、ナトリウムの反応性が高い理由である。

137 原子量 ATOMIC MASS

ある原子の陽子と中性子の数を足すと、その**原子の質量**である**原子量**が求められる（Aと書き表される）。陽子と中性子はだいたい同じくらいの質量で、約1.67×10^{-27} kgだ。たとえば、酸素は原子量16、すなわち2.67×10^{-26} kgである。ところでこ

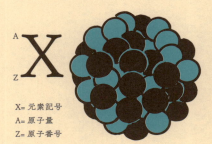

X= 元素記号
A= 原子量
Z= 原子番号

の値には、8個ある**電子の質量は含まれていない**。というのも、電子の質量は中性子や陽子の2000分の1の重さしかなく、原子の質量にほとんど寄与しないからだ。原子核に含まれる中性子の数（Nで表される）は「A-Z」、つまり「原子量-原子番号」で求まる。酸素原子の核は、8個の中性子が8個の陽子とくっついてできていることになる。

138 同位体 ISOTOPES

同位体とは、同じ原子番号、つまり同じ数の陽子と電子をもっていながら、**中性子の数が異なるもの**のことをいう。そのため、各同位体の原子量は異なる。同位体を分類するのに、しばしば原子量が使われる。たとえば、炭素の原子量は通常12で、6個の陽子と6個の中性子からなる核をもつが、炭素13や炭素14という同位体も存在する。同位体は原子核内部の変化によって生じるため、電子の配置によって決まる化学的性質は通常と変わらない。ただし、水素の核のなかにもう1つ中性子が入っている**重水素**は例外である。重水素はふつうの水素の2倍も重量があるため、化学反応の速度が著しく低下してしまうのである。

139 イオン IONS

通常、原子核に含まれる**正電荷の陽子**と、周りを飛び回っている**負電荷の電子**の数は同じなので、原子全体の電荷はプラスマイナスゼロになる。電子を失ったり余計にもっていたりするために帯電しているのがイオンである。

イオンには2種類ある。**陽イオン（カチオン）**は電子を失った状態で、正に帯電している。**陰イオン（アニオン）**は電子を獲得した状態で、負に帯電している。陽イオンは、原子が電子を1つ蹴り出すのに十分なエネルギーを獲得したときに生じる。陰イオンは、原子の原子価殻に電子が加わることでできる。原子価殻が電子で満たされている状態の原子は非常に安定である。原子は、常にもっとも安定な状態になりたがっている。それゆえ、原子価殻があと電子1つで満タンになる状態にあるハロゲン（17族）は、近くを通り過ぎる電子を捕まえて陰イオンになろうと、常に機会をうかがっている。

140 化学元素 ISOTOPES

物質の構成要素は**化学元素**である。そして、**元素の実体は原子**だ。化合物というのは、2つ以上の原子が結合した分子である。すべての化学元素には固有の原子番号がついていて、元素記号という1文字か2文字のアルファベットを使った省略形で書かれる。たとえば水素（原子番号1）はHであり、酸素（原子番号8）はO、鉄（原子番号26）はFeである。

元素は**周期表**とよばれる表に並べることができる。周期表の縦の列は**族**とよばれる。族が同じ元素は、原子価殻に似たような数の電子をもっているため、化学的な性質が似ている。複数の電子殻が存在するため、原子番号が増えていくと似たような原子価殻の配置が繰り返し出現することになる。その1回の繰り返しが表の横の行、**周期**となる。周期表の前半部分が変な形をしているのは、内側の電子殻に入ることのできる電子の数が限られているためだ。

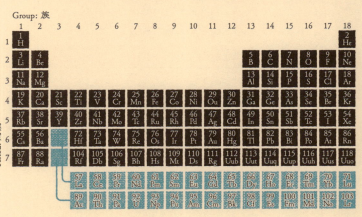

141 超ウラン元素 TRANSURANIUM ELEMENTS

ウランは天然に存在する元素であり、原子番号は92だ。ウランと、それより原子番号が小さい元素までは地球上に自然に存在する。しかし、それより原子番号の大きな元素は**放射性崩壊**を起こすため、すべて消滅してしまっている。そのため、**超ウラン元素**とよばれる元素は、**核反応の制御**によって人工的に作らなければならない。

ウラン自身は、原子力発電所の原子炉で燃料として使われる。このときにできる副産物が原子番号94の超ウラン元素**プルトニウム**であり、これは核兵器にも使われる。

原子番号の大きな元素を作るのには、とてつもない費用がかかる。たとえば、1gの**カリホルニウム**を作るには、1000万ドル（およそ12億円）もかかる。しかも、そうまでして作ってもほとんど使い道がない。それでも科学的な興味のもと、これまでに20種類の超ウラン元素が世界各国の研究室で作りだされてきた。

142 モル MOLES

モルとは**物質の量の単位**である。これは、12gの普通の炭素（原子量12）のなかに含まれる原子の数と定義されており、その値は6.022×10^{23}である。つまり、原子量と同じグラム数の物質には1モルの原子が含まれるということだ。1909年、この概念を最初に提唱した19世紀のイタリア人科学者であるアメデオ・アボガドロにちなみ、この数に**アボガドロ定数**という名前がつけられた。モルという考え方は原子にしか使えないわけではない。1モルのイオンや1モルの電子、あるいは1モルの分子だって考えることができる。

Chemical Synthesis

143 物質 SUBSTANCES

物質という用語をなんとなく使うのは簡単だが注意が必要だ。**化学物質**というのは、化学元素という基本的な言葉を使うことで、化学的な構成成分を明らかにできる物体に対して化学者がつける固有の名前のことである。たとえば酸素（O_2）は化学物質のよい例だ。また、化学式CO_2で表される二酸化炭素は、1分子あたり炭素1個と酸素2個からできている。

化学物質は、その物質がどのような状態（固体、液体、気体）であるかによって変わることはない。水は氷だろうが蒸気だろうが、水である。ちなみに、光子は化学元素からできているわけではないため、化学物質ではない。

144 混合物 MIXTURES

2つの化学物質が混ざり合っているが、**化合物を作るような化学結合を生じていない状態**にあるとき、それは**混合物**とよばれる。たとえば空気。酸素、窒素、アルゴン、二酸化炭素が混ざってできているが、「空気」という分子は存在しない。すなわち、気体分子同士は結合していないのだ。

混合物は、均質な場合と不均質な場合がある。不均質な混合物では、その構成成分が異なる相（固体、液体、気体）からなり、水と氷のように簡単に分離することができる。均質な混合物では、すべての成分が同じ相にあるため分離することが難しい。混合物には溶液、コロイド、分散系の3つがある。**溶液**は均質な混合物で、塩を水に溶かしたときのように、異なる物質同士が一様に分布している。**コロイド**は不均質な混合物で、微細な粒子が残ったままの状態である。牛乳は、脂肪の小さな粒子が水に混ざっているコロイドの代表例だ。3つ目の**分散系**は、大きな固体や液体粒子が液体や気体と混ざり合った不均質な混合物を指す。しばらく放っておけば、分散系中の粒子は分散媒から分離されて沈殿する。泥水がその例であり、泥水をすくってしばらく静かにしておけば、透明な水と底に溜まる堆積物とに分離される。

145 溶液 SOLUTIONS

溶液は、2種類以上の化学物質の**均質な混合物**である。これらの成分は、混合する前は異なる相だとしても、混合すれば同一の相になり、均質な混合物を形成する。溶液が形成される過程を**溶解**とよぶ。2成分からなる溶液においては、より多い成分を**溶媒**、より少ない成分を**溶質**とよぶ。砂糖を水に溶かす場合なら、水が溶媒、砂糖が溶質だ。この例のように溶媒が水の混合物を特に、**水溶液**とよぶことがある。

物質が他の物質に溶ける能力のことを**溶解性**という。溶け合わない2つの物質（水と油のように）は**不溶解性**である。溶液の濃度は、1Lの溶媒中に溶けている溶質のモル数である**体積モル濃度**で表される。そのほかにも、溶媒1kgあたりに溶けている溶媒のモル数である**質量モル濃度**という表し方もあるもある。

146 拡散と浸出 DIFFUSION AND EFFUSION

溶液の成分が自然に混合するプロセスを**拡散**という。運動論に従い分子のランダムな動きによって混ざり合い、均一な混合物となる。拡散は気体でも液体でも起こる。

気体では、**浸出**というプロセスで物質が移動することもある。気体が**容器にある微細な穴から徐々に流れ出ていく**のである。この穴は、ヒトの目には小さくても、気体分子からすると巨大なのだ。浸出速度は、**気体の分子量（原子質量単位）の平方根に反比例**する。つまり、同じ体積の水素（原子量1）とヘリウム（原子量4）の混合気体では、水素がヘリウムの2倍の速さで流れ出る。浸出という概念は、ペットボトルの炭酸飲料から自然と炭酸が抜けていってしまうことを教えてくれる。

147 化合物 COMPOUNDS

混合物というのは2種類の化学物質が混ざり合ったときにできるものだ。一方、化学物質の**原子同士が結合して新しい物質ができた**とき、これを**化合物**という。混合物と違い、化合物の成分は濾過といった**物理的な方法で分離することができない**。

水を含む化合物のことを**水和物**とよび、水を含まない化合物を**無水和物**とよぶ。水和物は水を含んでいるが、固体として存在しうる。たとえば、塩化コバルト(II)について見てみよう（(II)は、コバルト元素に電子が2つ足りないことを意味している）。$CoCl_2$と表される固体化合物は無水和物だ。これが吸水すると、塩化コバルト(II) 六水和物 $CoCl_2 \cdot 6(H_2O)$になる。これは水和物だが、やはり固体だ。化合物の構成要素（分子とよばれる場合もある）は化学式で表すことができる。化合物を構成する原子同士は、**イオン結合**、あるいは**共有結合**という化学結合を形成する。

148 浸透 OSMOSIS

溶媒分子は通れるが溶質分子は通れないような大きさの穴があいた**半透膜**というバリアで隔てられた容器に、2つの異なる濃度の溶液を入れる。すると、濃度の低いほうの溶液から、溶媒が半透膜を通って濃度の高いほうへ移動する。

この動きは両側の溶液の濃度が等しくなるまで続く。このプロセスを**浸透**という。膜の両側の溶液は3種類の状態に分けられる。濃度の高い状態が**高張**、濃度の低い状態が**低張**、そして両側の溶液の濃度が等しい場合は**等張**となる。

膜を通る溶媒の流れは**浸透圧**という圧力を生み出す。浸透圧と同じだけの力を高張側の溶液に与えることで、この浸透というプロセスを止めることができる。**細胞膜**を液体が通り抜けられるのも浸透のおかげであり、浸透は生きている細胞の機能に必須である。

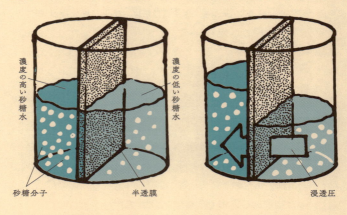

濃度の高い砂糖水　　濃度の低い砂糖水

砂糖分子　　半透膜　　浸透圧

149 電解質 ELECTROLYTES

電解質は、物質（通常は液体）中に陽イオンと陰イオンが存在するために**電気を通す**ことができる。たとえば、食塩（塩化ナトリウム）は水に溶かすことで正電荷をもつナトリウムイオンと、負電荷をもつ塩化物イオンに分解されるため、食塩水は電解質となる。生物は電解質を使って神経インパルス（「神経生物学」を参照）を生み出す電気信号を伝達し、筋肉を動かしている。**電池**にもなくてはならない存在だ。

150 イオン結合 IONIC BONDS

イオン結合とは、正電荷と負電荷をもつ**イオンの静電引力**（反対の電荷同士の引きつけ合う力）による化学結合である。イオン結合はふつう、**金属と非金属原子の間**で形成される。通常、金属原子は電子殻の外殻（原子価殻）にあまり電子をもたないが、非金属原子の原

子価殻はほぼ満員の状態だ（「金属結合」を参照）。原子価殻が空になるか電子で満たされたとき、原子はもっとも安定な状態となる。自然というものは安定を好むので（鉛筆を立てようとするより、横向きに寝かせておくほうが楽なのもそのせいだ）、金属原子と非金属原子が近づくと、金属原子の原子価殻にある電子が飛び出て、非金属電子の原子価殻に収まり、どちらも安定化する（「イオン」を参照）という結論に落ち着く。このとき同時に、双方の原子が反対の電荷をもつことになるため、原子同士は電気的な力でまとめられることになる。

2つ以上の原子が関与することもある。たとえばマグネシウムは原子価殻に2個の電子をもつ。一方塩素は、原子価殻に1つだけ空きをもつ。こんなとき、2つの塩素原子が1つのマグネシウム原子に結合することになる。そうすれば、マグネシウムはそれぞれの塩素原子に1つずつ電子を渡すことができ、3つの原子が円満に安定化するからだ。かくして、電子を受け取って負の電荷を帯びた塩素原子が、正の電荷をもつマグネシウムとイオン結合を形成することで、塩化マグネシウム（$MgCl_2$）ができあがる。

151 共有結合 COVALENT BONDS

イオン結合と同じように原子同士を引きつけて化合物を作るもう1つのやり方を、**共有結合**という。この場合、原子たちは**原子価殻で電子を共有**する。たとえば、2つの水素原子が結合して水素分子H_2となることについて考えてみよう。各水素原子は原子価殻に1つの電子をもつのだが、この電子殻は2つの電子が入ったときが一番安定である。そのため、2つの水素原子が近づき合い、2つ目の電子を共有することでどちらの原子価殻も満たした状態になり、安定化するというわけだ。

水（H_2O）は酸素原子が2つの水素原子と共有結合することで作られる。酸素原子の原子価殻には電子が2つ足りていないため、2つの水素原子からそれぞれ1つずつ電子を借りて電子殻を満たしている。一方、水素原子のほうも、酸素から1つずつ電子を借りて安定化している。

共有結合には**極性**と**非極性**があり、それは電子がどのように原子間で共有されているかで決まる。たとえば、水分子において水素原子を酸素原子に引きつけている結合は極性であり、酸素原

水素分子
H₂
H—H

水分子
H₂O
O—H
|
H

子のほうが水素原子よりも水素の電子をたくさん使っていることを意味している。それに対し、水素-水素の結合は非極性で、電子は公平に共有されている。共有結合する原子同士は、複数の電子を共有することでより強い**二重結合**や**三重結合**を形成することもある。

152 分子間力 INTERMOLECULAR FORCE

力は分子を形作る原子同士の間にだけ働くわけではなく、分子と分子の間にも働いている。**分子間力**とは、**分子を結びつけている力**のことだ。この力が、物質が温度に応じて固体・液体・気体という**3相を示す原因**である。分子間力には2種類ある。1つ目の**ファンデルワールス力**は分子間の複雑な電気的相互作用により形成される。たとえば双極子相互作用がそうで、これは極性が強い分子同士の電気的に引き合う力、反発し合う力に基づくものである。この力が気体の理論的記述を複雑にしている(「状態方程式」を参照)。

もう1つの力は**水素結合**であり、分子のなかにある水素が、近傍の他の原子や分子と相互作用した結果形成される。水素結合は、DNA上で遺伝情報をコードする塩基対が形成されるメカニズムでもある。水素結合はファンデルワールス力よりも強いが、分子間力自体は分子を構成する共有結合やイオン結合よりも弱い。

153 金属結合 METALLIC BONDS

周期表の左側を占める化学元素が金属である。現在の化学においては、周期表のホウ素(B)とポロニウム(Po)を結ぶ斜めの線よりも左側に位置する元素と定義されている。この線より右側の元素は**非金属**で、線上にある元素は**半導体**だ。

金属結合は金属(あるいは合金)を**固い結晶格子にまとめる力**である。金属が頑丈なのはこのためだ。結晶格子中の金属原子たちは原子価殻から電子を失った状態にあるため、電子がおびただしい数

の粒子の海となり、正の電荷を帯びた原子核の周囲を寄せては返し動き回っている。この負電荷を帯びた大量の粒子は固体のなかを自由に動き回ることが可能で、そのおかげで金属は電気や熱を伝える能力が高い。電子の働きはこれだけではない。正電荷をもつ核と負電荷をもつ電子を引きつけ合う強い力は原子が動かないように強固に押さえつける役割を果たすため、のばしたり曲げたり割ったりすることがとても難しくなる。

154 二元化合物 BINARY COMPOUNDS

二元化合物とは、**2つの元素からなる化合物**である。食卓塩が代表例で、ナトリウム原子(Na)と塩素原子(Cl)が結合して塩化ナトリウム（NaCl）を作っている。できあがる化合物の名前はいろいろなルールで決まる。共有結合している化合物では、2つ目の元素の最後を-ideに変えて、それぞれの元素の必要数を表す接頭語をつける（1=mono、2=di、3=triなど）。ただし、1つ目の元素が1つしかない場合には、monoはつけない。このルールに則って、CO_2はcarbon dioxide（二酸化炭素）とよばれ、SF_6はsulfur hexafluoride（六フッ化硫黄）とよばれる。H_2Oの場合はdihydrogen monoxide（一酸化二水素）となるが、水とよばれることのほうが多いだろう。

イオン結合している化合物では、陽イオン（カチオン）の名前を先に書き、陰イオン（アニオン）の語尾を-ideに変える（よって、Sodium Chloride:塩化ナトリウムとなる）。イオン結合でできる多原子分子の場合名前が複雑に変化し、語尾が「ite」や「ate」などになる。たとえば、sulfate（硫酸塩）は硫黄と4つの酸素原子でできている（SO_4）。そこに2つの水素原子を加えるとH_2SO_4（hydrogen sulfate）すなわち**硫酸**となる。

155 有機化合物 ORGANIC COMPOUNDS

炭素を含む化合物のほとんどは有機化合物とよばれる。人類や地球上の他の生命体は炭素が基本となってできている。有機化合物である炭素化合物は、生命化学（生化学）にとってもっとも重要な構成要素である。**炭水化物**、**DNA**、**タンパク質**、その他の栄養素もすべて有機化合物だ。

しかし、生命とはほぼ無関係な有機化合物も多い。たとえば**炭**

化水素。これは炭素と水素がさまざまな方法で結合することでできたもので、メタン、プロパンなどの天然ガスや、**ガソリン**などの可燃性液体燃料に含まれている。

Molecules

分子

156 分子 MOLECULES

原子が化学においてそれ以上分割できない最小単位であるように、**分子は化合物の最小単位**である。分子は塩（ナトリウム原子と塩素原子が結合している）のようなシンプルな構造のものから、生命の基本となっているDNA分子のように、1分子が数百万の原子からなる複雑なものまでさまざまだ。

原子が共有結合したものが分子であるため、厳密にいうとイオン結合している化合物（先ほどあげた塩など）は分子ではない。イオン結合している化合物は、単にイオン同士が反対の電荷の引き合う力で集まっているだけだからだ。

157 化学式 CHEMICAL FORMULAS

化合物を構成する分子は、**化学式**という形で**どの元素がどれだけの割合で含まれているか**を示すことができる。この式は、それぞれの元素を表す元素記号と、それが各分子に何個含まれているかを示す下付きの数字でできている。たとえば、水は酸素原子1つと水素原子2つでできていて、H_2Oという化学式で表される。

1つの分子がもう1つの分子と結合して別の化合物を形成していることを示すときなど、カッコを使うことがある。たとえば、塩化コバルト（$CoCl_2$）は6つの水分子を吸収して$Co(H_2O)_6Cl_2$となる。イオンであることは、元素記号の右に上付き文字で電荷を書いて示す（Cl^-やCu^{2+}のように）。同位体を表すときには元素記号の左に上付き文字で原子量を書く。そんなわけで、**重水**という中性子が1つ多い水素の同位体からできている水は、^2H_2Oとなる。

158 分子質量 MOLECULAR MASS

化合物の**分子質量**とは、1分子の質量を原子質量単位（atomic

mass units）で表したものである。これは、単純に**分子を構成する原子の質量を合計したもの**である（同位体を含む場合はそれに応じて増減させる）。たとえば水分子は2つの水素原子（原子量1）と酸素原子（原子量16）からなるため、分子量は18原子質量単位となる。これは同時に、18gの水が水分子1モルに相当することを示している。

（訳注:原子質量単位の使用は現在では推奨されていない。日本でよく使われる分子量［molecular weight］は相対分子質量であり、単位のつかない無名数となる。）

159 同素体 ALLOTROPES

同一元素からなる物質が異なる性質をもつことがある。これを**同素体**という。たとえば酸素には、酸素原子（O）、酸素分子（O_2）、オゾン（O_3）という3つの同素体がある。酸素分子とオゾンは酸素原子が他の酸素原子と結合することでできている。酸素原子は無害であるが、酸素分子は高圧で有害になる場合があるし、オゾンは毒だ。また、固体中の原子や分子の**配列が異なる**場合も同素体とよぶ。たとえば、**ダイヤモンド**（固い結晶格子状の配列）と**グラファイト**（六角形が連なった板状の結晶が重なった層構造）はどちらも炭素からできている。

同素体の形成は、固体、液体、気体の間の相転移とは無関係である。しかし、ある同素体が別の同素体に変化する際、温度や他の環境条件の変化がきっかけとなることがある。たとえば鉄は906℃以上に加熱されると、**体心立方格子**構造から**面心立方格子**構造へと変化する（「結晶」を参照）。

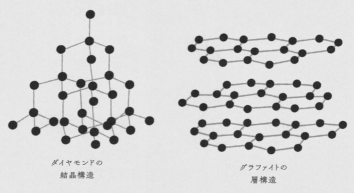

ダイヤモンドの
結晶構造

グラファイトの
層構造

160 構造式 STRUCTURAL FORMULAS

構造式は化合物の分子構造を書く便利な方法で、構成成分である原子のつながりを分解して書き下したものだ。化学式がC_2H_6Oのエタノールは、構造式ではCH_3-CH_2-OHとなる。これを見ると、この分子はどうやらCH_3（**メチル基**の炭素）がCH_2（**メチレン基**の炭素）に結合し、それがOH（**ヒドロキシ基**の酸素）と結合していることが分かる。

構造式は図で表すこともできる。エタノールは下の図のように描ける。この描き方を**ルイス構造式**とよぶこともある。

3次元の分子を構造式で表すことは難しい。それをうまく解決する方法の1つは**破線-くさび形表記法**だ。実線（黒塗り）のくさび形は紙面よりも手前に突き出ている原子を表し、破線のくさび形は紙面

```
    H   H
    |   |
H - C - C - O - H
    |   |
    H   H
```

ルイス構造式で描いたエタノール

よりも奥に位置する原子を示す。破線-くさび形表記法でメタン（CH_4）を描くと下図のようになる。

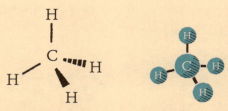

破線-くさび形表記法で描いたメタン　　三次元表現のメタン

161 分子構造 MOLECULAR GEOMETRY

化学式は化合物1分子が何でできているかを示す。ところで、分子は実際のところどのような見た目なのだろうか？ 原子はどのように配置されているのだろうか？ これは**分子構造論**の守備範囲である。**量子化学**の理論を分子の構造にあてはめコンピューターで

計算すれば、理論的に正確な分子の構造を求めることができる。

分子構造はさまざまあるが、基本的な形は5種類である。もっともシンプルな**直線形**は、すべての原子が一直線に並んだ状態だ。**平面三角形**はその名の通り平らな三角形構造だ。**四面体形**の分子は、ピラミッドのような4つの面からなる3次元構造をとる。**三方両錐形**の分子は、2つの四面体形の分子が背中合わせにくっついたような構造である。**八面体形**の分子は、その名の通り八面体の構造をとる。化合物に電磁波を照射したり素粒子をぶつけたりして、その跳ね返りを見ることで分子構造を推定することができる。

162 異性体 ISOMERS

化学式が同一でありながら分子構造が異なる（すなわち構造式が異な

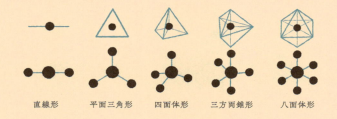

直線形　　平面三角形　　四面体形　　三方両錐形　　八面体形

る）化合物を**異性体**とよぶ。エタノールとジメチルエーテル（DME）は同一の化学式C_2H_6Oで表されるが、エタノールの構造式はCH_3-CH_2-OH、ジメチルエーテルはCH_3-O-CH_3と、まったく違う。

異性体の化学的性質が全然違うこともある。それぞれに違った化学反応から生じる異性体同士は、原子や分子の結合の様子が同じというわけではないからだ。

163 キラリティー CHIRALITY

自分の掌を見てみよう。片方の手はもう片方の手の**鏡像**になっている。この2つの手を同じ向きでぴったり重ね合わせることはどうやっても不可能だ。分子のなかにもこういう特性をもつものがあり、化学者はこの性質をキラリティーとよんでいる。

互いに鏡像の関係にあり、反対のキラリティーをもつ2つの分子は**光学異性体**（より正確には**エナンチオマー**、または**鏡像異性体**）とよばれる。

エナンチオマーは、分子を通る光の**平面偏光を回転させる**というおもしろい性質をもっている。このような物質は光学活性をもつという。分子を通過してくる光を正面から見たときに、時計回りに光を回転させる分子は「+」で表される。そのエナンチオマーである反時計回りに光を回転させる分子は「−」と表される。タンパク質を構成する基本ユニットであるアミノ酸など、多くの生体分子がキラリティーを示す。

164 極性 CHEMICAL POLARITY

分子内の原子の配置によっては、**分子中の電荷の分布に偏り**が生じ、部分的に正や負に帯電する領域が生じることがある。この偏りを**極性**とよぶ。

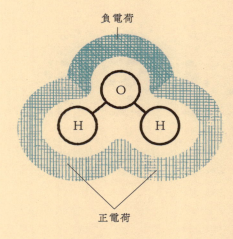

負電荷

正電荷

もっとも有名な極性分子は水だ。折れ曲がった構造をしていて、酸素原子の周りは負の電荷を帯び、2つの水素原子がある側は正の電荷を帯びる。上の図では、水分子の正に帯電している部分を、負に帯電している部分よりも薄いメッシュで示している。

極性分子である水には、他の極性分子もよく溶ける。また、極性分子は、他の極性分子と双極子相互作用（ある分子の正に帯電する部分と、他の分子の負に帯電する部分が引き合う）という分子間力で結合することができる。

165 化学反応 CHEMICAL REACTIONS

化学反応とは、異なる化学元素や化合物が互いに変化をもたらして**新しい化合物を作るプロセス**だ。もっとも単純な化学反応は、2種類以上の物質が組み合わさって別の物質を作りだす**化合**と、その逆の、2種類以上の単純な物質に変化する**分解**である。化学反応にはさまざまな種類があり、**燃焼**や酸とアルカリの**中和**など多岐にわたる。

反応する物質を**反応物**、反応によって生じる物質を**生成物**とよぶ。化学反応を起こすには、反応物を一緒に置いておくだけでいいこともある。そうでない場合は、反応を起こすためにかき混ぜたり熱したりと、何らかの刺激を加える必要がある。

反応によっては、別の化学物質の助けを必要とすることもある。添加すると化学反応を加速させるが、自分自身は反応前後で変化しない物質のことを**触媒**とよぶ。たとえば自動車部品の触媒コンバータ。白金触媒を含浸させたフィルターに排気ガスを通すことで、排気ガスに含まれる有害な一酸化炭素と酸素が結合する反応が促進される。その結果無害な二酸化炭素が排出されるが、白金触媒自体はこの反応の前後で変化しない。

166 反応熱 REACTION ENERGY

化学結合はエネルギーを蓄えているため、**結合が壊されるときにはエネルギーが放出され、結合が生成されるときにはエネルギーが吸収**される。エネルギーを放出する反応は**発熱反応**(exothermic)、エネルギーを吸収する反応は**吸熱反応**(endothermic) とよばれる。「熱(thermic)」という語尾から予想がつく通り、このエネルギーは熱という形で表れてくる。植物が太陽から吸収したエネルギーを利用し、二酸化炭素と水を反応させてグルコースと酸素を作る光合成は吸熱反応の例である。発熱反応の例は燃焼である。これは、ものが酸素と熱と結びつき、よりたくさんの熱を放出するという反応だ。反応に使われた、あるいは反応により放出されたエネルギーは、**熱測定法**で求めることができる。

アルミニウム粉末と酸化鉄（錆び）の混合物を燃やすという反応は、激しい発熱反応の例だ。この粉末は火を点けるのがとても大

変だが、一度点火してしまえば急激に熱が上昇し、2500℃の溶けた鉄と酸化アルミニウムの塊を作りだす。このテルミット反応は軍隊で発火装置として使用されたり、溶接に使用されたりする。

167 化学反応式 CHEMICAL EQUATIONS

反応物から生成物ができあがる過程を、化学者は化学反応式を使って表す。右向き矢印の左側に反応物、右側に生成物が書かれる。たとえば化合物Aと化合物Bが反応して化合物Cができあがる場合、A+B→Cとなる。反応が**可逆的**、つまり反対向きの反応も起こりうる場合、右向き矢印の下に左向きの矢印を添えてA+B⇌Cと書く。

168 化学量論 STOICHIOMETRY

化学反応における**反応物や生成物の相対的な割合**は、**化学量論**で求められる。化学反応では特定の反応物が2分子以上必要になることがある。たとえば、$Al+O_2→Al_2O_3$という式で表される酸化アルミニウムの化学反応式をよく見てほしい。左辺にはアルミニウム1原子と酸素2原子があるが、右辺を見るとアルミニウム2原子と酸素3原子が出てきて、左辺と右辺が釣り合っていない。この反応式を正しい形にするにはどうすればよいだろうか?

$4Al+3O_2→2Al_2O_3$とするのが正解だ。各元素の前につく数字(係数という)は、反応にその分子がいくつ使われるかを示している。両辺を釣り合わせるためにかけるこの係数のことを、**化学量論係数**(stoichiometric coefficient)とよぶ。**化学量論的化合物**は、整数比の反応物が合わさってできたもののことである。

化学量論は、たとえば自動車の内燃機関における最適な空気と燃料の混合比(すべての燃料をちょうど燃やし切るのに必要な酸素の量のことで、**空燃比**ともいう)を決めるのにも使われる。ガソリンであれば、最適な空気と燃料の比は14.7:1だ。

169 化合と分解 COMBINATION AND DECOMPOSITION

もっとも単純な化学反応は**化合**(化学合成)である。反応物は2つ以上の元素や化合物で、それらが**化学結合を形成する**ことで1つの生成物ができる。

分解はその逆の反応で、1つの反応物が分解して2つ以上の生成物ができる。この反応は、加熱や電流を流すなどの何らかの刺激を必要とすることも多い。たとえば、水に電流を流すと**電気分解**が起こり、水素と酸素に分かれる。この反応を化学反応式で表せば、$2H_2O \rightarrow 2H_2+O_2$となる。

170 酸化還元反応 REDOX

反応物が**電子を放出したり受け取ったりする化学反応**のことを**酸化還元反応**（Redox、レドックス反応）という。酸化は電子を放出することであり、還元は電子を受け取ることである。この2つの反応は同時に進行し、結果的に、物質から他の物質へ電子が移動することになる。

たとえば、水素（H_2）とフッ素（F_2）がフッ化水素（HF）を作る反応は、酸化還元反応の例である。この反応を化学反応式で表すと、$H_2+F_2 \rightarrow 2HF$となる。これは、水素の酸化（$H_2 \rightarrow 2H^+ +2e^-$）と、フッ素の還元（$F_2+2e^- \rightarrow 2F^-$）に分けることができる。最終的にはもちろん、フッ化水素が得られる（$2F^- +2H^+ \rightarrow 2HF$）。

酸化はどうして酸化とよばれるのだろうか？ 実は、昔は酸素だけがこのような化学変化を起こせると考えられていたのだ。また、還元という言葉は、反応に伴い酸素が失われることを指していた。今では、フッ素や塩素など他の**酸化剤**も見つかっているし、水素などの**還元剤**も知られている。鉄が錆びるのも酸化還元反応で、酸素と鉄が結合して酸化鉄という赤い化合物になる前に、鉄から酸素へ電子が渡されている。

171 酸と塩基 ACIDS AND BASES

酸は水素を含む化合物であり、水に溶かすと水素が**陽イオン**（H^+）として放出される。この水素イオンは他の物質と結合して腐食させる作用をもつ。また、酸は電流を通し、刺すような酸っぱい味がする。

一方、**塩基**（アルカリともよばれる）は酸とは反対に**水素イオン**を吸収し、溶液の酸性度を低下させる。負に帯電する水酸化物イオン（OH^-）は塩基の代表例で、水素イオンと反応して水を生成する。この反応は、$H^+ +OH^- \rightarrow H_2O$と表される。このように酸と塩基を反

応させることを中和とよぶ。複雑な酸性溶液を中和させると、水と一緒に何らかの**塩**（酸由来のアニオンと塩基由来のカチオンがイオン結合した化合物）が形成される。たとえば、塩酸（HCl）を水酸化ナトリウム（NaOH）で中和すると、水と食卓塩（NaCl）ができあがる。

172 燃焼 COMBUSTION

燃焼は、放出される熱が反応の継続や促進に使われる**発熱反応**の一例である。物質によっては、急速な燃焼により**爆発**が起こることもある。一般的に、**燃焼反応は酸化**（「酸化還元反応」を参照）の一種であり、燃焼性の燃料が酸素と組み合わさって生成物と熱を生み出す。たとえば炭化水素のブタンガス（C_4H_{10}）が燃えるときは、$2C_4H_{10} + 13O_2 \rightarrow 8CO_2 + 10H_2O$ という燃焼反応が起きている。

これは煙が出ない燃焼反応である。ときには、化合物が燃焼するときに固体や液体のかすが作られ、**灰**、**すす**、**煙**（固体や液体粒子を伴う気体）が生じることがある。たとえば、アルミニウム粉末がブンゼンバーナーの火によって燃えるときは $4Al + 3O_2 \rightarrow 2Al_2O_3$ という化学式で表される反応が起こり、酸化アルミニウム粒子が形成される。

173 ブンゼンバーナー BUNSEN BURNER

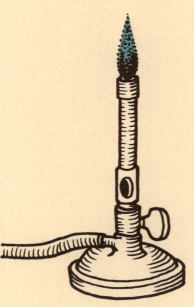

ブンゼンバーナーは、混合物を温めて化学反応を促進するのに使われる、研究室になくてはならない器具である。それだけでなく、実験器具を滅菌するためにも使われる。ブンゼンバーナーは1852年にドイツの科学者ローベルト・ブンゼンにより発明された。当時在籍していた大学がガスをパイプで送る設備を備えた建物を新たに建設するのに合わせ、科学研究に使いやすく、うまく**コントロールされた炎**を作りだせるガスバーナーを開発することにしたのだ。

ブンゼンバーナーは直立した金属製の筒でできている。ガスが筒の根元から供給され、上端から出ていくというつくりだ。ブンゼンが天才的だったのは、**空気の取り入れ口を筒の下側に作った**ことだ。しかも、空気を取り入れる量は筒に取り付けられた環によって調節可能であり、ガスと空気を燃焼前に混合することができる。空気中の酸素と混合されたガスは非常に効率よく燃焼し、きれいに燃える青色炎を作りだす。この状態なら、器具を汚染するもととなるすすは発生しない。

一方、空気の流入口を閉じてしまえばバーナーはセーフモードになるので、実験の合間はこの状態にしておくとよい。酸素が供給されないときの炎は黄色く、温度も低い。このような状態のときに炎の上にガラス器具をのせると、すすがつく。

174 沈殿 CHEMICAL PRECIPITATION

溶液中で固体が形成される（そして底に沈んでたまる）ような化学反応のことを**沈殿**とよぶ。2種類の溶液を混合したときに溶質同士が化学反応して不溶性の化合物ができあがると、その化合物は液体に溶けていられなくなり、固体として離脱する。**複分解反応**のなかにもこのような反応がある。

新たに形成された化合物は**沈殿物**とよばれ、それが底に沈んだ後の上部の液層は**上清**とよばれる。

沈殿は、溶液を溶解度が低い他の液体と混合したときにも生じる。このような液体のことを**逆溶媒**という。

175 複分解反応 METATHESIS

化学反応で重要なのは、化学物質そのものというより、反応物同士をつなぎとめる結合のほうである。複分解反応とは、2つの反応物が**結合を交換し**、**新しい生成物を形成**する反応のことである。分かりやすい例は、NaCl+AgNO$_3$→AgCl+NaNO$_3$という反応だ。この反応では、塩化ナトリウムと硝酸銀が結合を交換し、塩化銀と硝酸ナトリウムが生じる。

複分解反応は反応物が**イオン結合**をもっている場合に起こる。イオン結合は、反対の電荷同士が引き合う力でイオンのペアをくっつけている。2つの反応物が自身のイオン結合を壊して、相手のイ

オンと結合し直すほうがより安定になる場合に複分解反応が起こる。複分解反応は、沈殿や、酸と塩基の中和でも見られる。

176 化学平衡 CHEMICAL EQUILIBRIUM

可逆反応（化学反応式で両向きの矢印がつく反応）において、**双方の反応が同じ速度**で起きていて、反応物と生成物の量が一定になっているとき、その反応は**化学平衡**に達しているという。

化学平衡が何らかの理由で破られると、その変化を打ち消す方向の反応速度が増す。

たとえば、A+B⇄Cの反応が平衡状態にあるとする。もし、誰かが化合物Cを外から加えると平衡が失われ、右から左へと進む反応の速度が増加し、CからAとBが作られる反応のほうがその逆向きの反応よりも早く進むようになる。このプロセスは再度平衡状態に達するまで続く。これを**ルシャトリエの原理**という。

177 フリーラジカル FREE RADICALS

原子や分子の周りを周回している電子は、反対の量子スピンをもつ電子と対になろうとする。**フリーラジカル**とは、**最外殻軌道に対になっていない電子をもつ**、極めて反応性が高い原子や分子のことだ。この電子が死にもの狂いで他の化学物質や化合物の電子と結合しようとするため、フリーラジカルはとても反応性が高い。破壊的な化学反応（燃焼、食物の腐敗、地球の大気にあるオゾン層の破壊など）にはフリーラジカルが関与していることが多い。

フリーラジカルの例としては**活性酸素**（O_2）や**ヒドロキシイオン**（OH^-）がある。

生物学的には、フリーラジカルは老化の一因とされており、認知症、がん、その他の疾患の発症に関わっていると考えられている。フリーラジカルが生体に及ぼす悪影響は、フリーラジカルを吸収し、生体内での酸化反応（酸化還元反応）を阻害する**抗酸化剤**によって打ち消される。抗酸化剤の例は**ビタミンE**、**ベータカロチン**、ワインやチョコレートに入っている**ポリフェノール**などだ。

化学分析

178 分析化学 ANALYTICAL CHEMISTRY

未知の化合物や溶液があった場合、それが何であるかを明らかにするにはどうしたらよいだろうか？ こんなときこそ**分析化学**の出番だ。大まかにいって、分析化学は2段階のプロセスからなる。最初のプロセスは**定性分析**で、その未知のものが何なのかを明らかにするために一般的な化学試験を行う。見た目は？ 色は？ 酸か塩基か？ 熱すると燃焼するか？ もし燃焼するなら、何色で燃えるのか？ 化学者はこのようなテストをいくつも行って手がかりを積み上げ、そこにある化学元素や化合物を突き止める。

次のステップは、いま明らかにした元素や化合物がどれくらいの割合で含まれているかを知るための**定量分析**だ。定量分析の目的は、**滴定**、**重量分析**、**分光測定**などの特殊な化学試験を行い、それぞれの元素が含まれている割合を正確に決めることである。測定対象となる物質を**分析成分**(Analyte)とよぶ。

179 pH指示薬 PH INDICATORS

溶液の酸性度や塩基性度を表す標準的な指数となっているのがpH（potential of hydrogen、水素イオン指数）とよばれる量である。cを10cm³の溶液中に含まれる水素イオン(H^+)の量（モル）としたときに、pH=$-\log_{10} c$と定義されている。中性の水はpH7で、pHが7よりも小さいものは酸性、7よりも大きいものは塩基性である。

溶液のpHは電気的に測定することもできるし、**指示薬**とよばれる化学薬品を使って求めることもできる。指示薬とは酸や塩基の存在により色が変わる溶液で、酸が存在すると指示薬は赤色を呈し、アルカリが存在すると青色になる。指示薬は多くの化学物質が含まれる混合液であるが、**刻んだ紫キャベツ**を水に入れ、ぐつぐつと20分間沸騰させた後の煮汁も十分に優れた指示薬として働く。

180 重量分析 GRAVIMETRIC ANALYSIS

重量分析というのは分析化学のなかの定量分析を行う手法の1つで、溶液や懸濁液に含まれる**溶質の重量**を調べることができる。溶質を物理的あるいは化学的に固体にして抽出し、重さを量るという方法がとられる。懸濁液やコロイドの場合、その抽出には**濾過**

が用いられることもある。

　分析成分を溶媒から抽出するために、しばしば**沈殿**が利用される。新たな化合物を加えて不溶性の物質を作りだすこともある。固体粒子が得られたら不純物を取り除くため洗浄し、熱して乾かした後に精密天秤で重量を測定する。重量分析は単純であり高価な装置を必要としないが、効果の高い手法である。

181 滴定　TITRATION

　滴定とは、溶液に含まれる元素や化合物の量を、溶液中の物質と反応する化学物質を加えていって**反応が完了するのに要した量**をもとに求める手法である。

　たとえば塩酸と水酸化ナトリウムから水と塩を作る中和反応。化学反応式では$HCl+NaOH\rightarrow H_2O+NaCl$と表される。今ここに、濃度が分からないHCl溶液が入ったビーカーがあるとしよう。このビーカーに濃度が分かっているNaOH溶液を1滴ずつ加えていき、反応がいつ終わるか記録することでHCl溶液の濃度を計算することができる。反応式によれば、HClとNaOHの量（分子数）は反応終了時に等しくなっているはずだ。すなわち、ビーカーに入っていたHClの分子数は、そこに足したNaOHの量（体積）をその濃度とかけ合わせたものに等しい（「溶液」を参照）。

　そういうわけで、たとえばHClの入ったビーカーに0.5モル/LのNaOHを0.025L加えた場合、ビーカー内のHCl分子数は0.025×0.5=0.0125モルとなる。ビーカー内のHCl溶液の体積が0.05Lであるならば、その濃度は0.0125/0.05=0.25モル/Lとなる。

　滴定で反応液を滴下するときには、**ビュレット**とよばれる、壁面に目盛りが刻まれ下部に活栓

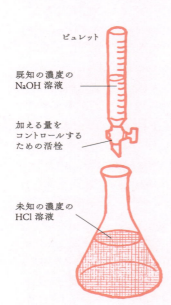

ビュレット

既知の濃度の
NaOH 溶液

加える量を
コントロールする
ための活栓

未知の濃度の
HCl 溶液

のついた長いガラス管を使用する。滴定の一番難しい部分は、反応がいつ終わったかを見極めることだ。通常は、反応が完了すると色が変わるような**pH指示薬**などを分析成分（「分析化学」を参照）に加えておく。

182 沸点上昇法 EBULLIOMETRY

溶質の分子量を決定するために**溶液の沸点を測定**することを沸点上昇法という。あらゆる物質は、溶媒に溶けるとその沸点（溶媒が気体に変化する温度）を上昇させる。この現象を**沸点上昇**とよぶ。

液体の温度が沸点まで上昇すると、液体中の原子や分子が気体（「固体・液体・気体」を参照）となって表面から離脱する。このときに溶質粒子が存在していると、離脱しようとする気体を妨害し液体に戻そうとする。そのため、溶媒粒子は追加のエネルギーをもらわないと溶質をかき分けて離脱することができなくなる。その結果沸点が上昇するのだ。このようなわけで、沸点を調べることで溶質がどのくらい存在するかを調べることができる。

183 分光測定 SPECTROMETRY

分光測定とは、**分光器**という機器を用いて対象物が放出するさまざまな波長の**光の強さを測定**することで化学的な組成を求めようというものである。原子や化合物は、**電子殻間のエネルギー差**と等しいエネルギーをもつ波長の光を吸収する。また、対象物を白熱するまで熱すると、電子殻間のエネルギー差と等しいエネルギーをもつ波長の光が放出される。サンプルから放出される光の強度を波長に対するグラフとして表すと、放出が山、吸収が谷として表れてくる。山と谷のパターンは物質に固有なので、そのグラフをもとに元素や化合物を特定することができるのだ。

184 蒸留 DISTILLATION

混合物から**液体成分を分離**する方法の1つに**蒸留**がある。これは、異なる液体が異なる沸点をもつことに基づいた手法だ。どのような液体が含まれているかさえ分かれば、その成分固有の沸点まで混合物を加熱し、出てくる蒸気を回収し、それを冷やして液体に戻すことができる。蒸留はウイスキーなどの蒸留酒を作る際にも

使われるが、これはアルコールが78.5℃で沸騰するという性質を利用している。化学工学では、**原油を精製**する際に蒸留が使われている。

185 結晶学 CRYSTALLOGRAPHY

固体の**原子間および分子間構造**を決定するというのは、分析化学のなかでも結晶学の守備範囲だ。原子や分子はさまざまなやり方で結合することができ（「同素体」を参照）、それに応じて性質も変わる。もっとも単純な構造は立方体で、原子や分子がその格子構造の節点にくる。**体心立方構造**や**面心立方構造**（「結晶」を参照）など、もっと複雑なバリエーションも存在する。

結晶学者は、構造を明らかにしたいサンプルがあると、短波長のビーム（X線や中性子や電子など亜原子粒子）を当てる。すると、固体中に規則正しく存在している原子や分子が回折格子のような働きをするので、出てくる放射線（粒子）が明るい部分と暗い部分からなる回折パターンを描く。このパターンが内部の構造を示すのだ。

186 クロマトグラフィー CHROMATOGRAPHY

クロマトグラフィーは溶液中の複数の溶質を分離する手法である。

その手法は、溶液を固形粒子が詰まった長い筒（カラム）に通すという単純なものだ。化学物質はその性質に応じて、カラム内の粒子にさまざまな強さでしがみつく（これを吸着という）。

溶液をカラムの上から注ぎ入れて、さらに溶媒を流し込むと、粒子にがっちりと強固に吸着する化学物質はカラムから流れ出てくるのに時間がかかり、弱く吸着する物質はすぐに流れ出てくる。この要領で溶液中の異なる化学成分を分離できるので、その後スペクトロメトリーなどの方法で個々に解析することができる。

クロマトグラフィーという名前をつけたのは、この技術を1906年に発明したミハイル・ツヴェットという植物学者だ。彼は、カラムに植物の色素を流すと、カラムのなかを通り抜ける過程でさまざまな色の帯ができることを発見した。

クロマトグラフィーは解析だけでなく、化学物質を他のプロセスに使用するために事前に分離・精製するためにも使われる。ガスクロマトグラフィーという手法もあり、こちらは**気体混合物を分離**する

ために使用される。

187 熱測定 CALORIMETRY

解析化学の一分野である**熱測定**では、化学反応で産生・吸収される**熱の量を測定**する。**熱量**（エネルギー）の測定には**熱量計**とよばれる機器を使う。もっとも広く使われている熱量計は、密閉容器内で化学反応を起こさせる**ボンベ熱量計**である。ボンベを水のなかに沈め、遠隔操作で化学反応をスタートさせる。反応によりエネルギーが生じる場合は周囲の水が温まり、吸収される場合は周囲の水から熱が奪われて冷える。水の温度変化を精密な温度計で測定すれば、水の熱容量をもとに全体のエネルギー収支を計算することができる、というものだ。

188 電気化学分析 ELECTROCHEMICAL ANALYSIS

異なる金属からなる2つの**電極**の間が**電解質**という導電性の液体で満たしたものが電池であり、電解質と電極との間で化学反応が起こることにより電流が流れる。**未知の物質を電解質として用いて**その電気的な振る舞いを調べ、その結果をもとに未知の物質の性質を調べるのが**電気化学分析**だ。電気化学分析では、2つの電極の間の電圧を測る、分析成分（「分析化学」を参照）を通る電流を測る、分析成分に電流を流して酸化還元反応を起こさせる、といったことが行われる。

189 ラボオンチップ LAB ON A CHIP

分子工学や**マイクロチップ**などの分野の進歩により、機器のミニチュア化が実現し、化学実験をわずか数センチ四方の装置で実施することが可能になった。**ラボオンチップ**とよばれるこの技術では、極めて少量の液体（ピコリットル以下のことも）を解析することも可能だ。ラボオンチップは、検体の組成を明らかにしたり、ヒトの体液（血液、唾液、尿など）を使ってインフルエンザやがんなどの疾患状態を知らせる**バイオマーカー**を調べたりすることができる小さな実験室だ。

測定機器が小さくなることで、化学実験を行うための巨大な装置が据え置かれた検査室が必要な時代は終わりを告げた。今や、ノートパソコンに接続されたポータブル装置さえあれば、何千もの

試験を、必要とあらば同時に行うことが可能だ。

ラボオンチップの機器は救急救命の場や僻地で活動するフィールドサイエンティスト、さらには宇宙の遙か彼方へ飛び立つ探査機でも使われている。

190 計量化学 CHEMOMETRICS

化学実験で得られた少数の変数間（たとえば、温度と溶液の濃度と化学反応が起きるスピードなど）の関係を理解することはそんなに難しいことではない。しかし、変数がもっと多く（100個とか1000個）になってくると、人間の脳ではとても処理しきれなくなる。そんなときは、コンピューターを使う**計量化学**の出番だ。膨大な量の**化学データに対するデータマイニング**みたいなものである。

その基本は、コンピューターを使い、数値データ、化学物質の性質、その反応などとの間の**相関**を探すことで、新規のデータに同じようなパターンが認められたときに何らかの手がかりが得られるようにする、というものだ。この手法を用いたイギリスのブリストル大学の計量化学者は、ポケットのなかにある1ドル札から検出される残留薬物の量と、その持ち主がドラッグ犯罪に手を染めている確率に相関があることを見いだした。

Physical Chemistry

物理化学

191 熱化学 THERMOCHEMISTRY

温度と化学との関わり、たとえば「熱は化学反応にどのような影響を与えるのだろうか？」について論じるのが**熱化学**という分野だ。物質を加熱すると分子間の結合が切断され（「分子間力」を参照）、固体-液体-気体の間の**相転移**、すなわち**融解**や**沸騰**が起こる。あまりに激しく加熱した場合は分子内の結合すらも切断され、分子がバラバラの原子となる。たとえば、水を3000℃まで熱すると、水素と酸素に分離し始める。

熱化学はさらに、**潜熱**や**熱容量**、物質が燃焼に至る温度などを化学的な観点から計算するためにも使用される。そのようなとき熱化学者が行うのが熱測定である。

192 光化学 PHOTOCHEMISTRY

塗料、インク、染料はすべて、日光に当て続けると色褪せてしまう。この退色というプロセスは、**原子や分子と電磁波が相互作用**した結果であり、光化学の一例だ。熱を加えることで化学反応が始まったり加速したりするように、光のなかの光子を吸収することで、反応物の電子がよりエネルギー準位の高い電子殻に移動する。また、活発な光子は化学結合を切断することがあり、分子を分割することもできる。これはなにも可視光線に限ったことではない。赤外線、紫外線、X線、ラジオ波なども化学反応に影響を与える。

光化学は、**光合成**（植物が日光からエネルギーを抽出するしくみ）や写真の原理を説明することもできる。写真用フィルムはプラスチックをハロゲン化銀でコーティングしたもので、光が当たると化学反応を起こして部分的に銀原子や銀イオンに変化する。これによって光がフィルムに薄い像を描き、現像することでそれが増幅されるのである。**分光測定**という技術も光化学から生まれたものだ。

193 量子化学 QUANTUM CHEMISTRY

化学反応は、原子や分子間の電子の動きややりとりによって起こるもので、このプロセスは量子論によって支配されている。**量子論を用いて予測**を行うのが**量子化学**という学問だ。量子論では、原子核の周りにある電子を波のような存在だとみなし、波のピークにあたる部分に電子が存在する確率が一番高いと考える。

量子論は、電子が満たすエネルギー準位や電子殻を予測することができる。これに基づいて、原子がどの程度活性をもつのか、イオン化するために電子を放出するにはどれくらいのエネルギーが必要か、はたまたもっと単純な、原子や分子の大きさがどれくらいかといった物理的な性質についても予測ができる。たとえば、水素原子の直径はおよそ0.1nm、酸素原子の直径は0.15nm、水素原子2つと酸素原子1つを組み合わせてできる水分子の直径は、およそ0.278nmだ。量子化学はまた、元素の周期表の族や周期という概念の基礎ともなっている。

194 電気化学 ELECTROCHEMISTRY

電気化学は電気化学分析と深いつながりがある学問で、**電解液と導電性のある金属との化学反応**について論じる。**電池**は電気化学の一例で、酸化還元反応がベースになっている。電極が異なる金属（通常は亜鉛と銅）でできており、亜鉛は酸性の電解質と**酸化反応**を起こし電子を失って正に帯電する。一方銅は電解質と**還元反応**を起こし、電子を受け取って負に荷電する。このとき、正の電極と負の電極の間に導体が接続されていれば、そこに電流が流れることになる。

電気メッキというのは、電気化学的方法で金属をメッキする方法である。その原理は、2つの金属電極に対し外部から電圧をかけるというものだ。たとえば、鉄のスプーンと小さな銀板のそれぞれを電極として硝酸銀からなる電解液に浸すと、鉄の表面に銀の薄い層が形成される。酸化反応で産生された銀イオンが電解質中を電気的に移動し、還元反応によって鉄の上に沈着するためだ。こうして、スプーンを銀メッキすることができる。亜鉛メッキ（表面を亜鉛で覆い腐食を防ぐ）も電気メッキの一例である。

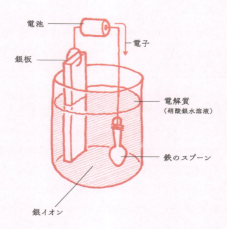

195 ソノケミストリー SONOCHEMISTRY

音波と化学的なシステムとの相互作用をソノケミストリーとよぶ。元

素や化合物と相互作用するのは音波そのものではなく、音が溶液中を通過するときに生じる気泡が崩壊する（このプロセスを**キャビテーション**という）ときに放出されるエネルギーだ。音波が液体の一部領域の圧力を十分に低下させたとき、液体が蒸発し気泡が生じる。生じた気泡は**超音速で崩壊**し、**衝撃波**が周囲に伝わり熱が生じ、圧縮が起こる。この作用が化学反応に影響するのだ。ソノケミストリーでは超音波という強度の高い音源が使われ、溶液中に効率よく**キャビテーション**を生み出す。

この音の周波数は数十kHzであり、若年者が聞き取れる上限の音（だいたい20kHz）よりも高い。

ソノケミストリー研究者を悩ませる現象に**ソノルミネッセンス**がある。ソノルミネッセンスとは、キャビテーションによって生じた気泡が液体中で崩壊する際にわずかに発光する現象だ。気泡と液体中にある分子の電子構造が何らかの相互作用を起こすことで光が生じるのではないかといわれているが、それがどのようなものなのかはまだ誰も明らかにできていない。

Materials Chemistry

196 コロイド COLLOIDS

液体と、分子よりは大きいが沈むほどには大きくない固形粒子との混合物を**コロイド**とよぶ。

溶液と違い、コロイドは濾過することで粒子と液体を分離することができる。**血液**や**インク**が代表的なコロイドだ。コロイドの液体部分は**分散媒**、固形部分は**分散質**とよばれる。

分散媒−分散質の組み合わせが液体−固体以外のコロイドもある。たとえば、**エマルション**は分散媒・分散質が共に液体で、牛乳（脂肪滴が水中に分散している）や塗料がその代表例だ。**エアロゾル**というものもあり、これは固体が気体中に分散しているものだ。泡もコロイドで、これは気体が液体の分散媒に分散している。気体同士は自由に混合できるため、気体−気体という組み合わせのコロイドだけは存在しない。

197 オーセチック AUXETICS

　何かしらの固形物をもってきて、それを引っ張って縦に伸ばそうとしているとしよう。引っ張るにつれて真ん中あたりが細くなるのがふつうだ。ところが、**オーセチック材**はそうはならない。なんとこの素材、**縦に引っ張ると横にも広がる**のである。その秘密は分子同士の特殊な結合の仕方にあって、一方向に引っ張ろうとするとその方向を横切る方向にも広がるようになっている。たとえば、図において、各線が丸太で、線の交点にはヒンジがついていると仮定してみよう。この構造を水平方向に広げようとすると、上下にある横向きの丸太の距離が垂直方向に広がることになる。丸太を分子間の結合に、ヒンジを分子に置き換えれば、もっとも単純なオーセチック構造を理解することができる。

　オーセチックという分野自体がまだ新しいが、すでに鉱物や**人工高分子**のなかにオーセチック挙動を示すものが見つかっている。この驚くべき新素材は、将来的には防護服や、引っ張るだけで詰まりを解消できるパイプ、ひび割れを**自己修復**できる建材などへの応用が期待されている。

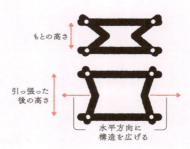

198 界面活性剤 SURFACTANTS

　ガラス窓を水で洗おうとすると、水の**表面張力**によって水玉となり、濡れる場所と濡れない場所がでてくる。**界面活性剤**（英語ではSurface active agentを略してsurfactantという）は、水や他の液体の表面張力を弱め、**均一な膜を形成させる**働きをもつ薬剤のことだ。洗剤

に界面活性剤が使われているのはそのためで、表面張力を低下させて効率よく水が染み込むようにしている。

界面活性剤は長い分子でできていて、片側の端は水と引き合う性質をもち（**親水性**）、もう一方の端は水をはじく性質（**疎水性**）をもつ。水に界面活性剤を添加すると、親水性部分を内側に、疎水性部分を外側に向けた層を表面に形成する。これにより表面張力を生み出す水分子が表面に露出しなくなるため、ガラス窓の上に薄く広がって均一に覆うことができるようになるのだ。洗剤に使われるポピュラーな界面活性剤には、**ラウレス硫酸ナトリウム**や**コカミドプロピルベタイン**などがある。

199 合金 ALLOYS

合金は**金属と他の化学元素や化合物との混合物**で、目的の性質を得るために組成を調節して作られる。2種類の金属から合金を作る場合（「金属結合」と「イオン結合」を参照）、熱して溶融状態にしてから混合し、固化させる。銅と亜鉛の合金である**真鍮**はこのやり方で作られている。金属と非金属の合金もある。たとえば**鋼**は、鉄（金属）と厳密に決められた量の炭素（非金属）とを混合させて作られる。

純粋な金属はある決まった融点をもつが、合金はそうではない。多くの場合、合金は温度の上昇に従い含有成分のうち融点が低いものから融解して柔らかくなり始め、温度が十分に上昇したときに完全に溶融する。合金は、**引張強度**、**耐腐食性**、**弾性**などについて目的の性質を得るために元素や化合物の組み合わせを選び、オーダーメイドされる。

200 結晶 CRYSTALS

固体の原子や分子が結合して**規則的な硬い格子構造**を作っているとき、この物質のことを**結晶**とよぶ。**ダイヤモンド**や**水晶**が代表例で（ほとんどの分子や金属も結晶格子構造をとるのだが）、その構造は温度や圧力などの条件により変化する。そのため、同一の元素や化合物であっても異なる結晶構造をとることがあり、これを**同素体**とよぶ。それに対して、化学反応を経ても結晶構造が変わらない固体のことを同形とよぶ。

粒子はさまざまな**分子間力**（反対の電荷が引き合う力や水素結合など）に

よって結晶格子構造のなかに収められている。原子や分子の配置にはさまざまなバリエーションがある。結晶に粒子が加わるごとにこの基本構造が増幅され、複雑な角や多角形構造をとる結晶の大きな塊が形成される。固体の結晶構造を研究する学問を**結晶学**とよぶ。

単純立方格子	体心立方格子	面心立方格子

201 アモルファス固体 AMORPHOUS SOLIDS

規則正しい原子や分子の構造という**結晶構造の対極**にあるのが**アモルファス**であり、**無秩序な構造**をもつ。主な例は**ガラス**、**琥珀**、（多くの）**プラスチック**である。アモルファスがまったく構造をもたないとするのは誤りで、たとえばガラスを例にあげると、二酸化ケイ素（SiO_2）分子は、シリコン原子1つが隣り合う2つの酸素原子のそれぞれと結合するという厳密なルールに従って結合している。しかし、ガラス全体を見たとき、多数の分子の集まりのなかに結晶に見られるような構造は認められない。

これが典型的なアモルファス固体である。アモルファスな物質のことを**ガラス質**ということもある。

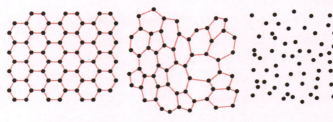

結晶構造　　　アモルファス固体　　　気体

202 自然発火性物質 PYROPHORIC SOLIDS

自然発火性物質とは、**空気に触れると自然に発火**する性質をもつ素材のことである。

すべての物質には**発火点**とよばれる温度があり、この温度を超えると燃焼を始める。ほとんどの素材の発火点は高く、火や強い熱を外から加えないと燃えることはない。しかし、自然発火性物質の発火点は室温、あるいはそれ以下だ。

物質の発火点は**酸化反応**、すなわち酸化物質(通常は空気中の酸素)と結合して燃焼により熱を放出するというプロセスの起こりやすさで決まる(「酸化還元反応」を参照)。自然発火性物質は非常に危険であり、密閉容器で内部の酸素をすべてヘリウムなどの**不活性ガス**に置き換えた状態で保管する。**プルトニウム**や**リン**(焼夷弾や曳光弾に使われる)が代表的な自然発火性物質だ。気体や液体の自然発火性物質もある。

203 高分子 MACROMOLECULES

数百個から数千個の原子からなる**巨大分子**のことを**高分子**とよび、それを構成する個々の分子のことを**モノマー**とよぶ。分子間力でつながっている結晶と異なり、高分子はモノマー同士の**共有結合**でつながっている。高分子とは、モノマーという積み木をいくつもいくつもつなげたつくりをしているのだ。

高分子は多くのモノマーからできていることから、**ポリマー**とよばれることもある。ポリエチレンはレジ袋を作るのに使われているポリマーで、エチレン(C_2H_4)というモノマーが多数つながって長い鎖を形成している。実は、すべてのプラスチックはポリマーである。高分子は生化学でも重要だ。**タンパク質**、**糖**、**脂質**はもちろん、DNAやRNAなどの**核酸**も、すべて高分子だ。

204 プラスチック PLASTICS

プラスチックは**高分子の炭化水素から作られる人工素材**である。高分子の別のよび方であるポリマーという言葉自体が、プラスチックとほとんど同義として使われている。しかし、すべてのポリマーがプラスチックというわけではない。プラスチックには大きく分けて2

種類ある。**熱可塑性プラスチック**は、熱を加えるたびに軟らかくなり、何度でも繰り返し成形し直して再利用することができる。しかし、**熱硬化性プラスチック**は加熱すると1度だけ軟らかくなり成形できるが、その後は固まってしまい加熱しても軟化しない。

電気機器の筐体に使われていたベークライトは、1900年から1910年頃に開発された初期の熱硬化性プラスチックで、フェノール（C_6H_5OH）と**ホルムアルデヒド**（CH_2O）からできている。ほとんどのプラスチックは同じ基本的な化学元素（水素、炭素、酸素、窒素、塩素、硫黄）からなる分子で構成されている。身の回りにある代表的なプラスチックとしては、配管に使われる**ポリ塩化ビニル**（PVC）、ナイロンストッキングに使われる**ポリアミド**、プラスチック製のナイフ、フォーク、スプーンや発泡スチロール容器に使われる**ポリスチレン**などがあげられる。

205 コンビナトリアルケミストリー
COMBINATORIAL CHEMISTRY

コンビナトリアルケミストリーとは、一言でいうと、**複雑な分子の構造にちょっとひねり**を加えてみて、どのように性質が変化するかを見る学問である。コンピューター制御のロボットを使った実験システムなどを駆使して、大量の分子の合成と評価を行う。

高分子の合成にあたっては、構成成分を数千通りのやり方で組み合わせることが可能である。コンビナトリアルケミストリーは、その複数の組み合わせのそれぞれを迅速に評価できる。この手法は**新薬の探索**という分野で非常に有用であり、コンビナトリアルケミストリーによって毎年10万個もの新規化合物が作られている。これらの化合物の性質はデータベースに登録され、研究者は目的の性質から新しい化合物を検索することができる。この手法で開発され承認されたのが**ソラフェニブ**という肝がんと腎臓がんの治療薬である。

206 計算化学 COMPUTATIONAL CHEMISTRY

計算化学とは、**コンピューターを化学の問題に適用**する分野である。計量化学はその一分野であり、またコンビナトリアルケミストリー研究の過程で作り上げられる広大なライブラリやデータベース

をデータマイニングの手法を用いて探索する**ケモインフォマティクス**という兄貴分の分野もある。たとえば、化学者がある特定の性質をもった化合物を探しているが、データベースにそれが載っていなかったとしよう。手持ちの化合物のなかで一番近い性質をもつものに、どんなひとひねりを加えたら目的の性質が得られるだろうか？こんなときケモインフォマティクスの研究者は、特殊なアルゴリズムを用いて、データベースから化合物に改変を加えて性質を変化させている過去の例を探し出し、それをもとに実験者に有望な新しいアプローチをアドバイスすることができる。

　計算化学の研究者は他にも、**分子モデリング**というコンピューターによる理論計算をもとに分子の性質を明らかにする領域でも活躍している。分子モデリングは生化学の分野で多用され、タンパク質やDNAなどの**生体分子**の理論的な理解を深めることに一役買っている。

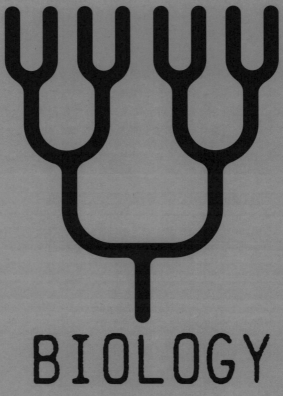

三大科学の3つ目である生物学は、化学的理論を使って生命体について論じる学問だ。生物学では、生物を構成する基本単位である細胞の仕組み、微生物の働き、動植物の構造や行動、そしてそもそもどのようにして生物種が誕生し、進化してきたのかなどについて考える。

　生物の歴史は、日常的に動物相や植物相について思いをめぐらせていた古代ギリシャ人から始まった。ただし、生物学を理論として実際に理解できるようになったのはずっと後のことで、16世紀後期に顕微鏡が発明されてからだ。顕微鏡は細胞の発見につながり、その構造や生体内での振る舞いを理解するための重要なツールとなった。

　20世紀にもたらされた生物学の大きなブレイクスルーは遺伝学である。私たちの体を作る設計図（たとえば指の数は何本とか、各臓器がどのように機能するかなど）や、私たちひとりひとりの個性（髪や目の色など）を決める情報はすべて、細胞ひとつひとつのなかに収められているDNAという分子に刻み込まれているのだ。

　遺伝学の分野ではこれからもわくわくするような発見が続くだろう。20世紀は物理学の黄金時代だったが、21世紀は生物学の黄金時代だと目されている。

生化学 Biochemistry

207 アミノ酸 AMINO ACIDS

生化学は生物の化学的な成り立ちや、生命維持に関わる化学物質同士の相互作用について研究する学問である。生命の基本となる構成要素は**アミノ酸**という有機化合物群だ。

アミノ酸はつながって**ペプチド**や、より長い数百個のアミノ酸分子からなるポリペプチドとよばれる高分子の鎖(「高分子」を参照)を形成する。

生物学において主要な働きを担うタンパク質もポリペプチドである。アミノ酸は代謝や神経生物学などの分野でも重要な働きをもっているため、あらゆる生物が摂取しなければならない必須のものだ。アミノ酸はまた、**化学工学**などの技術にも応用されている。

208 タンパク質 PROTEINS

タンパク質はアミノ酸が連結してできた長い鎖からなるポリペプチド分子である。生物は食物を消化するなどして得られたアミノ酸を、DNAにコードされた暗号に従って組み立てることでタンパク質を作りだす。さらに、さまざまなタンパク質からさまざまな機能をもつ臓器が作られる(「細胞分化」を参照)。

タンパク質の性質は、その**構造**によって決まる。タンパク質を作るアミノ酸の配列を**一次構造**といい、そのアミノ酸分子が受話器のコードのようにくるくると丸まってできるコイル状の構造を**二次構造**という。コイルによって作られる全体的な3D構造を**三次構造**とよび、分子が3D構造をとる過程を**折りたたみ**という。最後に複数のタンパク質分子が相互作用することで、**4次構造**という最終的な構造体ができあがる。タンパク質や、細胞内でのタンパク質の役割について研究する分野を**プロテオミクス**という。

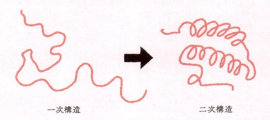

一次構造　　　　　　二次構造

209 酵素 ENZYMES

生体で起こる化学反応の反応速度を上げるタンパク質を**酵素**とよぶ。生体内の他のタンパク質と同様、酵素もDNAの設計図に基づいて作られる。所有する酵素のレパートリーが違えば細胞の生化学的役割も異なる。酵素は栄養素の消化、筋肉の動き(「筋骨格系」を参照)、細胞内でのシグナル伝達など、生体内の多くのプロセスにおいてなくてはならない存在だ。

酸性度(「酸と塩基」を参照)や温度(「熱」を参照)変化が、**酵素阻害**によって酵素の活性に影響することがある。酵素の英名は、反応の対象となる物質名の語尾を「ase」に変化させてつける。たとえば、**ラクターゼ**(lactase)はラクトース(lactose)を分解する酵素だ。酵素の用途は生物学の領域だけに限られているわけではない。脂(「脂質」を参照)や血液、植物の色素など、生物系成分による染みを分解するための酵素を含有する洗剤などもある。

210 炭水化物 CARBOHYDRATES

炭水化物は有機化合物の一種で、水分子に炭素が結合した形をしている。その例は**糖**や**デンプン**などだ。炭水化物は生物にとって主要なエネルギー源であるだけでなく、細胞の機能や植物の構造、無脊椎動物の硬い殻(「脊椎動物」を参照)の形成にとっても重要だ。炭水化物の英名には「ose」がつくことが多い。たとえば、もっとも単純な炭水化物は糖で、**ショ糖**(sucrose)、**果糖**(fructose)、**ブドウ糖**(glucose)などがある。糖同士が結合すると多糖類という高分子になり、生物がエネルギーの貯蔵庫として使うデンプンやグリコーゲンなどの**複合炭水化物**を作る。

低炭水化物ダイエットの人気は根強いが、食物科学の専門家には、スパゲティ、ジャガイモ、パンなどの複合炭水化物からエネルギーを摂取すべきだと主張する人もいる。

211 脂質 LIPIDS

脂肪は、生物がエネルギーを作ったり貯蔵したりするのに重要な有機化合物の一群だ。そして脂肪というのは、**脂質**(ロウ、コレステロールなどのステロイド、脂溶性のビタミンなど。「栄養素」を参照)という分子

群の一部である。脂質は**細胞膜の成分**であり、エネルギーの産生や貯蔵に関わる。さらに、細胞の機能を補助するシグナル経路でも働く。

脂肪は、水に溶けないビタミン群（ビタミンA、D、E、K）を溶かすためにも必要で、人類にとって必須の栄養素である。また、**オメガ3脂肪酸**などのある種の脂肪酸は疾患予防の機能をもつと考えられている。一方、**飽和脂肪酸**（主に動物性脂肪）や**トランス脂肪酸**（賞味期限を伸ばすために植物油に水素を付加した部分水素化油脂など）は心疾患のリスクを上昇させることが示されている。

212 栄養素 NUTRIENTS

生命体が生存するのに不可欠な有機物を**栄養素**という。生物は栄養素からエネルギー、損傷した臓器を修復する材料、生命機能の維持に必要な化学物質を調達する。

人類を含む動物は主に3種類の栄養素を必要とする。**タンパク質**、**炭水化物**、**脂肪**（「脂質」を参照）だ。これに加えて、健康な骨、皮膚、視力、神経系を維持するためのさまざまな**ビタミン**や**無機物**（酸素を運ぶ赤血球を作るために必須の鉄など）も必要である。タンパク質、炭水化物、脂肪は**多量栄養素**（大量に必要な物質）であり、ビタミンやミネラルは少量あればよい**微量栄養素**である。

213 代謝 METABOLISM

生物の**代謝**とは、摂取した栄養素からエネルギーを抽出し、そのエネルギーを生体反応や細胞の増殖に使うという一連の化学的プロセスのことである。代謝は酵素によって制御されるので、生物がどの酵素群をもっているかによって、もっとも効率のよいエネルギー産生や利用のルート（いわゆる「代謝経路」）が決まる。**代謝経路**とは化学反応の流れであり、各反応は特定の酵素によって促進される。そのため、どれが栄養でどれが毒になるかは、その生物が使える酵素群が決めることになる。

分子を分解するような代謝経路（たとえば、食物の消化など）は**異化作用**とよばれ、新しい分子（たとえばタンパク質や他の細胞成分など）を作りだす経路は同化作用とよばれる。代謝自体もエネルギーを必要とし、**基礎代謝率**（BMR）に従ってエネルギーを消費する。基礎代

謝率が高い人は体重が増えにくい。

214 化学合成 CHEMOSYNTHESIS

動物は有機化合物を**消化**することでエネルギーや栄養素を獲得し、植物は**光合成**によってエネルギーを作りだす。ところで、微生物のなかには第3の方法を使うものがいる。それは、**化学合成**だ。化学合成を行う微生物（**化学合成独立栄養生物**として知られる）は無機化合物を摂取し、それを**酸化反応**（「酸化還元反応」を参照）によって有機化合物に変換する能力をもつ。

化学合成独立栄養生物は自然光がほとんど届かない環境や、有機物がほとんど存在しない深海に生息している。深海では、海底にある**熱水噴出孔**が**硫化水素**などの無機化合物の供給源となっていて、化学合成独立栄養微生物のよりどころとなっている。

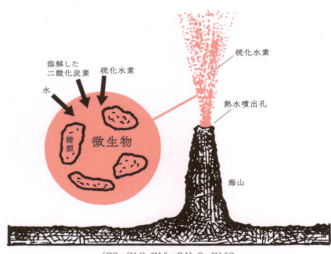

$6CO_2 + 6H_2O + 3H_2S \rightarrow C_6H_{12}O_6 + 3H_2SO_4$
二酸化炭素＋水＋硫化水素 → 糖＋硫化物

215 生体エネルギー論 BIOENERGETICS

生物のエネルギーの流れを研究するのが**生体エネルギー論**という学問で、エネルギー収支を計算する。具体的には、摂取したエネ

ルギー（食物や日光）と、代謝・成長・排出・熱損失などのエネルギー消費を比較することになる。

　生物は、自身を構成する物質中の化学結合（「イオン結合」を参照）という形でエネルギーを貯蔵する。弱く結合していた原子や分子がより強い力で結合する化合物に再構成されると、その結合にエネルギーを貯蔵したことになり、結合を壊すことでそれを解放し、利用することができる。体内で実際にこの役割を果たしている主な分子が、**アデノシン三リン酸**（ATP）だ。

216 受容体 RECEPTORS

　受容体とは、生化学分野におけるラジオ受信機よろしく細胞の外側に立ててあり、他の化学物質と結合する分子のことである。化学物質がメッセンジャーとして働き、受容体の化学的性質を変化させることで細胞内での反応が始まる。受容体の正体は、**細胞膜に存在するタンパク質**で、ひとつひとつの受容体は特定のメッセンジャー物質にのみ反応するようチューニングされている。メッセンジャー物質は生体内の他の場所で作られた**ホルモン**や**神経伝達物質**（「神経生物学」を参照）である場合もあれば、細胞に有用な効果をもたらすようにデザインされた人工物（「薬理学」を参照）、あるいは悪影響を及ぼす物質（「毒物学」を参照）であることもある。受容体に結合する物質のことを**リガンド**とよぶ。リガンドは受容体タンパク質の3次元構造を変化させる。この変化こそがリガンド結合による細胞反応の引き金になる。

217 ホルモン HORMONES

　ホルモンは生体内のある場所から別の場所へとシグナルを伝える化学的メッセンジャーである。私たちの気分を左右したり、お腹が空いたことを脳に伝えたりと、多くのことを制御している。ホルモンは細胞の受容体に結合することで機能する。たとえば、肝臓や筋肉の細胞にある受容体が**インシュリン**というホルモンと結合すると、**ブドウ糖**を血中から吸収して**グリコーゲン**という形でエネルギーを貯蔵しなさいという指示を細胞に与える。

　ホルモンは血流によって届けられるか（**内分泌ホルモン**）、あるいは専用の管を通って届けられる（**外分泌ホルモン**）。ホルモンのなか

には細胞内でメッセージを運ぶものもあり、これは**細胞内分泌**（**イントラクリン**）**ホルモン**という。ホルモンは、特殊な細胞が集まってできた**腺**で作られる。たとえば、**甲状腺ホルモン**（代謝を制御する）を作る**甲状腺**や、**アドレナリン**（興奮状態の体の応答を司る）を作る**副腎**などだ。大型の動植物はすべてホルモン系をもっている。

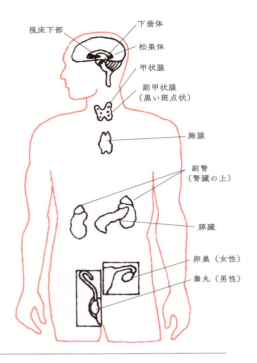

視床下部 / 下垂体 / 松果体 / 甲状腺 / 副甲状腺（黒い斑点状）/ 胸腺 / 副腎（腎臓の上）/ 膵臓 / 卵巣（女性）/ 睾丸（男性）

218 恒常性 HOMEOSTASIS

生物が生命維持に必須なプロセスを維持するためには、体温や化学的組成などのパラメータが常に許容範囲内におさまるよう、体内の状態を極めて繊細に制御することが必要だ。この、**パラメータを制御するプロセス**のことを、**恒常性**（**ホメオスタシス**）とよぶ。

汗をかいたりあえいだりすることで体温を調節するのは、恒常性が機能している証拠だ。細胞の化学的なバランスを保つための化学プロセスもある。たとえば、**浸透圧調節**では、浸透によって動物細胞内の液体と塩のバランスを制御している。一方、血液によって運ばれた老廃物は、腎臓で濾過されて尿として排泄される。他にも、血液中のブドウ糖、食物の摂取、細胞の酸性度、免疫系などを調節するメカニズムが存在する。ほぼすべての生化学的な恒常性維持のプロセスが**ホルモンにより制御**されている。

219 呼吸 RESPIRATION

呼吸とは、摂取した栄養素から得た生化学的エネルギーを**ATP分子**(「生体エネルギー論」を参照)へと変化させる、細胞内で起こる一連の化学反応のことを指す。ATPは生体内のさまざまな場所へと輸送され、エネルギーが必要になったときに利用される。

呼吸には2種類ある。**好気性呼吸**は酸素を使う呼吸で、タンパク質のアミノ酸、炭水化物、脂質などの栄養素が酸化反応(「酸化還元反応」を参照)することでATPを作りだす。エネルギーが必要になるとATPは水と反応して化学結合を切断し、**アデノシンニリン酸**(ADP)となって結合エネルギーを放出する。一方**嫌気性呼吸**では、酸素の供給なしにATPを作りだす(このプロセスは**発酵**ともよばれる)。たとえば、血中に酸素が不足しているときのヒトの筋肉(短距離走などの非常に負荷の高い運動中など)ではこのような反応が起きている。この場合も血糖がATPに変換されるのだが、副産物として**乳酸**が産生される。

細胞生物学
Cell Biology

220 細胞 CELLS

すべての生物の基本的な構成単位は**細胞**であり、大型動植物はだいたい100兆個ほどの細胞からできている。このような**多細胞生物**に対し、たった1つの細胞からできている細菌などは**単細胞生物**とよばれる。細胞はタンパク質からできていて、エネルギー産生、組織の増殖、恒常性維持、ホルモンの産生など、生命維持に必要なすべてのプロセスが細胞内で起こる。細胞の機能は、各細胞がもつ特定の生化学的反応の速度を制御する酵素群のレパートリーによって決まる。

細胞には大きく分けて**原核細胞**と**真核細胞**という2種類がある。また、細胞を構成する成分は**細胞小器官**(オルガネラ)とよばれる。細胞説は1839年にドイツの生物学者マティアス・ヤコブ・シュライデンとテオドール・シュワンによって提唱されたのだが、**細胞**(cell)という言葉の誕生はもっと古く、17世紀イギリスの科学者ロバート・

フックが最初に使用している。

221 真核細胞 EUKARYOTES

真核細胞は2種類に分けられる細胞のうちの主流派で、ほぼすべての多細胞の植物と動物を構成する。**原生動物**という、真核細胞性の単細胞生物も存在する。真核細胞を表すeukaryotesという語は、真核細胞でできている生物そのもの（真核生物）を表すときにも使われる。真核細胞の大きさは数μm（1000分の1mm）から1mm程度で、原核細胞よりも複雑で大きい。

典型的な動物の真核細胞は、**細胞膜**という膜で外側が囲まれていて、その中身は**細胞質**とよばれる。細胞質には**細胞質基質**という水を主な溶媒とする成分が含まれ、さまざまな**細胞小器官**（**オルガネラ**）が埋め込まれている。各オルガネラは膜に囲まれた構造をしていて、細胞のなかで特定の機能を果たす。**ミトコンドリア**はATPという形でエネルギーを作りだす。**液胞**、**小胞**、**リソソーム**といった小器官には酵素が貯蔵されている。リボソームは細胞内のタンパク質工場で、DNAに書かれた設計図をもとに新しいタンパク質を作りだす。DNAは細胞のなかの核内に存在する。核のすぐ外側にあるのは**小胞体**という多孔性の構造体で、新しく作られたタンパク質の輸送や折りたたみを担当する。そして、**細胞骨格**が細胞全体の形を支える足場のような構造を作っている。

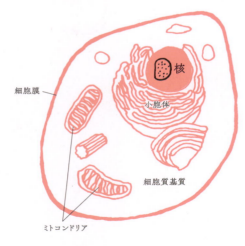

222 原核細胞 PROKARYOTES

原核細胞は真核細胞より単純なつくりの細胞である。真核細

との根本的な違いは、細胞核をもたない代わりに、遺伝情報が**核様体**とよばれる束のような構造となって細胞の中心に存在していることだ。真核細胞は多細胞生物（「細胞」を参照）になりうるが、原核細胞は常に単細胞である。その代表例は、**細菌**と**古細菌**だ（「原核生物」を参照）。

原核細胞の細胞質（「真核細胞」を参照）のなかにはあまり小器官がない。リボソームと細胞膜をもつところは真核細胞と同じで、それに加えて細胞膜の外側に**細胞壁**という鞘のような構造をもつ。多くの原核細胞生物は、**プラスミド**という核様体とは別のDNA片をもっている。原核生物のなかには**鞭毛**とよばれる尾をもつものもいて、このような生物は鞭毛を動かすことで推進力を得る。構造が単純なため、原核細胞は真核細胞よりもずっと小さい。わずか1/10μm（0.0001mm）というものもいる。

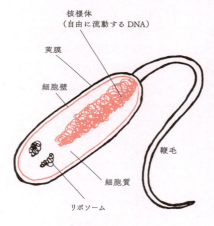

223 細胞核 CELL NUCLEUS

核の存在意義は、細胞の機能を制御することである。核は真核細胞の中心にあり、その生物の全遺伝情報が詰まった**DNA**からなる**染色体**の格納庫でもある。核を取り巻くのは**核膜**という二重の膜で、その膜には小さな穴があいている。小さなタンパク質分子やRNA分子はこの穴を通り抜けることができ、核と細胞の他の部分とをつなぐメッセンジャーの役割を果たす。大きなタンパク質やDNA分子などは穴を通ることができない。

細胞全体の構造は細胞骨格で支えられているが、核は**核ラミナ**とよばれる繊維状の網目構造体の裏打ちで支えられている。核内の成分は**核質**とひとくくりにされることもある。微生物のなかでも原生動物という群は、細胞分裂を制御するための核と、細胞のその

他の機能を制御するための核という2つの核をもつ。

224 染色体 CHROMOSOMES

染色体は、真核細胞の核のなかに存在する遺伝情報（「遺伝子」を参照）を運ぶ長いDNAとタンパク質の複合体である。遺伝情報は、細胞分裂のときに同一の細胞を作りだすために使われ、また、遺伝子発現という仕組みでタンパク質を作りだすときにも使われる。ヒトは**相同染色体**とよばれる22対の互いに異なる染色体をもつ。体を作るすべての細胞（体細胞）は各染色体を2コピーずつもっていてそれらはペアで存在する。この、計44本の染色体に加えてその生物の性別を決定する1対の**性染色体**（「生殖生物学」を参照）があるので、計46本の染色体がヒトの核の中に含まれていることになる。染色体の本数は生物種によって大きく異なり、たとえば猫は38本、トウモロコシは20本だ。

各染色体は長さも乗っている遺伝子も異なる。ヒトでは、15番染色体に茶色い目にする遺伝子が乗っている一方で、2番染色体上の遺伝子は頭のよさを決めるのに非常に大きな役割を果たしていると考えられている。染色体に異常があると疾患が引き起こされることもある。たとえば、ダウン症のヒトは**21番染色体を3本**もっている。

225 倍数性 PLOIDY

細胞の核内に各染色体が何本ずつあるかは、**倍数性**によって決まる。ヒトの体を作る**体細胞**は、各染色体が2本ずつ存在する**二倍体**だ。一方**配偶子**、すなわちオスの精子やメスの卵子（「生殖生物学」を参照）は**一倍体**で、細胞内に各染色体は1本ずつしかない。精子と卵子が受精した結果生じる**接合体**という細胞のなかでは、精子と卵子からきた染色体がペアを作る。

細胞核のなかに2コピー以上の染色体をもつ生物もいる。これは**多倍性**という状態だ。たとえばデュラムコムギは**4倍体**であり、体細胞の核内には同じ染色体が4本ずつ存在する。

226 ミトコンドリア MITOCHONDRIA

ミトコンドリアは真核細胞のなかに存在する**細胞小器官**である。ミ

トコンドリアは、栄養素をもとに**アデノシン三リン酸（ATP）**を作りだし、エネルギーのほとんどをまかなっている（「生体エネルギー論」を参照）。また、リボソームRNA、メッセンジャーRNA、タンパク質を作るとともに、細胞内の**代謝**も制御する。ミトコンドリアは幅が0.5 〜数μm程度、長さは10μmほどだ。細胞1つあたりのミトコンドリアの数は、細胞の種類（「細胞分化」を参照）によって1〜数千個と、幅広い。

細胞核のように、ミトコンドリアもDNAをもっている。ミトコンドリアのDNAは**一本鎖**で、端と端がつながって**環状**になっている。細胞内の全DNAの1％にも満たないミトコンドリアDNA（mtDNA）は母親由来のもののみが伝わるといわれ、世代を経てもまったくといっていいほど変化しない。ここから、**ミトコンドリア・イブ仮説**が生まれた。ミトコンドリア・イブとは、現存する全人類のmtDNAの起源だと考えられる共通女系祖先である。これまでの解析の結果、この女性は約20万年前にアフリカに住んでいたと推定されている（「アフリカ単一起源説」を参照）。

227 リボソーム　RIBOSOMES

アミノ酸からタンパク質を作る**工場**が**リボソーム**だ。球状の、直径わずか20nm程度の物体で、RNAとタンパク質でできており、**メッセンジャーRNA（mRNA）**に保存されている情報を使って長いポリペプチド鎖からなるタンパク質分子を産生する。メッセンジャーRNAというのは、細胞核のなかで染色体DNAの遺伝情報が**転写**というプロセスによってヌクレオチド配列としてコピーされたものだ。できあがったmRNAは核を取り巻く核膜にあいている穴を通り抜けて、タンパク質の設計図をリボソームへと運ぶ。そこではリボソームがmRNAの鎖に沿って滑るように動き、情報を読み取りながらその指示通りにアミノ酸をつなげていく。このmRNAからタンパク質を作る過程を**翻訳**という。抗生物質のなかには、細菌中（「原核生物」を参照）のリボソームを選択的に不活化し、機能を失わせる作用をもつものがある。

228 プラスミド　PLASMIDS

プラスミドは原核細胞（「細菌」と「原核生物」を参照）でよく見られる**環状のDNA**である。1つの細胞に数千個も存在することがある。プ

ラスミドDNAは、一般的には数千塩基対(「ヌクレオチド」を参照)の遺伝情報を保持する。そこには、細胞が果たすべき機能(毒素に対する抵抗性や危険な化学物質の分解、他の生物を攻撃するタンパク質の産生など、**防衛システム**に関するものが多い)についての指示が書いてある。

　プラスミドは**遺伝子改変の手段**の1つとして、改変した遺伝情報を生物の細胞内に導入する場合や、特定のタンパク質を大量に産生したい場合などに使われる。プラスミドDNAに目的のタンパク質をコードする遺伝子を組み込んで微生物細胞に導入すると、自分の遺伝子と勘違いした細胞が、その情報に従ってタンパク質を大量に作ってしまうという寸法だ。

229 オートファジー AUTOPHAGY

　細胞はときどき、自分自身を文字通り**食べる**ことがある。この**オートファジー**という現象は、生体全体の健康維持にとって必須のプロセスである。たとえば、生命維持に必須なプロセスを遂行するために、必須ではない部分を犠牲にして栄養分を取り出したりする。細胞は、普段使っている栄養素が欠乏した場合や、損傷した細胞小器官(「真核細胞」を参照)を廃棄したいとき、そして細菌感染(「原核生物」を参照)を免れようとするときなどにオートファジーという仕組みを使う。細胞内の食べてしまいたい部分に二重膜が形成されて**オートファゴソーム**という塊ができる。これがもう1つの細胞内成分である**リソソーム**と融合して酵素が二重膜を通して注入され、オートファゴソームの中身が消化される。

230 細胞分裂 CELL DIVISION

　細胞が自分自身のコピーを作る過程を**細胞分裂**という。細胞種(真核細胞か原核細胞か)によってその過程は異なる。真核細胞は**有糸分裂**と**細胞質分裂**という2段階のプロセスを踏む。有糸分裂の始まりは細胞核内で起こる**DNA複製**で、まずはDNA分子の二重らせん構造がほどける。続いて、新しい**ヌクレオチド**(「DNA」を参照)が各塩基に結合していき、もとの鎖のコピーが作られて計2コピーとなる。有糸分裂の後に細胞質分裂が続き、細胞の核が2つに分かれて2個の核を形成し、それぞれにDNAが1コピーずつ移動する。最後に細胞質が2つに分かれて、もともと1つだった細胞から、2つ

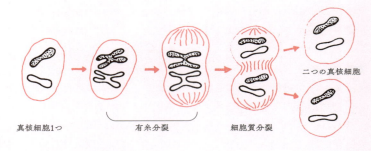

二つの真核細胞

真核細胞1つ　　有糸分裂　　細胞質分裂

の真核細胞ができあがる。

　核をもたない原核細胞の分裂様式は**二分裂**とよばれる。まず、細胞の中心にある長い糸状のDNA塊がほどけて、有糸分裂と同様に複製されコピーができる。その後細胞が巨大化するとともに新しく作られたDNA鎖が引き離される。細胞膜も引っ張られて、やがて真ん中で切れて2つの新しい原核細胞ができあがる。

　細胞のコロニーも細胞分裂によって増殖するし、生物全体として見ても、1つの受精卵から始まって成体(「生殖生物学」を参照)にいたるまで、同じやり方で成長していくのだ。

231 配偶子 GAMETES

　有性生殖(「生殖生物学」を参照)をする生物は、**配偶子**という生殖細胞をもつ。ヒトを含む動物において、オスがもつ配偶子を**精子**、メスがもつものを**卵子**とよぶ。ヒトの細胞は通常2倍体(「倍数性」を参照)、すなわち両親から1セットずつ受け継いだ染色体を2コピーずつもっているが、配偶子は1コピーずつしかもたない**半数体**である。受精するとオスとメスの配偶子が融合して**接合子**という細胞ができあがり、このときに染色体は各配偶子がもち寄った1コピーずつを合計して2コピーになる。

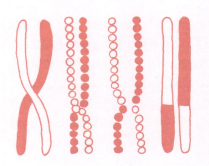

　配偶子は**減数分裂**によって作られる。こ

の分裂様式は細胞分裂とほとんど一緒なのだが、最終的に1つの細胞から2個ではなく4個の細胞が作られるため、各細胞は染色体を1コピーずつしかもたない。減数分裂の過程では**乗換え**という副次的なプロセスによって2本の染色体間でDNAが交換される。このため、配偶子に伝わる染色体は親細胞とまったく同一なコピーではなく、多少のバリエーションが生まれる。

232 組織 TISSUES

生物はたくさんの細胞群からできており、各細胞群は異なる機能をもっている。たとえばヒトにはおよそ**210種**の細胞群が存在し、体の各部位で異なる役目を果たしている。数種類の細胞が集まって構造化したものを**組織**という。生体内では複数の組織が集まり、肝臓、心臓、脳といった内臓や、血液、骨、皮膚、免疫系などが形成されている。

動物には、4つの主要な組織分類がある。**神経組織**は脳から、または脳へと電気信号を送り、感覚情報や筋肉の信号を伝達する。**筋組織**は神経からの信号に反応して収縮し、これによって動物は動くことが可能になる。**結合組織**は異なる組織同士をつなぐ役目を果たすもので、関節にある骨や軟骨などはこれにあたる。**上皮組織**は皮膚を形成したり、内臓や管腔臓器の被覆を構成したりするものだ。

植物組織はもっと単純で、主に**3種類**の組織に分けられる。**表皮組織**は植物の表面を覆う被覆を形成する。**通道組織**は栄養素を植物の体に行き渡らせる役目を果たす。**基本組織**は光合成を行ってエネルギーを作りだし、保管する。

233 細胞分化 CELLULAR DIFFERENTIATION

生物の体内には組織を形成する**体細胞**以外の種類の細胞も存在する。**生殖細胞**または**配偶子**とよばれる細胞は、生殖で使われ、両親の遺伝子を子孫へと伝える。その他にも**幹細胞**という細胞があり、成長に伴って生体内で特定の機能をもつさまざまな種類の細胞へと変化することができる。幹細胞が他の体細胞へと変化する過程を**細胞分化**という。生物の発生においてはまず、胚の段階で胚性幹細胞とよばれる細胞が分化していく。成体も幹細胞をもっ

ていて、組織が損傷したときなどに必要に応じて分化する。

　ヒドラのような生物は、ある種の体細胞から別の種類の体細胞へと分化させることも可能だ。損傷を治癒する場合など、まず体細胞を幹細胞へと**脱分化**させ、その後必要な体細胞へと再度分化させる。ヒドラを2つに切ると2匹の新しいヒドラになるが、それはこの性質によるものだ。

Microbiology

微生物学

234 微生物　MICROORGANISMS

　微生物学は単細胞生物、あるいは肉眼では見えないような大きさの多細胞生物について研究する学問だ。**微生物**と総称されるこれら生命体の観察は、顕微鏡下で行われる。微生物には原核生物も真核生物もいて、地球上のあらゆる場所（深海から遙か上空まで）で生息可能だ。地球上に生息する生物種のほとんどは微生物である。微生物のなかの原核生物は、さらに**細菌**と**古細菌**という2種類に分けられる。真核生物はもっと多様で、いくつものカテゴリーに分けられる。単細胞真核生物である**原生生物**の他に、動物性の微生物や藻類・菌類などが存在する。

　微生物は大型生物にとって益にも害にもなりうる。**炭疽菌**や**大腸菌**などの細菌は害を及ぼす感染症を引き起こす。しかし、動物の消化器系が健康に機能するためには、微生物はなくてはならない存在である。環境全体として考えても、有機物を分解し再利用するというその性質は**環境浄化**に欠かせない。

---

235 原核生物　PROKARYOTE MICROBES

　原核細胞からなる微生物は細菌と古細菌という2種類に分けられ、どちらのドメインも単細胞の微生物で構成されている。**細菌**は数分で複製（「細胞分裂」を参照）することができる。これらの生物は外見（形態）によって分類されている。球状の細菌は**球菌**（cocci）とよばれ、細長い棒状の細菌は**桿菌**（bacilli）とよばれる。この基本名の前に、個々の細菌同士がどのように集合するかに応じた接頭語がつく。たとえば、2個のペアで存在することが多いものは**双**（diplo）と

いう接頭語がつくし、長い鎖状に連なるものには**連鎖**（strepto）、三角形の集合体を作るものには**ブドウ**（staphylo）とつく。上記以外のタイプも存在する。

古細菌は、大きさや形は似ているが細菌とは若干異

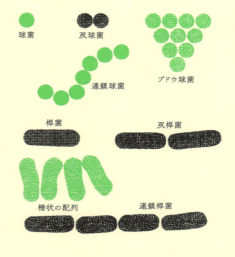

なる化学構成をしている。1990年までこの2種の違いは明らかではなく、どちらも同じ界に属すると考えられていた。しかし今では、古細菌は地球上にもっとも古くから存在する生命体だと考えられている。

236 原生生物 PROTISTS

原生生物は真核微生物の界を形成するとともに、**真核単細胞生物の総称**となっている。分類法によっては原生生物とひとくくりにせず、複数の界に分けられていることもある。

たとえば、海洋生物にとって有害な赤潮という現象を引き起こす渦鞭毛藻は**クロムアルベオラータ界**に含まれる。この界には、**マラリア**という疾患を引き起こす微生物も含まれている。寄生虫の多くは**エクスカバータ界**に含まれている。また、**リザリア界**に分類されるものは動きが素早く、**仮足**という原始的な足を使って動き回る。藻類の多くは**アーケプラスチダ界**に含まれている。つまり、我々のイメージとは異なり、多くの藻類は植物に分類されていないのである。原生生物には40ともいわれる門（「門」を参照）がある。生物学者によっては、**有機化合物を摂食するもの**を指して原生動物という名称を用いる場合もある。

237 動物性微生物 ANIMAL MICROBES

多細胞からなる動物で、肉眼で見ることができないほど小さいも

のを**動物性微生物**とよぶ。このなかには節足動物門の生物も多く含まれる。たとえば、節足動物門鋏角亜門クモ綱に属するチリダニは、家屋のなかで活発に増殖し、喘息などのアレルギー症状の原因となるといわれている。ハダニも同じくクモ綱に属し、その大きさは1mmに達することもある。

　他にも、節足動物門甲殻亜門（カニやロブスターなど）に属する海洋動物のなかにも動物性微生物がいて、体長が数mmに達するミジンコが含まれている。さらには、海に棲む動物プランクトンの一部である**橈脚類**や、**線形動物門**や**輪形動物門**（体長0.5mmに達する円筒形をした海生動物）も動物性微生物に含まれている。

238 藻類・菌類　MICRO-PLANTS AND FUNGI

　真核細胞の微生物のうち、動物ではないものは植物界か**菌界**に分類されることになる。植物性微生物である**緑藻植物**は植物界のなかの「門」（「門」を参照）を形成し、そのなかには藻という形で水中に生息する微生物もいる。海に生息する**植物プランクトン**も植物性微生物に含まれる。

　植物と同様、菌類は陸上に多く生息する生物で、たとえばキノコなど、自然界で日常的に見られる。菌類の微生物というものも存在し、たとえば醸造やパン作りに使われる単細胞微生物の**酵母**や、多様なカビ（消費期限を過ぎた食品に生えてくる多細胞性微生物）などがこれにあたる。この界のもっとも初期の化石は原生代、14億年前の層から見つかっている。

　菌類と緑藻類とが共生して、**地衣類**という木や石の表面で見られるコケのような構造を作ることもある。

239 走化性　CHEMOTAXIS

　細菌や他の微生物が周囲の環境の**化学組成を手がかりに移動し**ていく仕組みを**走化性**という。特定の化学物質の濃度を検知し、そちらに向かって移動したり（その物質が栄養素である場合など）、遠ざかるように移動したり（その物質が有害な場合）するのである。

　微生物はまず、食物と毒素の場所を特定するための専用の受容体を使い、周りの化学的環境を把握する。そして、受容体からの情報をもとに、自分がその物質の所在地に向かっているのか、遠ざ

かっているのかを把握する。最後に、原核生物の場合は、鞭毛（長い、鞭を打つような動きをする尾）を使って推進力を得たり方向を変えたりする。真核生物の場合は他の方法で推進力を得ており、たとえば体表面に生えている毛状の**繊毛**を使ったり、足のような突起（仮足とよばれる）を伸長させて進んだりする。他にも、微生物が刺激に応じて動きを変えるさまざまな**走性**が知られており、刺激因子には**明るさ**（走光性）、**熱**（走熱性）、**電場**（電気走性）などがある。

240 ウイルス VIRUSES

ウイルスは細菌や他の微生物よりも小さく、その直径は通常数百nmほどだ。遺伝情報（DNAあるいはRNA）がタンパク質の殻をまとっただけの単純な構造であり、厳密には生物とはいえない。光学顕微鏡で観察することができず、**走査電子顕微鏡**が必要だ。

ウイルスは、細胞に侵入すると細胞のタンパク質産生工場を乗っ取り、新しいウイルスを作らせようとする。新しいウイルスが作られるとそれらは細胞から飛び出し（その過程で細胞は破壊される）、別の細胞に感染し、また同じプロセスが繰り返される。この破壊的な生活環から予想できる通り、ウイルスは**インフルエンザ**、**狂犬病**、**肝炎**、**エイズ**など、生命を脅かす疾患の原因となる。ウイルス性疾患のなかには、ワクチンや抗ウイルス薬によって治療や予防ができる

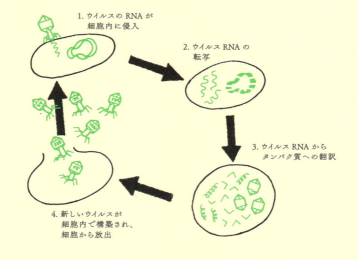

1. ウイルスのRNAが細胞内に侵入
2. ウイルスRNAの転写
3. ウイルスRNAからタンパク質への翻訳
4. 新しいウイルスが細胞内で構築され、細胞から放出

ものもある。ただし、すべてのウイルスが悪者というわけではない。**バクテリオファージ**とよばれるウイルスは、有害な細菌を選択的にやっつけることができるし、**遺伝子治療**にウイルスが用いられることもある。

241 ナノーブ NANOBES

1996年に発見され、**世界最小の生命体**であると目されているのが**ナノーブ**で、直径はわずか20nm、既知の最小の微生物の1/10の大きさしかない。ナノーブはクイーンズランド大学に所属するオーストラリアの科学者フィリッパ・ユーウィンズによって、中生代初期から中期の地層から発見された。指のような形をしたつる状の構造が菌類のもつ微細な構造に類似しており、ユーウィンズはこれが新しい生命体であると主張した。しかし、ユーウィンズが見つけたものは生命体などではなく、単に**結晶**が成長する様子だろうと反論する研究者も多い。2001年、ユーウィンズはナノーブのなかにDNAが存在していることを示唆する新しい研究結果を発表している。

分子生物学
Molecular Biology

242 ヌクレオチド NUCLEOTIDES

分子生物学とは、生化学の理論を用いて遺伝学（「遺伝子」を参照）を説明する学問といえる。生物の設計図がどのように細胞核のなかに格納されているか、またこの情報をどのように子孫に伝えていくのか(遺伝)などについて研究する。

細胞は、遺伝情報を**リボ核酸**(RNA)と**デオキシリボ核酸**(DNA)という形で保管している。これは、**ヌクレオチド**という分子が鎖状に数百万個連なってできたポリマー（「高分子」を参照）である。各ヌクレオチドは、**リボース**(RNAの場合)や**デオキシリボース**(DNAの場合)という糖にリン酸分子(酸素、水素、リンの化合物)が結合してできている。それだけでなく、ヌクレオチド分子には第3の重要な成分が含まれている。それは塩基とよばれる、酸素、窒素、炭素からなる有機化合物だ。分子生物学には、**アデニン**(A)、**グアニン**(G)、**チミン**(T)、**シトシン**(C)、**ウラシル**(U)という5種類の塩基が登場する。

塩基同士が結合して**塩基対**が形成されることで、生命情報の基盤をなすDNAの**二重らせん**構造ができあがる。

243 **DNA** DNA

DNA（デオキシリボ核酸）は**デオキシリボース**という糖にリン酸と塩基（アデニン（A）、グアニン（G）、チミン（T）、シトシン（C）の4種のうち1つ）が結合した**ヌクレオチド**が連なってできた高分子である。ヒトなどの大型真核生物では、DNAは**染色体**という構造体を形成し細胞の核内に配置されている。染色体は非常に長く、ヒト染色体のうち一番長いものには**2億個**以上のヌクレオチドが連なっている。

CTTCGTA……のようなDNA分子中の塩基の並びが、2進データにおけるビットのようにその生物の構成に関するすべての情報をコードしている。3つの塩基がひとまとまりで**コドン**とよばれる1バイト分の遺伝情報となる。各個体は固有の**DNA**をもっているため、親子鑑定や法医学の分野でも使われている。

244 **二重らせん** DOUBLE HELIX

DNAは、2本の鎖（DNA分子）が互いに巻き付いた**二重らせん**構造をしている。一方の鎖のヌクレオチドの塩基が、向かい合ったもう片方の鎖の塩基と結合してらせん構造を保っている。各塩基は、決まった1種類の塩基のみ、たとえば**G**は**C**、**A**は**T**と結合する。すなわち、2本の鎖は互いに同一ではないが、一方の配列が決まればもう片方の配列も一意に決まる。これこそ、細胞分裂でもっとも重要なDNA複製の肝だ。DNAの複製時には、らせん構造がほどけて鎖が1本ずつに分かれる。そして、各鎖を鋳型として、塩基ひとつひとつに対応する新しい塩基が結合していき、新しく2本の鎖が完成する。このようなDNAの二重らせん構造は、1953年に分子生物学者**フランシス・クリック**と**ジェームズ・ワトソン**によって発見された。

245 **RNA** RNA

RNA（リボ核酸）はDNAのいとこのような存在だ。こちらもヌクレオチドの長い鎖からなる高分子であるが、RNAに使われている糖はデオキシリボースではなく**リボース**である。RNAの各分子にはDNA

と同様にアデニン(A)、シトシン(C)、グアニン(G)のいずれかの塩基が含まれるが、4つ目はチミン(T)ではなくウラシル(U)だ。また、DNAは二重らせん構造をとるが、RNAは通常一本鎖で存在する。

ある種のウイルスを除いて、RNAは遺伝情報の担い手そのものではなく、2次的な用途で使われる。**メッセンジャーRNA（mRNA）**は、細胞内でタンパク質を産生するために、核内の遺伝情報をリボソームまで運ぶ。**トランスファーRNA（tRNA）**はアミノ酸のガイドとして働き、mRNAに記された通りの順番でアミノ酸をつなげていく。また、リボソーム自体は、**リボソームRNA（rRNA）**とタンパク質からできている。

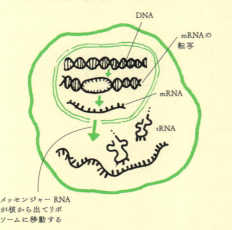

メッセンジャーRNAが核から出てリボソームに移動する

246 遺伝子 GENES

遺伝子とは細胞核に含まれる**DNA配列**の一部分であり、その生物を作り上げるタンパク質を産生するために必要な情報を含んでいる。遺伝子というのはいわば、その生物のすべてを形作るのに必要なデータ（肌の色から内臓の配置、個々の細胞の役目など）の集まりである。また、遺伝子は単にその生物を形作るだけではなく、子孫へと伝わっていく。私たちは顔の特徴や、知能や、血液型などの性質を親から受け継ぐが、これはみな、遺伝子の働きによるものだ。

遺伝子と遺伝子の間には、**ノンコーディングDNA**とよばれる配列が横たわっている。そのうちいくつかは遺伝子発現の制御に何らかの役目を果たしていると考えられているが、それ以外のほとんどの機能は不明で、**ジャンクDNA**などという不名誉な名前でよばれることもある。DNA自体は1869年にスイスの生物学者ヨハネス・フリードリッヒ・ミーシェルによって発見された。

しかしDNAが遺伝子を運ぶ実体だということが発見されたのは1944年のことで、ニューヨークで研究をしていた**オズワルド・アベ**

リー率いるチームの功績であった。

247 遺伝子発現 GENE EXPRESSION

DNAに保管されている遺伝子の情報を使ってタンパク質を作ることを**遺伝子発現**という。遺伝子発現は、細胞のなかにある**リボソーム**で起こる。すべての細胞は同じ遺伝情報のコピーをもっているが、細胞によって遺伝情報のどの部分を使うかは異なり、多くの細胞は遺伝情報の一部分しか使わない。たとえば皮膚の細胞にとって、膵臓が機能するための情報は不要である。そのため**DNAのメチル化**によって使わない遺伝情報に印をつけ、遺伝子発現を制御している。メチル基（化学式CH_3）をDNA配列内にあるシトシンに付加すると、その遺伝子の発現が抑制されるのだ。

248 対立遺伝子 ALLELES

対立遺伝子とは、同一の遺伝子についての、異なる型のことである。たとえば、2本の染色体間で特定の遺伝子の塩基配列を比較したときに違いがあれば、ある遺伝子には対立遺伝子が存在することになる。代表的な例はヒトの**血液型**だ。血液型を決定する遺伝子が9番染色体に存在しており、この遺伝子の塩基配列の違いによってA、B、Oという血液型の違いが生みだされる。

249 接合性 ZYGOSITY

有性生殖において精子と卵子が結合するとき、各細胞核内に含まれていた染色体は、接合子（「配偶子」を参照）のなかで会合して新たなペアを作る。**接合性**とは、各染色体ペアにおけるさまざまな遺伝子の**対立遺伝子の組み合わせの様式**である。ちなみに、生物がもつ対立遺伝子の組み合わせは**遺伝子型**とよばれ、そこから翻訳されて（「遺伝子発現」を参照）できてくるタンパク質などのことを**表現型**とよぶ。

染色体の2つのコピーが同じ対立遺伝子をもっていると、その遺伝子型は**ホモ接合型**であるといわれ、異なっていれば**ヘテロ接合型**といわれる。対立遺伝子が1本失われている場合は**半接合型**で、2つとも失われている場合は**ヌル欠損型**となる。

250 優性遺伝 GENETIC DOMINANCE

対立遺伝子が**ヘテロ接合型**（「接合性」を参照）の場合、どちらの遺伝子が実際に発現する（「遺伝子発現」を参照）かは定かではなく、**優性遺伝**という考え方が必要になってくる。ヒトの血液型がよい例だ。血液型は9番染色体上にある遺伝子で決まり、その対立遺伝子はA、B、Oの3つのうち1つの型をとる。どちらの染色体にも対立遺伝子Aが乗っている場合（ホモ接合型）、あるいはAとOのヘテロ接合型の場合、表現型はA型になる。この場合、Aは**優性**、Oは**劣性**とよばれる。BもAと同様、Oに対して優性である。遺伝子型がOOのホモ接合型である場合のみ、血液型はO型となる。遺伝子型がABの場合は特殊で、血液型はAB型となる。AとBの対立遺伝子のような関係は**共優性**であるといわれる。

他の例としては、ヒトの目の色がある。茶色の目の遺伝子は優性、青色は劣性である。

子のABO遺伝子型	母親から受け継いだ対立遺伝子		
	A	B	O
父親から受け継いだ対立遺伝子 A	A	AB	A
B	AB	B	B
O	A	B	O

251 遺伝子変異 GENETIC MUTATIONS

生物のDNAに刻み込まれた遺伝子が変化することを**遺伝子変異**とよび、それにより起こる生物の**遺伝子型**（「接合性」を参照）の変化は**表現型**（生物の物理的特性）の変化をも引き起こすことがある。この変化が有益なこともある。たとえば、自然選択による進化は、生殖細胞の形成過程に起きた**染色体乗換え**によって、生物のDNAがシャッフルされて生じる天然の変異によって突き動かされる。

もちろん、有益ではない変異も多数ある。**薬剤**や**放射線**がもた

らすDNAの変異は**がん**の原因になりうる（「放射線生物学」を参照）。また、DNAのなかにひそむ裏切り者である**トランスポゾン**という配列によっても変異が引き起こされる。この配列は、DNA上の異なる位置に飛んでいくことができるため**ジャンプする遺伝子**（jumping genes）ともよばれており、がんや**血友病**（血液凝固の異常）などの重篤な疾患を引き起こすことが知られている。

252 リコンビナントDNA RECOMBINANT DNA

遺伝子変異の多くは生物の遺伝情報が自然に、あるいは薬剤や放射線などの汚染因子の影響により**制御不能に変化**していく現象である。しかし、**リコンビナントDNA**という、**計画的**に生物の遺伝子を操る方法がある。リコンビナントDNAは、人工的に合成したDNA配列を生物遺伝情報のなかに割り込ませて発現させる（「遺伝子発現」を参照）ことで、生物に物理的な変化をもたらすことができる。

新しく作られたDNAを挿入する方法はさまざまである。ウイルスは自身の遺伝情報を宿主生物のなかに注入する性質をもつため、ウイルスの遺伝情報を目的のリコンビナントDNAと入れ替えて、宿主をそのウイルスに感染させるのが1つの方法だ。細菌がもつプラスミドも似たような原理で使われている。リコンビナントDNAを作る方法は1970年代初頭に確立し、GM作物や合成生物学など、遺伝子改変技術の基礎となっている。

253 ゲノミクス GENOMICS

ある生物の全遺伝情報、つまりすべての染色体を並べて端から端まで読んだときの塩基配列や、配列中にどのように遺伝子が並んでいるのかを示した地図を**ゲノム**という。生物のゲノムを科学的に明らかにしようとする学問が**ゲノミクス**であり、その目的は、完全な遺伝子配列を利用可能な状態にし、生物の身体的特性を知れるようにすることである。

ゲノミクスには3つの分野がある。**構造ゲノミクス**は化学的プロセスとコンピューターの計算能力を駆使して生物の**ゲノム地図を完成**させようとするものである。**機能ゲノミクス**は遺伝子発現について調べていく。たとえば、遺伝子が実際どのように表現型へと翻訳され

るのか、さまざまな条件下で発現様式がどう変化するかといったことだ。**比較ゲノミクス**は異種間のゲノムを比較することで、目的の生物についての知見を得ようとする分野である。

地球上の生物のゲノムのうち最初に解読されたのはバクテリオファージで、1977年のことだった。ゲノミクスの分野が花開きだしたのは1980年代に入ってからであり、2001年には人類のゲノムの最初のスケッチが完了した。ヒトゲノム計画の成果だ。

254 遺伝子配列 GENE SEQUENCE

ゲノミクスにおいて重要なことは遺伝子の**シーケンシング**、つまり化学的手法を使ってDNA鎖を形成する塩基配列を解読することだ。シーケンシングには大きく分けて2つの手法がある。**マクサム・ギルバート法**はDNA鎖を酵素によって切断し、その断片を特定の塩基としか反応しないさまざまな化学物質で処理することで配列を推定する。

もう1つの手法である**サンガー法**は、サンプルから新しいDNA鎖を合成するところから始める。ただし、特定の塩基と反応することで新しい鎖の合成を止めることができる薬剤を添加しておく。どの薬剤によって合成が止まったかを解析すれば、それが何の塩基だったかが分かるというわけだ。そしてこのプロセスを繰り返すことでDNA全域の配列を知ることができる。こちらの手法はDNAだけでなくRNAにも利用できることや、完全に**自動化**できることなどから、マクサム・ギルバート法よりも優れているとされている。

255 ヒトゲノム計画 HUMAN GENOME PROJECT

1988年に始まった**ヒトゲノム計画**とは、ヒトのゲノム地図、すなわちヒトのDNA配列に刻まれている遺伝子の配列を解読しようという国際的なプロジェクトである。ヒトゲノムには**30億塩基対**(「ヌクレオチド」を参照)あるといわれているが、遺伝子は**2万4000個**ほどであろうと見積もられている。30億ドルほどの予算を費やした結果、2001年にはゲノムの大まかな配列が、そして**2003年**には完全な配列の解読が終了した。

現在は、ヒトゲノムに含まれる全遺伝子の機能などより深い知識を得るための研究が進められている。この成果は、**遺伝子医学**とい

う分野で人類の健康に大きく貢献している。他のプロジェクトとしては、人種によるゲノムの差異や、個人の全DNA配列などが解読されてきた。2007年にはアメリカの生物学者**クレイグ・ベンター**が、人類史上初めて、自身の全DNA配列を公表した。

256 生物の分類 BIOLOGICAL CLASSIFICATION

今日、およそ150万種の動植物と微生物が知られている。生物学者は、この膨大な数の生物を形や外見(「形態学」を参照)、解剖学に基づき、**生物分類学**という作法に則り分類する。地球上の生命は**階級構造**を作っており、**8つ**の分類群に分けられる。最上級の階級は**ドメイン**で、ドメインはいくつかの**界**からなっており、界にはたくさんの**門**が含まれる。門の下はさらに**綱、目、科、属、種**と続く。

スウェーデンの植物学者・動物学者である**カール・リンネ**は、18世紀初頭にこの分類を体系化した。生物の命名法として現在も使用されている**二名法**を最初に体系づけたのもリンネだ。二名法というのは、生物をイタリック体の2語で表すもので、最初にくる語は1文字目が大文字で属を示し、それに続く語は種を示す(こちらはすべて小文字だ)。この命名法でつけられた名前のことを**学名**という。たとえば、現生のヒトの学名はホモ・サピエンス(Homo sapiens)であり、Homo属に

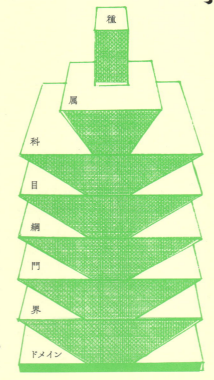

Biological Taxonomy

生物分類学

属するsapiensという種であることを示している。現在では、これら8分類以外にも多くの階級が加えられ、**下綱**や**亜種**などが存在する。

257 ドメイン DOMAINS

ドメインは自然界に棲む生物の階級分類の最上位である。現代の分類体系では、地球上の生物はその細胞がもつ遺伝子の構成に基づいて、**アーキア**（古細菌、原核細胞）、**細菌**（原核細胞）、**真核生物**（真核細胞）という3つのドメインに分けられている。

258 界 KINGDOMS

ドメインの1つ下の階級が**界**だ。カール・リンネのもともとの分類体系では、動物と植物という2界しか存在しなかった。しかし、この見方は徐々に変化し、現在主流の分類学では**6つの界**があるとされている。アーキアのドメインには、化学合成により養分を得る**古細菌**という界のみが含まれている。細菌ドメインには、**真正細菌**という界のみが含まれている。真正細菌は化学合成以外の方法で養分を得る。残りの4つの界はすべて真核生物ドメインに含まれており、このなかには**動物、植物、原生生物、菌類**が含まれる。菌類は光合成を行わないために、植物とは別の界となっている。

259 門 PHYLA

門という分類は、現在の生物分類体系においては界の下で、綱の上だ。動物界にはおよそ**40の門**（phyla）が存在する。そのなかには**軟体動物門**（海洋軟体動物）、**線形動物門**（線虫）、そして、鳥類・爬虫類・両生類・哺乳類（ヒトも含む）が属する**脊索動物門**などがある。

植物学（植物や菌を扱う学問）において、門はphylaではなくdivisionとよばれる。多くの植物を含む門には、被子植物（花を咲かせる植物）、シダ植物、コケ植物などが含まれる。一方菌界は、担子菌門、子嚢菌門、接合菌門、グロムス門などに分かれている。これらはすべてキノコの仲間で、生殖器官の違いによって分類されている。アーキア界にはクレンアーキオータ、ユリアーキオータ、コルアーキオータ、ナノアーキオータ、タウムアーキオータという**5つの門**が含まれており、真正細菌界にいたってはもっと多くの門が含まれている。

260 綱 CLASSES

綱は門の直下のグループを指す名称である。生物分類学においてはこの階級でグループの数が爆発的に増える。親しみのある名前がでてくるのもこのあたりからだ。爬虫類（爬虫綱）、哺乳類（哺乳綱）、鳥類（鳥綱）、両生類（両生綱）といった感じだ。

261 目 ORDERS

綱の下は目とよばれる。たとえば、食肉目は哺乳綱のなかでも肉を食べる仲間である。齧歯類（ネズミ目）は哺乳綱のなかでも小型の仲間である。ちなみに、ヒトはサル目に属し、ここには類人猿などが含まれている。

262 科 FAMILIES

科は目の1つ下の分類階級だ。科の名称は厳密な文法に従ってつけられており、動物名は必ず「idae」で終わる。たとえば、「Felidae（ネコ科）」、「Crocodylidae（クロコダイル科）」などだ。植物や菌類の名前は、必ず「aceae」あるいは「ae」で終わる。たとえば「Aceraceae（カエデ科）」のような感じだ。ヒトは「Hominidae（ヒト科）」に属し、大型類人猿ともよばれ、ここにはチンパンジー、ゴリラ、オランウータンが含まれる。ハトはハト科「Columbidae」を構成し、同じ科に属していたドードーを含むドードー科（Raphidae）が絶滅した後は単独でハト目を構成している。

263 属 GENUS

科と種の間にある分類階級が属だ。

二名法においては、2つの名前のうちの1つ目はその生物の属名であり、必ず大文字で始まる。たとえば、イエネコの学名はFelis catusで、Felisというのが属名を表している。地球上に棲息する生物を分類するにあたり、他の階級は厳密な生物学的考察に則って境界が決められているが、属間の境界ははっきりしておらず、種を明確にグループ分けしうる自然な隔たりを探しだして恣意的に決められているのが現状だ。もう少し科学的な方法、すなわち交配して雑種を形成しうる生物をまとめるという形で属を定義してはどうかと

提案する学者もいる。たとえば、ライオンとトラは交配してライガーという雑種を生みだすことができるから同属、とするのだ。ただしこの体系も、現状では1つの提案にすぎない。

生物の一般名とその属名がほぼ同じことも多い。たとえば、アカシア属のアカシアや、アジアゾウ属のアジアゾウなどだ。この傾向は、同じ属に属する種の間に違いがほとんどない場合に顕著である。

264 種 SPECIES

種は生物の分類階級において最下級の、もっとも細かい分類だ。一般的には、交配して生殖能力のある子孫を生みだすことができるくらいに生物学的に近縁な生物群とされている。似ているが種が同一ではない生物同士で、交配して雑種（そのほとんどは不妊である）を生みだすものは通常、同じ属に属する。

そうはいっても、生物学者たちの間では種の厳密な定義や、新種をどのように名づけ分類するかについて統一見解は得られていない。これは**種問題**として知られ、無数の解決策が提唱されている。たとえば、種を遺伝情報や外見（形態）に基づいてまとめることや、環境中の特定の棲息域に応じて分類するなどである。

地球上の種の数（微生物、植物、動物、菌など）は**1億**にも達するといわれている。動物だけでも125万種が知られており、数万種の植物、そして百万種を超える細菌が認められている。同一種の生物でも、地球上の異なる場所に棲息していると、その環境に適応して自然選択によって進化し、最終的に新種を作ることがある（「種分化」を参照）。

265 博物学 NATURAL HISTORY

博物学とは、地球上に存在するドメインから種にいたるまでのすべての生命を対象とする学問である。紀元前4世紀の古代ギリシャの哲学者にまでさかのぼるこの語の初期の定義では、地質学など地球を構成する**無生物**も含まれていたが、現在では通常、動植物および菌類を扱う。

博物学は**植物学**（植物と菌類）と**動物学**（鳥類、昆虫、爬虫類、両生類などの動物）の2つに大きく分かれ、実験科学ではなくフィールドワー

クなどの観察研究に重点が置かれるのがふつうだ。そのため、博物学は厳密な科学的探求ではなく、テレビのドキュメンタリー番組や一般向け科学雑誌のテーマであり、大衆科学の一環とみなす科学者もいる。

Zoology

266 動物 ANIMALS

動物は動物界に属する生物である。このなかには、水中でも陸上でも生活できる**両生類**、変温動物の**爬虫類**、子供を産む**哺乳類**、外骨格をもつ**昆虫**などが含まれる。

動物は**多細胞の真核生物**であり、**有性生殖**、すなわち2つの異なる性の親個体に由来する生殖細胞同士を融合させて子を作る。化学合成や光合成をする能力がないため自ら養分を作りだすことができず、他の生物を摂食することで栄養素を得る。これを学術用語で**従属栄養**という。そのため、ほとんどの動物は動き回って餌を探すことが必要であり、このために神経系が発達し(「神経生物学」を参照)、周囲の刺激に反応し、それに合わせて動きを変えることができる。地球上に動物が出現したのは古生代の**カンブリア爆発**のときである。

267 形態学 MORPHOLOGY

生物の形(体内も外形も)について研究する学問を**形態学**といい、生物を分類する生物分類学において使われる。形態学は**エイドノミー**という外見を扱う分野と、**解剖学**(アナトミー)という体の内部構造を明らかにする分野の2つに大別される。

異なる種間での形態の違いは、**形態測定学**による細部にいたる計測で定量化される。これはスケッチや言葉による説明に比べ、より科学的なアプローチだといえる。形態が似ているもの同士であっても、コンピューターを用いた精密な数理解析により妥当かつ迅速な比較が可能となるのだ。新種を同定する際は、DNA解析と併用することが一般的である。

268 脊椎動物 VERTEBRATES

脊椎動物とはざっくりいうと、背骨をもった動物のことだ。生物分類学においては、脊椎動物は**脊索動物門**のすぐ下に**脊椎動物亜門**という「亜門」を構成している。背骨をもつ動物の祖先は体側に沿って**脊索**という棒状の骨をもっており、進化に伴って脊索が分割、骨が関節でつながった構造の脊椎となり、柔軟な**脊柱**を構成した。この骨の連なりのなかには、神経組織の束であり、脳から体の各部位へと神経インパルスを伝える高速道路の役目を果たす**脊髄**が含まれている(「神経生物学」を参照)。

地球上に現存する大型動物のほとんどの綱(哺乳類、鳥類、爬虫類、両生類)は脊椎動物である。最古の脊椎動物は、古生代に最初の動物が地球上に出現した直後に現れた。**無脊椎動物**(背骨をもたない動物)というものも存在し、もっとも繁栄しているのは昆虫、クモ、甲殻類などを含む節足動物門だ。その他にも、蠕虫、サンゴ、イソギンチャク、クラゲなどが無脊椎動物に含まれる。

269 生殖生物学 REPRODUCTIVE BIOLOGY

動物は有性生殖、すなわちオスとメスの生殖細胞を融合させ、**接合子**(個体の始まりの細胞)を作るという生殖方法をとる。接合子は細胞分裂と細胞分化を繰り返して子個体へと成長していく。

子の性は、2つの配偶子がもつ**性染色体**によって決定される。ヒトの場合、配偶子は22本の常染色体と、XかY1本の性染色体をもつ。女性がもつ卵子は必ずX染色体をもち、男性がもつ精子はXかYをもっている。これら2つの配偶子が融合したときにXXという組み合わせになればその子

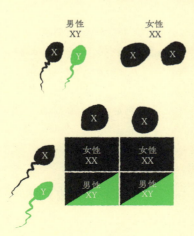

は女性、XYであれば男性となる。

　鳥ではこれが逆で、メスのほうが異なる種類の性染色体をもち子の性別を決める。もっと複雑な性決定システムをもつものもあり、カモノハシは10本以上の性染色体をもっている。

270 発生生物学 DEVELOPMENTAL BIOLOGY

　接合子が生じた後の成長は**発生生物学**の範疇となる。接合子はまず細胞分裂し、**胚盤胞**とよばれる細胞の塊を作る。ヒトの胚盤胞はおよそ100個の細胞からできている。胚盤胞は受精後数日で形成され、その後胚へと成長していく。このとき、遺伝子の発現が化学的なプロセスにより制御され、基本構造を作るためのタンパク質が、適切な部位で適切な時期に作られる。胚は母体の中で細胞を増やし、細胞分化によって血液、骨、神経、内臓などに**分化**させることで成長していく。

　哺乳類では、胚形成の後の段階を**胎児**(胎仔)とよび、妊娠満期で出生するまでの間（人間であれば9ヵ月）母体のなかで成長を続ける。鳥や爬虫類など他の綱では子を卵の状態で産み、それが時を経て孵化し**幼生**となる。生物によっては、幼生から成体になる前に**変態**という段階を経て、外見が著しく変化することがある。イモムシがチョウになるのがそうだ。

271 動物行動学 ETHOLOGY

　動物行動学という分野は、文字通り動物の行動や振る舞いを研究する。特に、餌をとるだとか子を守るといった本能的な行動がテーマとなる。たとえばハイイロガンは、巣の外にある卵を、自分の卵であるかどうかに関わらずくちばしで転がして巣に戻そうとする。また、動物によっては、おとりとなって捕食者の注意を自分のほうに向けて子孫を守ろうとすることがある（「利他的行動」を参照）。**本能行動**は他にもある。ロシアの心理学者**イワン・パブロフ**がイヌに餌を与える前にベルを鳴らすことを繰り返した有名な実験では、イヌはベルを聞くだけで唾液を垂らすようになった（「行動主義」を参照）。

　動物行動学は進化、神経生物学、環境科学などの手法を用いて自然界にいる動物の行動を説明しようとする。**生存本能**だけでなく、動物の**社会的行動**も生物学的プロセスの一部であると考える社

会生物学とも密接に関連している。

272 動物学各分野 BRANCHES OF ZOOLOGY

地球上には膨大な数の動物種が存在し、それゆえに動物学が取り扱う対象も膨大になる。この学問を扱いやすくするために、動物学者は動物学を多くの分野へと細分化していった。

動物行動学、生態学、進化など、全動物に関わる分野もある。しかし、ほとんどの動物学者は自身の専門分野を生物分類学に基づいて決定する。つまり、ある特定の動物種に注目して研究を行うのである。たとえば、哺乳類学者は哺乳類について研究し、鳥類学者は鳥類の研究を行う。爬虫類学者は爬虫類を、昆虫学者は昆虫を、クモ学者はクモを、魚類学者は魚類を、蠕虫学者は蠕虫を対象とするといった具合だ。現存しない生物を扱う分野もあり、**古動物学者**は動物の化石を研究する。

273 未確認動物学 CRYPTOZOOLOGY

科学的に認められていない動物についての研究を**未確認動物学**とよぶ。反論も多く、多くの科学者は未確認動物学は**疑似科学**であると考えている。未確認動物学は目撃情報に頼るところが大きく、「未確認動物（ネッシー、イエティ、ビッグフット、スマトラの森に生息するといわれている小型の猿人オラン・ペンデク）」を目撃したと信じる者の主張を検証する、というのが主流である。批評家は、未確認動物学者の研究手法自体が非科学的であると主張する。

それでも、2003年には考古学者がインドネシアのフローレス島で約1万2000年前の身長1mほどのヒト属の生物のものとされる骨を発見したことで、一定の支持を集めた。これをもとに、未確認動物学者は地球上には科学の目をすり抜けるようなふつうではない種が生息していることがあると主張する。植物学にも、**未確認植物学**という伝説上の生物を扱う独自の分野がある。

274 植物 PLANTS

植物学

植物学は**植物**と**菌類**を対象とする学問である。植物は植物界に属する**多細胞の真核生物**で、光合成（これを行うため、植物は緑色をしている）によって太陽光から養分を作りだす。花をつける植物、木、低木、草、コケなどが含まれる。植物は獲物を追ったり餌を探したりする必要がないため移動することはできず、神経系もないため周囲の刺激に対する反応は遅い。細胞は**セルロース**（食物繊維として知られている）でできた丈夫な**細胞壁**をもっている。

植物は、地上に伸びる**主軸**と、地中に伸びて水分や栄養分を吸い上げる**根系**がつながった構造をしている。**側枝**（枝）は主軸の

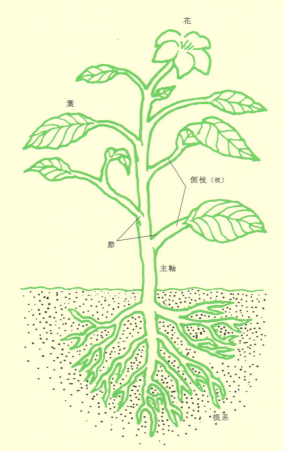

節とよばれる部分から生じて外側に伸びる。側枝には光合成の場となる**葉**がついている。もっとも多くの種が属する被子植物門（「門」を参照）の植物は**花**をつける。最古の植物は緑藻で、古生代のカンブリア紀から化石が出土している。

275 菌類 FUNGI

菌類はカビ、酵母、キノコなどを含む**真核生物**であり、単細胞のものと多細胞のものがいる。植物とは異なり、クロロフィルをもたないため光合成はできない。その代わり、他の生物に**寄生**（「寄生」を参照）することでエネルギーや栄養素を得る。食物にカビが生えるのはこのためだ。菌界には**150万種**ほどが含まれるともいわれ、これらについて科学的に探求する学問を**菌学**という。

菌類は胞子を形成し、それが新たな個体へと成長することで増殖する。また、有性生殖するものと無性生殖するものが存在する。

菌類は人類にとって非常に有用であり、食べることや、微生物学的な特徴を応用して**パン**や**ビール**や**ワイン**を作ることができる。ブルーチーズは、チーズにある種のカビを植え付けることで作られる。しかし、菌類のもっとも重要な性質は**抗生物質**を作りだすことかもしれない。抗生物質は、ペニシリンを産生するカビが発見されたことから始まった。

276 光合成 PHOTOSYNTHESIS

植物は**太陽光**と**水**と大気中の**二酸化炭素**から**エネルギー**を作りだす。緑色植物以外にも、藻類、細菌（「原核生物」を参照）が光合成を行う。副産物として酸素を作りだす光合成はおそらく、地球上でもっとも重要な化学反応だ。地球上で動物や好気性生物が呼吸できるのは、植物のおかげなのだ。光合成を行う植物は食物連鎖の土台となるし、木を燃やすことで加熱したり調理したりする場合の熱源ともなる。

光合成は植物細胞のなかの**葉緑体**とよばれる部分で起こる。光を吸収する植物色素（緑色をした葉緑素）が太陽のエネルギーを使い、根から吸い上げられた水と、葉の**気孔**とよばれる穴から供給されるCO_2との化合反応を起こす。このときの化学反応式はCO_2+H_2O+太陽光$\rightarrow CH_2O+O_2$であり、CH_2Oというのがエネルギーを作りだ

す炭水化物のことである。

277 蒸散 TRANSPIRATION

植物の葉に存在する**気孔**という穴は、光合成のための二酸化炭素を取り込む役割をもつが、動物の皮膚にある毛穴と同じように水蒸気を放出する役割ももつ。後者のプロセスを**蒸散**とよぶ。蒸散は植物の体内を冷やしたり、根系が地中からミネラルや栄養素を含んだ水分を取り込むのを促したりする働きをもつ。

根は浸透圧により地中から液体を取り込み、それが**導管**という穴のあいた組織を通って植物全体に運ばれる。導管は非常に硬い組織であり、大型植物の木部を作るのもこの組織だ。もう1つの管腔構造をした組織である**師管**は、光合成により作られた炭水化物を運ぶ役割を担っている。

278 植物栄養素 PLANT NUTRIENTS

植物は動物とは異なる栄養素群を必要とする。必須の栄養素群は、動物と同じく、**多量栄養素**（大量に必要な栄養素）と**微量栄養素**とに分けられる。植物にとっての多量栄養素は窒素、リン、カリウム、炭素、水素、酸素だ。

炭素は植物の構造を形作るのに必須であり、光合成を通じて得られる大気中の二酸化炭素が供給源だ。**酸素**と**水素**は、光合成の際に炭水化物を作るのに使われる。**リン**はエネルギーの輸送に関わり、**カリウム**はCO_2が取り込まれるとともに蒸散作用により水分が放出される場である気孔の開閉を補助する。**窒素**はタンパク質の産生に使われる。大気のおよそ78%は窒素だが、植物は根から獲得可能な地中の窒素しか利用できない。植物にとっての微量栄養素は、遺伝子発現に必要な**亜鉛**や、植物の根で浸透圧を生じさせるために必要な**塩素**などのミネラルである。

279 食虫植物 CARNIVOROUS PLANTS

二酸化炭素や窒素を取り込むのではなく、**肉を取り込む植物**もいる。このような植物は食虫植物と総称される。もっとも有名な食虫植物は**ハエトリグサ**だろう。ハエトリグサは顎のような罠をもち、何も知らない不運な虫がやってくると素早く閉じて、虫の体を作って

いる有機物をゆっくりと吸収する。他にもさまざまな種がいる。**モウセンゴケ**はハエとり紙のような罠を使い、何も知らない虫を絡めとる。**ウツボカズラ**は壺形の長いじょうごで待ち構えている。

　食虫植物は独立に6回進化してきたと考えられている。しかし、このような適応が植物にとって有利に働くのは限られた条件下だけである。虫を捕らえて消化するためには、他の方法で栄養素を得るために使えるエネルギーを消費してしまうからだ。定期的に獲物を捕れることが保証されているような環境でなければ、食虫植物のエネルギー収支は赤字になってしまう。

280 種子 SEEDS

　植物は**種子**という小さな胚をばらまき、それが新しい植物へと生長することで繁殖する。花を咲かせる植物（**被子植物**ともよばれる）と、球果や枝先から直接種子を散布する**裸子植物**が種子を作る。被子植物や裸子植物は有性生殖を行う。**雄しべ**が振りまいた花粉を同種の**雌しべ**が受け取ることで、種子が形成される。

　植物のなかには胞子を使って繁殖するものもある。コケ類、シダ類、藻類だ。ちなみに、菌類もこの方法で増える。胞子というのは生物の設計図が書かれた遺伝情報を含む単細胞である。一方で、種子は生殖細胞の集まりであり、栄養素も含まれている。さらに、硬い殻で保護するなどして生存確率を最大化している。このため、植物にとって種子の登場は革命的な出来事であった。種子植物が出現したのは、地球の先史時代、古生代のデボン紀である。

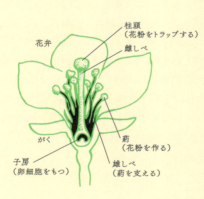

281 植物色素 PLANT PIGMENTS

　植物の多様な色は色素によって決まる。もっとも基本的なものは

葉緑素であり、この緑色の色素が光合成によってエネルギーを作りだす場である。この色素があるおかげで茎や葉は緑色に見えている。植物には他の色素も存在する。ニンジンなどの根菜類は**カロテン**という色素によってオレンジ色を帯びる。また、カロテンと類似した色素群である**カロチノイド**のなかの**ルテイン**という色素は、ケールやピーマンに含まれている。**リコピン**はトマトの赤色のもとだ。**アントシアニン**は被子植物の花びらの色のもとで、**ベタライン**はビーツの赤色のもとである。抽出された植物色素が染料として使われることもある。

282 植物化学 PHYTOCHEMISTRY

植物は化学反応の宝庫である。植物に含まれる化学物質やその反応について研究する分野を**植物化学**という。植物に含まれる化学物質は、虫や病気を防ぐ役割を果たしていたり、受粉を補助したりする(「種子」を参照)。たとえば、アザミウマという飛翔する虫はソテツの球果、すなわち雄花が産生する花粉を食べる。すると雄花は有毒な臭気を発し、花粉に群がる虫が逃げるように仕向ける。一方雌花は、虫をおびき寄せるような匂いを発して、花粉から逃げてきた虫を誘い込む。こうして受精を促すのだ。

また、植物はホルモン様の化学物質をもち、これが植物体の一部分から他の部分へとメッセージを運ぶ。ホルモンは植物の**脈管構造**を通って落葉を促したり、果実を熟させたりするための信号を届ける。植物のなかで作られる化学物質には有毒なものもあるが、治療効果があるものも多く、**植物薬理学**という分野で調べられている。

283 植物薬理学 PHYTOPHARMACOLOGY

植物薬理学は、植物が作りだす化学物質を薬として使うための学問だ。植物は数千年にわたり生薬の原料として使われてきた。しかし、生薬自体はしばしば疑似科学とみなされることがある。植物薬理学は、植物由来の薬物の有用性や副作用を、他の薬物と同様の厳密な手法および臨床試験を用いて調べることを目的とする。

植物から抽出され、実際に臨床応用されている重要な薬剤とし

ては、心疾患の治療に使われる**ジゴキシン**（ジギタリスから抽出される）、マラリアや慢性疾患に用いられる抗炎症薬**キニーネ**（キナの樹皮から抽出される）、抗凝固薬かつ鎮痛剤や抗炎症薬として用いられる**アスピリン**（もともとは柳の木に由来する）などがある。近年、製薬会社が新薬開発のために途上国の生物相や民間療法をごくわずかな見返りで濫用する**バイオパイラシー**（生物資源の盗賊行為）への懸念が強まっている。

284 園芸学 HORTICULTURE

植物自体や植物がもたらす化学物質をさまざまな用途に応用するにつれ、**園芸学**という学問が発展した。園芸学には、**土壌の研究**、植物に必要な栄養素を補う**肥料の研究**、有害な虫の被害を防ぐ**害虫駆除剤の研究**、**病気治療の研究**、産物の品質向上のための**選択的交配の研究**（自然に、あるいは遺伝子改変を用いて）などの分野がある。

園芸学は植物の栽培法を開発し、それを小規模で実践する。大規模に応用することは、**農学**の範疇だ。野菜や果物など、自分が食べるための植物を庭で栽培するアマチュア園芸家も多い。これは、食物の生産地から消費地までの距離（**フードマイレージ**という）を減らす手法として環境保護主義者に広く受け入れられている。近代的な園芸手法としては、**水耕栽培**や**組織培養**（好ましい性質をもつ植物の一部の細胞を取り出し、クローンを育てること）がある。

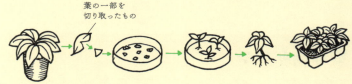

組織培養の概略

285 植物行動学 PLANT BEHAVIOUR

植物は固着性で1カ所にずっととどまるものであり、自力では動くことができずただ太陽光と水を吸収して生きているものだと考えることは簡単だ。しかし実際のところ、植物は複雑な行動をとることも

できる。たとえば、成長中の植物をタイムラプス撮影してみると、常に体が光源に向くように体勢を変え（**屈性**という）、光合成によって得られるエネルギー量を最大化しようとしていることが分かる。根も、栄養素がある方向へと伸びようとする屈性を示す。

　他の例としては、**傾性運動**がある。この動きは急激なもので、屈性とは異なり、刺激の方向とは無関係に起こる。ハエトリグサの葉が勢いよく閉じる動き（「食虫植物」を参照）などが傾性運動のよい例だ。このような動きは、枝葉にある液体を移動させることで実現される。ハエトリグサの素早い動きを可能にしているのは、罠となる葉を開いている細胞の大きさを酸性度の変化によって1秒にも満たない速さで小さくするという仕組みで、それにより葉が勢いよく閉じる。**植物行動学**は**植物知性学**という分野と密接に関わっている。

286 植物知性学　PLANT INTELLIGENCE

　植物の行動（植物が周囲からの刺激を受けて反応する能力）の観察から、植物には**原始的な知性**が備わっていると考える植物学者もいる。この説には、いくつかの根拠がある。たとえば、アカシアの木は、草食動物が自身の葉を噛んでいることを察知すると、苦みのもととなる**タンニン**を放出する。そして、周囲に生える他のアカシアの木は、近くの木が放出したタンニンを検知すると、草食動物が近づいてくるより前にタンニンを放出し始める。ハエトリグサ（「食虫植物」を参照）も案外頭がよいようで、その罠は葉の表面に生える微小な毛に獲物が触れることで閉じるという仕組みなのだが、短い間隔で2回触らないと罠は閉じない。この機構によって、偶然の刺激（雨粒など）によって罠を閉じないようにしているのだ。この植物は以前どの毛に刺激が入ったかを覚えている、すなわち、**原始的な記憶**をもっているというわけだ。植物は脳や神経系をもたない（「神経生物学」を参照）ため、ホルモン系の働きによってこのような**原始的な認知機能**を獲得しているのではないかと考えられている。

生態学

Ecology

287 環境 ENVIRONMENT

生態学は生物と環境との関わり合いについての学問である。**環境**とは、その生物が棲息している周囲の化学的、物理的、生物学的状態と定義される。すなわち、海に棲む魚にとっての環境とは、周りの水であり、海底であり、その空間を共用する他の生物のことである。近年の生態学は、**ヒトと地球環境との関わり**に注目してきた。ヒトは地球のあらゆる部分に影響を与え、影響を受ける。一方で、ミクロの視点で見れば、生物の消化管内に生息する微生物の環境は、その消化管だけで完結する。

生態学と環境は、進化を考える上でも非常に重要である。**ダーウィン**の**自然選択説**とは、生物が世代を経るにつれその環境に適応していくというものだ。つまり、環境が変化すると、いずれは生物も変化するということだ。

288 炭素循環 CARBON CYCLE

動物は呼吸によって二酸化炭素という形で炭素を放出する。山火事や森林伐採によって木から炭素が奪われ、大気へと移動する。植物は炭素を取り込み光合成によって炭水化物を作りだす

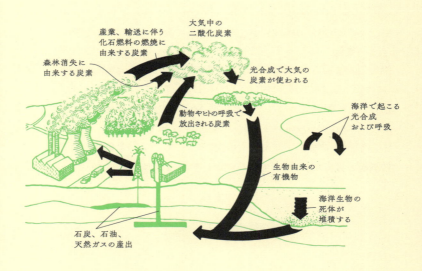

産業、輸送に伴う化石燃料の燃焼に由来する炭素

大気中の二酸化炭素

森林消失に由来する炭素

光合成で大気の炭素が使われる

動物やヒトの呼吸で放出される炭素

海洋で起こる光合成および呼吸

生物由来の有機物

海洋生物の死体が堆積する

石炭、石油、天然ガスの産出

が、生物が死を迎えると、含まれていた炭素は地面や海底へと還っていく。このようなさまざまな要素が組み合わさって、地中から大気へ、そしてまた地中へと炭素はめぐる。これを**炭素循環**という。

循環する炭素の量は一定のはずである。しかし、ヒトは**化石燃料**（石炭や石油など）を地中から掘り出すことでこの循環に余分な炭素を供給し続けており、それが人為的な**気候変動**や**温室効果**の原因となっている。

289 バイオマス BIOMASS

特定の時間に特定の環境に存在する**生物の総量**を**バイオマス**（生物量）という。地球全体のバイオマスは**2兆トン**ともいわれている。そのうち、プランテーション作物がおよそ20億トン、家畜が7億トン、人類は4億トンを占める。地球のバイオマスのほとんどは、森林に閉じ込められている。

地理が異なればバイオマスの増加率も異なる。湿地帯はもっともバイオマスの増加速度が速く、毎年$2.5kg/m^2$が新たに作りだされる。次に速いのは熱帯雨林、海岸の岩礁、河口だ。バイオマスの増加に寄与するのは**光合成**で、これにより植物の量が増加し、他の生物の餌にもなる。

290 生物多様性 BIODIVERSITY

生物多様性とは、特定の場所に棲息する生物種の多様さや豊富さのことである。アメリカ国立科学財団によれば、進化の結果、推定で**1億種**もの生物が地球上にひしめき合っている。生物多様性は自然界の生物学的相互作用や化学的性質を決めるものでもあるため、非常に重要である。たとえば、生物多様性が保たれていれば、ある1種の生物が病気で死に絶えたとしても近縁の生物がその存在を置き換えることができる。

畑、特にあたり一面に1種類の作物のみを植える**単作**を行う畑は、生物多様性がもっとも低い土地といえるだろう。一方、森やジャングルは生物多様性が高い。したがって、農地化のために、森やジャングルで森林伐採が進むことは、その土地の生物多様性を著しく低下させる。生物多様性は**遺伝的多様性**という概念と密接に関連している（「保全学」を参照）。

291 生物地理学 BIOGEOGRAPHY

　生物多様性と地球上で常に変化し続ける地形（生物群系、あるいはバイオームという）の関わり合いについて研究する学問を**生物地理学**という。生物地理学では地表全体の種の分布をグラフ化し、その分布が氷河期や大陸移動などにより時間とともにどう変化していくかについて研究する。

　生物地理学は特に、地理的に隔離されていて大陸とは異なる独自の種が進化している島部において有用である。この現象は島だけでなく、砂漠や山など、周囲と隔離された地域に棲息する生物についても当てはまる。生物地理学は19世紀後半にイギリスの生物学者で地理学者の**アルフレッド・ラッセル・ウォレス**の研究から始まった。

292 生物相互作用 BIOLOGICAL INTERACTION

　生物が生きる環境は、競争や捕食など、生態系内で**生活環**がつながるすべての生物による繊細なバランスが保たれている。実際、生物の間には多くの相互作用が認められる。**片害作用**とは、ある種が他の生物の成長を阻害する一方で、自身にはそれによる利害が生じないような相互作用で、クルミの木の根が他の木にとって有害な物質を分泌するなどの例がある。**片利共生**はその逆で、一方には利害が生じないが、もう一方には利益が生じる。たとえば、フジツボは大型生物に付着することで住処を得るが、宿主はそれによって損も得もしない。競争関係とは2つの種が互いに阻害し合う関係である。**相利共生**とは互いに利益が得られる関係であり、**中立作用**はどちらの種にとっても利害が生じない例である。**捕食**と**寄生**は一方が他方に害を与えながら利を得る関係である。

293 相利共生 SYMBIOSIS

　2種の生物が互いの利益になるように協調することを**相利共生**という（「生物相互作用」を参照）。たとえば、**コンボルータ**という浅い海に棲息する渦虫は、光合成を行う藻類を取り込んでいる。藻類はコンボルータの体内で光合成を行い、コンボルータはできてきた炭水化物を養分として得る。その見返りとして藻類は、捕食者に

食べられる危険性のない住処を得る。これは一方が他方の体内に棲む**内部共生**の例である。一方が他方の体表に生息する場合は**外部共生**といい、小型の掃除魚が大型の生物にとりつく例などがある。この場合、掃除魚は掃除行動により宿主から養分を得ており、一方の宿主は寄生虫や古い鱗を除去してもらっている。

294 寄生 PARASITISM

寄生は、一方が他方から栄養を得て、それにより他方が害を受けるという関係である。たとえば、**マラリア原虫**（原生生物）はハマダラ蚊の吸血によって脊椎動物に伝播し、マラリアという重篤な疾患を引き起こす。もっとも気味の悪い例はアリの脳に寄生する**冬虫夏草**というキノコの一種だろう。このキノコは、アリの行動をコントロールして背の高い植物の茎を登らせる。そして、アリが植物の頂上にたどり着いたところでその頭を爆発させ、キノコの胞子（「種子」を参照）を効率よく広範囲に飛び散らせる。

寄生も相利共生と同様、宿主の体内に寄生するもの（内部寄生）と、体表に寄生するもの（外部寄生）に分類される。さらに、生きている生物に寄生しないと生存できない**絶対的寄生生物**と、死んだ生物などから得られる有機物を吸収するだけでも生存できる**条件的寄生生物**に分けることができる。寄生生物はしばしば宿主と歩調を合わせ、自然選択による**共進化**を遂げることが知られている（「赤の女王仮説」を参照）。

295 保全学 CONSERVATION

これまでに得られた自然に対する知見を使い、地球環境を保護しようとする動きを**保全学**とよぶ。天然資源の慎重な利用、生物多様性の保護、大気汚染の減少、絶滅危惧種の保護などが含まれる。

人類が環境に与える脅威は**森林破壊、乱獲、湿地破壊**など多岐にわたる。その多くは産業上、経済上の理由で行われているものである。それゆえ、短期的には経済の発展が鈍ったとしても、生物種やその生息域を保護するための法案を通すべきだと強く働きかける保全学者もいる。長期的な視点で見れば、強い経済は安定して繁栄する環境に依存するはずだ、と考えているからだ。

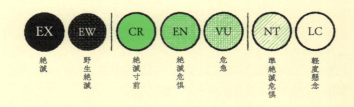

EX	EW	CR	EN	VU	NT	LC
絶滅	野生絶滅	絶滅寸前	絶滅危惧	危急	準絶滅危惧	軽度懸念

保全生物学者は生物種の絶滅の危険性をその**保全状況**に応じて、**絶滅（EX）**から**絶滅危惧（EN）**、**危急（VU）**、**軽度懸念（LC）**までのカテゴリーに分類している。2004年、現存する生物種の50%が2060年までに絶滅するという国際研究チームによる予測結果が科学誌サイエンスに発表された。地球は6度目の**大量絶滅期**を迎えようとしている。

進化 *Evolution*

296 自然選択 NATURAL SELECTION

イギリス船**ビーグル号**は1835年にガラパゴス諸島に到達した。乗船していたのは若き日の自然科学者**チャールズ・ダーウィン**だ。ビーグル号が島から島へとめぐるなか、ダーウィンは発見した生物種のサンプルを収集し、島ごとにわずかに違うがよく似た生物種が存在することに気づいた。このことから彼は、もともと同一の種だったものが島ごとに少しずつ異なる環境に適応していった結果、少しずつ違う性質を獲得していったという仮説を立てた。この説は、ランダムな変異（「遺伝子変異」を参照）が新たな世代にもたらされた場合、生存に有利な変異をもつ個体は長生きして繁殖し、次世代へとその性質を伝える確率が上がることを意味する。この傾向は**適者生存**とよばれ、仮説全体は**自然選択**とよばれるようになった。この説によると、**遺伝**というメカニズムによって性質を次世代へ伝えることが可能である。

297 遺伝 HEREDITY

19世紀、チャールズ・ダーウィンが自然選択の理論を完成させようとしていた頃、チェコ共和国ブルノにある聖アウグスチノ修道院に

いた**グレゴール・メンデル**は興味深い現象を発見した。それは、親が子に性質を伝える方法に関わるものだった。

メンデルは、1856年から1863年にかけて、2万9000株のエンドウマメを使って**交配実験**を行った。しわのない黄色い種子をつけるエンドウマメと、しわがあって緑色のものとを交配した場合、子世代がつける種子は少ししわがあって、黄緑色をしているだろうとメンデルは予想していた。しかし、子世代の種子は、黄色か緑色の、しわがある種子とない種子がそれぞれ得られ、両親の中間の特徴をもつ種子は得られなかった。しかも驚いたことに、子世代では、しわがある黄色や、しわがない緑色といった、形質の組み合わせが入れ替わった種子が得られたのである。それはまるで、形質が目に見えない塊として次世代へと伝わっているかのようだった。DNAが発見される遙か前にメンデルは遺伝子を発見していたことになる。彼の研究成果は20世紀になるまで科学界で認められることはなかったが、やがて再発見され、自然選択論者が求めていた**自然選択のメカニズムを説明しうる理論**として高く評価された。

298 オオシモフリエダシャク PEPPERED MOTH

自然選択による進化のもっとも劇的な例の1つは**オオシモフリエダシャク**という蛾の事例だろう。この蛾はもともと霜降り状の斑点がついた明るい色の翅をもっている。明るい色をした地衣類が生えた木の幹に止まるため、明るい色が保護色となって捕食者の目から逃れるのに役立つからである。しかし、19世紀中期〜後期にイギリスで起こった産業革命

通常のオオシモフリエダシャク

産業革命後のオオシモフリエダシャク

による大気汚染の影響で多くの地衣類が死滅し、すすにより木の幹は黒ずんだ。このため、淡色型のオオシモフリエダシャクはむしろ目立つようになってしまい、鳥に捕食されやすくなった。その結果、突然変異（「遺伝子変異」を参照）で翅が黒くなった個体の生存のチャンスが増えた。つまり、環境が変化したことで、淡色型よりも暗色型のほうが自然選択で有利になったのだ。わずかな期間で、イギリスの大気汚染地域に棲息するほぼすべてのオオシモフリエダシャクが暗色型へと変わった。

299 赤の女王仮説 RED QUEEN HYPOTHESIS

共進化する2種の生物における**進化的軍拡競争**のことを指して、生物学者は**赤の女王仮説**とよぶ。共進化とは、一方の変化に伴ってもう一方が変化する様子を表す。たとえば、捕食者が獲物を捕らえる場合、獲物は自然環境によりうまくカモフラージュできて、捕食者の目からよりうまく逃れられる模様へと進化する。すると今度は捕食者のほうも、自然選択によって視力がよりよい個体へと進化する。つまり遺伝子変異で新しい模様の獲物を見つけられる目を獲得した個体が生き残りやすく、次世代へと遺伝情報を伝えていけるため、捕食者集団のなかでは視力のよい個体が優勢になっていくのだ。

「赤の女王」というネーミングは、**ルイス・キャロル**の『鏡の中のアリス』という物語にでてくる赤の女王に由来する。赤の女王は物語のなかで、同じ場所にとどまりたければできるだけ速く走り続けなければならないと言った。競争関係にある2つの種が、互いに対して相対的に同じ適応度を保つためにできる限り速く進化しなければならないという状態は、まさに赤の女王の台詞の通りである。また、赤の女王仮説は、多くの種が有性生殖を行う理由を説明できる（「生殖生物学」を参照）。有性生殖に伴い世代間で遺伝子の組み換えが起こることにより、進化速度を最大化できると考えられるからだ。

300 種分化 SPECIATION

同一種の異なる集団が、それぞれの生息環境に合わせて形質を変化させていくのが進化である。たとえば、皮膚の色が濃いヒ

トは、白いヒトよりも暑い気候の地域に住みやすい。自然選択によるそのような変化が大きくなりすぎて、同一種の他の集団と交配できなくなったとき新種が生じたことになる。このプロセスを**種分化**とよぶ。

種分化には大きく分けて**異所的種分化**と**同所的種分化**という2つのタイプがある。異所的種分化では、地理的に隔離された集団がそれぞれ異なる環境へと適応していくことで種分化していく。ダーウィンがガラパゴス諸島で発見したダーフィンフィンチなどがよい例だ。一方、同所的種分化は、同じ場所に生息する集団のなかから新種が形成される。この場合、種形成に寄与するのは、集団間の行動の違いである。たとえば、ある集団が新しい栄養源を発見すると、他の集団が従来の餌を探している一方で、その集団のみが新しい栄養源を探索するための行動をとるようになる。

301 収斂進化 CONVERGENT EVOLUTION

進化はときに、自然界から提示される問題に対し似たような解決策を選ぶことがある。特定の形質、たとえば飛行する能力や視力などは、まったく無関係の生物群の間で何度も進化してきた。このような現象を**収斂進化**とよぶ。

鳥、昆虫、コウモリはそれぞれ独立に**翼**を獲得した。**視覚**の獲得はもっと多く、最低でも40回は独立に進化したとみられている。その他の例としては、コウモリ（コウモリ目）、鯨、イルカ（いずれもクジラ目）が行う**エコーロケーション**や、植物界で広く進化した**葉**などがある。収斂進化は、もともとよく似ていた種が進化に伴い大きく異なっていく**分散進化**や、異なる種に分岐した後に類似した形質を獲得する**平行進化**と対比されることがある。

302 アフリカ単一起源説 OUT OF AFRICA

現生人類（ホモ・サピエンス）は**10万年～20万年前のアフリカ**で大型類人猿から進化した、と考えられている。そこから我々の祖先は外へ外へと移動を続け、世界中へと広がっていった。その過程で、脳が大きく知能が優れていた我々の祖先は**ネアンデルタール人**や**ホモ・エレクトス**など、より原始的なヒト科生物を追いやってきた。我々の祖先に関するこの進化の仮説を**アフリカ単一起源説**とよぶ。

この仮説は、進化の父チャールズ・ダーウィンが『人間の進化と性淘汰』という著作のなかで提唱した。その後、古代人類の遺物から採取したDNAを現生人類のものと比較する**考古遺伝学**の分野でその正しさが確認された。考古遺伝学者は、**ミトコンドリアDNA**（「ミトコンドリア」を参照）と**Y染色体**に着目した。ミトコンドリアDNAは母親から子へ変化することなく伝わっていき、Y染色体は父親からオスの子へと変化することなく伝わる（「生殖生物学」を参照）。考古遺伝学者は、現在世界中に存在するmtDNAとY染色体が、アフリカにかつて存在したホモ・サピエンスの集団のものと一致することを明らかにしたのである。

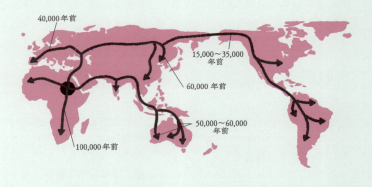

303 ミッシングリンク MISSING LINK

考古学、特に古生物学においては、地球上のさまざまな年代の化石から種の進化をたどる。ある生物種の進化をたどる一連の化石のなかに抜けている段階がある場合、そのギャップのことを**ミッシングリンク**とよぶことがある。ミッシングリンクは一般大衆向けの文章で好んで使われる表現であり、専門家は**中間化石**といういい方を好む。これは進化の鎖のなかの移行期にある種の化石という意味である。このような化石の代表例は**始祖鳥**という羽根の生えた恐竜で、現代の鳥が恐竜から進化してきたことを示唆する強力な証拠であると考えられている。より最近の例としては、2009年に発見された、4700万年前の霊長類の化石がある。**イーダ**と名づけられたこの化石は、ヒトとヒト以外の動物界の生物との間をつなぐ重要な存在だと考えられている。

304 ラザロ分類群 LAZARUS TAXON

化石の記録から絶滅したように見えるにも関わらず、その後再度現れた生物群（「生物の分類」を参照）を**ラザロ分類群**とよぶ。その名称は、新約聖書において死から甦ったラザロに由来している。ただし、その宗教的な名称とは裏腹に、ラザロ分類群が奇跡的に甦った生物群というわけではない。ただ単に、化石がとぎれとぎれにしか存在しないために生じただけである。生物は、さまざまな条件が満たされないと化石化しない。つまり、化石としてその存在を永久にとどめることができるのは、これまでに生息してきた生物のうちのわずかな部分にすぎない。さらに、そのなかから古生物学者が発見できる化石となるとごくごくわずかだ。ラザロ分類群のもっとも有名な例は**シーラカンス**だろう。8000万年前に絶滅したと考えられていた魚だが、1938年に南アフリカ沿岸で生きた個体がいることが報告された。

305 断続平衡説 PUNCTUATED EQUILIBRIUM

チャールズ・ダーウィンが提唱した自然選択の考え方によると、進化とは**連続的**に起こるプロセスである。しかし、1972年にアメリカの生物学者**ナイルズ・エルドリッジ**と**スティーブン・ジェイ・グールド**が、これとは異なる、物議を醸すことになる見方を発表した。**断続平衡説**という彼らの理論では、生物は進化の初期段階で急速に変化する。この期間は10万年にも満たない（地質学においては心臓が1回打たれるくらいの長さだ）。その後は長い比較的安定した期間（平衡）に入る。断続平衡説の証拠には賛否両論あり、化石で見る限り**アンモナイト**などいくつかの種に対してはよく当てはまるようだ。しかし、多くの種はもっと漸進的な進化を遂げたとみられている。

306 社会生物学 SOCIOBIOLOGY

社会生物学とは、私たちが物理的な特徴だけでなく、**気質**や**精神的特徴**、**行動的特徴**についても両親から受け継いできているという主張だ。この説は、我々の行動も物理的な特徴と同様に自然選択によって形作られるという考え方に基づいている。もっとも報酬を受けられる行動をとった個体が、集団のなかで繁栄しやすいとい

う考えだ。

　社会生物学を動物の世界に応用することに文句をいう科学者はあまりいないが、これをヒトの行動に当てはめることについては論争の的となっている。批判する者は文化こそがヒトの行動を変える力であると主張し、支持する者は犯罪など特定の社会的行動が人類のなかに蔓延する理由をこの仮説が説明しうると主張している。ハーバード大学の生物学者**E.O.ウィルソン**が **社会生物学**（Sociobiology）という新語をつくり、この分野の創始者として多くの研究を行った。

307 ラマルク説 LAMARCKISM

　ボディビルダーが産む赤ちゃんは筋骨隆々になる。ダーウィン以前の1809年に、フランスの生物学者**ジャン＝バティスト・ラマルク**が唱えた進化論はこう主張する。意味するところは、生物は生まれもった特徴だけでなく、生涯をかけて獲得した性質をも子孫に伝えるということだ。よって、大学教授は頭のよい子供を産むし、ボディビルダーは筋骨隆々の子供を産む。また、ラマルクの仮説通りに表現すると、何世代にもわたってキリンが木の上のほうの葉を求めて首を伸ばし続けたことが蓄積してキリンの首が長くなったことになる。自然選択を裏付ける証拠が多く集まりダーウィンの進化論が支持を集めるようになった一方で、ラマルク説を支持する証拠はほとんど得られず、彼の説の評判は失墜した。しかし最近になって、**エピジェネティクス**という新しい分野で、ラマルク説は若干盛り返してきている。

進化遺伝学
Evolutionary Genetics

308 利己的遺伝子 SELFISH GENE

　『利己的な遺伝子』は、1976年に著名なイギリスの生物学者**リチャード・ドーキンス**が発表した本の題名である。ダーウィンの自然選択説による進化が、遺伝子の繁栄を賭けた競争であることを指す比喩表現ともなっている。自然選択では、もっとも繁栄しうる行

動や物理的特性をもたらす遺伝子が好まれる。この意味では、生物とは実質上**遺伝子の乗り物**にすぎない。

この説は、明らかに利己的な行動だけでなく、一見奇妙に見える、近親者を助けるために自己を犠牲にするといった利他行動を説明可能にした（**包括適応度**）。

309 包括適応度理論　INCLUSIVE FITNESS

イギリスの数理生物学者**ジョン・ホールデン**は以下のように述べた。「私が兄弟1人を助けるために自分の命を差し出すかって？そんなことはしない。ただし、2人の兄弟か、8人のいとこを助けるためであれば差し出そう。」これは、兄弟（姉妹）とは遺伝子を半分共有しているので、2人の兄弟を助ければ自分1人分と同じ分の遺伝子が次世代に伝わり、遺伝子を次世代に伝えるという点において自分1人が生き延びる場合と進化上の有利性が変わらないという意味だ（「利己的な遺伝子」を参照）。同じように、いとこは遺伝子の1/8を共有しているので、8人のいとこを助ければよいことになる。この**包括適応度**という考え方は、親族に対する**利他的な行動**という、自然選択の考え方とは一見矛盾する現象を説明できる。たとえば、プレーリードッグは1匹が見張り役として巣の外に立つ。見張り役は、近づいてくる敵を見つけると自身が敵の注目を集めてしまう危険を顧みず、鋭い鳴き声を発して巣のなかにいる仲間に危険を知らせる。

310 利他的行動　ALTRUISM

自然選択、特に**利己的遺伝子**を中心とした考え方は、生物同士が助け合う行動を説明できないように見える。それでもなお、自然界には「思いやり」としか解釈できないような行動が溢れている。個体が他の親族を守るために自身の命を危険にさらすという包括適応度理論などがまさにその例だ。

互恵的利他主義という、ダーウィンの説に基づく思いやりの形もある。これは、将来自分が助けを必要とするときに助けてもらえることを期待して、今助けを必要としている他者を助ける行動である。この行動はたとえば、アリのコロニーで観察される。アリは、コロニーにいる飢えた仲間に餌を分け与えられるように、胃を1つ余分に

もっている。そして、仲間を助けようとしなかった個体は、自身が飢えたときに助けてもらえない。

　進化の過程で、我々人類も同じような行動様式を知らず知らずのうちに獲得してきた。たとえば、慈善団体に寄付をしたり、助けが必要な他者を助けたりしたときに心に芽生える温かい気持ちは、単に他者に優しくしたというだけでなく、それにより我々自身の生存確率を上昇させたことに対し、遺伝子が私たち自身に与える報酬なのである。これは、我々が生存に必須な活動（食餌や繁殖行動など）を行う際に得られる感覚と同一の報酬だ。

　この互恵的利他主義という理論は、ハーバード大学の生物学者**ロバート・トリヴァース**によって1971年に提唱されたものである。

311 集団遺伝学 POPULATION GENETICS

　集団遺伝学は、特定の遺伝子について、対立遺伝子が同一生物種の集団内に現れる頻度がどのように変化するかを調べる。

　それゆえ集団遺伝学では、**対立遺伝子頻度**が重要な統計指標となる。これは、集団中に存在するある対立遺伝子の総数を、その遺伝子の総数で割った数である。たとえば、N人いる集団のうち、X人の目が青色でY人の目が茶色のとき、青い目の対立遺伝子頻度はX/Nであり、茶色い目の対立遺伝子頻度はY/Nとなる。集団のなかにある対立遺伝子（この場合青または茶色をコードする対立遺伝子）の総体を**遺伝子プール**といい、遺伝子プールが大きいほど**遺伝的多様性**（「保全学」を参照）の潜在力が大きくなる。

　進化とは、XとYの割合が時間とともに変化することだともいえる。対立遺伝子頻度は**遺伝子変異、自然選択、遺伝子流動、遺伝的浮動**という4つのファクターに大きく影響される。

312 遺伝子流動 GENE FLOW

　遺伝子流動は集団遺伝学に大きな影響を与える現象の1つで、集団内を生物が移動するために起こる対立遺伝子頻度の変化である。移動度の高い生物では、集団内での遺伝子流動も高い。遺伝子流動は**高い遺伝的多様性**（「保全学」を参照）をもたらして集団を安定化させるが、種分化によって新種が出現する確率は減少させる。移動を妨げる地理的要因（山や海など）は遺伝子流動を阻害

するので、チャールズ・ダーウィンがガラパゴス諸島で見たように、孤立した地域では独特の遺伝子プールが作られることがある。

遺伝子組み換え生物の登場により、科学者たちは遺伝子流動を人工的に抑制し、遺伝子組み換え生物の遺伝子が野生の集団に飛び込んでしまわないように（**遺伝子汚染**）、**ターミネーター遺伝子**などの技術を組み込むなどして配慮している。

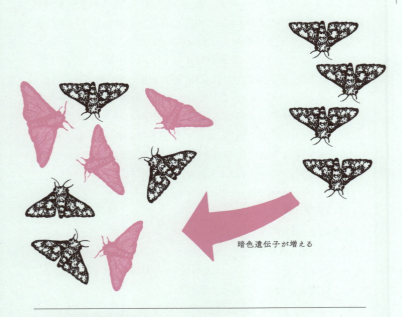

暗色遺伝子が増える

313 遺伝的浮動 GENETIC DRIFT

遺伝的浮動とは、ランダムに集団内の対立遺伝子の頻度が変わることである。これはたとえば、特定の生物種が子孫を残すまで長生きしたかどうかなど、さまざまな要因からなる**統計的変動**によって起こる。

種の進化において、自然選択と比較した場合の遺伝的浮動の重要性については議論が分かれている。大まかにいうと、小さな集団では対立遺伝子頻度のランダムな変化が平均化される可能性が低いので、遺伝的浮動が大きな影響を与える。大きな集団ではその影響は少ない。

314 氏か育ちか NATURE VS NURTURE

　生物の特徴や性質を決めるのに、両親から受け継いだ遺伝子と、環境の影響や生活のなかで学び蓄積していく獲得形質のどちらがより大きく寄与するのだろうか？　この論争は「**氏か育ちか論争**」として知られている。この疑問の答えのカギを握るのが、**双子研究**とよばれる異なる環境下で育った一卵性双生児同士を比較する研究だ。原理的には、その2人の間に存在する違いはすべて、氏ではなく育ちに起因するはずだからである。

　これまでに実施された双子研究の多くは、氏か育ち、どちらか一方だけが大きく寄与するのではなく、**両方が少しずつ寄与**しているらしいことを示している。そして、目の色など、絶対的に遺伝子（氏）のみで決定されている性質もあれば、筋肉の強さや、恐怖症、ユーモアのセンスなど、環境（育ち）の影響を受けやすい性質もある。

　氏か育ちか論争は、社会生物学をヒトの行動に当てはめてもよいかという議論の中心課題でもある。

315 エボデボ EVO DEVO

　進化発生生物学（Evolutionary developmental biology、略して**エボデボ**ともよばれる）は、遺伝や進化といった因子が、どのように**発生生物学**（生殖生物学のなかの1分野で、1つの受精卵から成体へと成長していくプロセスを扱う）に影響を与えるかを調べる学問だ。

　もっとも重要なのは、**Hox遺伝子**という遺伝子群による胚の初期発生の制御である。Hox遺伝子は、胚の発生過程を通してさまざまな遺伝子発現を緻密に制御し、小さな細胞の塊を胎児へと変える。ショウジョウバエのHox遺伝子の構造を変えた実験では、子世代に翅が2枚余計に生えている個体や、間違った位置に脚が生えている個体などが得られた。Hox遺伝子をコードするDNA配列は遺伝子の骨董品といえるほどで、数億年にわたる進化の過程でほとんど変化していない。あまりに変わっていないので、（共通の祖先をもつ）マウスのHox遺伝子をショウジョウバエのHox遺伝子と置き換えても、きちんと正常なショウジョウバエが生まれてくる。

316 エピジェネティクス EPIGENETICS

生物の特徴や性質のうち、DNAに刻まれた遺伝情報に由来しているとは考えられないものについて扱う分野が**エピジェネティクス**である。エピジェネティックな現象は、遺伝子発現を司る機構に生じる変化に起因すると考えられている。エピジェネティクスを、後天的に獲得した特徴を子孫へと伝えるメカニズムであるとして**ネオ・ラマルキズム**とよぶ生物学者もいる。

Origin Of Life

317 自然発生 ABIOGENESIS

地球で最初の生命はどのようにして生まれたのだろうか？ 化学物質から生物が出現するプロセスを科学的に検証するのが**自然発生説**だ。生物の最古の化石はおよそ**35億年前**のものとされており、それは地球ができてから10億年たった頃である。その化石というのは、藍藻類の死骸によって形成された**ストロマトライト**という岩石だ。しかし、地球に最初に出現した生命体は単細胞の原核生物だったと考えられている。また、できたばかりの地球の環境は厳しく、無数の小惑星や彗星の衝突が起こっていたことから、地上には37億年〜40億年以上前には生命は生まれておらず、海底でも40億年〜42億年以上前には生命は存在していなかったと考えられている。

ユーリー-ミラーの実験やそれに類似する実験に基づき、生化学物質がどのように出現したかが推測されている。また、**RNAワールド、鉄硫黄ワールド、粘土説**などの理論は、これらの物質が生命へと変化していったメカニズムを説明しうるといわれている。しかし、このなかに正しい説があるのか、正しいものがあるとしたらどの説なのかは科学者たちにもはっきりとは分かっていない。

318 ユーリー-ミラーの実験 MILLER-UREY EXPERIMENT

1953年にシカゴ大学の**スタンリー・ミラー**と**ハロルド・ユーリー**が、地球が誕生した頃の環境下で、生命に必要な化学物質が形成さ

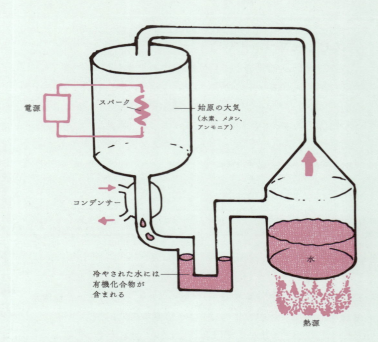

れうるかを調べる有名な実験を行った。この実験では、**水、メタン、水素、アンモニア**（誕生直後の地球に存在していたとされている4種の物質）を熱し、雷を模した電流を流した。1週間この実験を続けたところ、**アミノ酸**（タンパク質の構成成分）などのさまざまな有機化合物ができてきた。何度も再現実験を行った結果、アミノ酸だけでなくDNAやRNAを構成する**ヌクレオチド**を作りだすことにも成功した。

　2008年には、アメリカとメキシコの科学者がユーリー-ミラーの実験を追試した。彼らはこのとき実験系にひとひねり加え、**火山の噴火**と同じ状態を再現するようにした。すると、他の研究では得られなかった多くの有機化合物が得られた。つまり、火山（「火山」を参照）は今でこそ生命を危機にさらす存在であるが、生命誕生の頃には中心的な役割を果たしていた可能性があるということだ。

319 鉄硫黄ワールド IRON-SULPHUR WORLD

　はたして最初の生命は、鉄と硫黄の鉱物のなかから生まれたのだろうか？　**鉄硫黄ワールド仮説**は、初期の生命体はDNAやRNAに依存していたわけではなく、海底の熱水噴出孔付近で無機化

合物に依存して増えていたのではないかと考える。

鉄硫黄ワールド仮説は、ドイツの化学者**ギュンター・ヴェヒタースホイザー**によって1980年代後期から1990年代初期頃に提唱された。鉄と硫黄は現代の生物が行う代謝プロセスと類似した化学反応サイクルを作ることができる。この理論のおもしろさは、無機物からなる生命が、炭素主体のタンパク質から作られた有機物の生命に変化すると予想している点にある。

鉄と硫黄を組み合わせると酢酸が作られ、酢酸が炭素やアンモニアと反応するとアミノ酸が作られ、アミノ酸がつながってタンパク質が作られる……。

このプロセスは、ヴェヒタースホイザーらによって1997年に実験的にデモンストレーションされた。

320 RNAワールド RNA WORLD

RNAワールドとは、生命が地球上に誕生した頃のことについての仮説であり、DNAやタンパク質を基本とする生物が出現する前は、DNAと構造上のいとこ関係にあるRNAを基本とする生命が存在し

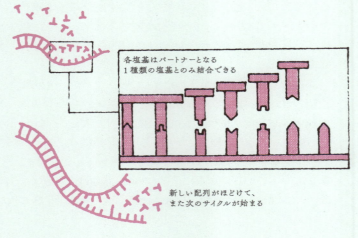

RNA配列が環境中のヌクレオチドを用いて自分自身をコピーする

各塩基はパートナーとなる1種類の塩基とのみ結合できる

新しい配列がほどけて、また次のサイクルが始まる

た時代があると主張する。現存の生物は、遺伝子の複製や新しい世代を作るために必要なタンパク質を作るための遺伝情報（遺伝子）をDNAに保管している。ここには、鶏が先か卵が先かと同じ問題がある。タンパク質とDNAはどちらが先にあったのか？ この2つが同時に出現したとは考えにくい。RNAワールド仮説は、アメリカの生物学者**カール・ウーズ**が1968年に提唱し、1986年には**ウォルター・ギルバート**が**情報保管**と**複製**のどちらもRNAによってまかなわれたとしてさらに発展させた。RNAが酵素と同じような**触媒作用**（「化学反応」を参照）をもつことが発見されたことでそのような考え方が生まれたのだ。多くの生物学者はRNAワールドが実在したことを信じている。ただし、それが地球最古の生命だったかについては意見が分かれるところである。

321 地底高熱生物圏 DEEP HOT BIOSPHERE

　最初の生命が地表ではなく、海底でもなく、地下数千メートルで生まれたという可能性はあるだろうか？ これは、イギリスの科学者**トーマス・ゴールド**が1970年代に提唱した理論で、後に**地底高熱生物圏**と名づけられた。ゴールドによれば、初期の生命は古細菌（「原核生物」を参照）だったという。

　惑星の衝突や火山の噴火など地球形成直後に見られた大荒れの状況下では、地下はシェルターにもなるもっとも安全な場所だったと考えられることから、この理論は魅力的である。さらに今日では、細菌や他の微生物が少なくとも地下5キロメートルの場所には棲息していることが知られている。

　ゴールドは他にも我々を驚かせるネタをもっていた。彼の理論が正しければ、地球のマントルから放出されるメタンガスを摂取して生きる**地底細菌**が地底に貯まっている**石油**を作りだしているというのだ。これはもちろん、地表に堆積した生物の遺骸が圧縮されて石油が作られたという一般的な説（「石炭」と「石油」を参照）とはまったく異なる。もし彼の説が本当に正しければ、石油は今も常に作られ続けているということになり、石油ピークに関する懸念は杞憂だということになる。

322 粘土説 CLAY THEORY

　イギリスの生物学者**グラハム・ケアンズ=スミス**が1968年に提唱した**粘土説**は、地球の生命の起源について革新的なアイデアをもたらした。曰く、最初の生命は古代の粘土塊の表面に誕生したのだという。この説によれば、粘土の結晶はDNAやRNAなどの複雑な分子がなくとも自己複製しうる化学的性質をもっており、粘土の結晶は自然選択のプロセスによって、つまり、特定の粘土が他のものよりも環境に好まれるという形で環境に適応することが可能なのだという。

　たとえば、粘着性の粘土は川底のシルトを形成し、そのシルトはさらに粘着質の粘土を引き寄せるようになる。同じような選択プロセスが粘土の表面でも起こると考えられ、特定の分子を粘土塊の表面に選択的に付着させることができると考えられている。ケアンズ=スミスによれば、この性質こそが、粘土から生じた生命の系譜がDNAという新しい分子に乗り移った要因なのだという。

323 地球外起源説 EXTRATERRESTRIAL ORIGINS

　地球上の生命は宇宙からやってきた、と考える科学者もいる。この説によれば、数十億年前に宇宙から地球に降り注いだ有機物が生命のきっかけになったという。ある意味、我々は全員宇宙人だということになる。

　2009年にNASAの科学者は、**スターダスト探査機**が2006年に**ヴィルト第2彗星**の近くを通り過ぎた際に収集した試料のなかにアミノ酸が含まれていたことを発表した。地球上の海水は彗星によって宇宙からもたらされたと考えられており、生命を構成する基本的な化学物質もこの頃宇宙からやってきた可能性がある。

　科学者のなかには、微生物自体が**パンスペルミア**という形で宇宙から飛来したと考える者たちもいる（パンスペルミア説）。1996年にNASAの科学者たちは、火星からきた隕石（「隕石」を参照）のなかに化石化した虫のようなものを発見したと発表した。この話は今となっては信頼性に欠けるといわれているが、他の科学者たちにより、微生物は微小な塵の内部に潜んで宇宙の過酷な旅（恒星系同士の間すら）を生き延びることが示されている。

生物物理学

Biophysics

324 数理生物学 MATHEMATICAL BIOLOGY

生物学には物理学ほどの数理学的要素は含まれていない。しかし、生物学者のなかには対象物を数学的に記述しようと試みる者がいて、**純粋数学や応用数学を生物の分野にも適用**することでドラマチックな発見がもたらされている。

数学の強みは、我々の感覚や洞察力を超えている問題について可視化したり解析を可能にしたりできる点である。数学がなかったら、理論物理学の2大柱である相対性理論と量子論を理解することは到底できないであろう。同様に、生物学者は数学を生物学における難しい課題(たとえば、遺伝子の構造や発現、神経生物学や細胞生物学、あるいは現在の環境に影響する無数のプロセスをつまびらかにすることなど)に取り組むために応用しようとしている。

生物学を数学という確固たる基盤の上に乗せることで、研究者は**コンピューターの問題解決能力**を利用することができるようになった。実際すでに成果も出ていて、**システム生物学**というまったく新しい分野が生まれている。生物学でコンピューターを使うことを**バイオインフォマティクス**とよぶことがある。

325 バイオメカニクス BIOMECHANICS

メカニクス(力学)とは物理学の一分野であり、力が加えられたときの物体の振る舞いについて研究する。同様に、**バイオメカニクス**

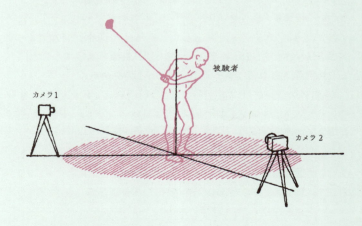

は物理的な力が生物系に与える影響について考察する。その対象範囲は幅広く、細胞内のオルガネラや液体の動きや骨にかかる力（「筋骨格系」を参照）を計算したり、さらには**ナビエ・ストークス方程式**を用いて血流のモデリングを行ったり、**航空力学**（「流体力学」を参照）を用いて鳥の飛び方を理解したりと多岐にわたる。

もっともよく使われている分野は**スポーツ科学**で、3Dのビデオキャプチャーとコンピューター解析によって、選手のパフォーマンスを劇的に向上させることが可能になってきた。たとえば、ゴルフで飛距離を伸ばすためにスイングを微調整するなどだ。バイオメカニクスの計算は、対象物の形の不定形さや生物系特有のばらつきの多さから、純粋物理学における力学の計算よりも複雑で難しいことがほとんどだ。

326 バイオエンジニアリング BIOENGINEERING

バイオメカニクスが物理学の理論を運動体に応用して生物学の課題を解決しようとする一方で、**バイオエンジニアリング**は同様のことを工学（エンジニアリング）の手法や技術を使って行う。たとえば、人工心臓、人工肝臓、人工骨、人工眼の開発、さまざまな人工器官や脳へ電極を移植する技術の開発などが挙げられる。また、医療機器や薬剤送達システム、**遺伝子改変**、**合成生物学**、**バイオミメティクス**などもここに含まれる。

しかし今や、バイオエンジニアリングは、工学分野における課題解決のために生物学的手法を応用することすらも意味する。「バイオエンジニアリング」という語自体が、**工学の分野に生物学を応用する**ことを表す語として逆輸入され使われているのだ。たとえば、土木技師が植物繊維で補強されたコンクリートなどの生物素材を使って建物を建てることなどが具体例として挙げられる。

327 放射線生物学 RADIOBIOLOGY

放射線生物学とは放射線が生体組織に与える影響を調べる学問である。ここでいう「放射線」には、**アルファ線**、**ベータ線**、**ガンマ線**といった**電離放射線**（「放射性崩壊」を参照）、熱放射、そしてさまざまな波長の電磁放射が含まれる。放射線生物学の応用としては、宇宙線や太陽から降り注ぐ粒子や波が宇宙飛行士に与える危険

性を評価することなどが挙げられる。また、携帯電話の使用と脳腫瘍(「がん」を参照)の発生率との関連を調査するためにも使われている(が、結果はいまいちはっきりしない)。

放射線生物学では、放射線の危険性とともに利点についても研究している。**放射性イメージング**の手法は、疾患の診断や発症のモニタリングを可能にする。この用途のためには、X線の他、少量の放射性同位体を体内に注入し血流をトレースする**SPECTスキャン**(「断層撮影法」を参照)のような技術も使われる。がんの治療では、悪性細胞にガンマ線を直接照射して除去する**放射線治療**が用いられることがある。

328 農業物理学 AGROPHYSICS

農業物理学とは、農学(ヒトが利用するために穀物やその他の植物を栽培することに関する学問)の分野に物理学的手法を応用することである。農業物理学者は、農学に関する数学的理論を組み立て、厳密に測定したり実験したりしてそれをテストする。その目標は、穀物の生産高を向上させることにある。

農業物理学の関心領域には大きく分けて、空気、水、養分の送達効率を上げるための**物理的方法**(灌漑、植物を液体で育てる水耕栽培、養分を含む霧のなかで育てるエアロポニック栽培など)を開発することと、温室や人工照明を用いて**光や熱を供給**することの2領域がある。科学者は、農業物理学を利用して環境負荷をできるだけ小さく、収穫量を最大化できるような持続可能な農法の開発を試みている。

329 システム生物学 SYSTEMS BIOLOGY

最近まで、生物学の専門分野は分断されていた。細胞生物学者、分子生物学者、生化学者など多くの専門家が存在し、しかも彼らはまったくかみ合わなかったのだ。**システム生物学**は生物科学への全体論的アプローチであり、個々の生物を独立した1つの構成単位として扱い、内部プロセスそのものだけではなく、**プロセス間の関わり**にも目を向ける。

よい例が免疫系の働きである。感染症に対する生物の免疫応答では、特定の1つのメカニズムだけが重要な働きをしているわけではなく、遺伝子、タンパク質、他の生物学的経路が協調的に

働いた結果生じる反応となっている。

　システム生物学はコンピューターを駆使し、ある生物種のなかに存在する異なるシステムがどのように機能し、関わり合っているのかをシミュレーションする。

　世界で初めて行われたシミュレーションは、オックスフォード大学に所属するイギリスの生物学者**デニス・ノーブル**が1960年に発表した心臓に関する荒削りな数学的モデルだ。最近になってノーブルと同僚たちはこの仕事を発展させ、スーパーコンピューター（「並列計算」を参照）上で動く「**仮想心臓**」を作りだした。

EARTH

地球

45億年前、若き太陽の周りを回っていた小さな破片が集まり、母なる惑星地球が生まれた。人類はずっと昔から存在しているように思えるが、地球上に出現したのはたかだか数十万年前のことだ。地球ができてからの時間を1日に置き換えると、われわれ人類は最後の3秒間を生きたに過ぎない。

　しかし、私たちがそれに気づいたのは、実はかなり最近のことである。ごく最近、20世紀が始まった頃にはまだ、ウイリアム・トムソン（ケルヴィン卿として知られる）を筆頭とする科学者たちは、地球は1億年前にできたと考えていた。ケルヴィン卿は球体の冷却速度に基づいてこの値にいたったのだが、地球内部の複雑な物理構造や、当時まだ発見されていなかった地球内部で熱源となっている放射性物質の存在を考慮に入れていなかったのだ。

　地球は複雑かつダイナミックなシステムであり、今日なお、その全容を解明できたとは言いがたい。なかでも気候変動は、未だに多くが未知のままだ。気候は極めて繊細で、人類の活動によって生じた汚染物質だけでなく、雲量、火山活動、海流など多くの因子の影響を受けて変化する。

　これまでに、地球温暖化が起きていること、そしてそれがおそらく私たちのせいだということまでは分かってきたが、この先状況がどれくらい悪化するのか、そしてそれを阻止するために私たちに何か1つでもできることがあるのかは、この先何年、何十年経ってやっと分かることなのかもしれない。

地球科学

Earth Science

330 丸い地球 CURVED EARTH

地球は岩、金属、気体、液体でできた回転する球体で、直径は1万3000kmほど、周囲は4万kmちょっとというサイズである。地球が球形を維持しているのは**重力**のおかげだ。重力とは水が高いところから低いところへ流れるもととなる力であり、地球を形成するすべての固形物質に対して同じように働く。すなわち、すべてが地球の中心から等距離に集まるように平滑化を促す力だ。これを達成できる唯一の形が**球体**である。かつて地球の表面にあった凸凹のほとんども重力によってならされている。その結果、なんと地球の表面は、同じサイズに拡大したビリヤードの球よりも滑らかだ。とはいえ、地球は完全な球体とは言いがたい。およそ24時間で1回転していることから外向きの力が働いており、赤道方向の直径が極方向に比べて43kmほど大きい(「向心力」を参照)。地球は、**扁球**とよばれる縦方向に押しつぶされたような形をしているのだ。

331 赤道 EQUATOR

赤道とは、地球を北半球と南半球という2つの半球に分ける見えない線である。この線は、地球の回転軸に対して垂直な平面を作る。さらに、北緯23.5度には**北回帰線**、南緯23.5度には**南回帰線**というこれまた見えない2本の線が赤道に平行に走っている。回帰線の間の温暖な地域を**熱帯**とよぶ(「季節」を参照)。

回帰線の外側には**温帯**とよばれる地域が広がり、その気温は熱帯よりもずっと低い。**北極線・南極線**(北緯・南緯66.5度)までが温帯であり、その外側(極側)には、気温が非常に低い**寒帯**が広がる。

332 極 POLES

地球の表面を北または南に向かってずっと進みながら、赤道と平行な線を引いていくとしよう。赤道から遠ざかるにつれ、平行線が作る円が小さくなっていき、やがては点になることが想像できるだろう。地球に限らず、惑星の上下の端にできるこの点のことを**極**という。

地球は2種類の極をもっている。地球の自転によって定義されるのが**地理極**である。地球に巨大な串を突き刺したときに、その串

を中心に自転するようならば、その串は地球の北と南の地理極を通っていることになる。2つ目の極は、棒磁石や方位磁針が指し示す**磁極**である。これは、地球の核を流れる電流によって作られる（「地磁気」を参照）。磁極は毎年少しずつ移動しており、2005年の北磁極は北極点から7度ずれていたし、南磁極に至っては南極点から30度もずれていた。

333 緯度と経度 LATITUDE AND LONGITUDE

2次元の空間をマス目で区切り、行と列に番号をつける。すると、行番号と列番号を指定することでただ1つのマス目が定まる。これが、**緯度と経度**の原理だ。ただし、地球の表面は紙のように平らな2次元ではなく丸いため、座標は番号ではなく角度で表される。たとえば、正反対のところにある点は180度離れているし、360度進むともとの場所に戻る。

緯度は赤道に平行な線の位置を表し、赤道が0度、北極が+90度、南極が-90度だ。一方経度は赤道上の距離を示す。経度0度を通る線は**本初子午線**とよばれ、イギリス・グリニッジ天文台の上を通って北極と南極を結ぶ線のことである（訳注:現在の本初子午線はIERS基準子午線といい、グリニッジ天文台の上を通るグリニッジ子午線のおよそ100m東を通っている）。経度の値にEまたはWをつけることで、本初子午線から東西どちらに進んだかを示す。地球上の位置を座標で

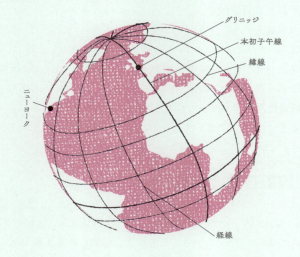

表す際は通常、緯度、経度の順番で書く。たとえばニューヨークは41°N、73°Wと表される。

334 日と年 DAY AND YEAR

1日の長さは**自転**によって、1年の長さは**公転**（太陽の周囲を回ること）によって決まる。自転すると、太陽は空を東から西へと横切るように見える。地球が1回自転して太陽がもとの場所に戻ってくるまでの時間が1日である。地球は、地軸を中心に23時間56分4秒で1回転するが、太陽を中心とした周回軌道を進んでもいるので、太陽が前の日とまったく同じ場所まで戻ってくるには、少し余計に時間がかかる。この余計にかかる時間を足すと、1日が24時間になるというわけだ。

地球が太陽の周りを1周するのには365.25日かかる。これが1年の定義だ。カレンダーでは1年が365日なので、毎年0.25日ずつ余ってしまう。そのため、4年に1回1日足すことでこの差を解消している。これが**うるう年**だ。また、もっとわずかな地球の周回軌道のゆらぎを補正するために**うるう秒**が足されることもある。

335 タイムゾーン TIME ZONES

地球が自転していることから、地球上のどこかには昼間があり、その反対側は夜になっている（「日と年」を参照）。そこで私たちは、世界で時計の針を同期させるために、**タイムゾーン**を作りだした。飛行機で遠くへ旅行するときに時計の針を合わせなければいけないのはこのためだ。タイムゾーンは通常経度ごとに決まっていて（「緯度と経度」を参照）、本初子午線が基準のゼロ時となっている。本初子午線の時間は**グリニッジ平均時**（GMT）、あるいはより国際的には**協定世界時**（UTC）とよばれる。広い国では国内にいくつかのタイムゾーンが存在していて、たとえばアメリカの西海岸と東海岸では4時間も時差がある。

336 国際日付変更線 INTERNATIONAL DATE LINE

タイムゾーンがあるということは、時間だけでなく、日付も国によって変わるということを意味する。どこかで新しい1日が始まらなければならないからだ。そんな場所が、**国際日付変更線**（IDL）だ。

国際日付変更線は、北極と南極とを真っ直ぐにつなぐ線で、本初子午線(「緯度と経度」を参照)から180度の位置を通っている。IDL上の時間は本初子午線上の標準時から12時間ずれていることになる。つまり、本初子午線上で12月10日午後3時は、IDL上では午前3時だ。ただし、IDLよりほんの少し東側では同じ12月10日の午前3時だが、IDLのほんの少し西側では翌12月11日の午前3時となる。飛行機で日付変更線を越えるときには、線を越えるほんの一瞬のうちに一足飛びに24時間進むことになる。つまり、時計の針だけでなく、カレンダーも1日進めないといけないわけだ。

337 季節 SEASONS

地球が太陽の周りを回る際、暖かい期間と寒い期間のサイクルである**季節**が生じる。地球が太陽の周りを回るときの**公転軌道**に対し、地球の**自転軸**が少し(23.5度)傾いていることが原因だ。北半球が太陽に近づいている期間は太陽の光や熱が北半球に集中する。これが、北半球の夏だ。半年後、地球が太陽の反対側に位置するときには、北半球は冬となる。北半球が太陽に向かって傾いているとき、南半球は太陽から遠ざかる方向に傾いている。だから、南半球では12月が夏で、6月が冬になる。

温帯の地域(「赤道」を参照)では、季節は**4つ**に分かれる。熱帯の気候は常に温暖で、若干の温度の違いにより降雨量が異なる乾期と雨期という**2つ**の季節がある。また、高緯度の北極圏や南極圏は地球が傾いているために冬の6カ月間はずっと夜で、夏の6カ月間はずっと日が沈まず昼のままだ。

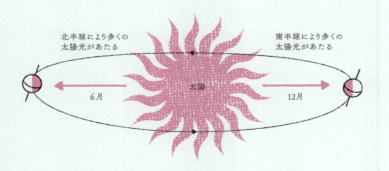

338 コリオリの力 CORIOLIS EFFECT

　コリオリの力とは、地球の自転によって北半球の大気が反時計回りに渦を巻こうとし、南半球の大気が時計回りに渦を巻こうとする現象だ。地球は毎日1回転、すなわち360度自転する。そのときに一番速く動いているのは地球の自転軸から一番離れている赤道上の表面で、1670km/hの速さで回転している。一方、ニューヨークあたり（北緯41度）の緯度では、地表の回転速度は1260km/h程度だ。そして、この地球表面上におけるスピードの差こそが、**コリオリの力**の原因なのだ。コリオリの力によって、**サイクロン**などのもととなる大気が渦を巻くような動きが生じる。

　ところで、お風呂の栓を抜いたときに水が渦を巻いて排水されていくのもコリオリの力だと誰かに言われたことはないだろうか。これは実は真っ赤な嘘である（指で反対方向に水をかき混ぜてみれば一目瞭然だ）。

339 歳差 PRECESSION

　子供が遊ぶコマは回っているうちにだんだん頭部が左右に揺れるような動きを始めるが、この動きを**歳差**という。実はあらゆる回転体は歳差を示し、地球も例外ではない。地球の自転軸もその中心位置はゆらいでいて2万6000年周期でもとの位置に戻る。天球が頭上で回転しているように見えているのは地球が自転しているためだが、歳差でも夜空の見え方が変わる。現在は地球の自転軸は**ポラリス**（北極星）の方向を向いている。しかし、5000年前にはりゅう座α星のほうを向いていたし、将来、西暦1万4000年にはこと座のベガが北極星の座を奪うと予想されている。

　歳差は地球の自転軸を動かす最大の要因だが、他にも**章動**という歳差運動するときの回転軸のわずかなゆらぎ、海流や風などによって引き起こされる**極運動**という予測不能な微小な動きなどが自転軸の動きに影響している。

Ages of Earth

340 地質学的時間 DEEP TIME

私たちが住む惑星地球の歴史は**45億年前**から始まった。私たちが1年を月、週、日と分けているように、科学者も地球の過去をより扱いやすい単位に分割している。もっとも大きな単位は**累代**で、5億年〜数十億年単位の長さだ。地球の過去は大きく**先カンブリア代**（冥王代、始生代、原生代）と**顕生代**という2つにまとめられる。累代の下には数億年単位の**代**という分類がある。代はさらに数千万年単位の**紀**、1千万〜2千万年続く**世**、そして一番小さい数百年程度の**期**へと分けられる。

私たちの日常で使われる時間の単位は一定の長さだが、地質学的時間における単位の長さは化石の**層序学**に基づき決められる。地球の歴史は地層ごとに区分けされており、その年代は考古学的手法による測定で決められる。各地層の上端と下端の年代の差が、その累代・代・紀・世の長さとなる。

341 冥王代 HADEAN AEON

地球史上最初の累代である**冥王代**は45億年前から38億年前までで、太陽系と地球が形成され大衝突により月が生まれた頃だ。地球最古の鉱物や岩石が完成し、ひょっとすると、もっとも初期の**生命**が誕生していたかもしれない。

冥王代の最後には**後期重爆撃**という一大イベントが起きた。太陽系の内部にあられのように天体が降り注いだ結果の天体衝突だ。現在月に見られるクレーターの多くはこの天体衝突の産物だと考えられている。後期重爆撃期は、大きな惑星（海王星のような）が小さな天体を巻き込みながら太陽系のなかを突き進んでいったために起きたといわれている。

342 始生代 ARCHEAN AEON

冥王代の次は**始生代**とよばれ、38億年前から26億年前までを指す。**光合成する生命体**はこの頃に出現したといわれている。**大陸**もこの頃に作られ、プレートの動きもこの頃に始まったと考えられている。しかし、大陸の配置は現在とはまったく異なっていた。ほとんどの大陸が1カ所に集まって1つの**超大陸**を形成していたのだ。

その後、大陸移動によって超大陸は分割していった。地表には豊富な水がたたえられていた。始生代は**原始生代**（38億年前～36億年前）、**古始生代**（36億年前～32億年前）、**中始生代**（32億年前～28億年前）、**新始生代**（28億年前～26億年前）という4つの代からなる。化石化した最古の生命体は、古始生代の地層から発見された。

343 原生代 PROTEROZOIC AEON

原生代は26億年前から5億7000万年前まで続いたもっとも長い累代で、**多細胞微生物**が出現したのもこの時代だ。原生代は3つの代に分けられる。**古原生代**（26億年前～16億年前）には、光合成を行う細菌のおかげで地球の原始的な大気に**酸素**が含まれるようになった。最初の真核生物もこの頃に出現した。次の**中原生代**（16億年前～11億年前）には**有性生殖**をする生物が進化してきた。そして、原生代の最後を飾る**新原生代**（11億年前～5億7000万年前）には非常に厳しい**氷河期**が訪れ、これがもととなり原生代は終焉を迎えたと考えられている。冥王代、始生代、原生代を合わせて**先カンブリア代**とよぶこともある。

344 古生代 PALEOZOIC ERA

原生代の後には**顕生代**という累代が幕を上げた。顕生代は5億7000万年前に始まり、現在まで続いている。

顕生代（累代）最初の代が**古生代**で、5億7000万年前から2億4800万年前まで続いた。この古生代はさらに6つの紀に分かれている。**カンブリア紀**（5億7000万年前～4億7000万年前）、**オルドビス紀**（4億7000万年前～4億3800万年前）、**シルル紀**（4億3800万年前～4億800万年前）、**デボン紀**（4億800万年前～3億6000万年前）、**石炭紀**（3億6000万年前～2億8500万年前）、そして**ペルム紀**（2億8500万年前～2億4800万年前）だ。

カンブリア紀の地層からはそれまでとは桁違いに多くの化石が見つかっている。海中で起こった生命の急激な多様化は**カンブリア爆発**とよばれ、このときに固い殻をもつ海洋生物が出現し、オルドビス紀へと移行した。続くシルル紀に、生命は海から陸へと移動を始めた。まずは植物だったが、デボン紀には背骨をもった魚が海から陸へと上がった。

石炭紀には、陸地の多くが青々とした森で覆われるようになり、陸に進出した生物の棲み家となった。ペルム紀になると昆虫が現れ、地上に生い茂る森が光合成により大気に酸素を供給したことでその数をどんどんと増やした。

しかし、ペルム紀最後に起きた大量絶滅によりこれらの昆虫の多くは死に絶えてしまった。これにより、その後の爬虫類・両生類の出現準備が整った。

345 中生代 MESOZOIC ERA

中生代は顕生代という累代の2つ目の代で、2億4800万年前から6500万年前まで続いた。この時代は恐竜が地上を制していたため、**爬虫類の時代**ともいわれている。この代は3つの紀からなる。**三畳紀**(2億4800万年前〜2億1300万年前)の頃、陸地が再び1カ所に集まり、巨大な超大陸を形成していた。両生類と爬虫類が陸上に溢れる一方で、巨大生物が海中で進化した。

恐竜にとっての絶頂期は**ジュラ紀**(2億1300万年前〜1億4400万年前)である。植物の多くもこの頃に出現した。シダ、針葉樹、密集したジャングルが惑星を覆っていた。空を飛ぶ動物が出現したのもこの頃であり、翼竜(飛べる恐竜)や羽の生えた鳥が出現した。中世代の最後にくる**白亜紀**(1億4400万年前〜6500万年前)には、ティラノサウルスや非常に素早いヴェロキラプトルなど、多くの有名な恐竜たちが闊歩していた。しかし、彗星、あるいは隕石による天体衝突の衝撃で恐竜たちは絶滅、この時代も終わりを告げた。

346 新生代 CENOZOIC ERA

私たちが現在生きているのは**新生代**だ。新生代は恐竜が絶滅した6500万年前から今日まで続いている。恐竜たちが死に絶えた後地上を席巻したのが**哺乳類**である。

齧歯類のような小さな動物から進化してきた大型の恒温動物が恐竜がいなくなった後の空席を埋めた。鳥も、現在の形へと進化していった。

新生代は**古第三紀**(6500万年前〜2300万年前)、**新第三紀**(2300万年前〜260万年前)、**第四紀**(260万年前〜現在)の3つに分かれている。新第三紀のある時点、おそらく700万年前〜500万年前頃には、

チンパンジーと現生人類の共通の祖先が存在していたと考えられている。

古第三紀と新第三紀は第三紀としてまとめられることもある。

347 第四紀 QUATERNARY PERIOD

地球は現在、**第四紀**という時代にある。新生代最後の紀だ。第四紀が始まった260万年前頃、大陸はすでに現在とほぼ同じような配置をしていた。4度の氷河期が訪れ、極冠はどんどん拡大し、ほとんどの地域が氷で覆われた。一番最近の氷河期が終わったのは、およそ1万年前といわれている。

第四紀はまた、**更新世**（260万年前～1万1700年前）と**完新世**（1万1700年前～現在）という2つの世に分けられる。更新世のもっとも重要なイベントはおそらく**現生人類の出現**だろう。われわれホモ・サピエンスは10～20万年前のアフリカに出現し、その後瞬く間に世界中に広がっていった（「アフリカ単一起源説」を参照）。完新世には農業を発達させ、これが文明化の大きな原動力となった。

地形 Terrain

348 地形学 TOPOGRAPHY

地勢の基礎となる科学は**地形学**とよばれる。地球表面の地形の3次元構造を再現しようとする学問だ。地形図（起伏図ともよばれる）では、土地の高低が**等高線**によって表されている。これは基準となる高さと同じ高さの地点をつないだ線であり、平らな紙の上に投影するように描かれる。各等高線の高さを表すために数字がついていることもある。等高線の間隔が狭いところは地形の傾斜が急であることを表している。

正確な地形図を作るためには地形を詳細に測定する必要がある。そのため、実際にその場所へ行き、さまざまな機器を使って土地の傾きや表面の上昇角度を計測する。航空写真を利用することもある。2000年2月には、スペースシャトルエンデバー号が、レーダーを使ってかつてないほど詳細な地形図を作り上げた。

地形表面の傾き

地形図 標高によって色分けされている

349 大陸 CONTINENTS

大陸は地球上の主要な陸地のことで、地球表面の**29%**を占める。残りは海だ。**アジア、アフリカ、南極、オーストラリア、ヨーロッパ、北アメリカ、南アメリカ**の7つの大陸が存在し、ほぼすべてが海で隔てられている（あるいは隔てられていたことがある）。ヨーロッパとアジアが例外であり、この2大陸は歴史を通じて常につながっていたため、しばしば**ユーラシア大陸**という1つの大陸として扱われる。南極は

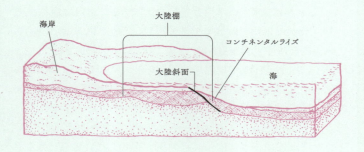

海岸　大陸棚　コンチネンタルライズ　大陸斜面　海

氷の下に陸地が存在するため大陸だが、北極は氷が海水に浮いているだけで陸地がないため、大陸ではない。

大陸の端は海に沈み込むようになっており、**大陸棚**という輪郭を形成している。大陸棚の端では海の底が急激に落ち込んで深くなっている。大陸棚の幅は数kmから数千kmに及ぶことがある。

350 島 ISLANDS

島は主要な大陸から隔てられた陸地のことで、3つのタイプに分けられる。グレート・ブリテン島（イギリス）のような**陸島**は、近郊の大陸の大陸棚に位置するため大陸（イギリスの場合ヨーロッパ）の一部分とみなされている。他にも日本、タスマニア、スマトラ、グリーンランド（北アメリカ大陸の一部）が陸島として知られている。

一方、**海洋島**は大陸とつながっておらず、通常は海底火山やプレートの活動の結果海底が押し上げられて形成された島のことである。太平洋にあるマッコーリー島はプレートの動きによって作られた島であり、ハワイ諸島は火山島である。プレートの活動により連なって形成された島を**列島**とよぶ。

3つ目のタイプは**環礁**で、火山島の周囲に小さな海生生物の殻が堆積した珊瑚礁が形成され、その後火山島が沈降することで完成する。インド洋に浮かぶモルディブは有名な環礁である。

351 氷河 GLACIERS

陸地を覆う巨大な淡水の氷の塊を**氷河**という。寒冷な地域で、氷や雪の堆積する速度が、溶けたり浸食されたりする速度を長期にわたり上回るときに氷河ができる。オーストラリア以外のすべての大陸に氷河が存在している。ニュージーランド、アラスカ、チベットなどで特に美しい氷河を見ることができる。氷河は地球上でもっとも膨大な淡水の貯蔵庫であり、気候変動により氷河が溶けると破滅的な海面上昇を引き起こすのではないかと懸念されている。

氷河同士が融合して地形の大部分を覆うようになると、**氷床**とよばれるようになる。氷床は現在グリーンランドや南極に見られるが、氷河期には地球のかなりの部分を占めていたと考えられている。氷河は、堆積した氷の圧力によって徐々に海側へ移動していく。その速度は1日に最大数十mで、氷河が動いた後に地面に残る氷

に引っかかれた跡が、かつてその場所に氷河があった証拠になる。海岸に到達し、海のなかに押し出された氷河は**棚氷**を作る。棚氷の一部が割れるなどして分離すると、**氷山**となって海上を漂う。

352 **海氷** SEA ICE

氷河から切り離されてできる氷山とは異なり、海水自体が凍ってできるのが**海氷**だ。海水の凝固点は塩分のせいで0℃よりも低く、-1.8℃である。北極圏では海の大部分を海氷が覆い、**極冠**というほぼひとかたまりの大きな固形物を形成する。しかし、緯度が低い海域では、温度の上昇により、巨大な大**浮氷原**はバラバラに溶け、小さな浮氷原へと姿を変える。海氷の大きさは、冬に増大し夏に減少するというように季節に依存して変化する。

353 **山岳** MOUNTAINS

山岳(山と丘)とは、地球上の陸地の24%を占める、岩石が露出した高い場所のことである。そのでき方には何通りかある。**プレートの活動**が活発な地域では土地が歪み、でこぼこした地形になる。プレート同士がぶつかり合うような場所では地面が上向きに折れ曲がり山脈ができる。ヒマラヤ山脈はこのタイプで、7000万年前にインド・オーストラリアプレートがユーラシアプレートに衝突したときにできた。これら以外はおそらく**火山**によるものであり、これは噴火に伴い溶岩が徐々に積み重なることで高くなっていく。

山頂は地面よりも高いところにあるために気温が低い。また、地球の大気の濃度は高度が上がるにつれ薄くなるため、酸素量も少ない。山の定義はさまざまだが、たとえばアメリカでは、標高305m以上の地形が山であり、標高153m〜304mの地形は丘とされる。

354 **川** RIVERS

川は淡水が標高の高い土地(たとえば丘や山)から地面を通り海へと抜ける通り道のことである。**降雨、雪解け水、地下水**などが川に水を供給する。川が曲がっているところにはしばしば氾濫原という、洪水時に川から溢れ出た水が流れる平野が見られる。

多くの土砂を含む川では、海に流れ込むところに扇形に土砂が堆積し、やがては河口の形を変え**三角州**(デルタ地帯ともよぶ)という

地形が形成される。エジプトのナイル川が地中海にぶつかる河口には広大なデルタ地帯が存在する。また、川は岩石の塩分やミネラルを海に運んでおり、海の塩分供給源の1つとなっている。

355 谷 VALLEYS

丘や山の間に刻まれた深い溝のような地形を**谷**とよぶ。谷は主に3つの方法で形成される。1つ目は水による浸食で、川の流れによって周囲の岩石や土が水に削られ、深い溝が形成される。このようにしてできた谷は断面が**V字型**をしている。川の浸食作用によってできる谷は、アメリカのグランドキャニオンのように非常に深く壮大な地形を作りだす。

谷はまた、氷河の働きによっても形成される。巨大な氷の壁が地上を這い、地面の亀裂の間を岩石を砕きながら無理矢理進んでいくとき、断面が**U字型の谷**ができあがる。

3つ目の谷は**地溝**とよばれるもので、プレートの境界が拡大していきやがては海で隔てられる2つのプレートに分かれるときに形成される。東アフリカにある大地溝帯はこのようにしてできた。

356 湖 LAKES

川から水が供給され、海と隔てられている大きな水の塊を**湖**という。湖は丘や山の間の天然の窪地や平らな土地にできたくぼみなどに形成される。また、蛇行する川において、大きく曲がりくねって

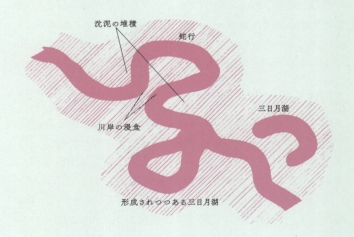

いる部分が切り離され、三日月形の**三日月湖**が残ることがある。

　湖よりも小さいものを**池**という。1971年に制定されたラムサール条約において、8ヘクタール（8万m²）未満の陸上にある水の塊は池、それより大きいものは湖と定義されている。世界には3億個以上の池や湖があるといわれている。もっとも湖が高密度に存在している国はカナダで、世界中の湖の60％が集中している。これは主に水はけの悪さに起因するようだ。

357 湿地 WETLANDS

　湖や川の周りにはしばしば**湿地**とよばれる、水が浸透して湿った地形が形成される。**湿地、沼地、沢地**のすべてが湿地に含まれ、海からの距離に応じて淡水、海水、汽水のいずれもありうる。陸と水が混ざり合っている場所であることから、湿地は豊かな生態系をもつことが多く、多くの植物、魚、哺乳類、爬虫類、両生類が生きている。

　しかし、商業的な利用価値がほとんどないことから、湿地は消滅の危機に瀕している。1993年には、世界の湿地のうち半分が陸地の開発や生産性を向上させる目的で干拓されてしまったという報告がある。それゆえ現在では、湿地は広く保全の対象となっている。アメリカ最大の湿地帯はフロリダ州にある**エバーグレーズ**で、世界最大の湿地帯は南アメリカにある**パンタナル**という氾濫原である。

358 平原 PLAINS

　陸地の大部分を占めるのは**平原**である。ヨーロッパの草原や牧草地、アメリカの乾いた**草原地帯**、アフリカの野性味溢れる**サバンナ**、アジア北部の荒れ果てた**ステップ地帯**や**ツンドラ**など、さまざまな形や大きさの平原がある。それぞれ、その土地の気候や生態系によって形作られた地形だ。平原は水や氷や風による浸食や土砂の堆積で作られることもあるし、氷河によって平らにならされてできることもある。平原は生態系にとって重要なだけでなく、農業の発展や、道路や都市の構築に大きく寄与している。

359 森林・ジャングル FORESTS AND JUNGLES

地球上でもっとも多様な生物が存在する場所は**森林**と**ジャングル**である。この惑星に生きる全生物種のうち**57%**がジャングルに棲息すると見積もられている。森林とジャングルを合わせると陸地の36%を占めることになる。緯度が53度を超える気温の低い地域の森林が主に常緑の針葉樹で形成される一方、それより低緯度の土地では冬になると葉を落とす落葉樹が見られる。赤道から緯度10度のあたりは主に**熱帯雨林**となる。熱帯雨林とは文字通り、降雨量が多い森林域のことだ。ジャングルと熱帯雨林は南アメリカ、アフリカ、アジアに見られる。熱帯雨林の高温多湿な環境が生命の繁栄のもとであり、熱帯雨林のなかでも、樹木やつる植物や低木が絡み合うもっとも密度の高い場所がジャングルだ。

■ 熱帯雨林

360 砂漠 DESERTS

砂漠とは地球上でもっとも乾燥し、もっとも荒廃した土地である。すべての大陸で見られるこの地形は、降雨で得られる水分よりも蒸発する水分のほうが多いときに形成される。あまり知られていないが、地球上でもっとも乾燥している砂漠は、もっとも寒いところにある。南極大陸にあるドライバレーという地域には200万年以上も雨が降っていないのだ。空気中に含まれる水分はすべて凍りつき、時速320kmで吹き荒れる風により吹き飛ばされる。南極大陸は世界最大の砂漠地帯でもあり、1400万km²にも及ぶ砂漠が広がる。

植物に覆われている陸地が今、気候変動や不適切な農業（森林やジャングルを焼き払い耕作地にしたり、河川や地下水などの天然の水資源を乱

開発したりすること)により砂漠化している。2008年の報告によれば、ネブラスカ州ほどの大きさ(編注:本州より少し小さいくらい)の肥沃な土地が毎年砂漠化しているとみられる。

Subterranea

361 洞窟 CAVES

　岩石のなかに作られる天然の穴を**洞窟**とよぶ。空間が1つだけ存在していることもあるし、トンネルや洞穴のネットワークが四方に広がり、勇敢な探検家を地中へと深く誘う大規模なものもある。洞窟はさまざまなプロセスで作られる。地下水に含まれる酸がアルカリ(「酸と塩基」を参照)に富む岩石を溶かしてできる空洞は**鍾乳洞**とよばれる。風化や水流による浸食作用も空洞を作りうる。岸壁に打ち寄せる波も同じような作用をもつため、**海食崖**にも多くの洞窟が見られる。**一次洞窟**という、周囲の岩が形成されると同時にできた洞窟もある。

　洞窟は世界中で見つかっており、さまざまな大きさ、形状のものがある。世界最長の洞窟はケンタッキー州にある**マンモス・ケーブ**で、総延長は591kmだ。もっとも深い洞窟はグルジアの**クルーベラ洞窟**で、その深さは地下2kmにもなる。世界最大の地下空洞はボルネオにある**サラワクチャンバー**で、700m×400m×高さ80mの大きさがあり、航空母艦32隻を並べられる大きさだ。

362 石筍・鍾乳石 STALAGMITES AND STALACTITES

　酸性の水によって作られた洞窟には、炭酸カルシウムなどのミネラルに富む水が流れている。この水が洞窟内を流れる過程でミネラルが析出すると、**石筍**や**鍾乳石**といったなんとも幻想的な構造体を作り上げる。石筍は洞窟の床から上に向かって伸びていく構造体で、天井からミネラルに富む水滴が一定の場所に落ち続けることでミネラルが析出と沈殿を繰り返し、形成される。その逆に、天井側の水滴が落ちる場所に微小なミネラルが析出・沈殿し、その繰り返しで下へと伸びていくものもある。これが鍾乳石である。

　世界最大の石筍は高さ62mを超えるもので、キューバの洞窟群

にある。記録されている鍾乳石のなかで世界最大のものは長さ20mで、ブラジルのグルータ・レイ・ド・マト洞に下がっている。石筍や鍾乳石の成長速度はさまざまで、水に含まれるミネラルの濃度や流速に依存する。1カ月で1cm成長するものもあれば、数百年、数千年かけて1cm成長するものもある。石筍や鍾乳石は液体が沈殿してできた**スペレオセム**という岩石の一種である。スペレオセムには、壁などに覆いかぶさるように生じる「フローストーン」や、「ヘリクタイト（まがり石）」というらせんのように曲がりくねった細い鍾乳石などがある。

363 溶岩洞 LAVA TUBES

溶岩洞は一次洞窟（「洞窟」を参照）の一種であり、噴火に伴う溶岩が流れるときに作られる。溶岩の表面は空気に触れているため、内側よりも早く冷えて固い殻を作る。外側から冷え固まっていくことで殻の厚みが増し、一方で内部の溶岩は流れ続ける。噴火が終わると内側を流れていた溶岩が流れ去り、固い殻だけが残る。これが、溶岩洞となる。

溶岩洞も石筍や鍾乳石や他のスペレオセムを形成することがある。しかし、石灰岩でできた鍾乳洞のものとは異なり、溶岩洞では完全に固まる前の溶岩がしずくとなって落ちてくるときにできる。溶岩洞の幅は最大15m、長さは数十kmにも及ぶことがあり、アリゾナ、オレゴン、ハワイ、そして世界中の火山地帯でみられる。

364 地下水 UNDERGROUND WATER

洞窟のなかにはしばしば、窪地や低いところに水がたまって**地下湖**ができる。その水源は降雨、わき水、あるいはしみ出てきた**地下水**などだ。石灰岩などの多孔質の岩は膨大な量の水を蓄えることができ、帯水層とよばれる地層を形成する。テネシー州**スウィートウォーター**には世界最大級の地下湖があり、その大きさは240m×70mにも及ぶ。

洞窟内の水流が多いとき、湖は地下を流れる川に姿を変える。メキシコのユカタン半島の地下には、153kmにも及ぶ世界最長の**地下水脈**が通っている。

365 地殻 CRUST

　地球の断面図を見ることができたら、地球の中身がタマネギのような構造をしていて、液体や岩石が地球の外側から中心まで層をなしていることが分かるだろう。もっとも外側にあるのが、**地殻**とよばれる地球表面を覆う固形岩の薄い層だ。この層は**火成岩、変成岩、堆積岩**が混合してできたもので、この惑星の全体積のおよそ1%を占める。

　地殻の厚みはさまざまだ。海の下では5kmくらいの厚さしかないこともあるが、**大陸地殻**はそれ自体が地球の陸地を作るもととなっていることもあって厚みがあり、30kmから50kmほどである。この違いは、陸地は海より高い場所にあり、海底は海に沈んでいるという違いを生む要因でもある。地殻を作っているのは地球の表面に存在するプレートの集まりである。プレートはその下層のマントルよりも密度が低く、地球の表面に浮かんでいる状態にある。

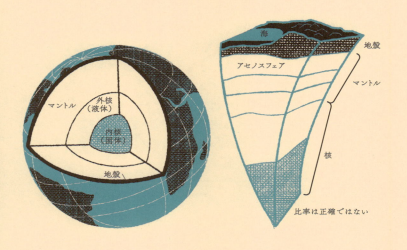

366 マントル MANTLE

地殻の下には、粘性の高い、部分的に溶融した岩石からなる層がある。およそ3000kmの厚みがあり、地球の全体積の80%を占めるこの層のことを、**マントル**とよぶ。大まかに**上部マントル**と**下部マントル**に分けられ、深さ400kmくらいまでが上部マントルである。上部マントルは、さらにその上部と下部とで分かれている。上部マントルの最上部の岩石層と地殻を合わせた部分が**リソスフェア**で、その下には**アセノスフェア**という、部分的に溶けて流動性をもつ層がある。上部マントル全体は**モホロビチッチ不連続面**という境界で地殻とつながっている。

一方下部マントルは深さ660km〜2900kmまでを指す。ここでは、岩石は上からの高い圧力で押されて固形化している。上部マントルと下部マントルの間には両者をつなぐ遷移層とよばれる層がある。マントル内部の温度は地殻直下で数百℃、マントルと一番内側の核（コア）部分が接する場所では4000℃に達するといわれている。

367 核（コア） CORE

地球の中心にあるもっとも高熱の場所が**核**（**コア**）であり、**内核**と**外核**に分かれていて、地球の地磁気を生み出している。外核は液体の金属（ほとんどは溶融した鉄とニッケル）で、深さ2890kmから5150kmを占める。温度は4000℃余りだが、内核との境目では6000℃にも達する。内核は直径2440km、温度は約7000℃と非常に高いが、極めて高圧のためニッケルも鉄も固体として存在している。

368 地磁気 GEOMAGNETISM

地球は自身の**磁場**（「磁気・磁性」を参照）を作り上げており、これを**地磁気**とよぶ。地表における磁場の強さは場所によって異なるが、30〜60μT（マイクロテスラ）といわれている。これは冷蔵庫のドアの磁石が作りだす磁場の1000分の1程度の強さにすぎない。この磁場は、地球の外核にある溶融した金属のなかを流れる電流による**ダイナモ効果**で生み出される（「電磁誘導」を参照）。

地球の磁場は双極性であり、2つの反対の磁性をもつ極（北と南）をもつ。棒磁石などの磁気双極子は磁場に沿った方向を向く性質をもっている。方位磁針は、この性質を使って針が北を指し示すようにしたものである。

369 海岸 COASTS

海岸は陸地と海を隔てる境界域で、実に多様な生息地をもたらす。海崖、砂浜、湾、入江、フィヨルドやラグーンなどの美しい海岸はすべて、波による浸食、堆積、気候変動による水位の変化などにより数百万年かけて作られてきた。海岸は漁業の発達に不可欠であり、また航海を可能にし、文明の発展に大きく寄与した。

370 海洋学 OCEANOGRAPHY

地球上にある海水の総量は**13億km³**と推定されている。大まかに、冬には凍って北極冠を形成する**北極海**、東側をヨーロッパとアフリカ、西側をアメリカに接する**大西洋**、東アフリカとオーストラリアに挟まれた**インド洋**、西側をアジアとオーストラリア、東側を南北アメリカと接する**太平洋**、南極大陸と南極冠を取り巻く**南大洋**という**五大洋**に分かれる。とはいえ、実際にはすべての海はつながっているため、この分類は形式上のことだ。海水は塩辛く、3.5%程度の塩分

を含んでいる。この塩分は岩石から川に溶け出してきた塩や、海底よりさらに下で起こる地質学的プロセスで生成されるナトリウムや塩素に由来する。

地球は文字通り青い惑星であり、表面の**71%**が海に覆われている。地球の青さは空の色を反射しているわけではない。白色光が水中を通る際、赤色がわずかに水に吸収されるため、青色の成分が相対的に多くなり青く見えているのだ。赤色の吸収は極めてわずかであり、水量が多くないと見ることはできない。

371 海嶺 OCEAN RIDGES

ただ単に低い場所が水で満たされたものが海というわけではない。海底を作る地殻は大陸の地殻に比べかなり薄い。大陸地殻が数百万年にわたり地表に存在してきたのに対し、海洋地殻は**海洋底拡大**というプロセスで現在も新しく作り続けられているのだ。新しく拡大を始める部分で、常に新しい海が生まれている。

新たな地殻が形成される部分は**地溝**とよばれ、2つのプレートが出会う断層線にある。プレート同士が離れていくことで地溝が形成され、それにより大陸が分裂し、2つのプレートの間に海底ができる。ここに水がたまれば新しい海のできあがりというわけだ。海に沈んだ地溝の跡は**海嶺**とよばれる。

この過程がまさに現在、東アフリカの**大地溝帯**という地域で進行中である。アフリカプレートが、ヌビアプレートとソマリアプレートという2つのプレートに分裂しつつあるのだ。この2つのプレートが遠ざかるにつれて生じる裂け目はいずれ、ソマリア、ケニア、タンザニア、モザンビークをアフリカ大陸から海で隔てられた島に変えるとみられている。

372 海洋層 OCEAN LAYERS

海洋学者は海洋をいくつかの層に分けている。最上層は**海面**とよばれ、海全体の表面のことを指す。その下200mまでを**表層**とよび、ここには光合成をするのに十分な太陽光が届き、植物が育つ。水深200mから1000mまでを**中深層**とよび、太陽光がわずかしか届かないことから**トワイライトゾーン**ともよばれている。ここには冷たく暗い環境を好むイカ、タコ、コウイカなどの生物が棲んでいる。

そこから水深4000mまでは**漸深層**（ミッドナイトゾーン）とよばれ、真っ暗で水圧は1平方インチ（約6.5c㎡）あたり数トンにも達する。ある種のイカやウナギはこのあたりに棲息している。その下から海底に至るまで**深海層**が広がる。ここはあまりにも暗く、棲息する生物のほとんどが視力をもたない。

さらにその下に、**超深海層**とよばれる領域があり、海溝の深部のみがこれに該当する。海面から10km以上も下にあり、水圧は1平方インチあたり8トンにも達する。この深さに棲息するわずかな生物は、**マリンスノー**とよばれる上層から降り積もる有機物粒子（デトリタス）を餌とするか、熱水噴出孔から噴出される熱や栄養分に頼って生きる。

373 海 SEAS

五大洋の他にも、小さな海がたくさんある。五大洋と同様、ほぼすべての海はつながっている。もっとも大きな海は**アラビア海**で、その面積は390万k㎡にもなるが、もっとも小さい大洋である北極海（1320万k㎡）よりも小さい。ヨルダンにある**死海**のように、特に大きな湖のことを海とよぶことがある一方で、海とつながっているのに「海」とつかない海域もある。たとえば、ビスケー湾やペルシャ湾などだ。

374 潮汐 TIDES

満潮と**干潮**は月と太陽の引力で地球表面にある大量の水が引きつけられることで起こる。重力は、重力場の源に近づくほど大きくなる力なので、地球上で月に一番近い側にある水はより強い引力を感じ、水面が盛り上がって満潮となる。

潮汐の原因となるのは月だけではない。太陽が、その巨大な重量で遙かな距離を打ち消し、月の半分ほどの力で引っ張っているのだ。月と太陽が一直線に並ぶときは**大潮**とよばれ、満潮時の水位が特に高くなる。一方、太陽と月が90度の位置関係にあるときには満潮時と干潮時の水位差がもっとも小さくなる。このときを**小潮**とよぶ。

375 潮津波 TIDAL BORES

波が水流に逆らい、海から河口へ、そして上流へと遡上していくことを**潮津波**という。潮津波は干満の差が激しい沿岸部で発生することが多い。実際は干満の差だけでは不十分で、もっとも重要な要因は川がじょうごのような形になっていることである。内陸へと進んでいくにつれ川が浅く狭くなっていくと、遡上する水のエネルギーが小さい場所に集中していくので、波がより高くなる。その結果、高さ数mにもなる波が怒濤のように上流に押し寄せるのだ。この2つの条件をクリアしても、潮津波は太陽と月が一直線に並ぶ大潮のときなど、満潮の水位が特に高いときにしか起こらない。潮津波が押し寄せるときの低周波の轟音は数km離れた所でも聞こえるという。カナダのファンディ湾、中国の銭塘江が潮津波が見られる場所として有名だ。

376 海流 OCEAN CURRENTS

海の水は地球規模で循環する渦のような流れによって絶えず動いている。**海流**のなかでもっともよく知られているものは**メキシコ湾流**で、メキシコ湾の温暖な水を大西洋の中央あたりまで運ぶ。ここでメキシコ湾流は**北大西洋海流**となり、ヨーロッパの西岸に流れ込む。イギリスとフランスが同じ緯度にある他の国よりも温暖なのは、この海流が運ぶ熱のためだ(「緯度と経度」を参照)。他には、太平洋、インド洋、南大洋に**環流**とよばれる巨大なループを形成して

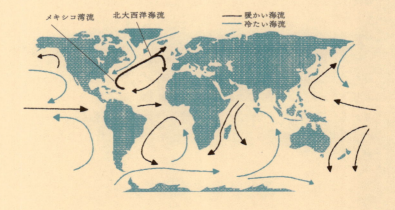

いるものと、南極大陸の周りをぐるりと迂回する海流が有名だ。

これらの海流は海面近く、具体的には表層と中深層上部（「海洋層」を参照）を動いている。海流を作る要因となるのは風、コリオリの力、温度などである。より深いところにも海流は存在するが、こちらは深海水の密度や場所による温度の違いに起因する。

377 海溝 OCEANIC TRENCHES

海溝とは、海底のなかにあってもっとも深くもっとも暗い部分で、沈み込み帯（「収束型境界」を参照）に作られる。そこでは、部分溶融したマントルの対流によって海洋地殻が地球内部へと引きずり込まれようとしている。海溝の底は、周囲の海底からさらに数千m深いところにある。もっとも深い海溝は太平洋、フィリピンの西にある**マリアナ海溝**で、最大深度11kmにも達する。エベレスト山を沈めたとしてもまだその上に2kmも海水が存在する深さだ。

マリアナ海溝のなかでもっとも深い部分は谷になっていて、19世紀にそこを発見したイギリス海軍の測量船の名前にちなみ**チャレンジャー海淵**とよばれている。以来、多くの潜水艦（有人・無人）がチャレンジャー海淵を探索している。

378 熱水噴出孔 HYDROTHERMAL VENTS

海嶺（2つのプレートが新たな海底を形成しながら離れていっている場所）の近くの海底にヒビが生じ、超高温の硫黄やミネラルに富む海水を吹き出す**熱水噴出孔**ができることがある。海水はその下に存在する岩が放出する地熱エネルギーによって暖められる。熱水噴出孔は黒色の煙のように粒子を吹き上げるため、**ブラックスモーカー**ともよばれる。

熱水噴出孔は海面から数千m下の海底において生物活動の中心となっている。太陽光の届かない深度に棲息する生物が必要とするエネルギーや栄養分を、熱水噴出孔が供給しているのだ。熱水噴出孔周辺の温度は400℃にも達する。耐熱性を発達させ、この環境に適応して生きる生物たちは**極限環境生物**とよばれている。

Tectonics

テクトニクス

379 マグマ MAGMA

マグマとは、地球内部においてマントルと地殻に存在する溶けた岩のことである。地殻と上部マントルのほとんどは固形あるいは部分溶融した状態だが、**ホットスポット**とよばれる部分で暖められると融解して液体のマグマとなる。

温度は組成により異なるがおおよそ750℃〜1400℃程度である。マグマの多くは、ケイ素、酸素、鉄、ナトリウム、カリウムなどの混合物だ。冷えるとこれらの元素が結合してさまざまな種類の火成岩を作りだす。マグマはプレートの境目の断層線からじわじわとしみ出てくる。特に、発散型境界とよばれるところでは、冷えて固まることで新しい海底地殻を作っている。マグマの圧力は火山の噴火をもたらし、**溶岩**となって火山から流れ出てくるか、**テフラ**という火砕物となって爆発的に噴出する。

380 ホットスポット HOTSPOTS

ホットスポットは地球の表面にある火山が集中していたり、地震や他のプレート活動が多く認められる場所のことである。マントル内の対流（「伝導と対流」を参照）がホットスポットを作りだす。火にかけた鍋のなかの水が沸騰するときに見られる対流のように、マントルの対流で暖められた岩が地表まで持ち上げられ、冷たい岩は下

に沈んでいく。2つの上向きの対流が歯車のようにかみ合うと、熱が地球表面のある一点に集中し、ホットスポットを作る。地球の深部から上昇してくる熱い物質を**マントルプルーム**という。ハワイ、イエローストーン国立公園、アイスランドなどに存在するホットスポットが有名である。

381 プレート TECTONIC PLATES

地球の**リソスフェア**（地殻とマントル上端を合わせた部分）はプレートという塊に分けられる。プレート同士は、その下に存在する溶融した岩の層が混ざり合う動きにつられて押し合いへし合いしている。プレート同士の境界のことを**断層線**といい、プレートの動きによって3種類に分けられる。**発散型、収束型、横ずれ型境界**だ。

プレート同士が断層線のところでこすれ合うと、地震や津波、沈み込み、海洋底拡大、大陸移動などの地質学的プロセスが起こる。火山も断層線に沿って存在する。アフリカ、南極、ユーラシア、インド・オーストラリア、北アメリカ、太平洋、南アメリカという**7つ**の主要なプレートと、無数の小さなプレートが存在する。

382 発散型境界 DIVERGENT FAULTS

隣り合うプレートが互いから離れていくように動く場合、その境目は**発散型境界**とよばれる。マグマが対流によって表面にせり上がってきたときに、なかに存在する物質の粘性により地殻を左右に引っ張るのである。この動きにより大陸が引き裂かれ、**地溝**が形成されることがある。一方、海底地殻の発散型境界は海嶺の形成と関わっていて、上昇してきたマグマが互いに離れていこうとするプ

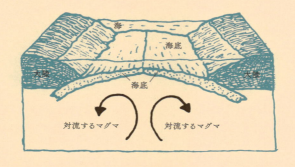

レートの間のギャップを埋めることで、新しい海底を作る。これが、**海洋底拡大**というプロセスだ。時折、海嶺から吹き上がるマグマが海面よりも上に達し、新しい火山島が生み出されることもある。アイスランド沖にあるスルツェイ島などはこのようにして作られた。

383 収束型境界 CONVERGENT FAULTS

収束型境界は発散型境界とは逆で、2つのプレートがぶつかり合うところで形成される。そこでは**沈み込み**という、片方のプレートがもう片方のプレートの下に滑り込んでいく現象が起こる。沈み込んだプレートはすぐに溶融し、非常に高密度のマグマやガスを作りだす。これらが上に重なっているプレートを突き破って爆発すると、一連の火山ができあがる。両方のプレートが海底地殻の場合プレートは急激に沈み込み、海底に深い**海溝**を刻む。同時に、海面を飛び出していく火山が形成され、断層線の後方に弓なりの火山列島を形成する。マリアナ海溝という世界でもっとも深い海溝は、マリアナ諸島に隣接している。

片側の地殻が大陸地殻である場合、大陸地殻のほうが密度が低いため上にくる。このとき、プレート同士がぶつかる力によって大陸プレートの先端が波打ち、**山脈**を作ることがある。山脈の随所には、沈み込んだプレートが溶けることで形成された火山が存在する。これがカリフォルニア湾で起こっていることである。ファンデフカ海洋プレートが北アメリカプレートの下に沈み込んでいるのだ。

384 横ずれ型境界 TRANSFORM FAULTS

横ずれ型境界(トランスフォーム断層)とは、2つのプレートが発散するわけでも収束するわけでもなく、互いに横ずれする状態のものをいう。収束型境界や発散型境界は地殻の破壊や新生を伴うが、横ずれ型境界ではどちらも起こらない。しかし、別の意味で破壊的である。プレートが互いにずれる動きは滑らかではないため、時間とともにその境界にストレスが蓄積していく。貯まった力がある閾値を超えるとプレートは突然断続的に動きだし、動いたり止まったりを繰り返して激しい**地震**を引き起こす。世界でもっとも有名な横ずれ型境界は**サンアンドレアス断層**だろうか。1906年のサンフランシスコの壊滅的な地震は、この断層により引き起こされた。

385 火山 VOLCANOES

収束型境界、発散型境界、ホットスポットはどれも、地殻の破れ目から熱いマグマやガスを噴出し、壊滅的な結果をもたらすこともある**火山**の形成につながる。火山にもさまざまなタイプがある。**成層火山**はいわゆるふつうの、頂上をもつ山の形をしている。**楯状火山**はなだらかで傾斜もゆるい。**爆裂火口**では地面に穴しか残らないこともある。すべての火山は中心に**カルデラ**という火口をもち、ここから溶岩（圧力のかかったマグマが地殻から押し出されたもので、外に出ると溶岩とよばれる）が出てくる。

ホットスポットにより形成される火山はしばしば地表に鎖のように点在するが、これはプレートの動きに伴い新たな地殻がホットスポットの上を通るからである。ホットスポットが上を通る地殻に時折穴を開けては新しい火山を作っているわけだ。80個以上の火山、島、海山が連なるハワイの天皇海山群はこのようにしてできた。

386 大陸移動 CONTINENTAL DRIFT

南アメリカとアフリカの海岸線を見比べてみよう。くっつけるとぴたりとはまりそうだなと思うのはなにも天才だけではないはずだ。そして実際、この2つの大陸はかつて1つだった。プレートの動きが大陸の配置を変化させ続けているのである。ただし、この動きは非常にゆっくりとしていて、1年におよそ10cmというスピードだ。これはヒトの爪が伸びるのと同じくらいの速さでしかない。

しかし、このプロセスは連綿と続いてきた。過去には大陸を引きちぎった実績があるし、将来的にはその同じ力で大陸同士を衝突させるだろう。

大陸移動説は16世紀頃に最初に唱えられた。しかし、**プレートテクトニクス**という理論が1960年代に受け入れられるまで、科学者は大陸移動説を真面目に取り合わなかった。しかし、今やこれは仮説ではなく実証された事実である。大西洋を挟んだ2つの大陸で同じ種の化石が見つかったことで、これらの大陸がかつては1つだったということが確実視されるようになったのだ。

387 超大陸 SUPERCONTINENTS

2つ以上の大陸プレートが出会うと、**超大陸**が形成される。ヨーロッパとアジアを1つの大陸とみなす分類法では、ユーラシアは超大陸である。このような広大な陸地の塊が、大陸移動の結果として地球上に何度か出現してきた。33億年前には地球上のすべての大陸地殻は**バールバラ大陸**という超大陸を形成していたと考えられている。その正確な位置は分かっていないが、アフリカとオーストラリアのこの時代の岩石層の層序学には類似点が見られる。

プレートの配置がかなり明らかになっている最古の超大陸は**ロディニア大陸**とよばれており、約10億年前（原生代の頃）に存在していたと考えられている。以来、さまざまな大陸が現れては消えていった。2億2500万年前のペルム紀には、**パンゲア**とよばれる1つの陸地が形成されていた。2億年ほど前の三畳紀に、パンゲアは**ローラシア大陸**（現在の北アメリカ、ヨーロッパ、アジアからなる）と**ゴンドワナ大陸**（現在の南アメリカ、アフリカ、オーストラリア、南極大陸からなる）へと分かれた。そして、今から2億5000万年後にはまた衝突して**パンゲア・ウルティマ**という1つの大陸になると考えられている。

自然災害
Natural Disasters

388 火山噴火 VOLCANIC ERUPTIONS

マグマの上昇する力が閾値を超えると、火山は上層を吹き飛ばし、溶岩、ガス、岩、灰などを噴出して広範囲にまき散らす。

溶けた溶岩は、**カルデラ**や、マグマが火口の脇から噴き出したときに形成される**側火口**から流れ出てくる。

火山弾とよばれる溶岩の塊が広範囲に飛行することもあり、飛行中に固化して岩石として地面に落下してくる。その直径は数mにもなる。また、**火山灰雲**や煙が大気中に放出され、火口近くで太陽光を遮る。地球規模での暗化を引き起こすこともある。

火山噴火のなかでもっとも被害が大きく危険なものは**火砕流**とよばれる、ガスと部分溶融した岩石（1100℃にも達する）が火口からブリザードのように流れ下っていくものだ。火砕流は時速750kmもの速

さで山の麓へと突進する。その被害は半径200kmもの範囲に及ぶこともある。

389 地震 EARTHQUAKES

プレート同士が断層線に沿ってこすれ合ったときに引き起こされる壊滅的な結末が**地震**である。プレート同士の境界は滑らかではなくでこぼこしているため、それが摩擦を生み出し、プレート同士がスムーズに動くことを妨げる。摩擦力と岩の弾性（「フックの法則」を参照）が組み合わさると**ひずみエネルギー**が蓄積する。そのエネルギーが摩擦力を上回ったとき、プレートは突如として滑り、がたがたした揺れが波のように地殻を伝わって、建物を倒したり地滑りを起こしたりする。震源（地震の揺れが始まる点）が海のなかの場合、**津**

波が起こることもある。

　地震には、発生原因となる断層に応じて3つの種類がある。2つのプレートが互いに遠ざかるように滑る発散型境界は、ふつうの地震を起こす。一方のプレートが他方のプレートの下に潜り込もうとする収束型境界では**スラスト型地震**が起こり、プレート同士が横ずれを起こしているトランスフォーム断層では**ストライクスリップ型の地震**が起こる。地震の規模は、かつてはリヒタースケールという尺度で測られていたが、今では**モーメントマグニチュード**という尺度が使われている。マグニチュードが7以上になる地震では深刻な被害が予想される。

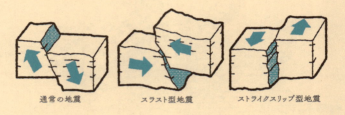

通常の地震　　　スラスト型地震　　　ストライクスリップ型地震

390 地滑り LANDSLIDES

　急な勾配のある地面に存在する固定されていない物体は、ちょっとしたきっかけで簡単に下まで滑り落ちてしまう。その結果が**地滑り**であり、地震、水流、あるいは採石や採鉱などの人的要因により引き起こされる。その影響は若干の不便さをもたらすだけ（たとえば、岩が道路をふさいでしまうとか）のこともあれば、岩屑が人間の居住区域を押し流したりそこへ落下したりして、人命を脅かすこともある。雪で覆われた山は**雪崩**を起こしやすく、登山者やスキーヤーにとって脅威である。**土石流**は大雨、雪解け、火山活動などによって引き起こされる。

　地滑りが海まで達すると津波が発生しうる。スペインのラ・パルマ島は、いずれ島の西側の部分が海に滑り落ちて高さ600mにもなる津波を引き起こし、アメリカ東部を危機に陥れるだろうといわれている。

391 湖水爆発 LIMNIC ERUPTION

1986年に西アフリカ・カメルーンの**ニオス湖**は何の前触れもなく突如として8000万㎥ともいわれる二酸化炭素(CO_2)を噴出した。二酸化炭素は空気よりも重いため、噴き出た気体は湖から25km以内の低地に滞留し、酸素をすべて奪い去った。その結果、1700人以上の人々と、記録には残っていないが多くの野生動物および家畜が窒息死した。これは**湖水爆発**という稀だが恐ろしい自然災害の結果である。

爆発的な気体の噴出は、湖水に溶解していたCO_2が急激に放出されたことによるものだ。CO_2はさまざまなプロセスで水に溶け込む。たとえば、植物が分解されるときや、火口から湖底へとガスが放出されるときなどだ。

先ほどのニオス湖は、死火山の火口にある（火口湖）。瓶入りのコーラのように、湖底近くの高圧がかかった水はCO_2を液体中にとどめておくことができる。しかし、水が何らかの要因（たとえば地滑り、地震、火山によって暖められるなど）によってかき混ぜられると、ガスが一気に放出されてしまう。

現在、ニオス湖の底からCO_2を継続的に吸い出すことで、湖水爆発に至るようなガスの蓄積を防ぐ試みがなされている。

392 洪水 FLOODS

大量の雨で川岸を飲み込むほどに増水した川や、堤防を越える高潮、雪解け水はすべて**洪水**の原因となる。21世紀の技術で洪水の発生を監視し、防御策をとれるようになってきたにも関わらず、洪水は未だに低地の生命に危機をもたらす。

家や資産、道路や橋などのインフラが破壊され、溺死や上水の汚染により病気が蔓延し、多くの人が命を落としている。気候変動による世界規模の海面上昇や、サイクロンや高潮などの極端な気象学的事象が起きやすくなっている近年、洪水の危険性はますます増加する傾向にある。

393 津波 TSUNAMIS

海底で起こる地震や、天体衝突による彗星や隕石の海への落

下など、海で起こる大規模な事象は海水を大きく揺り動かし、それが**津波**となって陸地へ向けて押し寄せることがある。

津波は沿岸部を一掃するほどのパワーをもち、英語でもTsunamiとよばれ恐れられている。津波は膨大なエネルギーを蓄えているが、海洋のなかでも水深が深いところでは波の高さはそれほどでもない。大西洋の真ん中で小型のボートに乗っているときに津波が通り過ぎていったとしても、ほとんど何も感じないかもしれない。

しかし、波が大陸棚を通過し、そのエネルギーが浅い海水面に集中したとたん、波は数十mにも達する巨大な水の壁に姿を変える。

2004年のクリスマス翌日、スマトラ島沖の沈み込み帯で起こった**スラスト型地震**により発生した津波がインド洋を横断した。その高さは30mにも及び、内陸まで到達して11カ国に壊滅的な被害をもたらし、23万人の命を奪った。

394 竜巻 TORNADOES

竜巻とは、地面から積乱雲に向けて立ち上がる高速で回転する空気の柱であり、大型のものの風速は138m（時速500km）にも達する。この猛烈な旋風は大地から家を引きはがし、車やトラックを巻き上げながら突き進み、数kmにわたり猛烈な破壊の爪痕を残す。竜巻が起きるのは、上空の空気の動きが地表付近の空気よりも速いときである。まずは横倒しになった空気の柱が地面に平行に転がりながら前進し始める。この空気の柱が暖かい上昇気流にぶつかると、上昇気流が空気の柱を上向きに吹き上げて立ち上がらせ、竜巻のできあがりとなる。

アメリカには中西部からテキサス州にかけて、**竜巻街道**という有名な地域がある。このあたりは温暖で湿った空気と乾いた空気が出会うところで、竜巻発生に最適な条件となっているのだ。この地域では、事前に警報を発令できるように、レーダーを使って危険な竜巻の進路を追跡している。

395 グレート・ストーム GREAT STORMS

1987年10月15日、猛烈な嵐がヨーロッパ北部を襲った。風速

61m（時速220km）の風がイギリスとフランスに吹き荒れて木を根こそぎ引っこ抜き、建物を壊し、22人の命を奪った。この嵐はハリケーン（大西洋で起こるサイクロン）とは認定されなかったが、風速や気圧など、ハリケーンと認定されるための基準をいくつか満たしていた。

　このような大型の嵐の発生はヨーロッパに限った話ではない。1962年には強風と雨雪がアメリカの東海岸を襲い、40人の命が犠牲になるとともに、100億円を超える被害をもたらした。しかし、不幸中の幸いというべきか、このような嵐はそれほど頻繁に起こるものではない。これは、**極めて強い寒冷前線と温暖前線の衝突**や複数の**小規模の嵐**が**合体**することなど、稀にしか起こらない事象がその原因となっているからだ。

396 サイクロン　CYCLONES

　サイクロンは熱帯地域（「緯度と経度」を参照）で発生する巨大な嵐である。暖かい海が上昇気流（「伝導と対流」を参照）を促進し、それが**コリオリの力**によって回転を始め、気圧の低い部分を中心として高速で回転する強力な渦巻きを形成する。太平洋で発生するサイクロンは**台風**とよばれ、大西洋で発生するものは**ハリケーン**とよばれる。

　発生したサイクロンは陸にぶつかるまでおおむね西方向に進む。サイクロンが陸地にぶつかると、陸との摩擦やエネルギー源である海からの熱が得られなくなるために弱体化する。極めて大型のサイクロンは風速69m（時速250km）以上の風が継続して吹き続け、海には5mを超える波が生じる。もっとも激しい風は**アイウォール**（目の壁）とよばれる、中心部にあってもっとも気圧の低い「目」を取り巻く雲のところで生じる。目は直径8kmから200km以上に達することもあり、その内部の天候は比較的穏やかである。

397 山火事　WILD FIRES

　家や野生動物の棲息域を脅かしながら数ヘクタールにもわたって燃えさかる森、という光景が近年テレビのニュースでもよく取り上げられている。2007年の山火事はギリシャ・アテネ近郊の森林を飲み込み、65人の命を奪った。2008年は南オーストラリアの番だった。2009年のカリフォルニアの山火事では1300km²にも及ぶ森林区

域が焼失した。

多くの専門家は、**地球温暖化**が山火事増加の原因だと考えている。気候変動により植物がカラカラに乾燥しきっているというのだ。

現在は科学技術の力で火災を制御・管理しようとする試みがなされている。アメリカではモニタリングステーションが各地に設置され、気温、湿度、天気を定期的に記録して山火事が発生しそうな場所を予測している。

しかし、山火事を抑えようとする人類の努力が裏目に出て、制御可能な小規模火災で済んでいたはずのものが近年見られるような大規模火災に至るようになったと指摘する者もいる。

398 熱波 HEAT WAVES

世界が温暖化するなか、**熱波**（ある地域の気温が長期間にわたり異常に高くなる現象）がより頻繁に起こるようになってきている。熱波は通常、高気圧に覆われて雲ができず、より多くの太陽光が地表に到達し、降雨量が低下することで起こる。特に大都会や都市部では、建造物が自然環境に比べ多くの熱を蓄えやすいので、厳しい熱波に見舞われやすい。

熱波は干ばつとも密接に結びついており、発展途上国に壊滅的な打撃を与える。ただし、先進国においても高温は想像以上に深刻な問題だ。2002年にはジョンズ・ホプキンス大学ブルームバーグ公衆衛生大学院が、アメリカでも年間400人程度が熱波により死亡していると報告した。

399 天体衝突 COSMIC IMPACTS

小惑星や彗星が地球に衝突するというのは極めて破滅的な出来事である。その破壊力は、都市、大陸、そして惑星そのものを吹き飛ばしうる。1908年に宇宙から飛来した氷、あるいは岩の塊がロシアのツングースカ地域に衝突し、15メガトンの核爆弾（広島に落とされた原爆の1000倍の破壊力）と同じだけのエネルギーで爆発した。その影響でツングースカの森林2000㎡余りが失われた。

ツングースカ大爆発を引き起こした物体は直径50m程度と比較的小型のものだったと考えられている。宇宙にはずっと大きな、直径1kmを超えるような彗星や小惑星が存在する。直径1kmの岩や

氷の塊が衝突したら、地球上の生命は消滅し、地上は火に包まれ、津波が起き、灰や塵が大気中に厚い雲となって立ちこめ、太陽光を数年にわたり遮断して地球全体が厳しい冬の時代に突入するだろう。

かつて地球上で起きた大量絶滅のうち少なくとも1回は天体衝突が原因であると考えられている。6500万年前、恐竜が地球から消えたときのことだ。現在、天文学者が空をくまなくチェックしてこのような危険な物体が存在しないか目を光らせている。また、実際に危険な物体が見つかった場合にどのような対策をとるべきかを考えている科学者たちもいる（「小惑星」を参照）。

400 殺人光線 DEATH RAYS

天文学者は、宇宙で起きる大きなイベントにより発生する放射線が、地球で大規模な自然災害や生物の死滅をもたらす可能性を指摘している。**超新星爆発**や**極超新星爆発**とは、巨大な星が死を迎えるときに起きる大規模な爆発である。この爆発が地球から100光年以内の距離で起きた場合、すでに痛めつけられているオゾン層がひどく傷つけられ、より危険なレベルの有害な紫外線が太陽から容赦なく降り注ぐようになり、生物を危険にさらすだろう。この仮説の論拠となっているのが、日本の理化学研究所の研究者らが2009年に発表した研究結果だ。彼らは南極の氷床コアを分析し、放射線で誘導される化学変化の痕跡が、天文学的記録から推定される超新星爆発の時期と一致していることを明らかにしたのである。4億4000万年前の古生代オルドビス紀の最後に起こったとされる絶滅の様子とこの仮説が一致することから、このようなイベントは大量絶滅を引き起こすと主張する科学者もいる。

401 大量絶滅 MASS EXTINCTIONS

大量絶滅は自然災害の最終形態であり、地球の生命の大部分が短期間に消滅することを指す。先史時代の化石を研究する科学者は、過去に5回、化石化する生物種の数が激減する大きな事象があったことを明らかにした。**ビッグファイブ**とよばれるこの大量絶滅は、絶滅率と時間との関係を表すグラフで明らかなピークとして現れる。大量絶滅のピークは、**オルドビス紀末**、**デボン紀後期**、

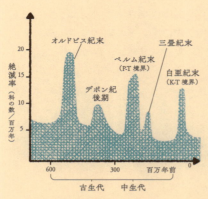

ペルム紀末（P-T境界、古生代）、三畳紀末（中生代）、そして恐竜を葬り去った白亜紀末（K-T境界）に認められる。このうち最大の絶滅はペルム紀末に起きた大量絶滅であり、海洋生物の90%、陸生の脊椎動物の70%が死滅した。大量絶滅は天体衝突や殺人光線などの宇宙規模のイベントや、気候変動や超巨大火山（スーパーボルケーノ）などの地球規模のイベントにより引き起こされると考えられている。

Earth's Atmosphere

地球大気

402 大気の組成 ATMOSPHERIC COMPOSITION

地球の大気は**窒素、酸素、アルゴン、二酸化炭素**の混合気体で、その比率は窒素78%、酸素21%、アルゴン0.93%、二酸化炭素0.038%である。海面上での大気の**圧力は1バール**（通常1バール=1000hPa（ヘクトパスカル、「温度と圧力」を参照）だ。気象によって大気圧は大きく変化し、たとえばサイクロンの目では870hPaまで低下することがある。また天候が穏やかであっても高度に応じて気圧は下がり、地表からおよそ5.6kmごとに半分になる。大気の99.99%は地表から**100km圏内**に存在し、ここを宇宙と地球との境目とする。

大気の組成によって空の色は決まる。空が青みがかっているのは、太陽からの電磁波が空を通過する際、電磁スペクトル中の青い光が空気に含まれる化学物質によって散乱されるためだ。

403 大気の層 ATMOSPHERIC STRUCTURE

科学者は地球の大気を5層に分ける。下層が**対流圏**で、だいたい7kmから28kmの間のことをいい、惑星表面の熱によって暖められる大気の層と定義されている。よって、高度が上昇するにつれ大

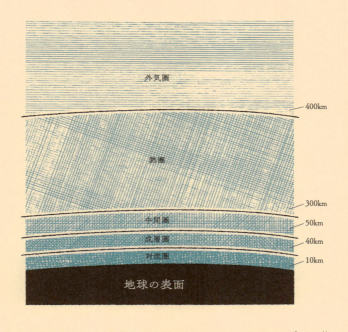

気の温度も下がる。対流圏の上端には、**対流圏界面**とよばれる薄い境界の層が存在する。その上の大気は**成層圏**とよばれ、対流圏界面から50kmの高さまで広がっている。ここでは対流（「伝導と対流」を参照）によって大気の温度ごとに層が形成され、高度が上がるとともに温度が上昇する。成層圏には**オゾン層**が存在し、太陽からの有害な紫外線が地上に降り注がないよう地球を覆っている。成層圏の上にあるのは**中間圏**だ。ここではまたしても、高度が上がるごとに気温が低下していく。およそ85kmの高さまでがこの層で、すべての層のなかでもっとも気温が低く、-100℃にもなる。中間圏よりも上、80kmから400km付近までは**熱圏**とよばれる。ここでの主な熱源は太陽であり、気温は1000℃を超えることもある。熱圏よりも外側、地球の大気の最後の層は**外気圏**で、希薄な気体が存在している。

404 ハドレー循環　HADLEY CELL

ハドレー循環とは、地球の大気を循環させる巨大な対流（「伝導と対流」を参照）である。赤道上の暖かい空気は高度10km以上にまで

上昇し、極方向へと緯度30度ほど移動するとそこで冷やされて海面まで降下し、また赤道方向へと移動していく。

　ハドレー循環に乗る空気は、高高度に上昇したところで気温の低下により結露するため、水分をあまり含んでいない。そのため海面に戻ってくるときには乾いた空気となっていて、これが熱帯付近の**砂漠化の一因**だといわれている。同様に、冷たい空気は地球の極付近で降下し、緯度60度あたりまで移動し、暖められてまた上昇する。こちらは**極循環**として知られる。ハドレー循環で降下してきた空気と極循環で上昇する空気はその間で第3の対流を作る。緯度30度から60度付近に広がるこの循環を**フェレル循環**という。

405 ジェット気流　JET STREAMS

　ジェット気流は対流圏上部（「大気の層」を参照）で地球の周りを高速で東向きに移動する空気の帯のことである。**寒帯ジェット気流**と**亜熱帯ジェット気流**という2つの主なジェット気流があり、回転力学に由来する**角運動量保存の法則**に従って形成される。地球の自転に伴い、地表付近の大気は巨大な円を描きながら動いているが、ハドレー循環によって極方向に移動するとその回転半径が小さくなっていく。アイススケート選手のスピンの回転が腕を縮めると速くなるように、極方向に移動した空気は回転半径が小さくなることで風速が増大し、ジェット気流が生まれる。ジェット気流が東向きに吹くのはコリオリの力のためだ。東方向に飛ぶ飛行機はジェット気流に乗ることで燃料を節約でき、飛行時間も短縮できる。

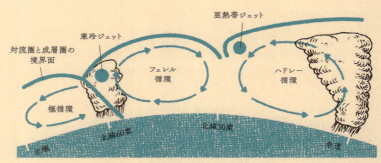

406 貿易風 TRADE WINDS

貿易風とはハドレー循環という巨大な大気の対流により地表で生じる気流だ。ハドレー循環により大気は地表付近を赤道方向に移動するが、コリオリの力によりこの真っ直ぐな空気の流れが歪められ、北半球では北東方向から赤道へと吹き込む気流、南半球では南東方向から赤道へと吹き込む気流が生じる。この気流が貿易風だ。これらの気流が出会う赤道付近の一帯は**赤道無風帯**とよばれる風の弱い地帯になっていて、ここからハドレー循環により大気がすくい上げられて上空に運ばれていく。

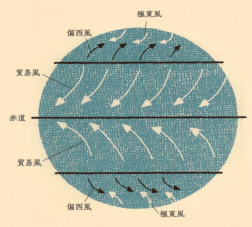

緯度30度から60度のフェレル循環(「ハドレー循環」を参照)のもと同様のメカニズムで風が生じ、北半球では南西から、南半球では北西から吹くこの風を**偏西風**とよぶ。極循環(「ハドレー循環」を参照)も反対方向に向かって同様の風を作りだし、これは**極東風**として知られる。

407 オゾン層 OZONE LAYER

地球の成層圏には**オゾン層**とよばれる、高濃度のオゾンが含まれる薄い膜がある。オゾンとは3つの酸素原子が結合してできた分子であり、太陽から降り注ぐ有害な**紫外線**をほとんど吸収することで地球を生物が生存可能な環境にするという重要な役割をもっている。オゾン層がなければ、皮膚がんや白内障の発生率は今よりもずっと高かったはずだ。

地球のオゾン層は、スプレー用の高圧ガスや冷蔵庫の冷媒として広く使われていた**クロロフルオロカーボン**(CFC)とよばれる気体に

よる大気汚染で破壊されてきた。CFCに紫外線があたると窒素酸化物のフリーラジカルが生成され、これがオゾンを分解してしまうのだ。南極大陸上空のオゾン層が薄くなり、**オゾンホール**という穴が開くという深刻な事態を招いている。今日CFCの使用は世界中で禁止されており、オゾン層破壊の速度は緩やかになっているが、このような汚染物質が大気中から完全に除去されるには100年程度かかると見積もられている。

408 電離層 IONOSPHERE

中間圏の上部と熱圏の下部(「大気の層」を参照)は**電離層**とよばれ、ここでは原子や分子が太陽からの放射線を受けてイオンの形で存在している。**オーロラ**が発生するのも電離層で、太陽から飛来する高エネルギー粒子が大気中の気体原子や分子と衝突することで美しい光のショーが生まれる。また、電離層はグローバルコミュニケーションにも有用だ。電離層にある気体はイオン化していて電気を伝導するので金属のような性質をもち、電磁波を反射することができる。つまり、地上から届くラジオ波をはね返し、地上の遠い位置へと送ることができるのだ。地上に到達したラジオ波はまた反射して電離層へと進む。このようにして電離層と地上との間で中継を繰り返すことで、地球の反対側にもラジオ波を送ることができる。

409 ヴァン・アレン帯 VAN ALLEN BELTS

ヴァン・アレン帯とは、太陽からの高エネルギー粒子が地球の磁場に捕らえられてできる2つのドーナツ型の帯(「地磁気」を参照)である。2つの帯は入れ子のような二重構造になっており、外帯は赤道上空1万5000kmから2万5000kmにあって主に電子からなり、内帯は1000kmから5000km上空に位置して主に高エネルギーの陽子でできている。その存在を最初に予測したのはアメリカの宇宙物理学者**ジェームズ・ヴァン・アレン**で、彼自身がNASAのエクスプローラー1号から送信されたデータを正確に解析し、1958年に発見した。

この領域を通過する人工衛星には、高性能の電子機器を放射線によるダメージから守るための遮蔽機構が必要になる。

410 地球磁気圏 MAGNETOSPHERE

　地球の磁場は地表には特に影響を与えないが、大気を突き抜けて宇宙空間まで伸び、**地球磁気圏**とよばれる巨大なボール状の場を形成している。その形は、地表付近ではほぼ球状だが、およそ6万km上空になると太陽風と太陽磁場に大きく影響されて形を変える。遙か上空での地球磁気圏は、地球の後ろ側に大きく尾を引くように惑星間に向けて引き延ばされ、その長さは125万kmにも及ぶ。地球磁気圏は、宇宙から飛来する電荷を帯びた放射線を遮断する働きをもち、生命の誕生に必須なものだと考えられている。

Meteorology

411 風 WIND

　風は、気象を研究する気象学者たちにより、「大量の空気が地球の表面を動くこと」と定義されている。風の動きにはジェット気流や貿易風などのいくつかのパターンがあるが、われわれが日々感じている風はあまり予測できるものではない。風は**気圧の差**によって生じ、気圧が高いところから低いところへと吹く。この気圧の差自体は**熱**の効果で生じる。上昇気流によって暖かい陸地の気圧が冷たい海の気圧よりも低下し、また下降気流によって高気圧の領域が生じる。地球の風の動きは太陽からの熱によって生まれるので、風力発電は太陽光を二次的に利用しているということもできる。風速はビューフォート風速階級に基づいて計測され、そのスピードはノット（1ノット＝時速1.9km）で表される。

412 前線 WEATHER FRONTS

　寒冷前線や**温暖前線**を表す青い三角や赤い半円がついた線はテレビの天気予報でお馴染みだろう。寒冷前線は文字通り、大きな冷たい空気の塊（気団）の端を表している。この冷たい気団が移動するとき、暖かく湿った空気が冷たい空気の塊の上に乗っかるように立ち上がるため、上空に上がった空気が含む湿気が凝結することで雲が作られ、雨が降る。ときには激しい雷雨になることもあ

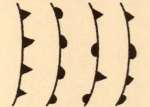

寒冷前線　温暖前線　停滞前線　閉塞前線

記号の向きが、前線が進む方向を示す

る。寒冷前線が通り過ぎた後には、高気圧の領域がついてくる。

　同様に、温暖前線は比較的高温・高湿の気団の端を示す。こちらは通常弱い雨を降らすだけで、寒冷前線が通過するときほどの強い雨にはならない。寒冷前線の前を温暖前線が通ることがあり、これを**閉塞前線**という。同じ強さの温暖前線と寒冷前線がぶつかってどちらも譲らないときは、**停滞前線**となる。

413 雲 CLOUDS

　小さい水滴の集まりが空でもくもくと立ち上がると**雲**になる。雲は、雨、雹、雪などの大気現象を生み出す中心的な存在だ。雲のな

かの水分は通過する太陽光を拡散・散乱させる。小さく薄い雲ではこの効果がわずかなためにふわふわした白い雲に見えるが、密度が濃く、水分を多く含んだ厚い雲はより多くの光を吸収するため灰色や黒にさえ見えることがある。

雲は4つのファミリーに分けられる。ファミリーAは**高層の雲**で、緯度（「緯度と経度」を参照）にもよるが地表からの距離（AGL）が3～18kmのところに形成される。「すじ雲」や「巻層雲」などはこのファミリーだ。その下、AGL 2～8kmに形成される**中層雲**はファミリーBで、シート状の「高層雲」やふわふわした「高積雲」などがこれに含まれる。そして、2kmまでの低層で見られる**下層雲**がファミリーCで、モコモコとした「積雲」などが含まれる。ファミリーDには**垂直に立ち上がる雲**が含まれる。さまざまな高度で発生し、強い雨を降らせる「積乱雲」などだ。雲を研究する学問を**雲学**という。

414 雨 RAINFALL

積乱雲や乱層雲の温度が十分に低下すると、雲のなかの水滴が凝集して液体の水となり、これが雨となって地表に降り注ぐ。気象学者はこの現象のことを**降雨**という。雨は、海の水が蒸発して雲を作り、雨として地表に降り注ぐという水循環サイクルの頂点を担う現象だ。

雨は**低気圧**を伴うことが多い。低気圧は暖かい空気の対流により惑星表面から空気が引っ張られるところで発生し、この対流する空気が湿った空気を低温の高高度のところまで運ぶ。そこで含まれていた水分が凝集して雨となるのだ。高気圧に長期間覆われる地域では、降雨量が減少し干ばつになることがある。

415 雪・雹 SNOW AND HAIL

気温が著しく下がると雲のなかの水分は水ではなく氷となり、**雹**(ひょう)や雪として地表に降り注ぐ。この現象は、低気圧領域で上昇する空気が、水蒸気や水滴が凍るほど低温になる高さまで運ばれるときに起こる。冷たい冬には凍るために必要な気温になる高度が下がることから、このプロセスが起こりやすくなる。上昇する空気では支えられない大きさにまで氷粒子が成長すると、その重みで地表へと落下する。

雹と雪のでき方は若干異なる。雪は雲のなかの水蒸気や微細な水滴が直接氷へと結晶化するときに生成され、例の美しい雪の結晶を作る。一方、凝集して大きな水滴が作られ、その後それが凍ると雹となる。雹はときに直径15cm、重さ1kgを超えることがある恐ろしいものである。

416 霧 FOG

霧は地表近くで形成される雲のような水滴の塊である。空気が**露点温度**、すなわち水蒸気が凝結し始める温度よりも冷やされることでできる。露点温度は湿度により変化し、特に湿った空気は乾燥した空気に比べ高い温度で霧となる。

霧は、水滴の粒が空気中に含まれる塵や土などの微粒子(「凝結核」)の表面に集まることで形成される。世界には気候や地理的条件により特に霧が発生しやすい地域がある。**サンフランシスコ湾**はその1つで、太平洋から流れ込んでくる冷たい空気が湾内の空気を露点温度以下まで冷やすために、厚い霧の層がうねりたゆたう幻想的な光景が広がる。

417 稲妻 LIGHTNING

稲妻とは雷雲から地表へ、あるいは反対の電荷をもつ周りの雲へと突然放電される現象である。落雷というのは激烈な現象で、大気は気温3万℃にも達することがあり、流れる電流は数万アンペアにもなる。稲妻は、雲の下側が負に帯電し、地面を正に帯電させることで引き起こされる。

稲妻発生時にはまず**リーダー**とよばれるイオン化した(導電性の)空気の道筋が、雷雲から地球表面まで曲がりくねりながら伸びていく。それに呼応して地表の高い場所から小さなリーダー(ストリーマ)が伸びる。

雲からのリーダーと地表からのリーダーが出会うと電荷が急激に地表から雲へとなだれ込んでいき(**帰還雷撃**)、輝く稲妻と巨大な音が轟く雷鳴が起こる。

418 エルニーニョ EL NIÑO

数年に1度、暖かい太平洋の水が大量にアメリカ西海岸に押し

寄せる。この水から立ち上る空気の熱対流により引き起こされる低気圧によって降雨量が増加する現象を**エルニーニョ**という。

　通常、太平洋の水は貿易風により水温が高いオーストラリアやインドネシア方向に運ばれる。そのため、そちら側の海域の海面が数十cmほど高くなっているのだが、エルニーニョが発生する年は貿易風が弱く、暖かい海水が戻ってくるためアメリカ上空に低気圧を、西太平洋上空に高気圧を作りだす。反対に低気圧が太平洋西側にきて高気圧が東側にくる状態は**ラニーニャ**とよばれる。このような周期的な天候の変動は**南方振動**として知られる。北半球にも**北大西洋振動**という同じような現象がある。

419 天気予報　WEATHER FORECASTING

　天気予報とは、現在の気象の状態に関するデータに、気象システムのモデルを加味した上で、数日後までの天気を予測する科学のことである。

　観測所や気象衛星が気温、風速、気圧、湿度などを計測し、その計測値をスーパーコンピューター（並列計算機）に入力すると、入力データをもとにもっとも確からしい未来の予想値が計算される。しかし、気象は**カオス理論**の影響下にあり、信頼性の高い予報はできても数日程度だ（実際当たるのはそれ以下だったりもする！）。

　天気予報は農業、航空、海運、軍事などの分野で特に重要である。

420 火成岩　IGNEOUS ROCK

　岩石の成り立ちについて研究する岩石学者は、岩石を**火成岩**、**堆積岩**、**変成岩**という3種類に分類する。

　火成岩はひとことでいえば固まったマグマ（地球内部からの火山噴火や地殻の発散型境界から噴出する溶解した物質）である。

　火成岩はさらに3つに分けられる。**深成岩**は地中で固形化したマグマが地殻のなかに入り込んでできた岩で、花崗岩などが含まれる。**火山岩**は、液体として噴出してきたマグマの表面に形成され

るもので、玄武岩がその代表例である。**半深成岩**は深成岩と火山岩の中間のような存在で、地中の浅い部分で固化し、地表に小規模に岩石が貫入したもので、黒っぽい鉱物である安山岩などがこれにあたる。

421 堆積岩 SEDIMENTARY ROCK

堆積物が数千万年から数億年かけてゆっくりと押し固められてできた岩石を**堆積岩**とよぶ。火成岩と同様、堆積岩も3種類に分けられる。**砕屑岩**は他の岩石が浸食・風化されることによって生じた粒子が再度堆積して作られるもので、砂岩などがある。一方、**化学岩**というのは海水や湖水に含まれていた物質が沈殿してできたものである。たとえば石膏は、水中に溶けている硫酸カルシウム粒子が、水の蒸発などで濃縮され、沈殿することで形成される。**生物岩**は植物や動物の遺骸などが堆積することでできる。石灰岩はサンゴや他の海生生物の骨格の残骸が堆積してできたものだし、石炭は古代の植物の残骸が圧縮されてできたものである。

422 変成岩 METAMORPHIC ROCK

変成岩とは温度と圧力の作用により性質や構造が変化した鉱物のことをいう。変成岩ができるメカニズムは3種類あり、それぞれ「接触変成岩」「広域変成岩」「変位変成岩（動力変成岩）」となる。接触変成岩は、上昇してくるマグマの道が地殻に存在する堆積岩を貫通するときに形成される。マグマからの熱が堆積岩のなかを伝わり、新たな構造に再結晶化する。たとえば、石灰岩のなかを熱いマグマが通るときにできる大理石などだ。接触変成岩は限られた場所でしか産出されないが、広域変成岩は広範囲にわたって生成される。たとえば、厚く降り積もった堆積物の重さによって下層が地殻の熱い部分に押しつけられ、再結晶化するような場合である。変位変成岩は断層線やプレートがぶつかり合う部分で生じるもので、プレートが押し合う圧力によって岩石の構造が変化する。

423 岩石の地質学的サイクル THE ROCK CYCLE

岩石の地質学的サイクルとは、火成岩、堆積岩、変成岩の間の

関係を指す。このサイクルの出発点は液体あるいは半液体のマグマで、それが固化してまず**火成岩**ができあがる。

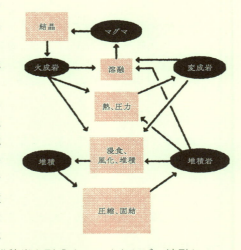

火成岩は再度溶融してマグマになったり、温度や圧力の作用で**変成岩**へと変化する。あるいは、浸食や風化などで**粒子**となり、それが堆積し圧縮されると**堆積岩**となる。堆積岩もまた風化や浸食を受けて新たな堆積岩を形成することもあれば、溶融してマグマになる（たとえば収束型境界の沈み込み帯など）ことも、そして圧縮・加熱されることで変成岩になることもある。変成岩にも、浸食されて堆積岩を作るか、溶融してマグマになるかの2通りの選択肢がある。

地球に存在する大量の水分がこのサイクルにおいて重要な役割を担っている。岩石を浸食して堆積岩となる粒子を形成したり、その粒子が徐々に堆積し圧縮されて新しい岩石を作る手助けをするからだ。

424 土壌 SOIL

地球の大地の表面のほとんどは、岩石ではなく土でできている。**土**は腐食した岩石の粒子が有機物、水、空気と混ざり合ってできている。土の組成は周囲の環境、鉱物相、気候によって変わるが、**粘土**、**砂**、**シルト**という3種類に大きく分けられる。粘土が多く含まれる土壌には細かな粒子が多く存在し、重く、粘着性がある。砂がメインの土壌にはより大きな粒子が含まれ、粘着性が低い代わりに、風による浸食を受けやすい。シルト質の土壌は、砂と粘土の中間のような性質をしている。

地質学者は土壌を4つの**土壌層位**に分ける。**表土**は「A層位」とよばれ、鉱物と多量の有機物（植物根など）を含む。**下層土**とよばれ

る「B層位」は有機物をほとんど含まない。「C層位」はその土壌に含まれるミネラル成分のもととなる**母岩**を含んでいる。その下にある「D層位」は最下層にあって文字通り**底岩**だ。場合によっては最上位に「O層位」が加わることがあり、これは表土の上に形成される動植物の死骸や排泄物などの**有機物層**を指す。

425 鉱物学 MINERALOGY

鉱物学は岩石の構造や化学的性質について研究する学問である。結晶学や物質化学の知識を利用して、自然界に存在する岩石を硬度、強度、密度、化学組成、原子や分子の配列などに基づき分類する。鉱物学分野を統べる国際組織である国際鉱物学連合は、現在4000種以上の鉱物を承認している。

426 層序学 STRATIGRAPHY

いくつもの累代にわたる地質学的時間の間に堆積した堆積岩や火成岩の層は、地球の歴史、すなわち過去の気候やかつて棲息していた生物などについて教えてくれる。地質学者は大地の動きにより地層が露出した場所（絶壁など）に見られる**層序学的記録**を研究する。

岩石に記された複数の層を解析すれば、どの鉱物が存在するか、堆積が起きたのは水中だったか地上だったか、その頃の地球の大気の組成はどうだったか、地球の磁場がどの方向を向いていたか、どのような動植物がその頃世界に存在していたのかなどを、化石を発掘することで明らかにできる。また、ある層やそこに含まれる化石などについて、時とともに崩壊し減少していく放射性物質の量を測定することで**年代を特定**することができる。炭素年代測定法はこのような**同位体解析**の一例である。層序学的記録には、生命の進化における大きな変化や中断も記録されている。たとえば、化石数の減少と、火山の大噴火があったことを示す灰や、天体衝突に見舞われたことを示す地球外の物質（イリジウムなど）の堆積が一致したりすることがある。

427 地質マッピング GEOLOGICAL MAPPING

地形観測者が起伏地図を描いて地形を表すように、地質学者も地球の陸地に含まれる鉱物を記載する地図を作る。ここでも等高線が使われているが、これは地形ではなく各層序の鉱物組成や厚みを表す。鉱物層の傾きは慣習に従い**走向傾斜**という方法で表される。地図上の水平の線は、その岩石層の水平面を示す。その線に垂直に書かれる線はその平面が下っている方向を表し、書かれる数字は傾斜角を表す。

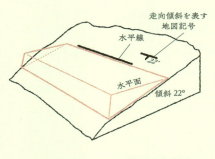

428 化石 FOSSILS

生物の残骸が古代の堆積岩形成過程で閉じ込められ、驚くほどよい状態のまま保存されたものを**化石**という。ほとんどの化石では、生物の体は石に変化している。化石化する方法は何通りかあるが、1つは**鉱物置換**(パーミネラリゼーション)で、ミネラルに富む水分が生物の空洞部分や凹部へと流れ込み、ミネラルを徐々に析出させ、有機物を岩石へと変える。また、生物の遺骸が朽ち果てて、体の鋳型が残ることもある。またさらに、このようにしてできた型にミネラルを豊富に含む水が流れ込み、化石の「型どり」ができることもある。

最古の化石は微生物に覆われた堆積岩**ストロマトライト**で、浅い海で見つかる。最古のストロマトライト化石の年代は**27億年前**と見積もられている。これは始生代のことだ。化石は必ずしも岩石でできている必要はなく、北極の氷のなかで凍っていた大型動物(マンモスなど)の体や、琥珀に閉じ込められた古代の虫なども化石とみなされる。

Climatology

気候学

429 大気汚染 AIR POLLUTION

有害物質の大気への放出は、産業化時代の大きな問題である。**大気汚染**の原因は**化学物質**(オゾン層を破壊するCFCガスなど)、**生物学的物質**(有機物や下水の分解により生じるメタンなど)、あるいは**粒子**(地球暗化をもたらす微細な粒子など)である。

最大の汚染源はおそらく石炭や石油などの**化石燃料**の燃焼だろう。排出される二酸化炭素は**温室効果**をもたらし、粒子状の物質は**地球暗化**を引き起こし、窒素酸化物は**オゾン層を破壊**し**光化学スモッグ**の原因となり、硫化物は**酸性雨**をもたらす。他にも、農業で使われる殺虫剤や、火山噴火、気化した有機溶剤なども大気汚染の原因となる。

430 酸性雨 ACID RAIN

ふつうの雨のpH(「pH指示薬」を参照)よりも低いpHで降る雨(pH=5.6程度)を**酸性雨**という。酸性雨は大気中に存在する**二酸化炭素**や**硫黄**や**窒素酸化物**など、水と反応して酸性度を上げる物質による大気汚染が原因だ。この大気汚染は人間の活動が原因のこともあるし、火山噴火に起因することもある。

酸性雨は建物を腐食させ、草木の生長を止め、湖を汚染する。湖が汚染されれば魚は死に、水鳥や食物連鎖のさらに上位にいる生物に打撃を与える。車の排気ガスに含まれる窒素酸化物を減らすために**触媒コンバータ**が取り付けられたり、産業を制限したりといった措置が功を奏し、今では酸性雨のコントロールは気象学における成功事例の1つとされている。

431 温室効果 GREENHOUSE EFFECT

気候変動に関する懸念の中心は**温室効果**である。温室効果によって**地球温暖化**が起こるため、地球は年々暖かくなり続けている。これは、大気中に存在する温室効果ガスが地表から宇宙に放出されるべき赤外線を部分的にブロックしてしまい、地球が冷やされないために起きている。太陽から飛んでくるのが赤外線(「電磁波」を参照)だけであれば、外側からの赤外線がブロックされる量と内側からの赤外線がブロックされる量は同程度になるはずなので、大

した問題にはならない。しかし実際は、さまざまに異なる波長の光の集まりが太陽光であり、多くは大気を真っ直ぐに突き抜けて地面に直接吸収される。そのため地面が暖まり、電磁波が赤外線という形で放出される。その赤外線が温室効果ガスによりブロックされ、地球の気温が上昇するというわけだ。人類の活動によって作られる主要な温室効果ガスは、石炭や石油などの**化石燃料**を燃やすことで毎日大量に発生している**二酸化炭素**だ。

432 気候変動 CLIMATE CHANGE

2009年のマサチューセッツ工科大学の研究者たちによる予測では、現在から2095年までの間に、人類が排出する二酸化炭素（CO_2）による温室効果が原因で、世界の気温が5℃以上も上昇するという。もし実際にそのような地球温暖化が起きれば、破滅的な海面上昇、干ばつ、飢餓、猛烈な嵐やサイクロンの増加などが予想される。気温上昇に伴うこれらの異常現象をまとめて**気候変動**とよぶ。気候変動のエビデンスは**ホッケースティック曲線**というグラフにまとめられている。これは過去数千年にわたる世界の気温の変化を、さまざまな根拠に基づいて解析してプロットしたものである。顕著な上昇が見られるのはちょうど産業化時代を迎えた頃であり、それはまさに二酸化炭素の排出量が初めて増加し始めた頃だ。

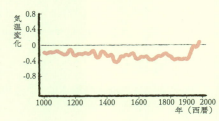

433 海面上昇 SEA-LEVEL RISE

海面上昇は気候変動に伴う現象のうちもっとも大きな被害をもたらすと考えられているものである。最近の計算結果では、今世紀末までにおよそ1〜2mほど海面が上昇すると見積もられている。1mの海面上昇は、4500万人の家を流し去る他、農場や水源が海水で汚染されることによりさらに数十億人の命に関わる問題になると考えられている。海面の上昇は主に、気温が上昇し**極の氷が溶ける**ことに起因し、水自身の熱膨張はあまり寄与しない。世界中の氷がすべて溶ければ海面は70m上昇すると予想されるが、現

在のところ、そこまで気温が上昇するとは考えられていない。

　海面上昇による被害は発展途上国だけに及ぶわけではない。洪水はロンドンやニューヨークなど欧米の主要都市にも及ぶだろう。家を失いながらも生き延びた人々が高い場所へと押し寄せ、**難民危機**が起きるかもしれない。食物と避難場所を求め、**戦争**が起こるだろうという意見もある。

434 地球暗化　GLOBAL DIMMING

　世界のほとんどの地域が、温室効果による地球温暖化や気温上昇にやきもきしている一方で、まったく反対の現象ともとれる**地球暗化**に警鐘を鳴らす科学者もいる。地球温暖化は温室効果ガスによる大気汚染が赤外線を閉じ込め、惑星の温度を上昇させる現象であるが、地球暗化は固形粒子（灰やすすなど）によって地表へと届く電磁波の量が減少することをいう。

　地球温暖化の解決策になりそうにも聞こえる地球暗化だが、地球にさまざまな悪影響を及ぼすともいわれている。気象学者は、地球暗化が北半球を**寒冷化**させ、陸地と海の温度を低下させることで降雨量が低下すると予想している。また、地球暗化がアフリカに大きな打撃を与えた可能性があると指摘し、1980年代にアフリカ大陸を襲った**干ばつ**もこのせいではないかと考える専門家もいる。

435 氷河期　ICE AGES

　地球は時折、気温が極端に下がる**氷河期**とよばれる時代に突入する。その期間、地表の多くの部分が凍結する。地球の歴史のなかではこれまでに4度大きな氷河期があった。24億年前〜21億年前、8億5000万年前〜6億3000万年前、4億6000万年前〜4億3000万年前、253万年前〜1万年前までだ。2回目にきた氷河期がもっとも苛酷なもので、北極と南極から広がっていった氷の板が赤道あたりでつながるほどだったといわれており、**スノーボールアース**（全球凍結）という世にも寒々しい仮説が唱えられている。

　氷河期は、その期間中に比較的温暖な**間氷期**という期間を挟むことがある。実のところ、今現在の状態が、氷河期がすでに終わっているのか、間氷期を謳歌しているにすぎないのか、はっきりとは分かっていない。地中に見つかる化石や、古い地層の層序学

に刻まれた過去の気候の情報、古い土地に刻まれた氷河が通過した際にできた爪痕などから氷河期があったことを知ることができる。**ミランコビッチ・サイクル**など多くの環境要因が、氷河期の始まりや終わり、継続に関わっていると考えられている。

436 ミランコビッチ・サイクル MILANKOVITCH CYCLES

氷河期突入に影響を与える要因の1つが**ミランコビッチ・サイクル**である。地球の**公転軌道のゆらぎ**が、地表に届く太陽光の量に影響を与えるというものだ。地球が太陽の周りを回るとき、その**公転軌道の傾きや離心率**はわずかながら常に周期的に変化している。また、地球の**地軸の傾きや歳差運動**も変化する。地球上で季節的に気温が変化するように、ミランコビッチ・サイクルはもっと長いタイムスパンで、数千年から数百万年にわたって続く温度の変化をもたらす。しかし、ミランコビッチ・サイクルは地球に氷河期をもたらしたり、氷河期を終わらせたりする張本人ではないかもしれない。間氷期の始まりと終わり(「氷河期」を参照)には関与しているだろう。ただ、氷河期を作りだしたり終わらせたりする主役は、太陽の明るさの自律的な変化、火山噴火による地球暗化、赤道からの暖かい海水の流れに影響を与える大陸の配置だと考えられている。

437 小氷河期 LITTLE ICE AGE

小氷河期とは、16世紀頃から19世紀中頃まで続いた気温が1℃ほど下がった期間のことである。地球上の氷で覆われた面積はそれほど変わらなかったが、目に見える影響として冬が長く厳しくなり、夏は短くなり、農業に打撃を与え飢饉をもたらした。1683年から1684年にかけてイギリスは歴史上最悪の霜を経験し、ロンドンのテムズ川は2カ月以上にわたり凍りついた。ちなみに、最後にテムズ川が凍ったのは、1814年のことだ。

小氷河期が起きたのは、太陽活動が長期間にわたり抑制された(**マウンダー極小期**)ことと同時に、いくつもの**大規模な火山噴火**により惑星表面に届く太陽光が減少したためである。これ以外にも、ごく短期間の寒冷期および温暖期の歴史的データが見つかっている。たとえば、小氷河期の前には西暦800年から1300年頃まで、気温が若干高い中世の温暖期が続いた。

438 気候フィードバック CLIMATE FEEDBACK

　気候変動が現実に起きていることや、それを防ぐために私たちが何らかの行動をとらなければならないことにほとんど疑いの余地はない。しかし、結末に関する予測には不確定要素が多い。たとえば、雲のなかに存在する水蒸気の役割もまだよく分かっていない。水蒸気自身も温室効果ガスだが、白い雲は熱を宇宙空間へはね返して地球を涼しく保つ効果をもつからだ。これが、**気候フィードバック**の具体例である。つまり、気候が変動した結果、地球温暖化を促進あるいは阻止する方向に働くフィードバックのことだ。気候変動を阻害するフィードバックを**ネガティブフィードバック**、促進するフィードバックを**ポジティブフィードバック**という。氷は太陽光を宇宙へと反射し、地球を冷たく保つ役目があるため、氷が溶けるのはポジティブフィードバック現象だ。氷が一部溶けるとこの効果が少し失われ、地球が少し暖まり、さらに多くの氷が溶ける……というサイクルが続く。雲の影響など、他のフィードバック効果についてはあまりよく分かっていない。それらについてきちんと理解できるまで、私たちは気候変動がどれほど深刻なのかを本当に理解することはできないだろう。

439 気候モデリング CLIMATE MODELLING

　気候変動の将来的な影響について、われわれはコンピューター上で地球の生態系モデルを組み立てて計算する。これが、**気候モデリング**という技法だ。このモデルは大気、海、陸地を3次元の**グリッド**に分割して作られる。

　各グリッドに対し流体や熱に関する法則や太陽からの電磁波の化学的・物理的性質をインプットし、気温、気圧、平均海水面、大気中の二酸化炭素量などを計算させる。そして、各グリッドで得られた結果を隣同士のグリッドの結果と合わせて平滑化し、全体としてこの惑星の生きた天候モデルを作りだすのだ。

　気候モデルは、過去数百年間に実際に起きた気候の変化を予測できるように作られている。しかし、複雑な気候フィードバックの影響があるために、これは極めて難しい工程である。

440 古気候学 PALAEOCLIMATOLOGY

気候モデリングが現在の地球の気象システムから外挿して将来の状態を予測しようとするのに対し、**古気候学**では過去へとさかのぼる。古代の木の年輪の厚み（これにより成長期の長さが分かる）や堆積岩層の中身や古代の氷（古代の氷河や極冠の氷の板の遙か下からボーリングで得られたコア）の組成などが手がかりだ。もっとも古いコアは南極から採取されたもので、80万年前のものである。

これらから、過去の大気の組成や温度、気候変動の証拠となりうる特定の物質（たとえば灰など）の濃度を推定することができる。

Earth Mysteries

441 天然原子炉 NATURAL REACTOR

原子炉といえば、多くの人は電気を作りだす原子力発電所のことを思い浮かべるだろう。

しかし、アフリカの**ガボン共和国オクロ**には、自然に堆積したウラン鉱石が自律的に核反応を起こす**天然原子炉**がある。今はもう核分裂（「核分裂と核融合」を参照）反応は止まっているが、20億年ほど前には最大100kWという出力の反応が起きていたとみられる。ウラン発掘者がオクロから産出されるウランのうちいくらかが他の同位体に変化している（これは通常核反応でしか起こりえない）ことに気づいたことから、天然原子炉の存在が知られることとなった。

オクロで起こっていた核分裂反応は、堆積したウランのなかを地下水が流れていたことが原因だとみられている。核分裂の連鎖反応では1つの反応で放出された中性子が減速して他のウラン核に吸収される必要があるのだが、地下水がこの役目を果たしたと考えられている。

442 ウィルオウィスプ WILL O' THE WISP

昔の民間伝承には、不幸な旅人を危険な沼地へと誘う不審な火の玉の話が溢れている。これは**ウィルオウィスプ**（鬼火、英語のウィスプは燃えるたいまつの意）とよばれているが、今やその正体が、湿地帯

の地中に存在する有機物の腐敗に伴い噴出するガスによるものだということが科学的に明らかになっている。

　湿地で産生される**ホスフィン**（リン化水素）は空気に触れると自然発火する性質をもつ。これが種火となり、より豊富に産生される**メタンガスに着火**するというわけだ。実験室で行われた実験では、湿地から出る他のガスが混合することでその燃焼温度が著しく低下することが明らかとなった。そのために、近くにある可燃性物質や燃料を燃やすことはできないのである。これこそ、何年にもわたり説明がつかなかったウィルオウィスプの特徴である。

443 地震発光現象 EARTHQUAKE LIGHT

　地震発光という、空中に認められる発光体がある。ただしその発光機序はウィルオウィスプとはかなり異なっている。名前から分かる通り、この発光はプレート活動に由来している。その光はプレート同士が接する断層上に出現し、白か赤か青の光を呈する。その形状はさまざまで、球体、シート状、あるいは空を広範囲にわたり照らす筋状の光となることもある。この光は**圧電効果**（石英など特定の鉱物を圧縮すると電流が発生すること）により生じる電磁波だと考える科学者もいる。ガスストーブの点火に使われる**スパークライター**と同じ原理だ。

　2007年に、NASAのチームはプレート活動によって岩石に蓄積するストレスが地面に電荷を発生させ、これが地球の**電離層と干渉**することで光や電磁波を生みだすという説を唱えた。この説はまだ検証されていないが、もしこれが正しいとすれば、光と同時に観察される電気シグナルが、いつどこで地震が起こるかを予知したり、早期に地震警報を発令するのに使えるかもしれない。

444 地球照 EARTHSHINE

　地球照とは、地球に反射した太陽光が新月前後の月の暗い部分を照らす現象である。地球、太陽、月が最適な位置関係になったとき、地球に当たった太陽光が反射し、月の夜の部分（太陽に照らされている部分と反対の部分）に当たる。そこから光がまた地球に反射して戻ってくることで、目がいい人などはそれを見ることができる。科学者は地球照の明るさを測定し、地球に入射する光のうち宇宙

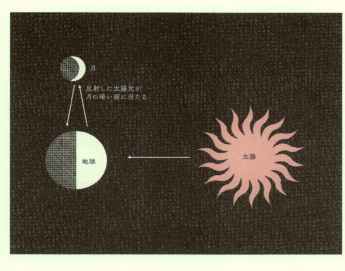

に反射する光の割合（**アルベド**という）を求める。これは、気候モデリングで重要なパラメータとなる。

他の惑星とその衛星でも地球照と同じ現象が起きる。惑星探査機カッシーニは、土星の月を土星からの反射光だけで撮影することに成功した。

445 夜光雲 NOCTILUCENT CLOUDS

雲はふつう、天文学者にとっては遙か彼方の見たいものを遮るいまいましい存在だが、**夜光雲**の美しさには誰もが息をのむ。夜光雲は中間圏（「大気の層」を参照）、高度80kmあたりに存在する氷の結晶によって作りだされる。日没直後、低いところにある雲は地球の影に没して見えなくなり、高高度にある夜光雲の下側だけが美しく照らされ、真珠のような青い光が空を彩るのだ。

夜光雲は通常、夏の間（北半球では5〜8月、南半球では11〜2月）に緯度50度から65度の間で見られる。近年観察される回数が増えており、気候変動と夜光雲発生に関連があるのではないかと考える科学者もいる。

446 スプライト SPRITES

一般的な落雷は、雷雲と地表との間を急激に電荷が流れることを指す。しかし、雷現象は実は雲の上でも起きており、雲の上辺と

遙か上方の電離層との間で起きる雷を**スプライト**とよぶ。これは、赤い円形の光と、その下にぶらさがる蔓状の光の集まりとして観測される。また、通常の雷と同じく一瞬の現象であり、1秒もたたないうちに消えてしまう。スプライトは、高高度飛行機により1994年に初めて撮影された。

この高度で見られる雷現象はスプライトだけではない。**ブルージェット**として知られる光は雲の上辺から高度50km程度まで伸びる。こちらは1秒程度持続するので、肉眼でも雲から上向きに光が伸びる様子を確認できる。

447 球電 BALL LIGHTNING

球電の原因は科学者の間でもまだはっきりと分かっていない。雷雨のときに出現し、パチパチと音を立てる**電磁気エネルギーの塊**で、直径は50cmから1mほどになり、ゆっくりと動いた後に消えるという。球電はその存在自体怪しまれていたが、多くの目撃者がいることと、科学機器に電気的な異常が記録されたことから、科学者たちも真剣にその正体解明に乗り出している。

現在でも諸説あり、ケイ素の蒸気でできた雲が光っているという説や、ナノ粒子が嵐の間に電荷を蓄積して小さな電池のような性質をもったものであるという説や、宇宙から飛び込んできた小さなブラックホールだという説まである。いずれにせよ、現時点ではいずれかの説を支持するに足るエビデンスが集まっていない。

448 地磁気逆転 MAGNETIC FIELD REVERSAL

地球の**地磁気の向きは時折逆転**する。つまり、北極と南極が文字通り入れ替わるのだ。この現象は一夜のうちに起こるわけではなく、数万年かけて起こると考えられている。このことは古代の火成岩の極性を調べることで明らかになった。溶融したマグマ

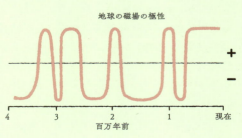

地球の磁場の極性

が固化する際、その原子や分子はその当時の磁場の向きに沿って並ぶ。そのため、当時の地磁気の向きが岩に刻まれるというわけだ。

地磁気が逆転する原因は分かっていないが、1つの仮説は、磁場を作りだす地球のコア部分に存在する溶けた金属の流れが従う**カオス理論**である。地磁気の逆転により磁場が弱まることが懸念されており、有害な宇宙線が地球に飛来するのを防いでいた**遮蔽効果**が失われるのではないかと危惧されている。ただし、地球上の生命はこれまでに何度も起きたとされる地磁気逆転を生き延びたことも確かだ。数千年以内に次の地磁気逆転が起きるだろうと科学者らが予想している今、これには非常に勇気づけられる。

449 ガイア仮説 GAIA HYPOTHESIS

ガイアとはギリシャ神話に出てくる地球の女神の名前であり、**ガイア仮説**とは有名なイギリスの環境主義者**ジェームズ・ラブロック**により提唱された、惑星地球、その環境、そしてそこに生きるすべての生物と無生物が1つの大きな生命体をなしているという仮説である。

ガイア仮説のもっとも重要な点は、地球は自身を制御し、生命の発生を促したというラブロックの主張である。たとえば動物が発汗などにより体温を一定に保つように、地球の温度もその歴史を通してほぼ一定であった（太陽の明るさは25%も増しているのに！）ことなどがその根拠としてあげられる。環境主義者からの支持が集まる一方、多くの科学者はガイア仮説に批判的である。2006年の著書『ガイアの復讐』のなかでラブロックは、「気候変動も最終的には自身を制御し始めるだろう、気候変動を作りだす元凶となった人類の文明を破壊するという方法で」と述べている。

SPACE
宇宙科学

アマチュア天文学から宇宙の神秘を紐解くことまで、宇宙科学がもっとも魅力的かつ広大な科学の一分野として存在していることは間違いない。
　宇宙に対する真剣な科学的研究は1609年にイタリアの博学者ガリレオ・ガリレイが天体望遠鏡を発明したときに始まった。天体望遠鏡は、顕微鏡が生物学にもたらしたような革命を天文学にもたらす道具だったのだ。それは天文学者が遠方の惑星や月の動きを正確に測定し、それらの軌道を支配する物理法則を導くことを可能とする、天空に開かれた窓だった。壊されたものは地球中心の太陽系の発想であり、今日広く知られる太陽中心の見方に取って代わられた。
　望遠鏡がより強力になり、ついには宇宙空間に置かれるようになることで地球の大気による光の吸収が克服され、科学者は探査の目をより遠くへ伸ばした。彼らは星からの光を分析して天の溶鉱炉の正体を明らかにし、恒星運動を研究することで、太陽を周回する地球のように、いくつかの恒星の周回軌道上に存在する惑星を発見した。また、銀河の明るさと運動を計測することで宇宙の全体的な働きが明らかになりつつある。
　何世紀にもわたる観測を経て、今や人類は宇宙の不思議を直接体験するため、危険を顧みず宇宙へと飛び出している。すでに地球軌道と月を訪れた宇宙飛行士たちは、やがて新たな目的地として火星に目を向けるだろう。

The Night Sky

夜空

450 星座 CONSTELLATIONS

多くの人は、晴れた日の夜空を飾る**星座**の名前を1つや2つ、たとえばベルト（中央に3つ並んだ星）をつけた狩人オリオン、Wの形が目立つカシオペア、ひしゃく型に並んだ北斗七星の尾をもつおおぐまなどをあげることができるだろう。天空の詳細な測定を行える望遠鏡などが登場する前、天文学者は星を簡単に見つけられる集まりに分類し、似ているものでもって命名した。それが星座である。星座は何千年もの間我々と共にあり続け、2世紀のギリシアの哲学者プトレマイオスは著書の『アルマゲスト』で48星座を取り上げている。それ以前にも、数は少ないが、紀元前12世紀、現在のイラク一帯を支配していたシュメール文明にまで星座は遡ることができる。今日では**88星座**があり、近代（16世紀から18世紀にかけて）になって追加された星座である炉座、ポンプ座などが含まれる。

451 星群 ASTERISMS

星群として知られる、星座に関連した非公式な星の集まりがある。星群は星座のなかの特に有名な部分を形成する星の集まりで、たとえばオリオン座のベルトにあたる三ツ星や、ペガスス座の重要な位置を占める大四辺形などがある。星座や星群を構成する星は単に2次元の天空上でグループ化されているにすぎず、3次元の宇宙空間のなかでは、地球からの距離はそれぞれ大幅に異なっている。

452 宇宙距離 COSMIC DISTANCE

我々が地球上での距離を測るときは、センチメートル、キロメートル、マイルを使用すれば事足りるが、広大な宇宙空間ではこれらの尺度はあまり意味がない。天文学者が我々とはまったく異なる単位一式を使っているのはこのためである。太陽系内での尺度は地球−太陽間の距離を1とする**天文単位（AU）**で、1AU=1億5000万kmである。金星は0.7AU、木星は5.2AUの距離で太陽を周回している。しかしこれでも、他の恒星までの距離を測るにはまだ短すぎる。そのため、天文学者は光が1年間に進む距離を単位とする**光年**を使用する。1光年は約10兆kmだ。

453 ルックバック時間 LOOK-BACK TIME

宇宙の距離を光年で測ることで、もう1つの天文学的概念である**ルックバック時間**を把握するのが容易になる。地球にもっとも近い恒星**プロキシマ・ケンタウリ**からの光が届くまでに4.2年かかるので、我々は4.2年前のその姿を見ていることになる。肉眼で見ることのできるもっとも遠い天体はアンドロメダ銀河で、300万光年離れている。私たちは今、地球上に最初の現生人類(ヒト属)が出現した頃のアンドロメダ銀河の姿を見ているというわけだ。

454 宇宙の地平線 COSMOLOGICAL HORIZONS

宇宙は**137億歳**であるが、だからといって我々が見ることのできるもっとも遠い天体が、ルックバック時間に従い137億光年先にあるというわけではない。宇宙が平坦であればそうかもしれないが、極めて大きな尺度で見ればアインシュタインの一般相対性理論により空間が曲がり距離を歪ませているので、我々が見ることのできるもっとも遠い天体は465億光年の彼方にある。これが**宇宙の地平線**までの距離となる。宇宙は地平線を超えて存在し続けるが、この地平線は我々のいる場所から見ることのできる限界という点において地球の地平線に遠からず似ている。

455 宇宙の座標 COSMIC COORDINATES

夜空は地球を囲む球体をなすため、球体上の位置を測定する自然な方法として**弧度**を使うことになる。空の真反対は、一方から180度の位置である。地平線と天頂(我々の頭上の空の点)は90度離れている。

天文学者は星の位置を図表化するのに2つの角度座標系を用いる。1つ目は**地平座標**で、星の高度(地平線の0度から天頂の90度)と

方位角（真北を0度、真東を90度、など時計回りに刻まれる角度）という2つの角度に集約される。この手法の問題点は地球の自転が考慮されていないことで、天球での絶対位置を与えるには時刻を使って補正する必要がある。それゆえ天文学者は、いわゆる赤道座標、**赤経と赤緯**を用いて**春分点**とよばれる空の決められた1点からの位置を記録する。

456 視野角 ANGULAR SIZE

天球の地図を作るために作られた宇宙の座標系を用いて、天文学者は**天体の視野角**や**天体間の角距離**を計算する。たとえば、月と太陽はおおよそ差し渡し0.5度で、おおぐま座の北斗七星は26度にわたる。目盛付架台を備えた望遠鏡を用いれば、角度座標を読み取り2点間の角距離を計算することができる。

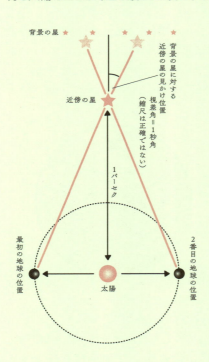

しかし望遠鏡がない場合、ことはそれほど単純ではない。肉眼または双眼鏡を使う天文学者は空の距離を計測するのに文字通り**親指定規**を使っていた。腕を伸ばしたときの親指の幅がおよそ2度なのだ。同様に小指の幅が1度、そしてこぶし全体がおよそ10度をカバーする。

457 視差 PARALLAX

宇宙での距離を測る1つの方法は**視差**である。視差がどのようなものであるかを理解するため、目の前のテーブルにコーヒーカップ

を置こう。視線がテーブルに平行に、カップと同じ高さになるように腰をおとす（膝立ちしてもよい）。さて、テーブルの端から端へと頭を動かしながらカップを見ると、カップは背景にある物体に対して相対的に動いて見えるが、その移動量はカップを置く位置を遠ざけるにつれ減少していく。この移動量を測れば、カップが自分からどれだけ離れているかが分かる。これが視差であり、同じような技術が星までの距離を計測するのに使われる。端から端まで頭を動かすかわりに、地球が太陽周回軌道の反対側の位置にきたときの見かけの星の移動量を測る。

天文距離の自然単位**パーセク**は恒星視差を使って定義される。1パーセク離れた星は、地球が1天文単位（「宇宙距離」を参照）動くときに1秒角（1度の1/3600）移動して見える。1パーセクは3.26光年に相当する。

458 等級 MAGNITUDE

星や他の天体の明るさは**等級**という尺度で測定される。等級は正または負の数で、等級が下がると天体はより明るく輝く。たとえば、満月は-12.6等級、木星はもっとも明るいときでおよそ-2.9等級である。肉眼で見えるもっとも暗い天体は6.5等級で、遙か彼方にある冥王星は非常に暗く13.7等級である。

等級というシステムは、1等級ごとに明るさが**2.5倍**増えるようになっている。そう聞くとわけが分からないと思うかもしれないが、実際はでたらめというわけではない。等級尺度が考案された頃（19世紀中盤）、人間の目は明るさの変化に対しそのように反応すると考えられていたのだ。

天文学者は**見かけの等級**と**絶対等級**という2種類の等級を使いこなす。天体の絶対等級は10パーセクの距離から見た明るさで、見かけの等級は地球から（あるいは天文学者がたまたまいたどこかから）見た観測値としての等級である。

天体は離れれば離れるほど暗くなるので、星や銀河の絶対等級と見かけの等級の両方を知ることができれば、**距離を計算**する手段が得られることにもなる。

459 天文測定 ASTRONOMICAL MEASUREMENT

　天文学のなかでも星の位置の目録作りを担う分野は**天文測定学**とよばれる。時間と共に星の位置がどのように変化するかを測定することで、星の運動や惑星の軌道に関する重要な情報が明らかになる。天文測定にはこれ以外の領域もある。

　測光学は天体からやってくる光量の測定を行う。**分光学**はもっと複雑であり、星からくる光のスペクトルに含まれる個々の色の明るさを測定する。特定の化学元素は特有の色の光を吸収または放出するので、星からきた光の各色の輝度に見られる山や谷は、星のなかにその元素が存在することの確かな指標となる。

460 望遠鏡 TELESCOPES

　天文学者の主たる道具は、**光学望遠鏡**というレンズや鏡を並べて遠方の天体からの光を観測者の眼の位置に収束させる道具である。望遠鏡のもっとも重要なスペックは、主鏡の直径を示す**口径**である。口径が大きいほどより多くの光を集めることができるので、より小さな天体を見ることができる。代表的な100mm口径のアマ

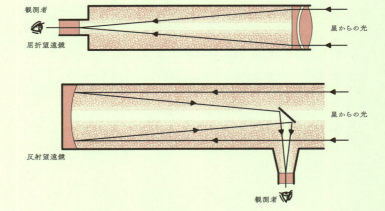

チュア望遠鏡はおよそ12等級までの天体を見ることができ、裸眼で見える6.5等級より遙かにたくさんの星を見ることができる。一方でプロ級の口径1mの望遠鏡はなんと17等級まで見える。これは、遙か彼方の銀河やクェーサーを見つけるのにも充分な感度である。

461 撮像 IMAGING

今日ではプロの天文学者が実際に望遠鏡をのぞき込むことは稀である。観測は望遠鏡に取り付けられた計器を使って行われており、おそらくそのなかでももっとも一般的なものが**撮像装置**、つまりカメラである。かつては写真乾板を用いた天文撮像が行われていたが、今ではアマチュア・プロ共に観測者は汎用のデジタルカメラか天文用のCCDを使い電子的に記録する。

CCDは「charge coupled device（電荷結合素子）」の頭文字で、望遠鏡の接眼レンズの位置に置かれた格子状に並ぶ光センサーの集合体である。望遠鏡がどこかの星を向いているとすると、従来であれば天文学者の眼に投影されていた像がCCDの格子上で輝く。各格子内の光センサーはそこに降り注いだ光の量に応じて電荷を蓄える。この電荷がコンピューターに読み出されるのである。各画素の明るさは、対応する各センサーに蓄えられた電荷によって決まる。

462 光害 LIGHT POLLUTION

人気のない場所から真夜中に観測する天球はこぼれんばかりの星で満ち溢れている。都会では絶対に見ることのできない、息をのむ素晴らしい眺めである。一方でなぜ都会からの眺めが貧弱であるかというと、それは**光害**のせいだ。街灯、車のヘッドライト、その他の光源からの光エネルギーはすべてどこかへいくことになるが、かなりの部分が真っ直ぐ上方の空へ向かって進み、上空で大気による散乱を受けて空を輝かせる。田舎で見るとても美しい微かな星や宇宙雲は、このまぶしい光のなかで簡単に失われてしまう。そのため、多くの研究用の天文台が、光害を避けるために居住地から遠く離れたところに設置される。

463 シーイング SEEING

　天文学者を悩ませるのは光害だけではない。大気の**シーイング**（揺らぎ）として知られるもう1つの問題がある。これは乱気流によるもので、まるで火の上の陽炎越しにものを見ているかのごとく、見るものを動かし揺らめかせる。星が「煌めく」のは乱気流のせいである。晴れた日の夜、外に出て夜空を眺めてほしい。もっとも煌めいているのは空の低い位置にある星のはずだ。これはその光が、頭上の星に比べてより長く揺れ動く大気のなかを進んでくるからである。

　シーイングを克服する**補償光学**という革新的な技術が1990年代に開発された。この技術を使うにはまず、**サーボモーター**のネットワークを反射望遠鏡の主鏡裏側に張り巡らせる。そして、レーザー光を空に向かって放ち、その光が大気の乱流によって歪められる様子を測定し、サーボモーターにフィードバックすることで主鏡を適切な方向へ変形させ、望遠鏡の画像の歪みを矯正するのだ。

464 宇宙望遠鏡 SPACE TELESCOPES

　光害やシーイングの問題に対する少々大胆な答えは、問題となる地球の大気を完全に回避するために、望遠鏡を宇宙に置いてしまうことである。アメリカの天文学者**ライマン・スピッツァー**は、このアイデアに真剣に取り組んだ最初の学者であり、それは1946年のことだった。アメリカ航空宇宙局（NASA）は1960年代に**宇宙望遠鏡**の研究を始め、スピッツァーもその開発に携わることになる。そしてついに1990年、その成果が実を結び、**ハッブル宇宙望遠鏡**が軌道に到達した。

　ただし、それが宣伝通り働くまでにはさらに数年を要することになった。光学系の欠陥による主鏡の収差が問題となり、矯正用の「メガネ」一式を組み立てて設置しなければならなかったのだ。その後、ハッブルは天文学研究の主力となり、発見に次ぐ発見をもたらしている。

465 電波望遠鏡 RADIO TELESCOPES

　天体は単に光を放出するだけではない。宇宙からくる放射線は

電磁放射スペクトルの全領域を含んでいる。長波長側の宇宙電波は、銀河、星の生涯、宇宙の起源についての重要な発見をもたらしてきた。

電波を捉える**電波望遠鏡**には、焦点面に置かれた受信機の上で波を収束させる反射**パラボラアンテナ**がある。パラボラアンテナは光学反射望遠鏡のミラーにあたる。ただし、電波の波長は光の波長に比べて非常に長いことから、電波望遠鏡のパラボラアンテナは光学望遠鏡のミラーよりもずっと大きくなる。世界最大の電波望遠鏡はプエルトリコの**アレシボ天文台**のもので、直径305mにもなる。

466 干渉計 INTERFEROMETRY

大口径の望遠鏡は小口径の弟分より多くの光を集められるというだけではなく、口径が大きくなることで望遠鏡の**解像度**、つまり月のクレーターや土星の輪の間の隙間といったディテールを見せる能力も向上する。しかしうまい方法があって、**干渉計**とよばれる技術を使えば、大望遠鏡でなくとも高い解像度の画像を得ることができる。それは、比較的小さな2台の望遠鏡を、間隔を離して設置するというものだ（このときの望遠鏡間の距離をDとする）。この2台の望

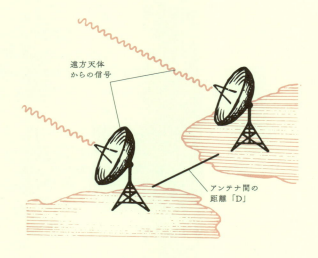

遠方天体からの信号

アンテナ間の距離「D」

遠鏡で得られた光を重ね合わせると、なんと口径がDの単一望遠鏡と同等の解像度をもった画像を得ることができる。

干渉計は電波天文学のために開発された技術である。電波の波長が長いことから解像度を高めていくにはとてつもなく巨大なパラボラアンテナが必要になってしまうという問題を克服しようとしてのことだったが、今やこの技術は光学望遠鏡にも使われている。

467 赤外線天文学 INFRARED ASTRONOMY

2003年、NASAはアメリカの天文学者ライマン・スピッツァーにちなんで名づけられた**スピッツァー宇宙望遠鏡**を打ち上げた。ハッブル宇宙望遠鏡が驚くほど鮮明な視野を授けた一方で、スピッツァー望遠鏡もまた宇宙観測に偉大な貢献を果たした。地球の大気は、ある特定の電磁放射を遮蔽してしまう。たとえば、赤外線スペクトルの大部分は地上に届く前に吸収されてしまう。その波長の電磁放射は宇宙からしか見ることができないのだ。スピッツァーが行っていることとは、まさにその波長の観測である。宇宙からのみ精査できるスペクトルには他にもX線、ガンマ線、紫外線があり、これらの波長を観測する宇宙望遠鏡も存在する。

468 宇宙線 COSMIC RAYS

実は宇宙からやってくる放射線のすべてが電磁波というわけではない。地球の上層大気には、超新星の爆風や活動銀河、太陽によって加速され飛来する、主に陽子とイオンで構成される**宇宙線**という粒子が常時衝突している。宇宙線は巨大なエネルギーを秘めており、テニスの高速サーブと同じくらいの威力で大気に衝突している。

大気に衝突した粒子そのものは地上に到達することはないが、衝突したときの衝撃によって連鎖的に大量の粒子が発生し、これらの二次粒子が地表に雨あられと降り注ぐ。**空気シャワー観測**では、地上の広い地域をカバーする粒子検出器のネットワークで通過する粒子を記録し、その発生源となった宇宙線のエネルギーや軌道を計算する。

469 超大型赤外望遠鏡 EXTREMELY LARGE TELESCOPES

　今日、地表にある最大の光学望遠鏡は差し渡し10mの主鏡をもつ巨大な反射装置であるが、そんな巨体ですらミニチュアに見えてしまうような新世代の望遠鏡の図面が引かれている。**超大型赤外望遠鏡（ELT）** と名づけられたそれは、直径40mの主鏡をもつ。主鏡は分割されていて、何百枚もの六角形が連結された構造になっている。それぞれの差し渡しはわずか1〜2m程度である。容易に支えられるだけでなく、各断片を個別に制御することで大気のシーイングを補正する**補償光学**の恩恵も受けることができる。計算の上では、この手の望遠鏡は宇宙望遠鏡よりも何倍も詳細な天球像を捉えることができる。現在のところ、2018年に、24.5mの**巨大マゼラン望遠鏡**が運用開始となる見込みである。

Solar System

470 太陽 THE SUN

　地球の100倍以上の大きさと30万倍の重量をもつ**太陽**は太陽系の中心にある発電所で、400万×10億×10億個の電球を光らせるのに十分な、$4×10^{26}$Wのエネルギーを産生している。このエネルギーはコアで行われている**核融合反応**によって得られる。コアの温度は1500万℃にも達しており、これは水素原子同士を融合させてヘリウムを作るのに十分な熱さである。

　太陽はタマネギの層のように複雑な内部構造をもっている。コアの外側にあるのは光子という形でエネルギーを外向きに放出する**放射層**である。その

外側は**対流層**で、ここで熱輸送の方法が対流に切り替わる。次に**光球**があり、太陽はここで透明になる。エネルギーは熱と光になって自由に宇宙空間へ流れ出す。その外側は赤色の層で、**彩層**とよばれる。そして、一番外側にある**コロナ**は真珠のような白色のプラズマ大気（「プラズマ物理学」を参照）で、温度は500万℃を超える。

471 日震学 HELIOSEISMOLOGY

太陽表面を伝わる音波を研究する**日震学**がなかったら、太陽の内部状態を観測するのは極めて困難だったはずだ。ベルが鳴るときのように、太陽の表面に乱れが生じると音が鳴り響き、その「音」の周波数や音量から、細かな内部構造を知ることができる。

天文学者が太陽の日震学的観測を行うときには、表面の起伏を計測して、波の形をコンピューターにプロットするところから始める。技術の応用は多岐にわたり、太陽の化学的組成、温度や圧力、密度や内部運動の理解、太陽の裏側の黒点の研究をも可能にする。日震学は、強力な望遠鏡を使って遠方の星表面の振動数を計測し、その内部構造を調べる**星震学**とも密接に関連している。

472 太陽黒点 SUNSPOTS

黒点は太陽表面の比較的温度の低い部分で、太陽表面が約5500℃であるのに対し、黒点は4000℃程度である。局所的に不規則な磁気活動が起こり、対流層が乱れることで黒点が生じる。対流が妨げられるとその領域に届くエネルギー量が低下し、冷えることになるからだ。黒点は通常小さな集団として現れ、数週間にわたり存在する。黒点の数は11年周期で変動する。

予想に反するかもしれないが、黒点のもととなる**磁気変動**はフレアや他の種類の活発な太陽活動を引き起こすことから、低温の黒点が存在することは太陽が熱くなっている兆候でもある。17世紀末の70年間は黒点数が史上最少だった。この期間は**マウンダー極小期**とよばれるのだが、小氷河期として知られる極寒の時代と一致している。

473 太陽活動 SOLAR ACTIVITY

太陽の磁場の変化により、天文学者が**太陽活動**と総称する激し

い変動が太陽表面で生じる。もっともよく知られているものは**太陽フレア**と**コロナ質量放出（CME）**だ。太陽フレアは太陽表面の小さな領域における突発的かつ強烈な爆発現象で、太陽の絡まり合った磁場に蓄えられていたエネルギーが一気に開放されるときに生じる。1回のフレアで、水素爆弾数百万個分のエネルギーが放出される。

一方CMEは、数時間という短い時間で、超高熱のコロナから荷電粒子が一気に放出される現象である。1回のCMEでだいたい10億トンの質量が放出される。CMEはフレアに伴い生じることもあるが、フレアとは独立に起こることもある。フレアやCMEで爆発的に放出される放射線は、人工衛星や宇宙船に搭載されている電子機器だけでなく、地上の電子機器に甚大な被害をもたらす。さらに問題なのは、この放射線が、地球の磁場という防御シールドの外側である宇宙空間で活動をしている宇宙飛行士に致命的なダメージを与えることだ。太陽活動とそれが地球近傍の宇宙空間に与える影響をモニタリングして予想する**宇宙天気予報**という分野もある。

474 太陽風 SOLAR WIND

太陽が特段活発ではないときでも、**太陽風**とよばれる粒子の定常流がコロナから宇宙に向かって流出している。太陽コロナが非常に高温であるために生じる流れだ。気体分子運動論によれば、気体が温かいほど粒子は速く動く。コロナはあまりにも高温のため、コロナを構成するプラズマ中のわずかな粒子（主に電子、陽子、イオン化した原子など）は太陽脱出速度より高速で進むことができる。

コロナから噴出された太陽風は400km/s（時速144万km）の速度で進み、その影響は**彗星の尾**（太陽から吹き飛ばされている）や壮大なオーロラとして見ることができる。

475 オーロラ AURORAS

地球の上層大気に叩きつけられた太陽風粒子は、北極光や南極光、すなわち**オーロラ**として知られる世にも美しい光のショーを演出する。太陽風は太陽磁場の一部も一緒に運んでくる。条件がちょうど合えば、地球の磁場とこの磁場がつながり、高速の太陽風

粒子が地球の磁極に流し込まれる。流れ込んできた粒子が大気中の気体原子とぶつかると、気体原子のなかの電子が太陽風粒子のエネルギーを吸収してエネルギー準位が上がる。やがて電子は、気体の種類に応じてさまざまな色の光として電磁波を放出しながらもとのエネルギー準位に戻る。たとえば、酸素は赤と緑の光を発するし、窒素は青と紫の光を発する。オーロラの出現は地球に限ったことではない。木星や土星などのガスでできた惑星でもオーロラが観測されている。

476 日食 SOLAR ECLIPSES

皆既日食は、おそらく地球上の誰もが見たいと願う宇宙におけるもっとも壮大なイベントだろう（とはいえ裸眼で太陽を観測すると視力を損なう可能性があるので、適切な保護具をつけること!）。月が地球と太陽の間を横切るとき、地球表面を横切るように影が投射される。影の通り道にいる人は誰でも、月の暗い円に太陽が飲み込まれていき、最後に微かに輝く太陽コロナが残る様子を見ることができる。影の通り道から少しずれた位置にいる人にも、**部分日食**という、丸い太陽が部分的に欠けていく様子を観測することができる。

皆既日食はおよそ18カ月に1回、地球のどこかで見られる。我々にとって幸運だったのは、地球から見た月と太陽の視野角がほとんど同じだということである。そうでなければ、これほどまでに完璧な日食は起こりえない。

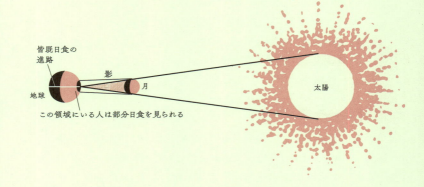

477 月食 LUNAR ECLIPSES

地球が太陽と月の間を通過するとき、地球上の適当な位置にいる人は地球の影が月の表面を横切る様子を観測することができる。これが、**月食**という一大スペクタクルだ。月の表面がどれだけ影で覆われるかによって、**部分月食**か**皆既月食**かが決まる。皆既月食における皆既状態のときの暗さもさまざまで、本当にまったく見えないこともあれば、赤銅色を帯びる（地球の大気を通過する太陽光によって色がついて見える）こともある。地球の大気は、青色光を散乱し赤やオレンジの光だけを残す塵を大量に浮かべているからだ。夕暮れ時など、太陽が低い位置にあるときにも同じようなことが起きている。

478 トランジット TRANSITS

ある惑星が太陽の前を通り過ぎるとき、**トランジット現象**が起こる。観測者は、太陽表面をゆっくり横切る黒い点として惑星の暗いシルエットを見る。トランジットする物体は観測者と太陽の間を通過する必要があるので、地球にいる我々は金星と水星のトランジットしか期待できないが、火星にいる未来の天文学者は地球のトランジットを見ることになるだろう。

トランジットという言葉は、太陽以外の天体の前を惑星や月が横断することにも使われる。そのため、たとえば木星の月イオが巨大な天体木星の表面を横切るというトランジットを目撃することが可能である。トランジット中の天体のほうが大きい場合、後ろ側の天体は完全に隠されてしまう。この事象は掩蔽とよばれる。すなわち、イオが木星の前を通過した後その裏側に回り込むと、イオは木星に掩蔽されるというわけだ。

479 ティティウス・ボーデの法則 TITIUS-BODE LAW

惑星の軌道半径を予測する数式が**ティティウス・ボーデの法則**である。これは経験則、すなわち物理法則によらない数式で、観測データに適合するように作られたものでしかない。法則を定式化すると、各惑星の太陽からの距離は、AU（「宇宙距離」を参照）を単位として$0.4+(0.3×k)$で与えられる（kは整数）。もしkが2のべき乗の数列（0、1、2、4、8、16、32、……）をとるとすれば、すべての惑

星（海王星は例外で、法則で導かれる予測値よりも9AU太陽に近い）の軌道半径が正確に与えられる。

　ドイツの天文学者**ヨハン・ダニエル・ティティウス**と**ヨハン・エレルト・ボーデ**にちなんで名づけられたこの法則は1768年に発表された。その13年後に発見された天王星の軌道もこの法則とよく一致していた。

惑星	k	ティティウス・ボーデの法則軌道（AU）	実際の軌道（AU）
水星	0	0.40	0.39
金星	1	0.70	0.72
地球	2	1.00	1.00
火星	4	1.60	1.52
小惑星帯	8	2.80	2.80
木星	16	5.20	5.20
土星	32	10.0	9.54
天王星	64	19.6	19.2
海王星	-	-	30.1

48 ラグランジュ点 LAGRANGE POINTS

　ニュートンの法則を使って単一の星や惑星によって作りだされる重力場を計算するのは比較的簡単なことだ。しかし、重力源が2つあるときは何が起こるだろうか。この難しい問いに、イタリア系フランス人数学者**ジョセフ・ルイ・ラグランジュ**が1772年に答えを出した。彼の答えの重要なポイントは、2つの重力源からの引力がある程度相殺される場所が**5カ所**あるということだ。たとえば地球と太陽という系を考えてみよう。地球と太陽を結ぶ線上に置かれた物体は、逆方向に引っ張る2つの天体の力を感じるだろう。物体がどこにあるかが極めて重要で、地球に近ければ地球に落下してくるし、太陽に近ければそちら側へ落下することになる。しかし、その中間地点では、物体は太陽からの距離を変えることなく、地球と足並みをそろえて軌道上を回る。この位置は**第一ラグランジュ点**、または短縮して**L1**とよばれる。

　他にも4つのラグランジュ点が存在し、L2〜L5と表記される。L1、L2、L3は不安定で、これらの点に物体を押し込んだとしても、やがてどこかへ行ってしまう。しかしL4とL5は安定で、小惑星の集団はしばしばL4とL5に位置する。たとえば、太陽−木星系のトロヤ小惑星などだ。

481 小惑星 ASTEROIDS

　太陽系を徘徊するごつごつした天体は**小惑星**として知られている。小さすぎて惑星には分類できないが、その大きさや形は差し渡し数十mの大きな石から、数百kmにも及ぶ空飛ぶ山脈までさまざまだ。小惑星は火星と木星の間にあって太陽を取り巻いている帯のなかに何百万と見つけることができるが、それ以外の場所にも集団で存在する。トロヤ小惑星は木星のL4、L5ラグランジュ点に集まっている。バルカン群は仮説段階の小惑星群で、水星軌道の内側で太陽を囲んでいるとされる。いくつかの小惑星は小さく不格好な月をもっていることが分かっている。最初に見つかったものは小惑星帯の小惑星イダの月であるダクティルで、その大きさは差し渡し1kmあまり、1994年にNASAのガリレオ惑星探査機によって発見された。

　さらに、地球と交差する小惑星というものが存在する。これらは地球の公転軌道を横切る軌道をとる。このような天体は我らが地球にとって脅威となりうる。6500万年前に長さ10kmの小惑星（あるいは彗星）がメキシコのユカタン半島を直撃したといわれ、その衝撃は高波と環境破壊を引き起こし、恐竜の絶滅をもたらしたと信じられている。このため、世界中の多くの天文観測所が地球を横切る小惑星を検出しリスト化する計画を実行中だ。**スペースガード**という名のもとで運用されていて、大きさが1km以上の小惑星の90％を追跡することを最終目的としている。

482 彗星 COMETS

　太陽系は、岩石でできた小惑星に加え、100mから数十kmという大きさの氷に覆われた放浪者、**彗星**のふるさとでもある。彗星は、200年以下の周期で太陽を周回する**短周期彗星**、それほど頻繁ではない**長周期彗星**、そしてただ1度だけ太陽系内を通過し、その後は遙か彼方の宇宙に飛び去り2度と見られなくなる**単発出現彗星**に分類される。

　彗星が太陽系の内側に入ってくると、太陽からの熱が氷で覆われた表面を蒸発させ始め、ぼんやりと輝く彗星本体（コマという）と、その背後にみごとな尾となる粒子流を作りだす。ほとんどの彗星には、太陽と反対方向に伸びる気体でできた尾と、塵でできた尾（気

体の尾と彗星がきた方向の間のどこかを向いている）という**2つの尾**がある。

483 カイパーベルト KUIPER BELT

カイパーベルトは海王星のさらに先にあって太陽の周りを回る氷でできた小惑星の円盤状の集まりである。1951年にその存在を予測したドイツ系アメリカ人天文学者**ジェラルド・カイパー**にちなんで名づけられた。ハワイの天文学者たちは、1992年に最初の**カイパーベルト天体（KBO）**を発見した（というより、初めてそう認識した）。今や大部分の天文学者が、1930年に発見された冥王星を大きなKBOだと考えている。2006年、この認識がもとで、冥王星などカイパーベルトを構成する小惑星のなかで最大級のものを**準惑星**として再分類することになった。今日、7万個以上のKBOが知られている。

巨大惑星（主に海王星）の重力は、ときにKBOをカイパーベルトの外に強く引っ張り、太陽系の中央平面上に高く弧を描く軌道に投げ飛ばす。短周期彗星の多くはこの**散乱円盤天体**に由来すると考えられている。長周期彗星と単発出現彗星はさらに遠く、5万AUの距離で太陽系を取り巻く**オールトの雲**として知られる群れに由来する。

484 流星 METEORS

塵から小さな岩くらいまでのサイズの小さな塊は**流星体**(メテオロイド)として知られている。驚くなかれ、これらの流星体が、毎日地球の大気に何百万個も激突しては夜空に明るい光の筋を一瞬描いては燃え尽きているのだ。稀に大型の流星が完全に燃え尽きずに地表に到達することがあり、これを**隕石**とよぶ。

流星には**散発流星**と**流星群**の2種類がある。散発流星が不規則に発生する一方、流星群は彗星から放出された塵の破片の集団を地球が通過することで起こる。たとえば毎年8月に見られるペルセウス座流星群は、スイフト・タットル彗星が残した噴出物によって起こる。

485 太陽圏 HELIOSPHERE

太陽風は星間空間の厳しい環境から太陽系全体を守る巨大な泡を形作っており、これを**太陽圏**とよぶ。荷電太陽風粒子の流れと磁場が、他の恒星から高速で飛来する**恒星風粒子**や**高エネルギーの宇宙線**を打ち返す役割を果たしている。

太陽圏の外側の境界には、太陽風が超音速から亜音速へと減速し始める**末端衝撃波面**、太陽風が星間媒質とぶつかる**ヘリオポーズ**、そして船の前の船首波(せんしゅなみ)のように銀河内を通る太陽系の運

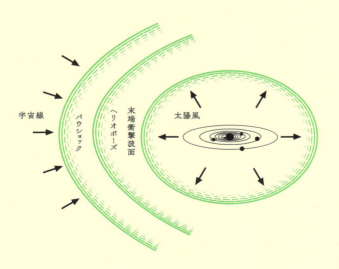

動に先んずる圧力波である**弧状衝撃波（バウショック）**という3つの主な構造がある。

Planets

惑星

486 惑星形成 PLANET FORMATION

46億年ほど前に、太陽と太陽系は水素分子でできた巨大な**分子雲**が自身の重力で潰れて凝縮して作られたと考えられている。分子雲は極めてゆっくり回転していたが、小さくなるにつれて加速していった。回転が作りだす遠心力によって、3次元に広がる雲が2次元に圧縮され、最終的に扁平な**原始惑星系円盤**が形成された。初期の太陽が円盤の中心で成長を続けるのに伴い、塵粒子が衝突してくっつきまず岩を、そして礫岩を形成し、さらに重力によって成長を続けることで円盤のなかで惑星が作られていった。

太陽の近くではその若い星の熱によって気体が吹き飛ばされ、岩だらけの陸地の惑星が形成された。一方太陽から遠く離れたところでは温度が低く、気体と氷の塊が併存、融合することで、巨大惑星へと成長した。これが**原始太陽系星雲理論**として知られる太陽系形成の概要である。天文学者は何光年も先の惑星形成雲でも同じようなプロセスが起こっていると考えている。

487 水星 MERCURY

太陽系のもっとも内側にある惑星である**水星**は、太陽を88日周期で駆け回っている。そこは日中の温度が430℃にも達する焼けた世界であるにもかかわらず、大気がほとんどないためにこの高熱を保持できず、夜間は-170℃にまで下がる。水星の表面は月に似て荒涼としたあばたのある光景である。1970年代半ば、宇宙探査機**マリナー10号**によって最初の近接撮影がなされた。最近では、2008年にメッセンジャー探査機も撮影に成功した。

水星軌道はアインシュタインの一般相対性理論を実験的に確認するのにも利用された。19世紀の天文学者は、水星が太陽の周りを回っているが、その楕円形の軌道自体が回転しており、惑星の通り道が花弁のようなパターンをたどっていることに気づいていた。

ニュートンの万有引力ではこのいわゆる**近日点移動**の説明がつかないが、アインシュタインの理論に基づいた計算は観測結果とぴたり一致したのだった。

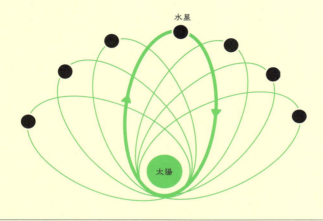

488 金星 VENUS

金星はしばしば地球の兄弟星といわれ、重さは4/5、大きさは地球とほぼ一緒である。多くの科学者は、その類似点は大きさだけに留まらず、金星はかつて表面に液体の水をもっており、温暖な気候だったと信じられている。しかし、現在の状況は大きく異なっている。今日の金星は温室効果の元凶、二酸化炭素からなる厚い大気に包まれているために、太陽からの放射エネルギーが閉じ込められて表面温度は460℃まで上昇する。これは鉛を溶かすのに十分な温度である。金星は太陽からの距離が水星より遠いにもかかわらず、表面温度は水星よりも熱い。表面の気圧は地球の93倍で、地球上のもっとも深い海溝の圧に匹敵する。

それでもなお、NASAの科学者デヴィッド・グリンスプーンは金星に生命が存在しうると予想する。惑星の雲層の上50kmあたりでは、温度と圧力が地球レベルまで落ちる。事実そこは、大気に毒性があるため呼吸用のマスクは必要だが、地球以外の惑星のなかで唯一、宇宙服が必要ない場所だ。

489 地球 EARTH

地球は太陽から数えて3番目の惑星だ。我々がもっともよく知っている世界であることから、地球の表面温度、気圧、直径（1万2700km）、質量（6×10^{24}kg）、そして1日や1年の長さは他の惑星を観測する際の基準となっている。地球のラテン語名はテラ（Terra）で、水星、金星、火星など地球と同じような惑星は**地球型惑星**とよばれる。

地球は太陽系のなかで唯一、生命が存在することがはっきり分かっている場所である。地球に生命が生存可能だった理由は、多くの条件がまさに「ちょうどよかった」ことによっている。水が液体として存在できる適正な範囲の表面温度であること、惑星の回転を安定させる月がありその結果環境が安定したこと、宇宙からの有害な電磁波から守る磁場をもっていることなどだ。

490 月 MOON

地球からの距離約38万kmの軌道を回る**月**は、地球の1/4ほどの直径をもち、本書を読んでいるあなたが今まさに感じている力の1/6の重力をもっている。表面の地形はごつごつした高地と、固形化したマグマでできた暗くて広い滑らかな海に分けられる。月は**ジャイアントインパクト**とよばれる巨大衝突を経て形成されたといわれている。このシナリオによれば、およそ**45億年前**に火星サイズの天体が地球をかすめるようにぶつかり、生じた破片が合体して月を形成したという。

誕生直後の月は高速で自転していたようだ。地球の重力が徐々にこの高速回転にブレーキをかけていき、やがて常に同じ面を向ける潮汐力に縛られた星となった。このため、満月、つまり地球から見て太陽と真反対の位置にいる月にはいつ見てもウサギが見えるのだ。

491 火星 MARS

火星は太陽からの距離約1.5AU（「宇宙距離」を参照）のところを回る赤い惑星である。その深紅色は土壌と表面の岩に高い比率で含まれる鉄分によるもので、それらは錆で覆われている。地球の半

分より少し大きな直径と、1/3の重力をもつ。火星には季節があり、活発な気候をもち、砂嵐や竜巻という塵旋風などの気象現象が写真に収められてきた。火星には**フォボス**と**ディモス**という2つの月がある。

NASAのフェニックス火星探査機は、2008年に火星に着陸して惑星表面に水氷を発見した。惑星の低い温度と気圧により、今日の火星表面には液体の水は存在しそうにないものの、化学的特徴や表面の腐食跡は火星がかつて湿っていたことを示していて、過去だけでなく現在も生命が存在するのではないかという論争に火をつけている。しかし、火星の冷たく乾燥した環境は、微生物以上に進化した生物が生き延びられそうにないことを示唆している。

492 木星 JUPITER

太陽系の巨人である**木星**は地球の10倍の大きさで、その重量は300倍を超す。**ガス惑星**といわれ、太陽の近くを回る地球型惑星とは根本的に異なる構造をしている。その大部分は、気体の水素とヘリウムだ。

木星に特徴的なのは、地球を何個か飲み込めるほど巨大な渦巻く嵐、**大赤斑**だ。この気体の帯のなかで暴れる小さめの嵐も見られる。木星には63個の月が知られていて、もっとも大きな4つ、イオ、エウロパ、ガニメデ、カリストはイタリアの博学者ガリレオが400年前に最初の頃の天体望遠鏡を用いて発見したことから**ガリレオ衛星**として知られる。地球から双眼鏡で見ると、それらは夜空に針で突いた光の穴のように見える。

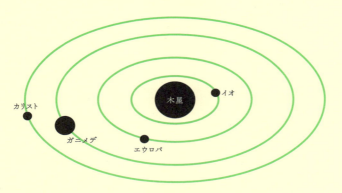

イオは4つのなかでは一番内側にあって、巨大惑星のあまりに近いところを回っているので、木星の重力による潮汐力を受けて常に左右・上下に押し潰されている。そのために生じる加熱効果で、イオは表面に400を超える活火山をもつ太陽系でもっとも火山の多い場所となっている。

493 土星 SATURN

　太陽から6番目の、木星に次いで2番目に大きな惑星がガス惑星の**土星**であり、10AU（「宇宙距離」を参照）の距離で太陽を回っている。ほとんどが気体の水素とヘリウムでできている。
　直径36万km、厚さ20kmの土星の壮大な**輪**は、惑星の周りを回る氷をまとった小さな塊で構成され、土星の遠方で光るナイフの刃のように見える。土星の月は61個が知られている。最大の衛星**タイタン**は地球の半分弱という大きさで、高密度の窒素に覆われている。タイタンの深く立ち込める煙霧の下に何があるかについて、液体メタンの湖があるとか、生命が存在するとか、多くの推測がなされてきたが、欧州宇宙機関のホイヘンス探査機が2004年にそこに着陸したとき、そのどちらも発見できなかった。しかし、着陸地点の近くにあった岩が過去に液体によって浸食されていたという証拠を見つけることはできた。

494 天王星 URANUS

　天王星は、1781年にイギリスの天文学者**ウィリアム・ハーシェル卿**によって発見された。木星や土星と同じくガス惑星である。ただ、水素とヘリウムの大気に一定の割合でメタンが含まれているという点でそれらの惑星とは異なっており、このメタンが太陽光の赤色成分を吸収することで惑星を淡青色に見せている。
　天王星は恐ろしく遠くにあって、その距離は20AU（「宇宙距離」を参照）だ。温度は-224℃で、太陽系のなかでもっとも冷たい惑星である。理由はよく分かっていないが、少し外側を回る海王星よりも冷たい。低温であるということは、木星や土星に見られるような渦巻く気象や、惑星表面に走る色のついた帯を作るのに十分なエネルギーが天王星の大気にはないことを意味する。天王星のもっとも変わった特徴は自転軸が98度傾いているということである。つ

まり横倒しの状態で太陽を公転しているのだ。しかもその公転周期は84年であり、天王星の北極や南極では、昼間が42年間続いた後42年間にわたる暗闇がくることになる。

495 **海王星** NEPTUNE

　太陽から地球までの距離の30倍も遠いところでは、太陽系は非常に暗く冷えている。そこが8番目の惑星である**海王星**が見つかる場所である。天王星の軌道に見られる微小な摂動が未知の星の重力によるものだと予測したフランスの数学者**ユルバン・ルベリエ**による計算に従い、1846年ドイツの天文学者**ヨハン・ゴットフリート・ガレ**によって海王星は発見された。

　海王星は地球の直径のほぼ4倍で、天王星と似たようなサイズと化学的組成をもつが、天王星とは異なり表面に活動が見られる。実際、木星の大赤斑同様、ハリケーンのような嵐が起きていることを示す複数の大きな暗い点などが見つかっている。海王星は、太陽からこれほど遠く離れた場所には、これほど大きな惑星を作るに足る物質は存在しなかったとする**現在の惑星形成モデルに疑問を投げかけている**。1つのありうる答えは**惑星移動説**で、海王星が物質密度の高い太陽に近いところでまず形成され、その後太陽系内を外側に移動していき、現在の位置に至ったというものである。

496 **準惑星** DWARF PLANETS

　我々の多くは、**冥王星**が太陽系9番目の惑星であると教わった。2006年、天文学分野でもっとも権威ある国際組織である**国際天文学連合**が、惑星という言葉の定義を厳格化した。改定された構想のもとでは、冥王星は**準惑星**という天体群の1つになった。見直しのきっかけは、太陽系の外縁部で冥王星より大きな天体が発見されたことだった。冥王星が惑星だとするならばこのような天体も惑星だということになってしまい、しかもそこにはもっとたくさんの似たような天体があるかもしれないというのだ。

　現在のところ5つの準惑星が知られている。冥王星、ハウメア、マケマケ、エリスという4つは、海王星の外側を回る岩と氷の塊である。5番目のケレスはかつての太陽系最大の小惑星で、火星と木星の間の小惑星帯にいる。

再分類される前のエリスは非公式名をゼナといい、多くの天文学者から10番目の惑星と見なされていた。冥王星とエリスは各々1つの月をもっていて、それぞれカロンとディスノミアとよばれている。ハウメアにはヒイアカとナマカという2つの月があり、ケレスとマケマケは月をもたない。

497 系外惑星 EXOPLANETS

本書執筆の時点で、いわゆる**系外惑星**は374個ばかり知られている。第一弾は、1995年にスイス・ジュネーブ大学のミシェル・マイヨールとディディエル・クエロッツにより発見された。彼らは50光年先のペガスス座にあるペガスス51番星を回る、惑星サイズの連れを見つけた。その位置にある惑星は小さすぎて直接観測することはできないが、宇宙空間を通して星の動きを計測することでその存在を推し量ることができる。見えない惑星が回ることで星は非常に微かであるが前後にふらつくため、高感度の装置でふらつきを観測することができるのだ。51Peg（ペガスス51番星の略）惑星は木星に似たガス惑星であるが、惑星ハンターたちによれば、我々の地球より少し重く、液体の水が惑星表面に存在可能で、**生命居住環境領域**（ゴルディロックス・ゾーン）にある地球型惑星だという。

498 浮遊惑星 ROGUE PLANETS

系外惑星よりもっと不思議なものとして、どの星とも関わり合うことなく、深宇宙を自由に動き回る惑星が存在する可能性があるという。**浮遊惑星**とよばれるこのような星の一部は、惑星形成の過程のなかで物質が激しくぶつかり合ったときに、主星系から弾き飛ばされたものだと予測されている。とはいえ、いくつかの浮遊惑星候補が天文学者によって発見されたが、未だに立証されてはいない。

カリフォルニア工科大学のデービット・スティーブンソン教授によると、浮遊惑星は生命を育みうるという。これらの惑星は主星系が水素ガスに富んでいた頃に形成されているはずなので、熱を蓄えられる厚い大気をもち、近くの恒星から暖をとらずとも、液体の水でできた海と温暖な気候を維持できるからだ。

恒星

499 星間空間 INTERSTELLAR SPACE

我らが太陽系の防護シールドの外側には、**星間空間**という厳しい宇宙の荒野が存在する。その空っぽの空間は、密度が低すぎてグラムでは測れず、1cm³当たりの原子数で測らねばならないほどだ。稀薄なガスと塵の雲がぽつぽつと存在する星間空間の主な構成成分は**水素雲**だ。水素雲には3つの形態がある。単なる水素原子からなる**中性雲**、水素原子2つが結合した水素分子からなる**分子雲**、そして近傍の星からの放射線によって電子が剥ぎ取られ、プラスに帯電した水素イオンの雲が残される**HⅡ領域**だ。加えてこれらの雲はわずかに宇宙塵も従えている。それらを合わせると、天の川銀河などの場合、銀河重量のおよそ15%を占めると考えられている。

500 星雲 NEBULA

地球から見える宇宙ガスの雲は天文学者によって**星雲**と名づけられており、大まかに3タイプに分けられる。**発光星雲**は、星雲の気体原子が1つ以上の電子を失ってイオンとなり、そのイオンと電子が徐々に再結合するときに放出されるエネルギーによって自ら光を発するガス雲である。星間空間に見られるHⅡ領域は発光星雲の例だ。一方、**反射星雲**は自ら光を生みだすことはなく、かわりに近くの星の光を反射している塵の雲である。最後は**暗黒星雲**で、光を放出したり反射したりすることはなく、光源の前に自身が立ちはだかることで背後から漏れ出てくる光により浮かび上がって見える。オリオン座の馬頭星雲などが有名だ。

501 星の形成 STAR FORMATIONS

星は星間空間にある冷たい**分子雲のなかで誕生**する。分子雲の初期密度は数粒子〜100粒子/cm³程度である(1cm³に30×10億×10億個の粒子が存在する地球の大気と比較してみてほしい)。しかしそれでも、何百光年にもわたり広がっていることもある分子雲は、太陽質量の何百〜何千倍にも及ぶ大量の物質を保持している。雲のなかのわずかな密度の不均一性が重力で潰れるきっかけとなり、その領域に生じた重力が周りの物質を引き込むにつれて密度が高くなり、そしてさらに

重力が増加していく。いわば暴走プロセスだ。

このような**原始星**が凝縮するときには内部の気体が潰され、中心部の温度が1500万℃に達するほど上昇する。次に**核融合反応**が始まり、星が生まれる。新しい星から流れ出る電磁波はシャボン玉が膨らむように周囲を取り巻く分子雲を吹き飛ばす。この方法で太陽のような星が作られるまでにかかる時間は約5000万年である。

502 ヘルツシュプルング・ラッセル図
HERTZSPRUNG-RUSSELL DIAGRAM

天文学者は星の進化を、**ヘルツシュプルング・ラッセル（H-R）図**という分布図に表す。1910年に最初に図を描いた2人の天文学者にちなみこの名がつけられた。H-R図とは星の等級を星の色に対してプロットした散布図である。ほとんどの星は**主系列**とよばれる細長い領域に収まる。星の形成ではまず原始星が生まれると、H-R図上を横切るように**林トラック**や**ヘニエイトラック**という軌跡を通って進化しながら主系列上に至る。林トラックやヘニエイトラックとは、収縮を続けるガス雲という初期の状態から、完全な星になるまでの成長過程を表す軌跡である。星が主系列星としての寿命を終えるときには、さまざまな方向に進んでいく可能性がある。たとえば太陽のような星はだんだんと赤く明るくなっていき、**赤色巨星**として図中のいわゆる**巨**

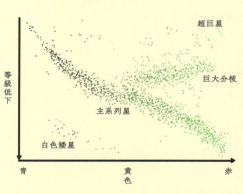

大分枝を上り、やがて暗く熱い**白色矮星**として生涯を終える。

503 主系列 MAIN SEQUENCE

太陽のような平均的な星はヘルツシュプルング・ラッセル図のなかに対角線状に描かれる**主系列**とよばれる領域を占める。主系列星は内部にあるコアで核融合反応により水素燃料を燃焼させエネルギーを作りだすと共に、核燃焼の「灰」であるヘリウムを産生す

る。主系列上の星は温度をもとに**スペクトル型**とよばれるものに分類される。歴史的理由から、5万℃から3000℃まで、温度の高い順にO、B、A、F、G、K、Mという分類になっている。太陽は5500℃のG型星である。星はその一生のうち、水素燃料を使っている間は主系列に位置し、水素燃料を使い果たしてヘリウムを燃やし始めた時点で**赤色巨星**になる。

504 褐色矮星 BROWN DWARFS

星形成がうまくいかず、内部で起こるはずの核反応のスイッチを入れられない原始星は**褐色矮星**となる。いわば木星の超巨大版のような星だ。重力で束縛されたガスの球体だが、コアで核融合を始動させるのに必要な温度を発生させられるほどの重力を生みだせる重量ではない。褐色矮星のほとんどは木星とほぼ同じサイズで、重量は数倍〜90倍ほどである。このような存在は1970年代に提唱されていたが、最初に発見されたのは1995年のことだった。今では数多くの褐色矮星が知られている。

505 変光星 VARIABLE STARS

星のなかには明るさが劇的に変化するものがあり、**変光星**として知られている。変光星には多くの型が存在する。**食変光星**は連星で、各々が周期的に他方の前を通過するときにペアとしての正味の明るさが一時的に落ちる。アルゴルやこと座ベータ星がこのタイプだ。

別の変光星では、周期的に膨張と収縮が繰り返される。収縮によって星はより高密度かつ不透明になり、それにより放射が閉じ込められると今度は再膨張する。このサイクルが繰り返されるのだ。**ミラ**や**セファイド型変光星**がこのような振る舞いを示す。セファイド型変光星の脈動周期は最大光度と関連していて、その真の明るさが分かれば、見かけの明るさを測定することで距離を計算することができる。

506 連星 BINARY STARS

惑星が太陽の周りを回るように、星も互いの周りを回ることができる。**連星**は、共通の重心の周りを回転する軌道運動を行う2つの

星からなる。連星であることをどのように検出できたかによってさまざまな型に分けられる。たとえば、**実視連星**は望遠鏡を使って2つの星に分解して見ることができるもので、**分光連星**は2つの星が前後に動くにつれ、ドップラー効果によってずれた光のスペクトルを検出することで見ることができる。**食連星**は、2つの星が互いの前を移動するため変光星となる。

連星はブラックホールを見つける方法としても使われる。ブラックホールは名前の通り黒いため直接観測することはできない。しかし、もしそれが連星系の片割れならば、明るい連れに及ぼす重力効果からその存在を推定できる。

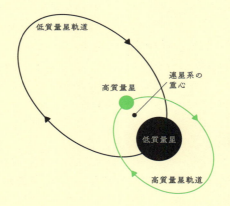

507 星団 STAR CLUSTERS

星を形成する雲のなかで一部が収縮していくことで星が生まれ、やがてその星が砕けるとき、一気に多くの若い星が群れとなって生じる。しかし星はさらに大きな群を形成することもあり、これを**星団**という。天の川には**散開星団**と**球状星団**という2つのタイプの星団がある。銀河面にある散開星団は直径が数十光年ほどで、数百個の星が含まれる。散開星団は単に重力によって緩く結びついているだけであり、分裂しやすいために散開という名前がつけられた。散開星団のメンバーとなる星は通常、非常に若い。

一方、球状星団は銀河の外側に広がるハローとよばれる領域を周回する星が球状に集まったものだ。極めて高密度になり、百万個の星が数十光年の大きさに詰め込まれている。高密度であるが

故に重力が強くなり、その結果、球状星団のメンバーは互いに強固に結合している。球状星団には知られているなかでももっとも古い星が含まれている。

508 赤色巨星 RED GIANTS

主系列星がコアで水素燃料を使い果たすと、核反応が一時的に停止し中心部が冷え始める。しかし冷却によってコアを収縮させる圧が低下すると、コアは再び熱くなり始める。温度が1億℃あたりに到達するまで加熱は続き、今度はヘリウムを燃焼する核融合反応に火がつく。再び高温によって星の外殻は膨らみ、太陽の直径の数百倍にまで広がる。膨張は同時に外側の層の冷却をもたらし、太陽のような黄色から、**赤色巨星**として知られるより冷たい赤色へと変わっていく。

太陽は今からおよそ50億年後に赤色巨星になるよう運命づけられている。それは水星や金星を飲み込み、地球の表面をカリカリに焼いてしまうだろう。おもしろいことに、太陽が赤色巨星になると同時に土星の衛星タイタンは生命が存在できるほどにまで温かくなる。しかし残念なことに、その期間は長くは続かない。

509 惑星状星雲 PLANETARY NEBULA

星が最期を迎えるときには何が起こるのだろうか？　太陽のように質量が中くらいから小さめの星は、**惑星状星雲**という波打つガス雲となってなかなか優雅に一生を終える。それまでに星は、コア内でヘリウムを燃焼する**赤色巨星**になっている。赤色巨星は不安定な星で、コアの温度のごくわずかな変化が星の明るさに大きな変動を生みだし、外層は脈動すると共に膨張し始め、やがて十分に大きくなると外層のガス全体が解き放たれる。

惑星状星雲は差し渡しおよそ1光年にもなり、地球から天文学的に離れたところにあってさえ点状の星ではなく、惑星のような円盤型に見える。そのために18世紀後半イギリス人天文学者ウィリアム・ハーシェルによってこの名がつけられたのであるが、星のコア（白色矮星とよばれる炭素と酸素の燃え残り）は星雲の中心に留まっている。

510 白色矮星 WHITE DWARFS

　白色矮星は星の死骸、すなわち太陽のような星がその寿命を終えた後に残される残骸であり、その実体は外側のガス層を飛散させて惑星状星雲となった赤色巨星の中心部にあるコアである。コアは非常に高温で、ときに10万℃を超え、白色を呈するようになる。しかしサイズが小さいために熱の放射はおだやかであり、その光は案外ほのかなものである。内部にエネルギー源がないので冷却とともにその光は次第に弱まり、やがていわゆる**黒色矮星**になる。

　白色矮星の密度は極めて高く、太陽1個分の重さの物質がほぼ地球サイズの球体に詰め込まれている。白色矮星の熱圧力はこの高密度によって作りだされる重力に打ち勝つことはできないが、量子論による均衡がなんとか保たれている。白色矮星内では、原子は原子そのものとして存在しておらず、物質は潰されて原子核と電子のスープのようになっている。重力が電子を押し潰そうとすると、同じ量子状態をとることが許されないという排他律によって電子が蹴りだされる。この電子の**縮退圧**こそが、白色矮星が自分自身を折り畳んでブラックホールになることを阻止している。

511 超新星 SUPERNOVA

　太陽のおよそ10倍以上の重さの星は**超新星爆発**とよばれる壮大な爆発によって自身を吹き飛ばし、その一生を華々しく終える。そのような大きな星はある日突然、核融合の燃料切れに突然見舞われる。星を支えている源が取り除かれることで外層は自由落下状態となり、星は内側に破裂しコアを圧縮し、**中性子星**へと姿を変えて崩壊が止まるのだが、この結果として突然「跳ね返り」が起こり、崩壊しつつある層を再び外側へと押し返し、最終的に超新星爆発へと駆り立てられる。

512 中性子星 NEUTRON STARS

　超新星爆発で寿命を終える星のコアは、爆発によって残された**デブリ雲（残骸）**の中心に留まる。**中性子星**と呼ばれるそれは、死にゆく星の内部で増大する圧力が電子と陽子を一緒に押し潰すことで、コアが中性子の巨大なボールに変わってできる。しかしそれで

は終わらない。合体してできたすべての電子-陽子ペアから**ニュートリノ**が放射されるのだ。そうやって滅びゆく星から解き放たれ宇宙を横切る何十億個の何十億倍ものニュートリノは、超新星を望遠鏡で直接見ることができるようになる前に、それができつつあることを教えてくれる。

中性子星は太陽1個分の物質を直径12kmの球に詰め込んでいる。これはティースプーン1杯の物質が山1つほどの重さをもっているのに匹敵する高密度である。白色矮星と同様、中性子星は量子圧力（この場合は電子ではなく中性子に排他律が適用されている）によって支えられている。

513 クォーク星 QUARK STARS

もし中性子星が十分重かったら、重力によってさらに圧縮され、中性子を**クォーク**の単位までバラバラに溶かすだろう。2002年、マサチューセッツ州ケンブリッジにあるハーバード-スミソニアン天体物理学センターのジェレミー・ドレーク率いる天文学者たちは、みなみのかんむり座のなかに**クォーク星**らしきものを発見したと発表した。RXJ1856と名づけられたこの天体は、中性子星にしては小さすぎ、恒星の質量をもつブラックホールにしては大きすぎる。中性子星もクォーク星も強力な磁性をもち、自転することで周囲の荷電粒子と相互作用し、宇宙の灯台のごとく規則的に周りを掃引する放射ビームを磁極から放つ。このような天体は**パルサー**と呼ばれる。

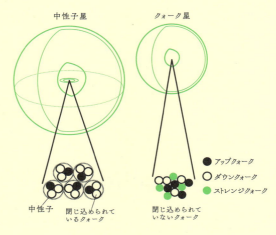

514 極超新星 HYPERNOVA

　死んでゆく星があまりにも大きく、クォーク星の形成によっても重力崩壊を止められない場合、コアは自分自身を吸い込んで**ブラックホール**になり、その過程で超新星100個分ものエネルギーを放出する。これが**極超新星**である。極超新星は1960年代後半に衛星によって発見された高エネルギーの電磁波閃光「**ガンマ線バースト**」の源とされている。だいたい1日1回の割合で観測されるものの、1997年にガンマ線バーストの光学対応天体が発見され、遠方の銀河のなかで爆発する星にまで源をたどることができるまではその起源が謎だった。

Galaxies

銀河

515 銀河間空間 INTERGALACTIC SPACE

　もし星間空間を退屈だと思うならば、銀河間に存在する殺風景な宇宙の奥地についてはなおさらだろう。**銀河間空間**は、1m³当たり水素原子約1個という低密度で、ごくごく少量の物質しか存在しないほぼ完全な真空である。

　銀河間空間に存在している主なものは銀河そのものである。これらの巨大な星の集まりは宇宙の真空のなかに点在する島であり、互いに数百万光年離れている。これは典型的な銀河の大きさの20倍から40倍の距離である。ただ、星と星の間の平均距離が星の大きさの数千万倍であることと比較すると、銀河間空間は星間空間よりもずっと混み合っていることになる。

516 渦巻銀河 SPIRAL GALAXIES

　宇宙でもっとも一般的に存在する銀河である**渦巻銀河**は、明るい円盤のなかに**渦状腕**が弧を描いている。

　腕に見えているものは銀河を数千万年周期で回るらせん状の密度波だ。通常目には見えないのだが、円盤物質が押し潰されて星形成が起こり、新世代の高温の明るい星が渦状腕をライトアップすることで見えるようになる。円盤内に見つかる比較的若い星は、**種

族Ⅰの星として知られる。

　円盤は、**種族Ⅱ**として知られる古い星のふるさとである回転楕円体「**ハロー**」に取り囲まれている。銀河の力学研究によれば、ハローは大量の**暗黒物質**を保持していて、これが銀河の質量の大部分を占めている。最後に、銀河円盤の中心部には**バルジ**と呼ばれる、宇宙ガスと塵の雲を伴った星が高密度に集まっている。この手の銀河の大部分が、心臓部に太陽の何百万倍もの重さになる超重量級のブラックホールを抱えていると考えられている。

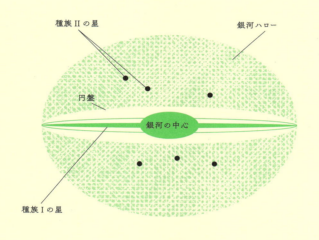

517 棒渦状銀河　BARRED SPIRAL GALAXIES

　渦巻銀河のなかには、中心部を貫くような明るい**棒**が存在し、構造が複雑化しているものがある。このとき、渦状腕は中心部から広がるのではなく、棒の端から尾を引くように広がる。銀河の棒の物理学的背景はよく分かっていないが、科学者は、他の銀河との重力的相互作用が通常の渦巻銀河に見られる渦巻パターン形成時のような密度波と組み合わさった結果だと考えている。現在知られている渦巻銀河のうちおよそ1/3（天の川銀河含め）が棒状である。

518 天の川銀河 MILKY WAY

　我々の銀河は天の川銀河とよばれ、音叉図（「音叉図」を参照）上でSBb～SBcに分類される棒渦状銀河だと考えられている。銀河円盤は差し渡し10万光年、厚さは1000光年、3000億個の星を擁し、重さは太陽の6000億倍である。天の川銀河は棒の端から尾を引く2つの大きな腕に加えて、**弧**という少数の短い腕をもつ。渦状腕は天の川銀河の円盤の周りを5000万年周期で回っている。

　天の川の中心から2万6000光年離れた**オリオン腕とよばれる弧の端**に、太陽と太陽系がある。太陽は銀河中心を回る軌道を2億2000万年かけて1周する。天の川銀河に存在するもっとも古い星から判断すると、天の川は宇宙そのものがちょうど5億歳のとき、すなわち約**132億年前**に形成されたと考えられている。

519 楕円銀河 ELLIPTICAL GALAXIES

　すべての銀河が華美な渦巻構造をもっているわけではない。**楕円銀河**として知られる銀河は、内部に星がなだらかに分布する質素な楕円形をしている。楕円銀河内の大部分の星は渦巻銀河のハローに見られる老人星（おおむね数十億歳）と同じ**種族Ⅱ**である。楕円銀河内の星の軌道はほとんど構造化されていない。渦巻銀河のすべての星が銀河円盤の平面内を一方向に回っているのに対して、楕円銀河のなかでは星の軌道があちこちで交差する。楕円銀河はまたさまざまな質量で存在し、太陽の重さの1000万倍のものから10兆倍のものまである。大きさも数百光年から数万光年と幅広く、著しく変化に富む。楕円銀河は宇宙においては少数派で、現在知られている銀河の10％を占めるにすぎないが、その割合は宇宙が歳をとるにつれて変わるとみられている。楕円銀河は2つの**渦巻銀河が合体**して形成されたと考えられており、実際、天の川銀河もいつの日か楕円銀河になると予想されている。天の川銀河は隣接するアンドロメダ銀河と衝突するコースにあり、30億年後には衝突する見込みである。

520 銀河のはみだし者 GALACTIC MISFITS

　銀河のなかには渦巻銀河や楕円銀河という分類にあてはまらな

いものもある。**レンズ状銀河**は文字通りレンズ型で、渦巻銀河のような円盤をもっているが、その内部には入り組んだ渦巻構造が存在しない。これは、星形成材料を使い果たしてしまい、渦巻構造を照らし出せる明るく新しい星を作ることができない渦巻銀河だと考えられる。しかも、多くの渦巻銀河を楕円銀河に変形させる銀河衝突を回避してきたものだ。一方でいわゆる**特異銀河**はそれほど幸運ではなかったようである。これらは分類できないような異様で不格好な外観をしており、強烈な銀河衝突の結果できたと考えられている。

521 音叉図 TUNING FORK DIAGRAM

天文学者は色々な銀河の形と外観を、天文学者**エドウィン・ハッブル**が1926年に考案した**音叉図**というものにまとめた。図の左端から始まる銀河の並びは、左から右に向かって球（E0）から高扁平な楕円（E7）へと変化する**楕円銀河**を示している。次にS0とラベルづけされた**レンズ状銀河**（「銀河のはみだし者」を参照）がくる。ここで音叉図はフォークの歯のように分岐し、上側の列は左から右へ向かって、きつく巻かれた腕と大きなバルジ（中心の膨らみ）をもつもの（Sa）から緩く巻かれた腕と小さなバルジをもつもの（Sc）へと変わっていく**渦巻銀河**を図示している。下側の列は**棒渦状銀河**を示していて、SBaからSBcまで同様の決まりに従って並ぶ。

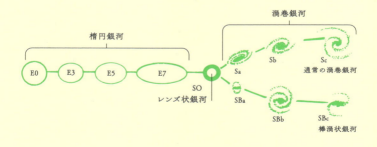

522 メシエ天体カタログ MESSIER CATALOGUE

1771年、フランスの天文学者**シャルル・メシエ**が当時の望遠鏡

で見ることのできた銀河のカタログを完成させた。遠方の銀河は、望遠鏡越しではおぼろげでぼんやりとしていることが多く彗星によく似ていた。熱心な彗星ハンターであったメシエは既知の銀河と新発見の彗星とを見間違えることに辟易していた。そこで彼はこのようなリストを作ることを決心したのだ。

103個のナンバリングされた天体で始まったこのリストは、メシエが明らかに気づいていたものの何らかの理由で無視してリストに入れなかった天体を他の天文学者らが追加することで110個にまで拡張された。**メシエ天体カタログ**には銀河のみならず星団、星雲、超新星の残骸も掲載されている。これらの天体の多くは双眼鏡や小さな望遠鏡でも見ることができるので、メシエ天体カタログは今日も依然としてアマチュア天文家の観測目標リストの決定版である。

523 矮小銀河 DWARF GALAXIES

惑星や連星と同じように、銀河のなかには縮小版の兄弟が周りを回っているものがある。典型的な例は天の川銀河の周辺を通る**大小マゼラン雲**だ。たとえば大マゼラン雲には太陽約100億個分の重さの物質が約300億個の星として存在し、差し渡しは1万4000光年、天の川銀河から15万7000光年離れている。もともとは小さな棒状渦巻銀河だったものが天の川銀河にふらふらと近づき、その重力によって現在の不規則な形に変形したと天文学者は考えている。

天の川銀河の周りを回る**矮小銀河**は14個ある。また、ほうおう座矮小銀河やきょしちょう座矮小銀河のような、孤立して銀河間空間を深くさまよっている矮小銀河もある。

524 銀河形成 GALAXY FORMATIONS

矮小銀河は**星形成過程と同じようなプロセス**を経て成長する。すなわち、自分自身の重力によって大量の物質が圧縮されてできるのだ。宇宙雲は通常いくらか回転していて、それによって生じる遠心力が2次元方向に銀河が潰れないよう支えるが、3次元方向には潰れてしまうので、結果的に銀河は扁平な円盤状になる。大きな銀河は、より小さな単位である矮小銀河が重力によって合体していきながら(この過程をボトムアッププロセスという)大きくなっていき、現在の

宇宙に存在するような形になったと考えられている。

　計算機シミュレーションによれば、**暗黒物質**が銀河形成において重要な役割を果たしており、暗黒物質が存在していなければ銀河形成も起こらなかったという。銀河は今この瞬間も形成され続けているが、形成率は過去のほうがずっと高かったようだ。

525 銀河進化 GALAXY EVOLUTION

　生命体と同じように、銀河は徐々に発展する。星が核反応によって水素ガスをヘリウムやより重い元素に変えるように、銀河の化学的組成は一生のうちに変化し、その後の**超新星爆発**や**惑星状星雲放出**によって元素を星間空間に返す。

　以前は、エドウィン・ハッブルの音叉図が楕円銀河から渦巻銀河へと発展していく様子を表していると考えられていたが、今では正しくないことが分かっている。どちらかといえば、発展の道筋は逆方向に働いていて、整然とした渦巻構造の銀河が銀河衝突によって秩序を失い楕円形の無秩序なものに変わっていくことで渦巻銀河が楕円銀河になるのだ。個々の星の間隔はあまりにも離れているので星同士がぶつかることはまずない。銀河衝突の際に星が合体することはないとはいえ、それぞれの銀河にある星を重力が引き寄せ、ひとまとまりの群れになることはある。銀河の合体によって多数の圧縮波が生成され、それが爆発的な星形成を引き起こすこともある。このような銀河は**スターバースト銀河**と称される。

526 活動銀河 ACTIVE GALAXIES

　ほとんどの銀河の中心部には、巨大な**ブラックホール**が潜んでいると考えられている。**活動銀河**にあるこのようなブラックホールは凄まじい放射源となっており、輝く宇宙の灯台のように銀河全体を浮かび上がらせる。活動銀河のコアである活動銀河核のエネルギーは星、ガス、塵を貪るブラックホールによって供給されている。ブラックホールの重力は物質を引き寄せ高速に加速させるが、ブラックホールの**事象の地平面**に近づくにつれ落下物質同士が1つにまとまり衝突する。このとき熱が生じ、電磁波が放出されるのだ。

　活動銀河は主に、電磁スペクトルの電波領域でどれだけ多く放射するかに応じて、電波を出す銀河と出さない銀河の2種類に分

けられる。電波をたくさん出す活動銀河（**電波銀河**）は、銀河円盤に対し直角方向の空間に何千光年にもわたって噴き出すプラズマのエネルギージェットを生じる。ジェットのなかの物質は光速近くで進み、銀河間空間に広がるガスに激突したところで衝撃波を発生させ、それが膨らみ電波を放射するローブを形成する。電波銀河のジェットのエネルギー源が何かはまだ明確には分かっていないが、慣性系の引きずりというのが有力な説明である。電波を出さない静かな銀河については、邪魔をする物質が間にあって我々の視野を遮っているために電波を放出する中心部が我々から見えないだけだと考えられている。

527 クエーサー QUASARS

クエーサーは天の川銀河よりも遙か遠くに見える活動銀河である。知られているなかでもっとも遠いクエーサーはおよそ280億光年離れている。すなわち我々が見ている光は、宇宙ができて間もない頃に放射されたものということになる。このとてつもなく遠いところにあるクエーサーが見えるのは、クエーサーというものが宇宙でもっとも明るい天体だからである。数万ものクエーサーが見つかっているが、30億光年よりも近くにあるものは皆無であるため、一部の天文学者はクエーサーとは初期銀河であり、近傍の宇宙で見られるような控えめで落ち着いた銀河になる前のいわば荒ぶる若者だと

考えている。このようなスキームのもとでは我々の天の川銀河も過去にクエーサーの時期を経験してきたことだろう。

　天文学者はクエーサーとして知られるようになる天体を1960年に初めて見つけたが、ドイツ系アメリカ人の天文学者マーテン・シュミットによってそうであると認められるには1963年まで待たなければならなかった。クエーサー（Quasar）という名前は**準恒星状天体**（quasi-stellar object）の短縮形で、銀河でありながら遠方にあるため星（恒星）のような光の点として空に現れることからそう名づけられた。

初期の宇宙　The Early Universe

528 宇宙　THE UNIVERSE

　宇宙とは正確には何なのだろうか？　存在するものすべて？　見ることのできる部分だけ？　それとももっとスピリチュアルな定義があるのだろうか？　科学者が考える限り、宇宙は我々の住む3次元空間すべてである。一部の科学者はそこに時間を加え、宇宙とは3次元空間に過去と未来すべてを加えたものだという。

　宇宙学者は、ビッグバンの後の天の川銀河に到達することのできた光が出発した部分、つまり、**宇宙の地平線の内側**に存在する**観測可能な宇宙**に特に重点を置く。我々の宇宙の外側には、たとえば量子論の多世界解釈で予見される多元的宇宙を構成するような他の宇宙が存在する可能性もある。

529 ビッグバン　THE BIG BANG

　およそ**137億年前**、我々の宇宙を出現させた「**大爆発**」があった（ただし、本当の爆発ではなかったのだが）。爆風が宇宙空間を駆け抜けることはなく、空間そのものが膨張していく間、物質はその場に留まっていた。ビッグバンは「ある一点で」起こったわけではなく、同時にあらゆる場所で起こったとされている。

　ビッグバンとふつうの爆発現象には、火の玉という共通項がある。宇宙空間が膨張して現在の温和な宇宙環境になる前、宇宙は極めて高温かつ高密度なものとして誕生した。物質、電磁波、空間、

時間が詰め込まれた巨大な泡を弾けさせた最初のきっかけは何だったのだろうか？　**量子宇宙論**や**エキピロティック宇宙論**といった分野が手がかりを提供してはいるが、本当のところは誰にも分からない。

530 マイクロ波背景放射 MICROWAVE BACKGROUND

　宇宙が何十億年も前に突然爆発と共に出現し、膨張したかと思うとやがて冷えて銀河や星や惑星、最終的に我々をも作りだしたのだと初めて聞かされたとき、そもそも我々がどうやってそれを知りえたのかと問いただしたくならなかっただろうか。ビッグバン宇宙論は2つの頑丈な証拠の柱の上に成り立っている。1つの証拠は宇宙空間にある豊富な化学元素に関連している。ビッグバン理論によれば初期の宇宙は水素だけで満たされていて、それがビッグバンの火の玉内で核融合反応を起こしてヘリウムやわずかばかりの重い元素に変わっていった。ビッグバン宇宙論に基づいた計算から、宇宙は火の玉のなかの水素が25%ほどヘリウムに変換されたところから出現したに違いないと考えられている。この割合はまさに、孤立した宇宙ガス雲に見られる組成だ。さらに驚くべき証拠がある。ビッグバン理論からは、検出可能な**ビッグバンの残響**が未だに宇宙を旅しているはずだということが予測される。それは音の残響ではなくて、非常に特殊な波長をもった電磁放射、黒体放射温度で絶対温度2.7℃のマイクロ波である。

　1964年にニュージャージー州ベル研究所の2人の電波天文学者アーノ・ペンジアスとロバート・ウィルソンが、まったくの偶然によってこの**宇宙マイクロ波背景放射**を発見した。実際のところ彼らは検出器を悩ませるこの未知の雑音を除去しようと試みていたのだが、これこそ我々の宇宙が本当に熱い「**ビッグバン**」から生まれたという証拠となった。

531 インフレーション INFLATION

　インフレーション理論によればビッグバンで宇宙が誕生してから1億×10億×10億×10億分の1秒後にとてつもないスパートがかかり、宇宙は10^{26}倍に拡大したという。**インフレーション理論**には多くの魅力がある。たとえばこの理論は、ビッグバンの後に宇宙を量

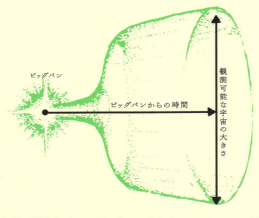

子の領域から引っ張り出すことができる。もしインフレーションが起こっていなければ、重力により宇宙は再び崩壊していたに違いない。

また、インフレーション理論によって、厄介な2つの宇宙論的難問である**平坦性問題**と**地平線問題**もうまく解決する。

さらに、インフレーションは銀河のような構造がどのようにしてできたかを説明する手段にもなる。量子の**不確定性原理**によって作られたわずかな密度の揺らぎが急激な膨張により天体物理学的な規模に拡大される。それが種となり、その周りに銀河が成長することができたといわれている。たしかに、宇宙マイクロ波背景放射のなかに観測される揺らぎの模様は、インフレーション理論の予測とうまく合致しているように見える。

532 平坦性問題 FLATNESS PROBLEM

1980年にMITの物理学者アラン・グースによってインフレーションという考えが提案されると、理論家を永年悩ませていたビッグバン理論に関する問題が一気に解決した。その1つ目は**平坦性問題**だ。分かりやすくいうと、今日の宇宙の天文測定は厄介なことに、最大のスケールで見た宙が信じられないくらい平坦であることを示している。これは時空についての最良の理論である一般相対性理論があらゆる湾曲を許していることを考えると奇妙なことである。また、ビッグバン理論はこの平坦性を説明できなかった。

インフレーションは、宇宙をものすごい大きさに膨らませることに

よってどんな曲面も無視できるようにしてしまう。ビーチボールの上に立っていると想像してみよう。ビーチボールの表面が曲面であることは明らかだ。ところがそのビーチボールを地球の大きさにまで膨らませたとすると、我々の日々の経験からも分かるように、立っている部分は平らに見えるようになる。

533 地平線問題　HORIZON PROBLEM

　インフレーション理論が解決するもう1つの問題である**地平線問題**とは、「なぜ宇宙の反対側も、多かれ少なかれ似ているのか？」という疑問だ。もちろん、空の反対同士に見える星座は異なるし、一方の空には他方とは異なる銀河や星団がある。しかし、そこに大きな質的差異はなく、たとえば空の半分がギラギラと燃え上がっている一方でもう半分は漆黒ということはない。ただ、宇宙がそうあるべきだという理由もない。宇宙の地平線とよばれる、我々が見ることができる最遠方は465億光年先である。それゆえ、空の反対同士は930億光年離れていることになる。光の速度で移動したとしても、137億年前に始まった宇宙のなかで両端が接し合う時間はなかったはずだ。

　インフレーション理論は、非常に若い頃の宇宙の大きさを標準のビッグバンモデルよりもずっと小さく設定することでこの問題を打破する。こうすることで、インフレーションによって宇宙が今日我々の見ているサイズにまで爆発的に広がる前に、宇宙の内容物が一様になる時間を作れるのだ。

534 カオス的インフレーション　CHAOTIC INFLATION

　インフレーションには、そもそもそれが**どのように**始まったかという問題があるのだが、これが起きるためにはまさに適切な条件がそろわなければならなかった。物理学者**アンドレイ・リンデ**が提唱した**カオス的インフレーション**という理論はその自然なメカニズムを提供する。リンデはビッグバン直後の初期宇宙が、仮想粒子という、量子的ゆらぎで騒然とする無秩序（カオス）なもつれのなかにあったと仮定した。リンデによれば、必要なのは宇宙のなかのある一角のもつれの条件がインフレーションを起こしうることであり、そうなればその小さな一角が急速に成長し、宇宙の大部分を占めることとなる。

リンデは、我々の存在する宇宙の泡がインフレーション的に拡大しているせいで遠く離れすぎていて見ることはできないが、カオス的インフレーションというプロセスは今日も続いていると主張する。もし彼が正しいならば、彼のいう**永久インフレーション**のなかで新しい宇宙が常に発芽していることになる。

535 秩序だった宇宙の生涯 LIFE OF THE COSMOS

死んだ星がブラックホールへと崩壊することで、私たちの宇宙から新しい宇宙が生じているのかもしれない。ある理論では、**ブラックホール**は新しい領域に入り込んでいる**ワームホール**のようなかけ橋を形成しているという。アメリカの理論物理学者リー・スモーリンは、新しい宇宙の産生は生物の繁殖に似ていて、いわばダーウィンの自然選択の宇宙論版に基づき、宇宙は世代を通じて進化していくのではないかと考えた。生物のように、新しい宇宙は各々が親宇宙から平坦性や膨張速度といった特質を少し変異させながら受け継いでいく。そしてダーウィン進化のように、「最適な」特徴を有する宇宙のみが生き延びるのだ。

536 宇宙の位相欠陥 COSMIC DEFECTS

宇宙のなかには、ビッグバンの名残であるエネルギーのねじれた結び目、すなわちドメインウォール、宇宙ひも、モノポール、テクスチャなどは、科学者が「**宇宙の位相欠陥**」とよぶ奇妙な物たちが形成される。位相欠陥は1970年代にインペリアル・カレッジ・ロンドンのトム・キブルによって提案された。彼は、位相欠陥は宇宙における**自発的対称性の破れ**の結果であり避けられないと指摘した。対称な宇宙というのは、針を真っ直ぐに立てて作られた格子のようなものである。対称性の破れは針が否応なく倒れ始めるように起きる。そして重要なことに、すべての針がある一方向に倒れるわけではなく、ある方向に向かって倒れる領域や、まったく

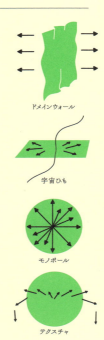

ドメインウォール

宇宙ひも

モノポール

テクスチャ

別の方向に倒れる領域がある。

　もっとも単純な宇宙の位相欠陥は、異なる方向に倒れた針に対応する、2つの空間領域が出会うところで形成される**ドメインウォール**という2次元の境界だ。3つまたはそれ以上の領域が出会うところで、針が中心線のような中心部から外を向いている場合は、**宇宙ひも**という欠陥となる。もしすべての針が3次元的方向に外を向いたならば、それは尖った点に見える**モノポール**という欠陥だ。もっとも複雑な構造をした欠陥は**テクスチャ**として知られる抽象的なもので、すべての針が4次元方向に外を向いたとき形成される。

537 多重連結宇宙 MULTIPLY CONNECTED UNIVERSES

　宇宙空間を遙か彼方まで旅していくとやがて出発地点に戻ってきてしまう、という状態を想像できるだろうか。アインシュタインの一般相対性理論は我々の近隣の時空の振る舞いを説明するよい理論だが、空間の全体の形、すなわち**トポロジー**については何も語らない。宇宙とは無限に平らなシートなのか、閉じた球なのか、リング状の**トーラス**なのか、はたまたもっと奇妙な何かなのだろうか？

　数学者は我々が存在するこの宇宙を**多重連結空間**とよぶ。2003年、フランスのパリ・ムードン観測所のジャンピエール・ルミネに率いられた科学者たちはマイクロ波背景放射の研究を行った。科学者のグループは、空間が、12個の面をもつ多面体である12面体をベースとした複雑に巻き付いた構造をもっていることを示唆する放射パターンを見つけた。この多重連結構造では、12面体の一面から外に出ようとすると、反対側の面から再び入ってくることになる。

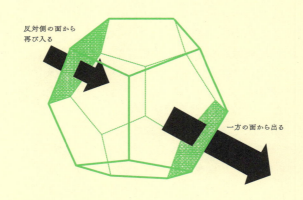

反対側の面から再び入る

一方の面から出る

さらにこのアイデアを検証していくためには、宇宙探査機が集めてくる、マイクロ波背景放射の新しくより正確なマップが必要だ。

538 量子宇宙論 QUANTUM COSMOLOGY

一般相対性理論では、ビッグバンは大きさが0で密度が無限大の重力の特異点として出発する必要がある。宇宙の最初の瞬間には、ブラックホールの物理学と同様**重力の特異点**が出てくるのだ。科学者はこれを、一般相対性理論という古典理論が破綻している兆候だと考えている。かわりに必要なのは重力の量子論的な扱いである。

量子宇宙論はこれに対する試みであり、1980年代に初めて提唱された。他の量子重力理論が既存の量子系（素粒子物理学）に重力を組み込もうとしたのに対し、量子宇宙論は一般相対性理論の曲がった空間や時間を量子化しようとする。この理論によって無から有へと湧き出したさまざまな種類の宇宙の量子確率が計算可能になる。ただ、この理論が厳格な科学的検証を受けるには、現在入手可能な天文学データよりも優れたデータが必要となる。

539 多元的宇宙 THE MULTIVERSE

並行宇宙は長い間SFの産物であり続けたが、1957年に物理学者**ヒュー・エヴェレット**は並行宇宙を現実のものと考える量子理論の新たな視点である**多世界解釈**を提案した。もしこれが正しければ、我々の宇宙は**多元的宇宙**とよばれる多数の不規則に広がるネットワークのなかの1つにすぎないことになる。多元的宇宙には、あなたが存在しない宇宙、あなたがこの本を書いた宇宙、あなたがポーランドの皇帝である宇宙など、想像しうるあらゆる可能性が展開された宇宙がある。科学者は、物理法則そのものが根本的に異なり、それゆえ重力や亜原子粒子間の相互作用が大きく異なる並行宇宙というものが存在する可能性をも漠然と考えている。

540 ホログラフィック宇宙 HOLOGRAPHIC UNIVERSE

宇宙全体が実はクレジットカード上のホログラムのように、2次元の表面上で行われている事象が3次元に投影されたホログラムだったとしたらどうだろうか。これが**ホログラフィック原理**の基本とな

る前提である。この原理は当初、ブラックホールに落ち込む物質に蓄えられた情報が情報理論に反して破壊されるように見えるというブラックホール物理学の問題に答えるため考案された。ホログラフィック原理によれば、情報は落ち込まずにブラックホールの**事象の地平線に張り付く**ことになる。

しかし一方で、ブラックホールの情報内容が地平線に刻まれているとするならば、宇宙についてもこれがあてはまっていてもよいわけで、宇宙の地平線に情報が縛りつけられていてもおかしくないことになる。

このアイデアは検証することが可能かもしれない。ホログラフィック宇宙の空間は非常に目が粗い構造をもつはずで、詳細な小規模の計測を不可能にする。2007年、ドイツにあるGEO600重力波観測施設で行われた実験で、暫定的にそのような粒状性の特性が検出されたが、さらなるデータが依然必要である。

54 エキピロティック宇宙論 EKPYROTIC UNIVERSE

標準のビッグバン理論では我々の宇宙の始まりの前に何が起こったかについて話すことはほぼ意味がない。というのも、ビッグバンはあらゆる物質の始まりというだけではなく、空間と時間の始まりでもあるからだ。ビッグバン以前に何が起きたかを尋ねることは、北極の北に何があるのかと聞くことに似ている。

しかし2001年に**ニール・トゥロック**と**ポール・スタインハート**という物理学者によって提案された理論はそれを変えるかもしれない。（ギリシア語の「大火災」にちなむ）**エキピロティック理論**とよばれる理論では、我々の宇宙である空間と時間という4次元構造を5次元の余剰次元超空間に存在するシート状の「膜」としてイメージする。第5の次元には少し離れて我々と衝突を繰り返すもう1つの膜があり、衝突のたびに我々がビッグバンと称するものに火をつける。この衝突は300億年ごとに繰り返され、ビッグバンは終わることなく過去から未来へと継続される。

エキピロティックモデルは弦理論のも概念と関連しており、銀河や星団のような宇宙のなかで構造を形作るメカニズムを提供する。この点で、エキピロティック宇宙はインフレーションに対する挑戦的理論でもある。

宇宙論

Cosmology

542 オルバースのパラドクス OLBERS' PARADOX

晴天の夜外を見上げると、暗い空を背景に少数の星が見えるだろう。だが、もし宇宙が無限なのだとすれば、どの方向を見たとしてもそこには必ず星があるはずで、夜空は一面燃え上がる星明かりでなくてはならない。この一見矛盾とも思える現象は18世紀にドイツの天文学者ハインリッヒ・オルバースによって脚光を浴び、**オルバースのパラドクス**として知られている。

パラドクスは2つの要因を組み合わせることで解消できる。まず、我々の宇宙は有限時間前に誕生したため、我々の宇宙の地平線内に存在する有限の数の星からの光しか我々に届かない。さらに、1920年代の**ハッブルの法則**と**宇宙の膨張**の発見によって、思いもよらない新たな展開が付け加えられた。宇宙の膨張により宇宙論的距離を旅する光は引き伸ばされ、それに伴い光のエネルギーは減少し、遠い星や銀河の明かりは微かにしか見ることができなくなるのだ。

543 宇宙原理 COSMOLOGICAL PRINCIPLE

宇宙論は不思議な科学だ。宇宙の見晴らしのよいある一点から、我々は宇宙全体の仕組みを紐解こうとしている。我々は宇宙の進化に比べればたかだかスナップショット1枚程度の、わずか数世紀分の観測結果に基づいて宇宙の全歴史をつなぎ合わせ、未来を予測しようとしている。実際我々は、宇宙論を成り立たせるためにいくつかの仮定を置いている。そのようなもののなかでも最大のものが**宇宙原理**である。宇宙原理では、大きな視点で見れば**宇宙は均質で等方的**であると考える。均質とはつまり、空間のいたるところ、どの点をとっても性質が同一であるということであり、等方的とはすべての方向が同じに見えるということである。

544 ハッブルの法則 HUBBLE'S LAW

アルバート・アインシュタインの一般相対性理論は空間が膨張しているという驚くべき予測をした。ただしアインシュタイン自身はこれを好まず、天文学者が研究対象とするべきものとして発表するかわりに、その効果を削除するために方程式を細工した。

しかし1929年にアメリカの天文学者**エドウィン・ハッブル**と助手の**ミルトン・フメーソン**は宇宙が実際に大きくなっていることを示す証拠を発見した。彼らは遠方銀河のスペクトル、すなわち銀河の明るさが波長によって変化する様子を観測し、その結果を調べていった。銀河が観測者に近づくか離れるかしていれば、その光はドップラー効果によって波長を変える。天文測定、特に分光法は銀河がどれくらい速く動いているかを明らかにすることができる。ハッブルとフメーソンは、ほとんどの銀河の光がスペクトルのより長波長側である赤色端に移動、つまり**赤方偏移**していることを発見した。すなわち銀河が後退しているということだ。また、彼らは距離がよく分かっている銀河に注目することで後退速度が距離に比例して速くなることを明らかにした。銀河の速度は以来**ハッブル定数**として知られる値と距離とのかけ算で与えられることとなった。これはアインシュタインが予言しながらも無視した宇宙膨張の決定的な証拠である。

545 宇宙膨張 COSMIC EXPANSION

　天文学者エドウィン・ハッブルが波動論のドップラー効果に基づき銀河の後退速度を計算したというのは正しい道筋だったが、その観測の裏にはより深い物理学的仕組みが隠されていた。ハッブルの法則を生みだしたものこそ、**宇宙膨張**だったのだ。風船の表面を宇宙空間に見立て、風船の上にいくつか点を描いて、膨らませながらその点の位置関係をよく見ると、風船が大きくなるにつれすべての点が互いに離れていく。一定の割合で膨らんでいく風船に対して、風船上の2点が離れていく速度はまさにハッブルが予測したように間隔と共に増加する。

　宇宙膨張はいわゆる赤方偏移の効果で遠方銀河からの光を長波長側にシフトさせる。しかしながら、これはドップラー効果による赤方偏移とはまったく異なる。宇宙赤方偏移は宇宙空間の膨張に起因し、光をより長くより赤い波長に引き伸ばすのだ。

546 暗黒物質 DARK MATTER

　銀河には目に見える以上のものがあるというのが**暗黒物質**の要点である。この理論によれば宇宙空間は目に見えない物質で充満しているという。さらにいえば、この暗黒物質は全宇宙に存在する

目に見える物質を合わせたものよりもおよそ5倍も重い。天文学者は1930年代に初めて、銀河団のなかに見える物質の質量と、構成する銀河の運動から導かれる重力質量との矛盾という形で暗黒物質の存在を嗅ぎ付けた。

1970年代に天文学者が渦巻銀河の「**回転曲線**」を測り始めたことからさらに多くの証拠が得られるようになった。回転曲線とは、銀河内の星の軌道速度と銀河中心からの距離をプロットしたグラフである。**ケプラーの法則**からは、質量が中心に集中している銀河は外側にいくと速度はゼロに向かって減少すると予測されるのだが、天文学者は銀河中心のバルジを除けば軌道速度は大まかに一定であることを発見した。この問題を解消する1つの方法は、銀河が、見えない物質からなる非常に重い楕円体のハロー内に組み込まれていると仮定することである。多くの天文学的証拠があるにもかかわらず、暗黒物質粒子そのものを実験的に検出することは未だにできていない。

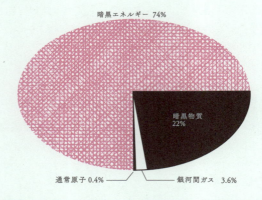

547 暗黒エネルギー DARK ENERGY

アルバート・アインシュタインは、**一般相対性理論**によって宇宙の膨張が予測されてしまうと分かったとき、膨張を相殺するために**宇宙定数**とよばれる項を理論式に追加してしまった。しかしエドウィン・ハッブルが宇宙膨張を発見したとき、アインシュタインは「人生最大の間違い」と称して宇宙定数を直ちに削除した。ところが現在、天文学的観測は、結局のところ宇宙定数が存在することを示唆している。「**暗黒エネルギー**」と名前を変えて息を吹き返したのだ。

これは宇宙定数とは真逆の作用、つまり膨張を弱めるのではなく加速するものだと考えられている。宇宙膨張における暗黒エネルギーの加速効果は、1990年代、遥か彼方の銀河のなかで超新星爆発の赤方偏移を計測していた天文学者が初めて気づいた。

NASAの**ウィルキンソン・マイクロ波異方性探査機**からの最新実験データによれば、暗黒エネルギーは宇宙質量の74%を占め、暗黒物質は22%、そして残り4%が通常の原子などであることが示唆されている。

548 銀河団 GALAXY CLUSTERS

星と同じく、銀河は単独では存在しない傾向にある。多くは差し渡しが数百万光年になる**銀河団**という集団の構成員である。各銀河団は1000にも及ぶ銀河のふるさとである。小さな集団同士が合体して最大の銀河団を形成したとされている。「トップダウン」型というよりは「ボトムアップ」型の過程を経て銀河団形成は進むのだ。銀河団が集まると、何億光年にも広がる**超銀河団**となって、広大な空洞を取り囲む物質の巨大なシートやフィラメントを構成する。

天の川銀河も**局部銀河群**という銀河団の構成員である。近傍の銀河団には、グレートアトラクターとよばれる、ケンタウルス座の方向にあって天の川銀河を秒速600kmで引き寄せている目に見えない大集団がある。我々が属する局部銀河群は**局部超銀河団**の一部で、そこにはおとめ座やおおぐま座などの銀河団も含まれる。

549 重力レンズ GRAVITATIONAL LENSING

1919年に起きた日食は、一般相対性理論の最初の実験的検証となった。太陽の周囲で光が曲がるように、遠方銀河からの光は間にある銀河団の重力によって曲げられる。その効果は遠方銀河からの光を増幅することにもなる。これが**重力レンズ**として知られる所以である。2次元では、重力レンズによって遠方銀河の光が曲がることで、観測者は2つの鏡像を見ることになる。3次元では、観測者と遠方銀河とを結ぶ線上に完璧に並ぶ銀河団が、銀河からの光を完全なリング状にして周囲にまとう。このような配置は**アインシュタインリング**として知られるもので、1998年に最初に発見され

た。重力レンズには**マイクロレンズ**という規模の小さないとこが存在し、こちらは背後の星からの光のなかに輝点を作りだすというものである。低質量の暗黒天体（たとえば系外惑星や褐色矮星）の検出に使われている。

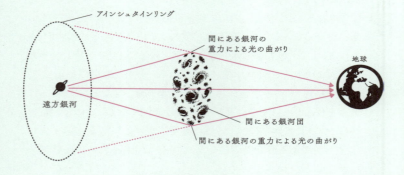

550 宇宙の終焉 END OF THE UNIVERSE

我々の宇宙は最終的にどのように終わりを迎えるのだろうか？この先何十億年の間に起こるものではないが、これまでにたくさんのありうるシナリオが提案されてきた。宇宙のなかの物質密度がある臨界値を超えるなら、やがて重力が宇宙の膨張を止めるのに十分な大きさとなり、宇宙学者が**ビッグクランチ**と名づけた反ビッグバンという激変によって空間が引き戻されるだろう。

一方、宇宙がこの臨界密度よりも低い密度で存在し続けるなら、崩壊は起こらず永遠に膨張が続く。最終的には、星は燃料を使い果たし死んでいき、物質粒子はすべて崩壊して宇宙は無の世界へと色あせていくだろう。これは宇宙が熱力学的平衡状態に達し、星の内部で質量をエネルギーに変換するといった役立つ仕事が何も起こらないため、ときに**熱死シナリオ**とよばれる。暗黒エネルギーが宇宙膨張を助けていることから考えると、熱死シナリオがもっともらしい。しかし暗黒エネルギー自体、第3の可能性を提起する。暗黒エネルギーが**ファントムエネルギー**という形態をとりうるほどに強力であれば、宇宙を引き裂く**ビッグリップ**とよばれる極端なシナリオに至るまで宇宙膨張を加速させるだろう。

Space Travel

宇宙旅行

551 ロケット ROCKETS

宇宙ロケットはニュートンの運動法則の3番目、すなわちすべての運動には作用と反作用があることを実演したものである。ロケットは大量のガスを加速させ、その反作用によってロケットが反対方向に押されることで動く。地上では乗り物が押すことのできる対象が常に存在しているので、推進力を得るのは簡単だ。たとえばボートではスクリューが大量の水を後方に追いやることで水を押し、その反作用がボートを前進加速する力となる。しかし真空の宇宙空間には何もないため、宇宙船は自身の**反動質量**、すなわちロケット推進薬を使って自身を前に押し出さなければならない。ロケット推進薬は2つの要素からなる。燃焼に必要な燃料と、酸素が含まれた化学物質である酸化剤だ。宇宙で推進力を得るためには酸素も持参しなければならないのだ。

552 地球軌道 EARTH ORBIT

宇宙への最初の旅は、空に巨大な弧を描く飛行経路をとる。つまり、空中に投げ上げたボールが落ちていくのを大規模にしたような、**弾道軌道**とよばれるものである。1961年アラン・シェパードが達成したアメリカ初の有人宇宙飛行は15分間の弾道旅行で、シェパードは発射地点から480km先に着陸した。

ロケットを**地球周回軌道**に投入することは、束の間の上昇と下降だけの弾道飛行に比べてずっと大きなパワーを必要とする。軌道とはいわば重力の特殊機能であり、惑星の重力によって生じる向心力が宇宙船を周回させる。ロケットが地球を回る軌道に到達するためには通常時速約2万8000kmというとてつもない速度を達成しなければならず、軌道飛行は概して危険なものとなる。この速度で大気に再突入すれば数千℃にも達するため、燃え上がらないようにするための強力な熱遮蔽が必要だ。1961年4月、ロシアのユーリー・ガガーリンが、地球を周回した最初の人となった。

553 脱出速度 ESCAPE VELOCITY

宇宙へ飛び出すためには、宇宙探査機が弾道飛行や地球軌道を超え、惑星の重力をも振り切って進まなければならない。科

学者はニュートンの万有引力の法則を使い、これを実行するためにロケットがどれだけのスピードで飛ばなければならないかを計算した。地球の場合、結果はおよそ時速4万kmである。これは**地球脱出速度**として知られている。月は重力が弱いため脱出は容易で、時速8600kmほどでよい。

地球脱出速度は、ロケットを他の惑星への旅へと送り出すには十分である。しかし、恒星への航行に送り出すには、さらに速く移動し太陽の重力をも振り切れる宇宙船が必要となる。地球の軌道距離では太陽の重力はさほど強くはないが、それでも地球の重力を脱出できた宇宙船はさらに追加で時速15万kmスピードアップしなければならない。

554 人工衛星 ARTIFICIAL SATELLITES

人工衛星は地球軌道を周回する宇宙船である。最初のものは1957年に打ち上げられたロシアの**スプートニク1号**で、1958年初頭に大気圏で燃え尽きるまでに地球を1440周した。たいていの人工衛星には人は乗っておらず、遠隔操作によって宇宙で地球観測、天文観測、航法信号送信（GPS衛星のような）、通信プラットフォームといった役割を果たしている。しかしながら人が乗る衛星もいくつかあり、現在では**国際宇宙ステーション**（ISS）が唯一、恒常的に人間が居住する軌道上の前線基地となっている。これは地球軌道上の圧倒的に大きな衛星で、差し渡しが100mを超える。宇

宙環境が人体に与える影響の研究や、地上では行えない無重力環境での研究を実施するための科学的プラットフォームである。

555 宇宙観光旅行　SPACE TOURISM

　1人当たり数千万円で客をロケットに乗せて遥か遠い未開の地へと連れ出すチャーター便ができたことで、ついに**宇宙観光旅行**の時代が到来した。先行している宇宙観光旅行業者はバージン・ギャラクティックで、イギリスの起業家リチャード・ブランソンが経営している。翼のついたロケットで宇宙への弾道飛行を行い、滑空降下して通常の滑走路に着陸するというプランだ。搭乗券は1人20万ドルかかるが、この高額チケットはここ数十年のうちに大幅に値下がりすると期待されている。将来の宇宙観光旅行計画では、軌道飛行や、地球のみならず月すらも周回するような、宇宙ホテルに数日〜数週間滞在できる長期旅行も検討されている。

556 クラーク軌道　CLARKE ORBIT

　地球を周回する物体が完全に1周するのに要する時間は軌道高度による。地球に比較的近い低周回軌道ではおよそ90分周期である。この時間は外側に移動するにつれ増加し、軌道周期が地球の自転1回分、つまり24時間に等しくなるところがある。地球の赤道面上の**高度3万5786km**のところで、そこある人工衛星は、それは地球から見て常に同じ場所に留まっているように見える。
　1945年、**アーサー・C・クラーク**という当時ほとんど無名だった空想科学小説家は、イギリスのラジオ専門誌ワイヤレス・ワールドにそのような軌道を占める衛星は無線信号を世界中に中継するのに使用できると提案する論文を発表した。彼の予言通り、今や数百の通信衛星が**クラーク軌道**を回っている。

557 惑星探査機　PLANETARY PROBES

　これまでにいくつかの**宇宙探査機**が太陽系の他の天体を回る軌道に投入されてきた。1959年に打ち上げられたルナ1号は地球軌道を離れた最初の宇宙探査機となり、太陽周回軌道に入る前に月の接近通過を行った。1966年に打ち上げられた姉妹探査機であるルナ10号は初めて月を周回した。他の惑星を周回するまでに

はさらに5年を要することになるが、ついにNASAのマリナー9宇宙探査機が火星を周回し、赤い惑星の近接写真を送り返すという偉業が達成された。他の宇宙探査機はさらに勇敢なことに、天体を周回するだけに甘んじることなく着陸までしてしまった。ロシアのルナ3号は1959年に月面に降りた（着陸というより衝突であったが）。ルナ9号は1966年に最初の月軟着陸を果たし、同年ロシアのベネラ3号は金星表面に突入した。以来ロボット探査機は木星、土星を周回し、天王星や海王星の接近通過を行った。一方、火星、金星、土星の月タイタンへの着陸も行われてきた。

558 イオンエンジン ION ENGINES

ロケット推進以外の選択肢の1つは、近年実験レベルから実証された技術へと飛躍を遂げた**イオン推進**である。**イオンエンジン**の基本的な原理はロケット推進と同じく、燃料を搭載しそれを可能な限り速く後方に放出することで反作用を起こすというものだ。しかしロケットが燃料を燃やすことでそれを達成するのに対し、イオンエンジンは電荷を放出し、電界を使ってそれを加速させる。

このような方法で原子をひとつひとつ吐き出して得られる力はごくごく微力に思えるし、実際そうである。イオンエンジンは非常に小さな推力を供給し、前進のにする十分な速度を得るためには何日あるいは何週間もの連続運転を要する。しかしながら、非常に効率的だという利点がある。イオンエンジンは、同じ量の可燃性化学燃料の20倍の推力を供給することができるのだ。

559 ソーラーセイル SOLAR SAILS

ソーラーセイルはロケットとはまったく異なる推進技術である。銀メッキされたマイラー（ポリエステル）製の大きなシートが、太陽からの光をヒッチハイクするようなものだ。1905年にアインシュタインが光電効果について研究していたときに示したように、光は単に波動であるだけでなく光子として知られる粒子としても振る舞う。太陽光はヨットのセイルを打つ空気の粒子のごとく高エネルギーの光子で満たされていて、ソーラーセイルに降り注ぐ光子はセイルを押す運動量を与える。セイルの角度を変えることで操縦士は舵を切り、セイルを傾けることで宇宙船を加速させればさまざまな大きさの軌道

で太陽を周回できる。

560 宇宙のなかの人類　HUMANS IN SPACE

　1960年代、人類はついに地球を離れた。最初は大気圏外を飛び、次に地球を周回し、そして10年が過ぎようとする頃、月へいった。けれどもそれ以来、人類は**有人宇宙探査**を進歩させることはあまりなかった。月の後には火星に目を向け、計画では最初の乗組員を1986年までに着陸させるはずだった。しかし、惑星間空間の入り江を横切って人間を送り出すことは我々が当初考えていたよりも難しいことが判明した。深宇宙の放射線が宇宙飛行士に致命的な影響をもたらすことが研究によって明らかになったのだ。宇宙船に分厚い遮蔽機構を付け加えることは宇宙へと持ち上げなければならない重量にさらに大きな負荷が加わることを意味するため、現実的ではなかった。しかし、イギリスのラザフォード・アップルトン（RAL）研究所の科学者はついに実現可能な解決策に思い至った。宇宙における有害な放射線の多くが荷電粒子に由来するため、RALのチームは亜原子粒子の脅威を跳ね返す**磁気バブル**で宇宙船を包めばよいと考えたのだ。この方法で必要となる磁石は小さく軽いので、宇宙に打ち上げることが十分可能だ。

宇宙生命

Life in Space

561 CHON　CHON

　炭素、水素、酸素、窒素は地球上の生命がよって立つところの元素であり、頭文字をとってCHONとよばれる。水素はビッグバンで大量に出現した。他の3元素は星内部の核融合炉で元素同士が結合してより重い原子核が作られる過程を経て製造された。これらの星が超新星爆発によって一生を終えるとき、元素は宇宙にばらまかれ、次世代の星や惑星が発生する雲を星間空間に作り出した。実験的には、水中のCHONが電気火花に晒されることで有機生命体の構成要素であるアミノ酸を形成することが示されている（「ユーリー–ミラーの実験」を参照）。

562 太陽系の生命 LIFE IN THE SOLAR SYSTEM

地球は太陽系のなかで唯一**生命**が発見されている場所であるが、多くの科学者は火星や木星の月エウロパでもいつか原始的な微生物が見つかるだろうと思っている。**火星**では、水や氷が発見されたこと、軌道上からの観測で大気中にメタンガスが検出されたことなどの最近の数多くの発見から、生命が地下深くに潜んでいるかもしれないと考えている科学者もいる。メタンは容易に崩壊するため、それが検出されたということは火星にその供給源があることを示唆している。供給源は火山かもしれないが、火星では明確な火山活動が認められないので可能性は低い。そこで生物由来という説がより多くの支持を得ている。

一方、惑星科学者は木星の衛星**エウロパ**の表面には液体の水からなる**海洋**が隠されていると考えている。近接した木星の重力によって押し潰されたり絞られたりすることで発生する熱が水の凍結を妨げ、生命を支えるのに十分な温かさを維持しているというのだ。

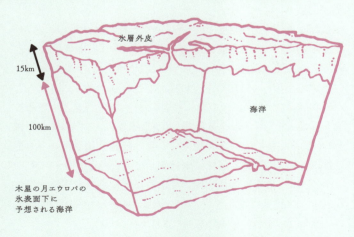

氷層外皮
15km
100km
海洋
木星の月エウロパの氷表面下に予想される海洋

563 パンスペルミア説 PANSPERMIA

惑星間で微生物が移動したという話は**パンスペルミア説**として知られている。1903年にスウェーデンの科学者スヴァンテ・アレニウスによって最初に提唱され、後にイギリスの天文学者フレッド・ホイルとチャンドラ・ウィクラマシンジが発展させたアイデアである。

生命体は、厳しい地球外環境を遮蔽された岩の内部に留まることで漂うことができると考えられている。何人かの科学者は、塵の微粒子内に閉じ込められた微小生命体が、ソーラーセイルと同じようなプロセスで、太陽からの放射によって惑星間空間に吹き飛ばされると考えている。1969年11月アポロ12号はその2年前に着陸したロボット着陸船サーベイヤー3のすぐ近くに月面着陸を行った。アポロ12号の宇宙飛行士はサーベイヤー3のカメラのなかから微生物を採取し、地球帰還後にこの微生物は宇宙滞在を生き延びたことを明らかにした。この発見はパンスペルミア説を大きく後押しするものだ。

564 地球に似た惑星 EARTH-LIKE PLANETS

天文学者は我々の地球に似た重さで、液体の水が存在するのにちょうど適した温度である**ゴルディロックスゾーン**にある惑星の探索を始めている。**系外惑星**とよばれる太陽系の先にある惑星は1995年に検出された。これまでに見つかった多くの系外惑星は木星に似ていたが、検出技術の改良により低質量の惑星も発見されるようになった。現在もっとも地球に似た惑星は、地球の約7倍の重さをもつグリーゼ581dとよばれる星だ。それは地球軌道半径のわずか0.2倍の軌道で公転しているにもかかわらず、親星が冷たい赤色矮星のため地球の温度に極めて近いものとなっている。

2009年にNASAは、ケプラー宇宙ミッションという遠方の星の表面を横切ってトランジットを起こす小さな惑星による、わずかではあるが明らかな減光現象を観察する宇宙望遠鏡の計画を立ち上げた。さらに、欧州宇宙機関が提案したダーウィンという宇宙ミッションでは、光学干渉計を用いて地球に似た星の大気を分析する。水、二酸化炭素、オゾン（3個の酸素原子からなる分子）が同時に存在すれば、それは生命の証拠となるかもしれない。

565 ドレイクの方程式 DRAKE EQUATION

1960年にアメリカの天文学者フランク・ドレイクは、天の川銀河に存在する地球外文明数を予測する数式を記載した。それは**ドレイクの方程式**とよばれ、基本的には因子のかけ算の連なりとなっている。各因子は、生命が出現し、そしてその生命が知能を獲得し、といっ

た必須とされる事象が起こる確率を表している。星形成率、惑星をもつ星の割合、生命を支える惑星の割合等々の項が含まれる。

ドレイクが方程式化し各項を数値化した際、我々の銀河のなかには10個程度の知的地球外文明が存在するという解が得られた。現代科学に基づく各項の推定値によれば、結果はより控えめで2個となっている。

566 **SETI** SETI

地球外知的生命探査（**SETI**）は、宇宙のどこか別の場所の知的生命による送信信号を検出しようとする天文学者らの取り組みである。探査は天の川銀河の原子状水素ガス雲から放射される電波と同じ21cm付近の波長で行われる。異星人の文明が、その信号が水素を研究する電波天文学者によって偶然捕捉されることを期待してこの波長に近接した波長で信号を送信しているかもしれないからだ。科学者は1960年代から、最大級の電波望遠鏡である**300mアレシボ鏡**や、マイクロソフト共同創設者ポール・アレンが出資した電波望遠鏡干渉計ネットワークである**アレン・テレスコープ・アレイ**などを利用してSETI探査を実施してきた。しかし、異星人信号は確認されていない。

宇宙に対して用意周到な送信を行ってきた天文学者もいる。1974年、天文学者フランク・ドレイクはアレシボ望遠鏡を使ってヘラクレス球状星団に向けて「ハロー」というビームを送信した。一方ケンブリッジ大学教授スティーブン・ホーキングを含め他の科学者は、潜在敵かもしれない異星人に我々の居場所を明かしてしまう危険性を警告している。

567 **フェルミのパラドクス** FERMI PARADOX

1950年、イタリア系アメリカ人物理学者エンリコ・フェルミは「皆はどこにいる？」という問いを提起した。もし知的生命体が宇宙のどこかにいるならば、なぜ彼らを見ることができないのか？　これは後に**フェルミのパラドクス**として知られるようになった。フェルミの議論は単純で、「宇宙には1万×10億×10億を超える星があるのだから、たとえどんなに小さな確率であろうと知的文明が出現する機会があるはずである。ひとたび天の川に進化した文明が現れれば、

それは拡大し、数千万年のうちに（宇宙の137億歳という年齢に比べれば一瞬だ）銀河全体に広がるのではないか。にもかかわらず我々はそのような星間帝国の証拠を見ていない」というものだ。

SETI熱中者はフェルミのパラドクスを説明するために多くの議論を仕掛けている。たとえば異星人はある種の非干渉主義により地球と接触しないことを選択したのだろういったようなことだ。より懐疑的な見解をもつ科学者はこれを、生命誕生が宇宙全体で見てる非常に稀なことの証拠だとし、**レアアース仮説**という説を唱える。

568 カルダシェフ・スケール KARDASHEV SCALE

地球外文明がどれほど進んでいるかを、1960年代にロシアの天文学者ニコライ・カルダシェフによって練られた**カルダシェフ・スケール**とよばれるもので測ることができる。カルダシェフは異星人の文明進化を、利用できるエネルギー量に応じてI、II、III型という3つのカテゴリーに分けた。I型文明は、親星からの光を利用するための巨大なソーラーパネルを建設したり、すべての原子核を核分裂と核融合に使ったりすることで、本拠地の惑星にある全エネルギーを利用できる。I型族が利用可能なエネルギーは大型の水素爆弾を爆発させて得られるエネルギーに相当する。II型文明は支配をより広げ、親星から放出された全エネルギーを捕捉する**ダイソン球**のようなエネルギー収集構造物の建設を行っている。一方でIII型の異星人は太陽のエネルギー出力のおよそ1000億倍にもなる、母なる銀河内のすべての星が放出するエネルギーを利用することが可能である。我々人類は依然としてI型よりもずっと手前にいる。

569 ダイソン球 DYSON SPHERES

物理学者フリーマン・ダイソンによって提案された**ダイソン球**は、星のエネルギーを捕え利用するために星の周囲に構築される構造物である。球を固い骨格構造で作ってもよいが、実現可能なのは星を覆うエネルギー収集宇宙船群で構成することであろう。ダイソン球の建設に成功した文明は、カルダシェフのスケールでII型の地位を獲得する。

何人かの天文学者は、星を包み込むダイソン球は高熱になり赤

外波長のエネルギーを再放出するので、原理的には赤外線天文学で検出可能だという。他の人たちは星を周回する異星人の建設した構造物（おそらく初期のダイソン球の一部）が、星の表面を横断的にトランジットするときに光学的に検出できるのではないかと思いを巡らせてきた。十分に高感度な装置を使えば、それらの鋭くて角張った輪郭を、滑らかで丸い惑星のシルエットと区別できるかもしれない。このような物体を探索することは**地球外科学技術探査（SETT）**とよばれており、2009年に打ち上げられたNASAのケプラー宇宙望遠鏡がその任に就くことが提案されている。

570 人間原理 ANTHROPIC PRINCIPLE

人間原理とは物理、化学、生物学の法則を、地球上に生命が生まれたという単純な事実によって制限する科学的論法で、宇宙での生命の誕生を許容しないどんな科学理論も間違っているとする。イギリスの天文学者フレッド・ホイルが、ある特定の炭素を作る核反応が星内部で起こるはずだということを予測するために人間原理を使ったのは有名である。曰く、もしそうでなければ、我々を含めて有機生命体が出現するための十分な炭素が存在しなかっただろうと。実験物理学者はホイルの予測を探しに出掛け、実際にそれを発見した。

何人かの科学者は、「我々が今こうして自分たちを観測できているというのは驚くべきことで、ふつうに考えればありえないことだ。物理法則は生命の存在を許容するように調節されていなければならない」と評した。他にも、量子論の多世界の概念を引き合いに出し、まったく驚くに値しないことだと論じる者もいる。多世界の解釈に基づくならばすべての可能な宇宙がどこかに存在するはずで、我々は我々自身の存在が示すように、生命が許容される稀な宇宙の1つに存在しているというのだ。

HEALTH AND MEDICINE

健康・医学

医学とは治癒の科学である。原始的な医療行為は、中国、エジプト、インドなど多くの古代文明を特徴づけてきた。この分野にもっとも貢献したのは、古代ギリシア文明である。その貢献は、知識そのものというより方法論においてであった。医学の父として広く崇拝されているギリシアの医学者ヒポクラテスとガレノスは、医療の基盤として科学的手法を採用した。治療法は言い伝えや迷信ではなく証拠に基づいて定められた。さらに、現在も新米医師たちが必ず誓う医療倫理の宣誓文、いわゆるヒポクラテスの誓いを取り入れたのもギリシア人だ。
　476年に西ローマ帝国が崩壊した後の暗黒時代、数百年間にわたって医学の進歩は止まってしまったが、18世紀になって消毒薬、麻酔、ワクチン、そして抗生物質など現代の医学につながる数々の発明がなされたことで再びそのペースを取り戻した。
　近年では、20世紀の生物学の主流となった遺伝学革命が、患者のDNAを修復あるいは再構成する遺伝子治療という形で、がんやエイズなど重篤な病気に対する新しい治療法を提供してくれるのではないかと期待されている。

人体

571 人体解剖学 HUMAN ANATOMY

解剖学は、生物を構成する臓器の構造や設計を調べる学問だ。**人体解剖学**は対象領域ごとに分かれている。**体表解剖学**は人体の表面的な特徴や構造、たとえば腕、足、頭、生殖器などを対象とし、体内の解剖学では、人体を消化器系、筋骨格系、免疫系などの機能単位に分ける。体内の臓器群をまとめて大きな視点で見るやり方を**肉眼的解剖学**とよぶ。**顕微解剖学**というものもあり、これは**細胞学**（細胞の解剖学）や**組織学**（組織の解剖学）のことを指す。

572 人体生理学 HUMAN PHYSIOLOGY

生理学とは人体を構成する臓器や他の要素について、**機能**（呼吸、循環、消化、排泄など）に着目して論じる学問である。各臓器がもつ機能はオーバーラップしていることが多く、たとえば心臓と肺は共に循環器系をなし、体内に酸素を循環させる役割をもつ。また、体内の別々のシステム同士は協調して働く。その相互作用を仲介するのが**ホルモン**や**神経系**（「神経生物学」を参照）といったコミュニケーションシステムだ。生理学は医学のなかでももっとも古い分野の1つであり、紀元前5世紀、ギリシアの哲学者ヒポクラテスの時代までさかのぼることができる。しかし、生理学の進歩が実際に軌道に乗ったのは、細胞生物学の理論が発達し人体の機能の理解が進み始めた19世紀に入ってからのことだった。

573 心臓 HEART

血液を体の隅々まで運ぶ心臓や血管の働きについて扱うのが**心臓学**という領域だ。心臓は筋肉の塊で、拡張・収縮を繰り返して血液を動かすポンプとして働く。心臓は2つのポンプでできていて、右側（右心房と右心室）のポンプが血液を肺へと運び酸素を獲得する**肺循環**を行う。肺からくる酸素に富んだ血液は2つ目のポンプ、左心房と左心室へと入り、全身を巡る**体循環**が行われる。体内には、心臓から遠ざかる方向に血液を運ぶ**動脈**と、心臓に向かって血液を戻す**静脈**という2種類の血管がある。人体の隅々まで張り巡らされた血管の総延長は驚きの9万6000kmで、これは地球2周分を上回る長さである。

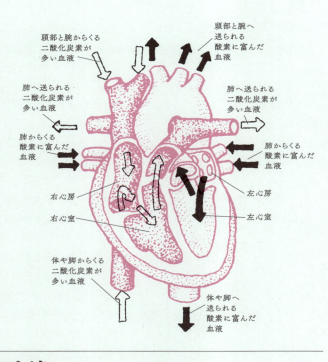

574 血液 BLOOD

　血液は液体の臓器で、心臓の力で循環器系のなかを巡る。酸素や栄養素、ホルモンなどのメッセンジャーを体中に送り届け、老廃物を運び去る。血液に関する医学分野は血液学とよばれる。

　血液を構成する主成分は4つだ。**赤血球**は体中に酸素を運ぶ役割をもつ。血液が肺を通るとき、赤血球のなかのヘモグロビンというタンパク質が酸素と結合する。2つ目の成分である**白血球**は免疫系で働き、体が感染症と戦うのを手助けする。3つ目の成分**血小板**は血液を固める機能をもち、怪我の治癒には必須だ。4つ目が、先の3つの細胞成分の運搬にも関わる液体成分、**血漿**だ。血液に含まれる血球細胞は骨のなかの骨髄という部分で産生される。ヒトの血液1㎣にはおよそ500万個の赤血球、4000〜1万個の白血球、15万〜40万個の血小板が含まれている。

575 肺 LUNGS

息を吸うすべての動物は、**肺**を使って空気から酸素を取り込み血液に乗せ、不要な二酸化炭素を血液から取り出して大気中に吐き出す。酸素は細胞内で栄養素をエネルギーに変換する呼吸というプロセスに使われる。

ヒトは**胸郭**（肋骨に囲まれた大きな空洞）のなかに一組の肺をもつ。肺は膜状の構造をしていて、そこでガス交換が行われる。膜はコンパクトに折りたたまれているが、全部広げてみるとおよそ70㎡、テニスコート半面分となる。空気は**気管**から取り込まれるのだが、哺乳類の気管と食道は交差しているため、食物を嚥下しているとき気道は**喉頭蓋**という組織で閉じられ、食物が気道に入り込まないようになっている。呼吸は肺の周りにある筋肉に制御されており、筋肉が収縮するときに空気を吐き出し、伸びるときに空気を吸うことになる。肺と気道を扱うのは呼吸器学という分野だ。

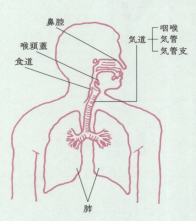

576 筋骨格系 MUSCULOSKELETAL SYSTEM

ヒトの**筋骨格系**とは、体を支える剛性を与えたり、体を動かしたりするための**骨**や**筋肉**のことだ。その他に、骨同士をつなぐ**靱帯**や**軟骨**、筋肉と骨をつなぐ**腱**からできている。筋肉は繊維状の細胞が束になって集まったもので、神経からの刺激に応じて収縮することができる。筋肉には3種類ある。**随意筋**は意識下で脳から送られる信号に応答する形で動く。歩いたり、腕を動かしたりするときに動くのは随意筋だ。**平滑筋**は食物が消化管のなかを通るときなどに内臓を動かす筋肉で、無意識のうちに動いている。また、**心筋**は心臓を作る特殊な筋肉組織だ。

一方、骨はコラーゲンタンパク質に、硬さを与えるリン酸カルシ

ウムなどのミネラル成分が織り込まれてできた**コラーゲン繊維**の足場と、骨格の生化学的反応や動きを制御する**骨細胞**からできている。

577 消化器系 GASTROINTESTINAL SYSTEM

哺乳類がもつ、食物を消化・吸収するときに働く一連の臓器をまとめて**消化器系**という。食物はまず口から消化器系のなかに入り、食道を通って胃へと到達し、そこで胃の筋肉の収縮によって酸性の胃液とかき混ぜられる。胃を出発すると今度は消化器系の発電所とでもいうべき**小腸**（十二指腸、空腸、回腸からなる）へと入り、消化酵素の働きで栄養素へと変換される。その後、残り物は**大腸**へと進み、ここで搾れる限りの水分が搾り取られた後、めでたく肛門から排泄される。肝臓や膵臓などの臓器も、消化酵素を分泌することで消化器系に貢献している。成人では口から肛門までの消化器系の全長は9mにもなる。消化器系の症状を扱う医師は消化器病医だ。

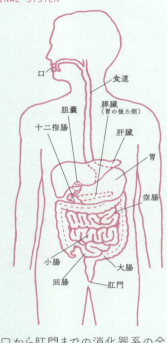

口／食道／胆嚢／膵臓（胃の後ろ側）／十二指腸／肝臓／胃／空腸／小腸／大腸／回腸／肛門

578 肝臓 LIVER

心臓、肺、腎臓（「泌尿器系」を参照）に接している**肝臓**もまた、ヒトにとって必須の臓器である。肝臓は食物の分解に必須な化合物である胆汁の産生など、消化器系のなかでも重要な役目を担っている。胆汁は一時的に**胆嚢**に貯蔵され、小腸の一番上にある**十二指腸**（「消化器系」を参照）から消化管へと送られる。肝臓は血液から毒素（アルコールなど）を除去するプロセスにも一部関与しているし、筋肉と共にグリコーゲン（短期間のエネルギー貯蔵物質として働く化合物）を貯蔵する働きもする。肝臓の病気を扱う医学分野を肝臓学という。

579 皮膚 SKIN

学術用語で外皮系とよばれる**皮膚**は、髪や爪とともに体の外側を覆うものだ。皮膚に関する医学分野を皮膚科学という。皮膚の一番外側の層は**表皮**といい、上皮細胞という組織でできている。多くの内臓や管腔構造を覆って保護する層も上皮細胞だ。表皮の下にはコラーゲンなどのタンパク質からなる**真皮**がある。もっとも内側の層はほとんどが脂肪の**皮下組織**だ。髪や爪はケラチンという硬いタンパク質からできている。

皮膚は体を怪我や感染症から保護し、水分を保持するという重要な働きをもつ。また、体と周囲の環境とのやりとりを担うのも皮膚であり、神経の受容器（「神経生物学」を参照）が集まって、触覚、痛み、温度に対する感覚を高めている。また、皮膚は恒常性維持にも関わっており、皮下組織に埋め込まれている汗腺から毛穴を通して水分を体表に送ることで体温を調整する。

580 泌尿器系 URINARY SYSTEM

代謝によって体内で生じた老廃物の排出を担うのが**泌尿器系**だ。泌尿器系のなかでももっとも重要な組織が腎臓で、血液から老廃物（主にタンパク質を分解するときに副産物として生じる尿素や核酸を分解するときに生じる尿酸）を濾し取る働きをする。腎臓はまた、血圧や血液の酸性度（「酸と塩基」を参照）、電解質レベルなどの制御にも関わる。

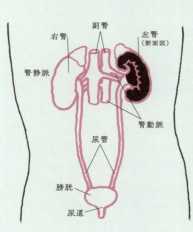

さらに、赤血球の産生を制御するエリスロポエチンなどのホルモンを作り出すことで恒常性維持も担う。腎臓から出た廃液は**尿管**という管を通って膀胱へ運ばれ、**尿道**から排出されるまでの間貯蔵される。

ヒトは腹腔の後ろ側に2つの**腎臓**をもっている。腎臓の機能を研究する分野を「腎臓生理学」といい、

腎臓疾患を扱う医学分野は「腎臓（病）学」とよばれる。また、泌尿器系全体に関する医学を「泌尿器科学」という。

581 免疫系 IMMUNE SYSTEM

免疫系とは、ウイルスや細菌（「微生物学」と「ウイルス学」を参照）などに感染するとすばやく体内で動き出す複雑に絡み合ったプロセスのことである。もっとも重要な免疫反応は白血球の一種である**リンパ球**による**抗体**の産生だ。抗体というタンパク質は、侵入してくる細胞（**抗原**）にくっついて無毒化する。

ただし、オールマイティな抗体というものは存在せず、各抗体は抗原の表面構造を検知できる**B細胞**というリンパ球によって、ただ1つの抗原を認識できるようにオーダーメイドされている。**ヘルパーT細胞**というリンパ球の助けを借りてB細胞は膨大な数の抗体を作りだし、それが体内に侵入してきた抗原を探しだして破壊するのだ。

感染源が破壊され失われれば抗体の量は通常レベルに戻る。しかし、その抗原に関する情報は免疫細胞に記憶され続け、将来また同じ病原体に感染したときにはもっとすばやく免疫応答が起こる（これを**獲得免疫**という）。この免疫系が私たち自身、つまり体内の正常細胞を攻撃するようになってしまう疾患もある。**自己免疫疾患**とよばれるもので、エリテマトーデスやリウマチなどがそれに該当する。

582 生殖器 REPRODUCTIVE SYSTEM

配偶子の産生、性交・受精のための構造、子孫を出産まで保護する器官を合わせて**生殖器**という。雌性では卵巣、卵管、子宮、膣、子宮頸管がこれにあたる。雄性の生殖器は陰茎、精巣、両者をつなぐ輸精管だ。さらに、体の他の機能が間接的に生殖機構に影響しているという考え方もある。たとえば内分泌系で産生される**ホルモン**や、他個体の性的発情を誘発させるといわれる匂い物質**フェロモン**の産生だ。

生殖器に関わる疾患の治療を行う分野は、女性では**婦人科学**、男性では**アンドロロジー**として知られる。婦人科学は、妊娠女性の臨床ケアを行う**産科**とまとめて設置されることも多い。

583 神経生物学 NEUROBIOLOGY

神経生物学とは神経系を扱う学問だ。神経系とは、感覚(触覚、味覚、嗅覚、視覚、聴覚)を伝達したり筋肉を動かす電気刺激を伝えたりする(「筋骨格系」を参照)体中に張り巡らされた神経繊維のネットワークだ。実体は**ニューロン**(**神経細胞**)の塊であり、体のすべての機能や活動を司る。思考、感情、意識を処理するCPUである脳も神経系に含まれる。

ニューロンは**シナプス**という構造を介して他のニューロンと情報をやりとりする。ニューロンのなかには軸索という長く伸びた構造体をもつものがあり、他のたくさんのニューロンとそこで電気的な接合を形成し、複雑なネットワークを作る。**末梢神経系**とよばれる体中を走る神経線維群は細い軸索の束だ。脳や脊髄(「脊椎動物」を参照)の構造をなす**中枢神経系**もニューロンでできている。

Medical Care
医療

584 理学療法 PHYSIOTHERAPY

理学療法とは通常、生活の質(QOL)向上のために、怪我、病気、加齢などに伴い衰えた身体機能を維持・改善することを目的とする医療分野である。理学療法に基づく筋骨格系疾患の治療では、筋肉、骨、関節に対する**物理療法**と、運動機能を改善させるための**運動療法**が行われる。これは**整形外科的理学療法**ともよばれる。ただし理学療法の技術はそれだけに留まらず、心肺機能や神経系(「神経生物学」を参照)に関する症状に対しても使われることがある。脳性麻痺や多発性硬化症などの神経性疾患の症状緩和には特に有効だといわれている。さらに皮膚症状、特に火傷の後のリハビリにも理学療法の技法が使われる。カイロプラクティックやオステオパシーなど、いわゆる補完医療の範疇に入る他の物理療法とは異なり、理学療法は正式な医学の一分野である。

585 小児科学 PAEDIATRICS

小児(イギリスでは18歳、アメリカでは21歳まで)の怪我や疾患の治療を

対象とする医療分野を**小児科学**といい、小児科の医師を小児科医という。成人と小児の間に生理学的な違いや罹患しやすい疾患領域に違いがあることから、特に小児に特化するために生まれた領域である。帝王切開などの高リスク出産のときには通常、小児科医が立ち会う。

1802年にパリに世界初の小児病院が設立された。他国もこれに続き、1855年にはロンドンにグレート・オーモンド・ストリート病院、アメリカにチルドレンズ・ホスピタル・オブ・フィラデルフィアが設立された。

586 生殖医学 FERTILITY

生殖医学とは、子供を望むカップルの妊娠を補助する医学である。不妊に影響を与える因子は多々あり、その原因が男性側にある場合も女性側にある場合もある。女性側の問題として一般的なものは**排卵困難**、すなわち卵子（「配偶子」を参照）が子宮に放出されないこと、また卵管に損傷などがあり卵子がそこで留まってしまう（ときにそこで受精し発生が始まってしまい、**子宮外妊娠**という危機的状況になる場合がある）こと、あるいは35歳を超えると受精率が急激に低下するという単純に加齢によることなどがある。男性側で考えられる主な原因は精子数が少ないこと（**精子減少症**）だ。

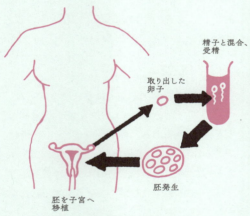

女性側については、排卵を促す薬が複数開発されている。しかし、精子減少症に有効な薬剤は未だ見つかっていない。そのため、このような場合は女性から卵子を取り出し、男性から提供された精子で人工的に授精させ、発生した胚を子宮に戻すという**体外受精**（IVF）を行うことになる。体外受精の有効性について調査した

結果、その成功率は20%から40%程度と推定された。

587 老年医学 GERIATRICS

医学において小児科学の対極に位置するのが**老年医学**、すなわち老齢者に対するケアだ。これには加齢に伴って生じる病態の治療や生理的な変化に対するケアも含まれる。多くの老齢患者は同時に複数の病態に苦しんでいることが多いため、老人病医の仕事は難しい。すべての病態に対して治療を行おうとすれば、薬剤を併用することによる薬物相互作用により副作用リスクが増加するため、もっとも負担が大きな病態に対する治療を優先させなければならないこともある。老齢患者によく見られる症状は、**身体不自由、失禁、精神障害**だ。健康的なライフスタイルやよりよい医療によって平均余命が伸びていくなか、老年医学の重要性は増してきている。1900年には、65歳以上のアメリカ人は310万人（約4%）しかいなかったが、2030年にはアメリカ人全体の20%が65歳以上になると見られている。2008年の報告によると、イギリスでは65歳以上の人口が16歳以下の人口を上回ったという。

588 歯科学 DENTISTRY

歯科学で扱うのは歯、歯茎、舌といった口腔内全体だ。歯科学は定期検診やクリーニングなど予防措置の割合が大きいが、手術をすることもある。もっとも一般的な施術は、虫歯による空隙を埋める作業だ。口のなかにいる細菌が食物に含まれる糖分から栄養を得て酸を放出し、歯のエナメル質を溶かすことで**虫歯**になる。それを治療せずに放置すると溶けた部分がさらに深く溶け進み、やがて歯の中心部分にある歯髄にまで到達して、歯が死んでしま

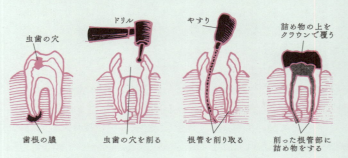

う。歯科医は歯の溶けた部分をドリルで削り取り、できた穴をアマルガムという合金やコンポジットレジンという樹脂性の素材で埋める。他の歯科的処置にはもっと侵襲性の高い**クラウン**（歯の上を完全に覆うように人工物でかぶせること）、**根管治療**（歯内部の髄質を完全に取り除き詰め物をすること）、そして問題のある歯を抜く**抜歯**などがある。

589 耳鼻咽喉科学 OTOLARYNGOLOGY

耳、鼻、喉の疾患を治療するのは**耳鼻咽喉科学**分野の専門医だ。耳鼻咽喉科医によっては、対象とする範囲を頭や首の疾患にまで広げている場合もある。

主な**耳**の疾患は耳炎、すなわち耳の炎症、聴覚障害、内耳を満たす液体（平衡感覚に関わる）の異常によるめまいなどだ。**鼻**の症状には鼻腔内粘膜の炎症により鼻水が止まらなくなる鼻炎、頭蓋骨内にある鼻に隣接した空洞（副鼻腔）に炎症が起きる副鼻腔炎などがある。**喉**の症状の主なものには喉頭（発声器官）の炎症である喉頭炎や、咽頭内の声帯に生じるこぶ状の声帯結節などがある。

590 眼科学 OPHTHALMOLOGY

目とその周辺組織の疾患や異常を扱う専門分野が**眼科学**だ。眼科医は緑内障（視神経の損傷）、角膜（目の最前面にあたる透明な部分）の感染症や損傷、網膜（目の内部にあって光を受ける部分）の疾患、白内障などを扱う。白内障は目のレンズ体を構成するタンパク質が変性し、卵の白身を加熱したときのように白濁してしまう疾患だ。部分的、あるいは完全に失明することがある。

目のケアには他に3つの専門領域がある。**視能矯正**は目の動きや両眼を協調的に動かす能力に関する問題を対象とする。**検眼**は、患者の視力を測定し矯正器具の処方を行う。矯正器具とはすなわちメガネやコンタクトレンズのことであり、**フィッティング**などの最終的な微調整は3つ目の専門家であるメガネ・コンタクトレンズ販売者により行われる。

591 リウマチ学 RHEUMATOLOGY

リウマチ学とは、関節、骨と骨の間の結合組織（軟骨や靱帯など）、および筋肉の障害を治療する診療研究分野である。これらの疾患

はまとめて**リウマチ**とよばれる。これは免疫系が体内の健康な組織を外からの侵入物と勘違いして攻撃してしまう**自己免疫疾患**である。

　もっとも一般的なリウマチは、免疫反応により関節が腫れる関節リウマチだろう。その症状は不快感から始まり、痛みが生じるようになり、やがては関節を動かせなくなる。関節リウマチの治療は対症療法が主で、鎮痛剤により痛みを緩和し、抗炎症剤で腫れを抑える。また、理学療法が有効だと感じる患者もいる。いずれにせよ、未だに完治に至る有効な治療法がない疾患である。

592 緩和ケア PALLIATIVE CARE

　重篤な病に苦しむ患者が経験する症状の緩和を目的とする医学領域を**緩和ケア**とよぶ。がんやエイズなどになった患者の最後の数カ月間の医療提供を指す場合もあるし、生命を脅かすものではない慢性疾患の患者に対する長期にわたるサポートを指す場合もある。緩和ケアのゴールは痛み、疲労、悪心、運動機能の不全などを緩和し、患者のQOLを向上させることである。終末医療における緩和ケアは通常ホスピスで行われる。緩和ケアが行われるのは、専用の居住施設の場合もあれば在宅の場合もある。緩和ケア提供者は優れたカウンセラーであることも多く、投薬や治療の場面以外でも患者が精神的苦痛と折り合いをつける手助けをする。

593 作業療法 OCCUPATIONAL THERAPY

　作業療法とは日常の作業を通した、患者のQOL向上を目的とする医療ケア領域である。疾患、怪我、加齢などに伴う障害を克服し、健康かつ実りある人生を送れるようにする。それには、作業を遂行するために必要な運動機能や手段を患者に与えることと、患者の症状ごとにその回復に最適な活動内容を選択することが必要だ。たとえば、車いすで移動することを覚えようとする患者に対しては、周囲の環境の改善（出入り口を広くしたり、スロープをつけたりするなど）と、腕や肩の筋力を強化する運動プログラムが必要になるだろう。また、脳卒中を患った患者は、巧緻性を取り戻すために絵画や工作に取り組むことが推奨される。作業療法の歴史は古く、古代ギリシアの医師が紀元前1世紀には始めていたとされる。

594 救急医療 EMERGENCY MEDICINE

病院に入院する患者のなかには、救急診療で病院を訪れる者もいる。事故により重傷を負った者や、突然重い症状を発症した者は病院の救急科に出向き（あるいは救急車で搬送され）治療を受ける。**救急医療**のゴールは患者の容体を安定させ、**専門医が治療可能な状態にすること**だ。

救急医療はアメリカでは1960年代に専門分野として独立した。それまでは救急科といえば、病院内の各科の医師がその都度動員されて対応するものだったのだ。イギリスにおける最初のフルタイムの救急科医長は1952年、リーズ総合病院に誕生した。

595 集中治療 INTENSIVE CARE

容体が不安定、あるいは重傷の患者に必要な24時間体制のモニタリングや管理を**集中治療**という。集中治療室にいる患者の多くは自発呼吸ができず、**人工心肺**や**人工呼吸器**を必要とするし、それ以外の臓器も機能不全に陥っていることがある。科によっては専用の集中治療病棟をもち、特殊な病態（やけど、神経系障害、心疾患など）の治療にあたる場合もある。

必要となる器材やそれを動かす人員の数、そして要求される能力の高さから、集中治療は高額になりがちで、病院の資産を圧迫する。たとえば2000年には、アメリカで集中治療に使われた年間の医療費は700億ドル（約7兆5000億円）を超えるものだったと推定された。2006年の1年間にイギリスで集中治療に使われた医療費は10億ポンド（約2140億円）だった。

Pathology

596 疫学 EPIDEMIOLOGY

疾患の診断や原因を探る医学分野を病理学という。疫学とは病理学の一領域であり、特定の生物（医学の場合は人類）の集団について、疾患の広がり方を研究する学問である。歴史的には、インフルエンザや天然痘などの感染症が集団のなかで伝播していくと

きにその広がり具合を記録することが疫学者の役割だった。現代では感染症以外にも範囲を広げ、まったく感染性ではない疾患、たとえば心疾患や肺がんなどもその対象となっている。これらの疾患は感染により引き起こされるものではなく、食生活や有害物質などの環境要因に依存している。

一方感染症は、ウイルスや菌（「ウイルス学」と「細菌学」を参照）によって集団内を伝播していく。ヒトの感染症には真菌（「真菌症」を参照）や悪者タンパク質のプリオン（「プリオン」を参照）によって引き起こされるものもある。

597 細菌学 BACTERIOLOGY

細菌感染、またはそれによって引き起こされる疾患を対象とする医学を**細菌学**とよぶ。有害な細菌（「原核生物」を参照）は**病原性細菌**とよばれる。細菌感染は感染部位に限定的な症状を呈するので比較的分かりやすい。たとえば傷口に細菌感染が起きて赤く腫れて痛むことがあるが、これは通常、傷口周辺でのみ見られる症状だ。ただし、重篤なケースとして**敗血症**を発症することがあり、血液を通して感染が全身に広がって全身性の免疫反応が起こり、適切な処置をしなければ発熱、嘔吐、そして臓器不全から死に至る。細菌感染による疾患には炭疽病、大腸菌感染症、MRSA、結核、サルモネラ（食中毒）、破傷風、チフス、ハンセン病などがある。細菌感染は抗生物質の投与で治療される。

ウイルス感染症（「ウイルス学」を参照）が2次的な細菌感染を起こすことがある。インフルエンザにかかったときにのどが痛くなったり、鼻が詰まったりする状態などがそれだ。ウイルスが免疫系の機能を弱めてしまうため、その隙を見た有害な細菌が体内で暴れだすのだ。

598 ウイルス学 VIROLOGY

病原性ウイルスの扱いは、医学のなかでも**ウイルス学**という分野の守備範囲だ。現在までに知られている疾患のうちもっとも凶悪なもののいくつかはウイルス感染症である。たとえば天然痘、エイズ、肝炎、スペイン風邪、エボラ出血熱などがあげられる。細菌感染（「細菌学」を参照）と異なり、ウイルス感染の症状は通常**全身性**で、感染部位に限局するわけではない。

ただし、すべてのウイルス感染が重症化するわけではない。たとえば昔の病気であるポリオでは、ポリオウイルスに感染した人のうち実際に病気を発症するのは5％程度だった。つまり、ポリオは感染力は強いが、**毒性**は高くない。それにひきかえ、1918年に猛威をふるったスペイン風邪は感染力も強く、強毒性だった（「パンデミック」を参照）。病原性ウイルスに有効な医薬品はワクチンと抗ウイルス薬しかない。

599 プリオン PRIONS

プリオン（Prion）というのは「proteinaceous infection」を略した言葉だ。プリオンはタンパク質で構成される病原体である。**ウシ海綿状脳症**（BSEあるいは「狂牛病」）やそのヒト版である**クロイツフェルト・ヤコブ病**（CDJ）などの重篤な疾患の原因であるとされている。どちらも致死性で根治は不可能。プリオンの存在は1960年代から予測されていたが、実際に発見されたのは1980年代初頭で、それはカリフォルニア大学サンフランシスコ校のスタンレー・プルシナーの手によるものだった。

プリオンの正体は誤った形に折りたたまれたタンパク質だと考えられている。プリオンタンパク質（PrP）とよばれるタンパク質群は体内の神経細胞（「神経生物学」を参照）で作ら

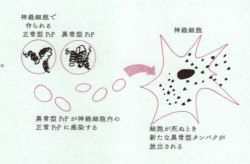

れる。正常なPrPは時間が経つと分解されるが、誤った形に折りたたまれているものは分解されない。その結果中枢神経系（脳と脊髄）にたまっていき、やがては細胞を破壊し、顕微鏡下でスポンジのように見える細かな穴を形成する。最終的な結果は脳への不可逆的なダメージ、そして死だ。

異常型プリオンを含む組織を摂取することでこれらの疾患に感染する。プリオン自身は自己複製するための遺伝物質をもたないが、異常型プリオンが他の正常型プリオン分子と出会うことでその

構造を異常型へと変化させる。変異型CDJ病は、ヒトがBSE感染牛を食べたことで生じたと考えられている。

600 真菌症 MYCOSIS

人体への真菌の感染を**真菌症**とよぶ。軽度の場合真菌症に冒されるのは皮膚の一番外側にある表皮だけ（**表在性真菌症**とよばれる）だが、ときにその下の真皮まで達し、そのまたさらに下の組織に感染することもある（**深在性真菌症**）。もっとも重篤な、深部に達する真菌感染症は致命的にすらなりうる。

ヒトで一般的な真菌症は**カンジダ症**という粘膜へ感染する感染症で、口腔、消化器系、泌尿器系、生殖器系などで見られる。症状はカンジダ属菌により引き起こされる感染部位のかゆみや熱感などだ。もう1つの一般的な真菌症は、足の裏などの皮膚が剥がれ落ちたりひび割れたりする**水虫**だ。真菌症は抗真菌薬とよばれる薬で治療可能だ。抗真菌薬は真菌とヒト細胞との違いを利用し、真菌の細胞膜だけを破壊する化学反応を起こして死滅させる。

601 パンデミック PANDEMIC

流行性疾患が人類の集団の大部分に広がり、世界中のかなりの割合で感染が認められるようになった状態を**パンデミック**という。パンデミックという言葉はギリシア語のpan（全体の意）とdemos（人の意）からなる造語である。人類史上最悪のパンデミックは**天然痘**だろう。今では根絶されているこの病によって、20世紀中におよそ3億人が亡くなった。また、14世紀に流行したペスト（黒死病）はヨーロッパの人口の1/3、およそ7500万人の命を奪ったと推定されている。極めつけはスペイン風邪で、1918年から1920年にかけてのわずか2年間で、5000万人から1億人が死亡した。これは、第一次世界大戦で死んだ人の数よりも多い。

今日では、医療の発達により病原体の**アウトブレイク**（局地的な流行）による死亡者数は劇的に減少した。2010年初めに起きた新型インフルエンザのパンデミックでの死者は世界中で1万4000人だった。悲劇であることに変わりはないが、過去のパンデミックと比べると劇的に少ない人数だ。ただし、科学技術の進歩は諸刃の剣で、飛行機による移動が一般的な今、感染が一夜にして世

界中に広がることが可能になっている。その結果、以前であればある地域に限定的なアウトブレイクだったものが、一瞬でパンデミックになりうる事態となっている。

病気と病的状態 Maladies and Morbidities

602 心疾患 HEART DISEASE

　欧米での死因トップは**心疾患**である。アメリカだけで、1時間あたり100人が心疾患で死亡していると見積もられている。心疾患というのは心筋と、体中に酸素を含んだ血液を運ぶ循環器の病気の総称だ。なかでももっとも多くの人命を奪うのは、血管異常により心筋自身に十分な酸素を送れなくなる冠動脈性心疾患で、毎年46万人のアメリカ人が死亡する。酸素が十分に供給されなくなると胸に痛みが生じ（この状態が**狭心症**だ）、最終的には心筋の細胞が酸素不足で死滅し、心臓発作（**心筋梗塞**）が起こる。冠動脈性心疾患は一般的に、アテローム性動脈硬化、すなわち動脈の内側に脂肪が蓄積して心臓に血液を送る血管が詰まることが原因だ。生活習慣は心疾患の発症に大きく関わり、喫煙、過度の飲酒、肥満などは心疾患の原因因子として知られている。年齢や家族歴も影響する。

603 エイズ AIDS

　後天性免疫不全症候群（エイズ）は**ヒト免疫不全ウイルス**（HIV）に感染することで起こる免疫系の疾患である。このウイルスは、病原体を排除する免疫系のなかでも抗体産生に必要な**ヘルパーT細胞**を攻撃し破壊する。これにより人体の防衛システムに穴が開き、多くの細菌、ウイルス、真菌、寄生虫などが感染できるようになってしまう。その結果、肺炎、結核、髄膜炎、がんなどの重篤な疾患を発症する。がんはHIV陽性患者の死因のなかでもっとも多い。

　HIVは血液、精液、膣分泌液、母乳などの体液を介して感染する。感染経路としてもっとも多いのは防御策をとらない性行為であり、次に輸血、薬物中毒者間での針の使い回し、そして感染している母親から乳児への垂直感染と続く。感染患者は通常、感染

から10年以内にエイズを発症する。しかし、抗ウイルス薬を使用すると発症時期を遅らせることができる（「ワクチン・抗ウイルス薬」を参照）。

604 がん CANCER

　がんとは健全な組織のなかで制御不能に増殖する悪性の腫瘍のことで、正常組織の機能を阻害し、最終的には死に至る。がんは2004年に全世界で死亡した人の死因のうち13％を占めた。この疾患は放射線（「放射線生物学」を参照）、たばこの煙やアスベストや多環芳香族炭化水素（PAH）などの有害な有機化合物（発がん性物質）、ヒトパピローマウイルス（子宮がんの原因となる）などの発がん性ウイルス（がんウイルス）、そして他の遺伝的要因による遺伝子変異、すなわち細胞内のDNA構造が変化することで発生する。

　遺伝子変異によって正常細胞よりも速く増殖するようになった異常細胞は、**腫瘍**という膨らんだ組織を形成する。良性の腫瘍もあるが、異常組織が急速に増殖して周囲の健常な組織にまで侵入し、血流に乗って体の他の部分へと広がっていく（**転移**という）とき、これは悪性と見なされ、がんとなる。よく知られているがんには肺がん、膀胱がん、悪性脳腫瘍などがある。すべてのがんが腫瘍を形成するわけではなく、たとえば白血球のがんである白血病のような例外もある。がんの診療研究や治療は**オンコロジー**とよばれる。

605 肥満 OBESITY

　体脂肪を蓄積しすぎて健康に異常をきたした状態の人のことを**肥満**という。厳密には、BMI（Body Mass Index）という、体重（kg）を身長（m）の二乗で割って得られる値が**30**を超えている人が肥満だ（ただし、この定義は脂肪より重い筋肉を考慮していないとして、異を唱える向きもある）。それだけでは疾患というわけではないが、肥満は多くの重篤な病（糖尿病、心疾患、慢性肺疾患、関節炎、腎不全など）のリスク因子となる。肥満は世界的な問題となりつつあり、WHO（世界保健機関）は肥満の割合が流行というべき域に達しているとしている。世界人口の10％程度が肥満状態にあると推定されているのだ。

　肥満の主な要因は不健康な食生活と運動不足（ただし、遺伝要因やメンタルヘルスなども寄与する）だ。その治療は主にこれらの要因を取

り除くことから始まる。肥満を治療するための薬が処方されることもあるし、極端な例では手術も選択肢に入る。たとえば、胃緊縛法という、胃の容積を制限する手術がある。

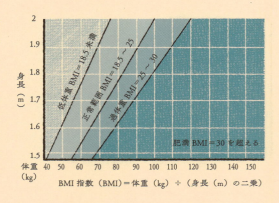

606 糖尿病 DIABETES

糖尿病は、体が血液のなかから**ブドウ糖**を取り除けなくなる病だ。治療せずに放っておくと、血液中の糖の値が危機的に上昇し、高血糖症になることがある。血糖値は通常、**インスリン**というホルモンによって正常値に調節されている。膵臓で作られたインスリンが肝臓と筋肉に働きかけてブドウ糖を吸収させ、グリコーゲンという分子として貯蔵させるのだが、糖尿病ではこのプロセスに異常が生じているのだ。

糖尿病には2つのタイプがある。1型糖尿病では、膵臓で十分な量のインスリンが作られない。このタイプの糖尿病は先天性（生まれつき）であり、遺伝要因と発生段階における要因が合わさって発症する。一方、2型糖尿病は、体内の細胞がインスリン抵抗性になってしまうことで発症する。このタイプのほうが圧倒的に多く、世界中の2億2000万人の糖尿病患者のうち90％がこちらのタイプである。2型糖尿病も遺伝性のことがあるが、出生後に不健康な食生活と運動不足によって発症することもある。この疾患は肥満が引き金となって発症することが多いのである。どちらのタイプの糖尿病も、定期的なインスリンの注射が治療法となる。

607 インフルエンザ INFLUENZA

インフルエンザはウイルス感染症（「ウイルス学」を参照）で、多くは冬の間にヒトの集団のなかで伝播する。症状はのどの痛み、鼻水、

さまざまな体の痛み、発熱などだ。インフルエンザウイルスは非常に感染力が強く、咳やくしゃみで飛ぶ飛沫を介して感染する。ほとんどの人は薬に頼らずとも1週間から2週間で症状が軽くなるが、若年者や老年者、あるいは喘息など呼吸器系の基礎疾患をもつ人にとっては脅威になりうる。

時折、全人類にとって致死的になりうる強毒株のインフルエンザウイルスが出現する。2009年の**H1N1株**による新型インフルエンザのパンデミックなどがそうだ。HとNはそれぞれ、ウイルス粒子の表面に存在する**ヘマグルチニン（H）**と**ノイラミニダーゼ（N）**というタンパク質を指していて、後ろの数字はそれらのタンパク質の型を示している。インフルエンザはワクチンと抗ウイルス薬で治療できる。ただ、このウイルスは変異するのが非常に速いので、ワクチンもそれに合わせて常に変化させていかなければならない。

608 スーパーバグ　SUPERBUGS

ふつう、細菌感染は抗生物質で治療される。しかし、細菌株のなかには、抗生物質に対し耐性を獲得しているものがいて、これらを退治するのは非常に難しい。

このような細菌のことを**スーパーバグ**という。もっとも悪質なのは、**メチシリン耐性黄色ブドウ球菌（MRSA）**だ。その症状は熱と小さな赤い発疹から始まり、発疹が徐々に大きくなり、なかに膿がたまるようになる。ときにはその感染が内臓にも及び、敗血症（「細菌学」を参照）から死に至ることもある。2005年にアメリカでMRSAにより死亡した患者は1万7000人で、2007年のイギリスでは1600人が死亡した。この疾患は**バンコマイシン**という抗生物質で治療可能な場合もある。ただしこの薬剤には強い副作用があり、しかもMRSAはこの薬剤にすら耐性を獲得しようとしている。バンコマイシン耐性黄色ブドウ球菌、VRSA株の出現だ。

スーパーバグが出現した主な原因は抗生物質の乱用で、多用される抗生物質に対し細菌が防御メカニズムを発達させるという自然選択の結果である。これは**赤の女王仮説**の実証例ともいえる。2つの敵対する勢力、すなわち抗生物質と細菌の間に、進化における軍拡競争が起きたというわけだ。

609 昏睡 COMA

昏睡とは深い無意識状態のことで、脳の損傷、体内の毒素、脳卒中（脳の血流が遮断される）などにより脳の酸素が欠乏したときなどに起こる。また、治療の一環として、患者が重度の、または激しい痛みを伴う怪我を負っているときなどに、治癒するまでの時間を稼ぐために薬剤を使って人工的に昏睡状態におくことがある。

昏睡は一般的に数日から数週間続くが、ときにはもっと長い期間続くこともある。

現在、昏睡状態に陥っている人物の最長記録は40年間だ。エドワーダ・オバラという女性は1970年に糖尿病による昏睡に陥った。2010年時点で彼女の意識は未だに戻っていないが、生きている（訳注:その後2012年に、42年間一度も目が覚めることなく亡くなった）。昏睡状態から意識を取り戻した人のなかでもっとも長い昏睡期間は、19年だ。テリー・ウォリスという男性は、1984年に交通事故で昏睡状態に陥ったが、2003年に突然覚醒し話しだしたという。

Medical Procedures

610 脈拍 PULSE

患者の今現在の健康状態を調べるために必須なバイタルサインの1つが**脈拍**だ。脈拍は、動脈（心臓からの血液を運ぶ血管）が体表のすぐ近くを通るところを指で触れることで、心臓のポンプの動きに連動した血流のリズミカルな動きとして感じることができる。通常、首（頸動脈）か手首（橈骨動脈）で計測される。

多くの場合、得られる脈拍は患者の心拍数と同じである。健常な成人の安静時の脈拍は1分あたり60から100といったところだろう。ただし、運動能力の高いアスリートなどは安静時の脈拍がこれに比べ著しく低いことがある。熟練した医療従事者は、患者の脈に触れるだけで収縮期（最大）血圧を推定することができる。指や耳たぶにつける脈拍計は、病院のベッドサイドで日常的に使われるモニタリング機器である。

611 血圧 BLOOD PRESSURE

血圧とは、心臓の鼓動によって血管壁に働く圧力のことである。その圧力は心臓から遠ざかるにつれ減衰していくため、通常ひじの内側にある**上腕動脈**で測定する。血圧を測定すると、112/64のように2つの数字が得られる。1つ目の数字は最大（収縮期）血圧で、心臓が拍動するときに得られる血圧だ。2つ目は最小（拡張期）血圧とよばれる、心臓の拍動と拍動の間に得られる血圧だ。血圧はmmHg（millimeters of mercury）という単位で測られる。これは、**血圧計**とよばれる機器の柱のなかの水銀を、血圧がどれだけ押し上げることができるかを示している。

血圧測定は、膨らませることのできるマンセッターというベルトを使って行われる。マンセッターに圧力をかけた後、動脈の血液の流れが聴診器で聞こえるようになるまで緩める。このときのマンセッターにかけられた圧力が収縮期血圧と同値になる。さらに圧を緩め続け、音が何も聞こえなくなるところが、拡張期血圧となる。血圧が過度に高い状態を**高血圧**といい、低い状態を**低血圧**という。

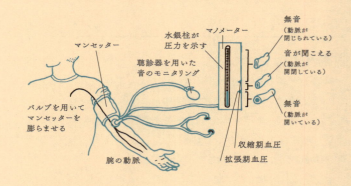

612 体温と呼吸数 TEMPERATURE AND BREATHING

脈拍と血圧に加えて、診療のときに考慮すべき重要なバイタルサインに**体温**と**呼吸数**がある。体温は体温計を患者の腋下または口腔内に30秒程度置くことで測定する。健常人の体温は**37℃前後**だ。40℃を超えたり（高熱）、35℃を下回ったり（低体温症）するときは憂慮すべき状況だ。高熱は心臓発作の結果生じることもあるし、

毒素や感染症により生じることもある。低体温症は寒さや食中毒、あるいは怪我によって生じることがある。

呼吸数は医師により計測されることもあるし、呼吸計という機器をベッドサイドに設置してモニタリングすることもある。成人は通常、1分間に**12回程度**呼吸する。

613 聴診 AUSCULTATION

聴診とは、体内の音を聴診器などで聞くことで疾患の診断をしようとする診察法のことである。聴診器は1816年にフランスの医師**ルネ・ラエンネック**により発明された。初期のモデルはラッパ型補聴器に似た形をしていて、固い管の一方の端を患者に当て、反対側の端を医師の耳に当てるという使い方をした。現代の聴診器はやわらかい管と金具でできていて、両耳で聞くことができる。患者に当てる側の端は現代版では両面性で、片面は呼吸器系の音を、反対の面は心臓・循環器の音を聞くために最適化されている。最新型の聴診器には電気式のものもあり、アンプとノイズ低減システムを内蔵していてバックグラウンドの音を消すことができる。

呼吸器系を聴診する場合、医師は喘鳴や閉塞の兆候を聞き取ろうとする。循環器系の場合、心拍の異常を聞き取る。消化器系の聴診では、腸内の異常や閉塞が見つかることがある。

614 触診 PALPATION

触診は診察の一環として行われ、医師が手で患者の体に触れることで異常を見つけ、診断の補助となる手がかりを得ようとする行為だ。しこりや腫れを見つけ、その大きさを推定したり、触れたときの患者の反応を見たり（痛がるかどうかなど）、リウマチ患者の関節の可動域を評価したり（「リウマチ学」を参照）、妊娠女性の胎児の位置を推定したりするときに触診が行われる。触診は生検や画像診断などの他の診断技術に先だって、腹部や胸部に対し行われることが多い。

似た診察技術として、臓器のある部位を医師が指で軽くたたき、その音で異常を探る打診がある。うつろに響く音がする場合はその下に空気で満たされた空間があることを意味し、短い「コツコツ」という音はその下に硬い組織があることを意味する。

615 血液検査・尿検査 BLOOD AND URINE TESTS

体液の物理学的および化学的検査は医療分野の強力な診断ツールである。なかでも、**血液検査**と**尿検査**がもっとも広く行われている。血液検査では注射針を用いて静脈から検体を採取する。検体を使用した検査は、輸血前の血液型検査や、血液の酸性度、さまざまな細胞の数（赤血球の数が少なければ貧血が疑われ、白血球数の異常は感染症の兆候となる）、害のあるウイルスや細菌の存在、また血中に含まれるさまざまな化学物質の濃度を測るために行われる。

似たような分析が患者の尿を使っても実施される。尿検査では、ブドウ糖の有無（糖尿病の指標）、タンパク質の有無（腎臓の感染症の兆候）、ドラッグやその他化学物質の存在などが調べられる。また、尿検体の培養（養分を敷いたペトリ皿に検体を入れ、微生物が増えてくるかを調べる）により、尿路感染症の有無を調べることができる。

616 生検 BIOPSY

触診や血液検査、尿検査で得られた情報では病態を確定診断するには不十分な場合があり、そのようなときには**生検**が必要となる。生検とは、組織の一部を検体として採取し解析することである。生体組織の検体はさまざまなやり方で採取される。内臓の場合、体表から目的の組織まで挿入し、組織の一部分を採取する**コアニードル**という中空の針を使用する。あるいは、**観血手術**という、外科医が皮膚を切開したところから目的の組織を少し切り取る方法もある。がんが疑われる場合、腫瘍全体を取り出して解析することもある。この方法だと全体の形状が分かるので、診断に有意義な情報が得られることがある。検体は顕微鏡下で観察され、細胞の形状や正常か否かが調べられる。そして異常が見つかれば、疾患の正体を診断することに使われる。

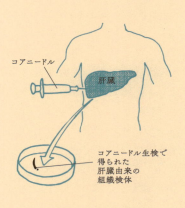

コアニードル
肝臓
コアニードル生検で得られた肝臓由来の組織検体

617 心肺蘇生法 CARDIOPULMONARY RESUSCITATION

患者が呼吸を停止し、脈拍もない場合、**心肺蘇生法**(**CPR**)がまずとるべき行動となる。心肺蘇生法とは胸部を圧迫することで人工的に心臓を動かして血液を体中に巡らせ、患者の口に強く息を吹き込むことで患者の口から肺へと酸素を送る方法だ。CPR自体は命を救えるほどに強力な医療手法ではなく、心臓発作を起こした患者などがCPRだけで一命をとりとめることはほとんどない。しかし、心臓に刺激を与える除細動器(「除細動」を参照)や、呼吸を助ける人工呼吸器などの適切な生命維持装置が届くまでの間患者を生かしておくというときには有効な手段だ。

618 除細動 DEFIBRILLATION

除細動器とは不整脈の治療や心臓発作が起きてしまった場合などに、心筋に電気ショックを与えて拍動のリズムをリセットするための機器である。除細動器は1940年代に使われ始めた。当時の装置は心臓手術のときにのみ使われ、心臓に直接接続して電流を流すという仕組みだった。1950年代後半には、胸腔を開けずに使うことができる代替法が編み出された。この機器で使われる回路を構成するキャパシタ(「静電容量」を参照)やインダクタ(「電磁誘導」を参照)は電荷を蓄え、胸部の体表に置かれたパッドから心臓まで到達するだけの強度の電流を一気に流す。除細動器は今や救命救急の場では欠かせない装置となっている。今日では埋め込み型の除細動器というものまで作られている。これは外科的手術で胸に埋め込むもので、心拍をモニタリングし、リズムに異常があれば自動で低出力の電気ショックを与えてこれを補正し、心臓発作が起きたときには高出力のショックを与えるというものだ。

619 腎臓透析 KIDNEY DIALYSIS

腎臓は体のフィルターであり、血液をふるいにかけて、代謝の過程で生まれた排泄すべき化学物質を除去し、膀胱へ送って尿として排出させる(「泌尿器系」を参照)。体内には2つの腎臓があるが、1つだけでも生存可能である。ただし、重い腎疾患で両方の腎臓を除去しなければならない場合、腎臓が担う濾過の作業を代わり

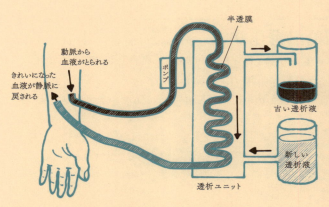

に機械にやってもらう必要がある。これが**透析**だ。

　患者の腕の動脈にラインが通され、血液がそこを通って透析器に運ばれる。透析器内の血液は**半透膜**の上を通過する。膜の向こう側には**透析液**があって、浸透圧によって血中の不純物が透析液側に運ばれるという仕組みだ。膜上の穴はこのような化学物質が通り抜けるには十分だが、血液細胞やタンパク質は通れないような大きさに作られている。人工腎臓によってきれいになった血液は静脈内に戻される。腎臓透析は通常1週間に3回程度行われ、1回につき3時間から5時間かかる。

620 検疫 QUARANTINE

　何らかの感染性病原体（「細菌学」と「ウイルス学」を参照）を保持していることが疑われるヒトや動物の集団に対し、他の個体に病原体を伝染させないように隔離措置をとることを検疫という。検疫はあらかじめ期間が決められていて、その間に集団内の誰かが発症するか調べることもあれば、病原体の除去、あるいは治療が施されるまで続くことがある。2009年の新型インフルエンザのパンデミックのとき、日本では、ある飛行機に搭乗していた3名の患者が新型インフルエンザ陽性と診断されたことを受け、同じ飛行機に搭乗していた47名を1週間ホテルに隔離する検疫を行った。

　検疫は目的とする病原体が特に存在しないときにも、純粋に予防的措置として実施されることがある。かつてアポロ宇宙船に搭乗した宇宙飛行士が月から帰還してきた際は、月から何か恐ろしい病原体をもち帰ってきていないか恐れた当局により、宇宙飛行

士たちは数日間密閉空間におかれた。

621 検死 AUTOPSY

検死とは、死因を調べるために遺体を調べていくことである。一般的な検死のプロセスではまず遺体を解剖し、臓器を検査する。法的な意味で行われる検死（検視・司法解剖）は犯罪捜査において証拠を提供するために行う場合もあるし、死因不明で死亡した患者に対して医学目的で行われることがある。**病理解剖**によって医療ミスが明らかになることもあるので、同じミスを繰り返さず、将来の患者の命を救えるよう診断プロセスを改善する動きにもつながることがある。解剖後の人体は臓器をもとに戻して縫合し、遺族が望めば葬儀のときに見ることができるような状態に復元される。

Medical Imaging

622 顕微鏡 MICROSCOPES

顕微鏡とは微生物を拡大するために使う光学機器である。医学微生物学の分野では微生物による感染症を調べるために用いられるし、組織学（生体組織の検査）、検視、金属工学でも利用される。

世界初の顕微鏡は、1590年にオランダの眼鏡屋によって作られた。それはレンズが1つだけのシンプルな作りだった。1625年にはイタリアの科学者**ガリレオ・ガリレイ**が初めて複合顕微鏡を作製した。これは、2枚のレンズを用いるタイプの顕微鏡で、1つ目のレンズで対象物の像を得て、2つ目のレンズでその像を拡大する。すると、拡大された像が対象物の後ろ側に虚像として見える。現在一般的に使われている顕微鏡は対象物の後ろ側に対象物を照らす光源が置か

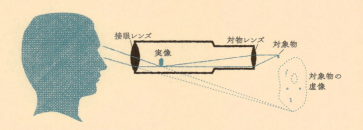

れている。最先端の顕微鏡には、接眼レンズをのぞき込む手間すら省いたものがある。接眼レンズの代わりにCCDが使われ、得られた画像がコンピューターへと送られる。画面上で画像処理を行ってより見やすく加工することもできる。

623 X線 X-RAYS

X線は電磁波の一種であり、紫外線よりも短い波長をもつ。物質を透過することができるため、開腹などを行わずに患者の体内を見るために使われる。この高エネルギー波は、1895年にドイツの物理学者**ヴィルヘルム・レントゲン**によって偶然発見された。彼は当時、熱陰極から放出される電子（陰極線）の性質を調べていた。この過程でレントゲンは、ある種の金属に陰極線がぶつかったときにX線が放出されることを明らかにした。さらに、放出されるX線の力は電極にかける電圧を変えることで変化させられることも見いだした。

X線は柔らかい組織を透過するが、密度の濃い組織は透過できないため、人体を透過したX線を写真乾板で検出することで、体内の構造を写しとることができる。

624 超音波 ULTRASOUND

X線は高用量で照射すると害が大きいため、たとえば胎児の発育を見る場合などにはより安全な**超音波**が使用される。超音波検査では波長が20kHz以上（人間の耳には聞こえない）の音波が使われる。この手法は潜水艦のソナーと似たような原理に基づいていて、対象物からの音波の跳ね返りを利用している。音波が跳ね返ってくるまでにかかる時間を測定することで、対象とする組織の各層の位置を把握し、画像を構築するのだ。

最近の超音波診断では、**超音波ドップラー**という方法が使われるようになってきた。これは対象物の動く速度をドップラー効果に基づき測定するもので、たとえば血流をマッピングすることで胎児の心機能を確認することができる。

また、通常の超音波撮影では2次元の断層画像しか得られないが、3D超音波では対象物の3次元画像を構築することができる。超音波は治療にも使われることがある。たとえば、高周波の超音

波を使用して腎臓結石を破砕したりする。

625 血管造影法 ANGIOGRAPHY

静脈や動脈、内臓の空洞部分を可視化することで循環器系の異常を発見しようとする画像処理技術を**血管造影法**という。血管造影では**造影剤**とよばれるX線を透過しない物質を患者の血管に注入し、通常のX線撮影で骨が見えるのと同じように血管を可視化する。

血管造影は、血流の変化をモニタリングするために動画として撮影されることが多い。これには**蛍光透視法**が用いられる。患者がX線源と蛍光板（ブラウン管テレビの画面のようなもの）の間に横たわることで、蛍光板の上に動く像が映し出されるというものだ。

626 内視鏡 ENDOSCOPY

内視鏡は患者に対して最小限の侵襲で検査をするための機器である。光学系を内蔵した曲げ伸ばしできる管が、口や肛門など人体の開口部から挿入される。そして管の先に取り付けられたカメラで撮影された体内の画像がコンピューター画面に送られる。内視鏡を使うと胃部、呼吸器、泌尿器、生殖器などのあらゆる病態を評価することができる。

世界初の内視鏡検査は19世紀初期にドイツの医師フィリップ・ボッチーニにより実施された。内視鏡は観察だけでなく、管から空気や水を流すことで洗浄などの処置を行うために使われることもあるし、手術用の器具を取り付け、組織片を回収して生検を行うことも可能である。

627 心電図 ELECTROCARDIOGRAPHY

心電図（ECG）は患者の心筋の電気的な活動をモニタリングすることで心臓の動きを測定する非侵襲検査である。電気信号がグラフに描かれ、心臓が拍動するときに最大値を示す。1942年に近代的な**12誘導心電図**が実用化された。これは12本の電極を体表のさまざまな部位に取り付けるもので、心臓の電気的活動をもっとも正確に表すことができるとされている。

心電図検査からはさまざまなことが分かる。たとえば心臓のリズ

ムの乱れからは心拍に関連する軽微な疾患を明らかにできる。心臓発作によって生じた心筋の損傷の様子を知ることも可能だ。心電図測定装置は時代とともに著しく小型化した。将来的にはウェアラブルな心電図計が登場し、それを常に携行することで心臓の異常の初期兆候を検出していち早く警告してもらえるような時代がくると予想する医師もいる。

628 脳波 ELECTROENCEPHALOGRAPHY

　脳細胞（神経細胞）が出す電気信号は脳の活動を表していて、**脳波計**（**EEG**）により測定することができる。脳波計は脳卒中、てんかん、睡眠障害、脳の損傷などの病態のモニタリングや診断に使われる。また、昏睡状態にある患者の脳機能のレベルを知るためにも使われる。脳波検査を受ける患者は最大25本もの電極を頭皮に装着する。電極が信号を検出するとコンピューター画面に波として描画され、周波数に応じて分類される。さまざまな種類の脳波は、各々異なる神経活動に対応する。α**波**は8Hzから12Hzの波で、β**波**はより高周波の12Hzから30Hzだ。

629 トモグラフィー TOMOGRAPHY

　トモグラフィーとはスキャナーを用いて患者の体を仮想的に輪切りにした像を得る画像診断法である。得られるスライス画像は非常に精細に体内を描き出すことができ、医師による診断や、既知の疾患の進行をモニタリングするために使われる。医療機関で使われるトモグラフィーにはいくつかの種類がある。**コンピューター断層撮影**（**CT**）はX線照射器が患者の体の周りを回りながら数度おきに撮影するもので、得られた画像を重ね合わせ処理し、コンピューター上で患者の体内を再構成する。

　陽電子放射断層撮影（**PET**）では、患者に放射活性がある**トレーサー**を投与する。トレーサーは陽電子（電子の反物質）を放出し、これが電子と出会って消滅するときにガンマ線が放出される。また、ブドウ糖に似た物質をトレーサーとして使用すると、代謝活性が高い部位を可視化することができる。**単一光子放射断層撮影**（**SPECT**）はPETに似た原理だが、トレーサーそのものがガンマ線を放出するという点で異なる。

630 MRI MAGNETIC RESONANCE IMAGING

MRI（核磁気共鳴画像法）とは、人体に強い磁場をかけることで体内の水分子に含まれる水素原子から電磁波を取り出すという原理のスキャン法である。磁場がかかると電荷をもつ水素原子の核が磁場にそろう。次にラジオ波をスキャンしたい部分に照射すると、そろっていた水素原子のうちいくらかが静磁場方向からわずかに傾く。傾いた原子がもとに戻ろうとするときにラジオ波が放出されるのだが、臓器によってその放出速度が異なるので、この違いに基づいて体内の構造を画像化するのである。かけられる磁場は強力で、3テスラほどに達し、これは地球の磁場の10万倍にもなる。

fMRI（functional MRI）は特に血流の可視化に特化した方法であり、もっとも酸素を多く使っている部位を明らかにする。主に脳スキャンで使われ、患者の脳内でもっとも活発に働いている部分が分かる。**造影剤**を静脈から注入して行う場合もあるが、これは血中の水素核の磁性を強化することでfMRIの画像を見やすくしてくれる。

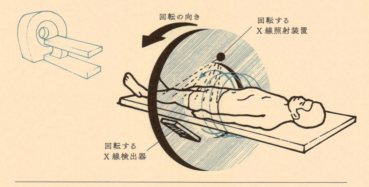

631 分子イメージング MOLECULAR IMAGING

イメージングで骨、皮膚、血液、臓器だけでなく、患者の細胞のなかで起きている分子プロセスを可視化できるとしたらどれほど有用だろうか。これが、**分子イメージング**という新しい分野が目指すところである。**バイオマーカー**という、PETやSPECT（「トモグラフィー」を参照）で使われる放射性トレーサーと似たような働きをする物質を用いて、生化学反応のさまざまな段階の可視化が試みられている。

分子イメージングの手法を用いれば、疾患の前兆ともなるさまざまな化学的経路や代謝経路について検査し、身体的症状が現れる前に診断することが可能だ。

Medication

薬

632 薬理学 PHARMACOLOGY

疾患、怪我、その他の病態の治療を目的として、薬が生体組織とどのように相互作用するかを調べる学問を**薬理学**という。細胞の振る舞いを生化学的に理解したり、その振る舞いを化合物の投与によってコントロールできるかを調べたりする。

薬理学という分野は19世紀中盤、化学と生物の知識を使って薬の開発に科学的手法を用いることができるようになったことで始まった。それ以前には、迷信や当てにならない根拠に基づく(「根拠に基づく医療」を参照) 怪しげな「ポーション」しか存在していなかった。現代の薬理学は**薬力学**（薬が体に及ぼす影響）と**薬物動態学**（薬が体にどのようにして吸収、代謝、排出されるかなど、体が薬に与える影響）に分かれている。

633 消毒薬 ANTISEPTICS

消毒薬が発明される以前、手術はとてもお勧めできるものではなかった。というのも、多くの患者が手術で内臓を露出している間に細菌に感染（「細菌学」を参照）し、それがもとで術後に死亡していたからだ。そんな状況は1867年に**ジョセフ・リスター**というイギリスの医師が、フランスの生物学者**ルイ・パスツール**の微生物研究を踏まえて、手術器具や患者の傷口をフェノールで消毒するという試みを始めてから一変する。これにより、感染症の発生が激減したのである。

リスターは、細菌（「原核生物」を参照）が生存して増殖するためには、食物、水分、酸素が必要だということを突き止めた。消毒薬とはすなわち、この3つの要素を細菌が使えなくする化学物質なのだ。彼はまた、手術時に清潔な手袋を着用することを勧め、また、手術前に消毒液で手を洗うよう促した。現在使われている消毒

薬はエタノール、ホウ酸、過酸化水素、ヨウ素である。ちなみに、リステリンという口腔消毒薬は、リスターの功績にちなんで名づけられたものである。

634 鎮痛剤 ANALGESICS

疾患や怪我の痛みを緩和する薬剤を**鎮痛剤**という。**痛み止め**ともよばれる。鎮痛剤は脳に向かう痛みのシグナルをブロックするか、そのシグナルを脳が受け取っても痛みと認識しないように脳内のプロセスを変えるという2通りのやり方で効果をもたらす。その作用機序は局所的に感覚を失わせたり無意識状態に導いたりする麻酔薬とはまったく異なる。

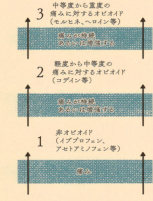

世界保健機構（WHO）は鎮痛剤を**3段階徐痛ラダー**に分類している。一番下の段は軽い痛みに対する薬で、アセトアミノフェンやイブプロフェンなどのOTC薬（処方箋なしに買える薬）が含まれる。2段目はコデインなどの弱オピオイド鎮痛薬だ。3段目は重度の痛みに対する薬、モルヒネやヘロインなどの強オピオイド鎮痛薬のことである。2段目と3段目に属する痛み止めには、嘔吐、便秘、依存症のリスクなど多くの副作用がある。

635 抗生物質 ANTIBIOTICS

抗生物質は細菌（「原核生物」を参照）、特に病原性細菌を死滅させる、あるいは増殖を阻害する化合物である。19世紀、フランスの微生物学者**ルイ・パスツール**とドイツの医師**ロベルト・コッホ**が炭疽菌の増殖を阻害する微生物を発見したことから抗生物質という概念が生まれた。最初の抗生物質である**ペニシリン**は、スコットランドの生物学者**アレクサンダー・フレミング**により1928年に発見された（「セレンディピティ」を参照）。その後、1939年にはオーストラリアの科学者ハワード・フローリーとドイツ生まれの生化学者エルンスト・チェーンがペニシリンを医療現場で投与可能な形で抽出する方法

を編み出した。これはちょうど第二次世界大戦の頃である。ペニシリンの登場により、戦争で負傷した多くの人が傷口からの感染症で死なずに済んだと考えられている。「抗生物質（antibiotic）」という語はアメリカの生物学者セルマン・ワクスマンによって1942年に作られたものだ。

抗生物質は正常細胞には影響を与えず、細菌が使う化学経路だけを阻害する。それは、細菌が食物を消化吸収する経路のこともあれば、細胞膜を作る経路のこともある。ただし近年、抗生物質に抵抗性をもつ細菌株が生じ、**スーパーバグ**として恐れられている。

636 ワクチン・抗ウイルス薬 VACCINES AND ANTIVIRALS

抗生物質は細菌感染（「細菌学」を参照）を撃退するには有効な手段だが、ウイルス感染（「ウイルス学」を参照）には何の役にも立たない。ウイルスの生化学的性質が細菌とはまったく異なるからだ。ウイルスに効果があるのは、**ワクチン**や**抗ウイルス薬**という別の種類の薬である。ワクチンとは、死んだウイルス（熱や化学物質によって死なせたもの）か、病原性をもたらす遺伝物質を除去したウイルスを患者に注射するというものである。本物のウイルスに感染したときに**免疫系**がいち早く対応できるよう、事前に不活化ウイルス分子で免疫系をトレーニングしておくわけだ。

ワクチンは実際に感染する前に投与することで予防効果を得るものなので、免疫系をトレーニングするための時間が必要だ。患者がすでにウイルスに感染してしまっている場合はワクチンではだめで、抗ウイルス薬による治療が必要になる。抗生物質と同様、抗ウイルス薬はウイルスが使う化学経路を選択的に阻害する働きをする。たとえば、**タミフル**という抗ウイルス薬はインフルエンザウイルスが感染細胞から自分のコピーを放出するために使う酵素の作用を阻害することでウイルスの広がりを抑え、免疫系がウイルスを破壊するための時間を稼ぐ。

637 免疫抑制剤 IMMUNOSUPPRESSANTS

ワクチンや抗ウイルス薬は免疫系を助けることで感染症の治療に寄与するわけだが、ときにその免疫系自体が体の最大の敵となることがある。そのような場合は、**免疫抑制剤**という薬でコントロール

しなければならない。リウマチ関節炎（「リウマチ学」を参照）や全身性エリテマトーデスなどの**自己免疫疾患**は、体内の正常な細胞を、侵入してきた異物だと免疫系が誤解して攻撃する疾患だ。また、移植手術の後にも、移植された新しい臓器を免疫系が攻撃することを防ぐためこのような薬が必須となる。

免疫抑制剤は体内でリンパ球（免疫応答を起こす白血球）が作られるのを抑制し、好ましくない免疫反応によるダメージに対抗する。ただしこれは非選択的な作用なので、好ましくない免疫反応を抑制すると同時に、撃退してほしい感染症も撃退できなくなる。また、高血圧や、肝臓、腎臓（「泌尿器系」を参照）へのダメージといった副作用もある。

638 化学療法 CHEMOTHERAPY

化学療法とは、化学薬品を使ってがんと闘うことで、放射線を使う放射線療法と対をなすものである。がんの化学療法では、活発に細胞分裂して増殖する細胞を選択的に殺すことができる有毒な化学物質が使われる。ただし、活発に分裂する正常細胞もダメージを受けてしまうので、毛包（だから化学療法を行うと髪の毛が抜ける）や骨髄（赤血球が減少する）、消化器系（消化管の腫脹につながる）などに副作用が生じる。それに加えて、吐き気、疲労、免疫力低下などの副作用も生じる。

がんに対する化学療法は第二次世界大戦中、化学兵器であるマスタードガスへの曝露で白血球数減少が見られたことに端を発する。これを受けて医師がマスタードガスの毒素をリンパ腫（白血球の一種であるリンパ球のがん）の患者に血管内投与したところ、症状が改善したのだ。

639 安楽死 EUTHANASIA

患者が不必要に苦痛を経験しないで済むよう、医学的に介入してその一生を終わらせることを**安楽死**という。**積極的安楽死**（医師が患者に対しそのような処置を行うこと）は、多くの国で違法となっている。ただし、スイスでは医師が患者の自殺を手助けすることが認められている。つまり、医師は患者に人生を終える手段を提供することができるのだ。ただし、投与するのは患者自身でなければならない。

ディグニタスというスイスのNPO団体は、病気に苦しむ末期患者の自殺幇助を行っている。患者がバルビツール系薬剤であるペントバルビタールを致死量服用すると、まず眠気に襲われ、後に全身麻酔がかかった状態になり昏睡し、30分以内に死に至る。2008年3月の時点で、ディグニタスは840名の自殺を幇助したと主張している。

手術 *Surgery*

640 一般外科学 GENERAL SURGERY

患者の体内にアクセスし、臓器を取り除いたり、改変したり操作したりすることを**一般外科学**という。外科手術は驚くほど長い歴史をもっており、数千年もさかのぼることができる。もっとも古い手術は**頭部穿孔**で、精神疾患の患者の頭蓋骨に穴を開け、「悪魔を追い出す」ことで治癒を目指すというものだった。外科手術がきちんとした科学的根拠に基づき行われるようになったのは比較的最近のことである。手術におけるブレイクスルーは、19世紀の**麻酔薬**の発見と、感染症のリスクを低減する**消毒薬**の開発、そして血液の喪失を防ぐ**輸血**の技術だ。

641 麻酔薬 ANAESTHETICS

麻酔薬とは、軽微な手術の場合は局所的に(局所麻酔)、大規模な手術の場合は全身的に(全身麻酔)感覚を麻痺させるために手術前の患者に投与される薬剤である。1846年に、アメリカの歯科医師ウイリアム・モートンにより、全身麻酔薬ジエチルエーテルで麻酔した患者から抜歯した例が最初の麻酔下手術となった(訳注:実際には、記録に残っている世界初の麻酔下手術は、モートンからさかのぼること40年以上、1804年に華岡青洲が実施した乳癌手術である)。

近代的な全身麻酔は数段階に分けて実施される。まず、1つ目の薬(バルビタール系麻酔薬のチオペンタールがよく使われる)を静脈内に投与し、患者を無意識状態下におく。次に手術を実施している間麻酔状態を維持するために、2つ目の薬剤である「セボフルラン」などを吸入などにより投与する。大手術になくてはならない全身麻酔

薬であるが、実際どういう仕組みで効くのかについては、実はまだ完全には解明されていない。局所麻酔薬のほうは理解が進んでいる。皮下注射することで、注射部位付近の神経細胞を通る電気シグナルが遮断されるのだ。

642 切断 AMPUTATION

　麻酔という手段が発見されるまで、手術は耐えがたいものだった。苦痛を最小限にするためにはスピードがもっとも重要である。つまり一番すばやく終わる処置だ。そして多くの場合、一番簡単な処置とは、**切断**だった。

　外科的切断とは、四肢やその他の部位が感染症などに冒されてしまい、放置しておけば敗血症など（「細菌学」を参照）で体中に悪影響を及ぼしうる場合にその部分を切除する方法である。また、がんの摘出や慢性的に痛む部位を取り除く際にも行われる。

　現代の切断手術は、動脈を縛って出血を抑え、メスで筋肉を切断し、電気のこぎりで骨を切断する。そして最後に切断後の断端の皮膚を縫い合わせる。その後は、身体的不自由を緩和するために義手や義足などを装着することもある。

643 鍵穴手術 KEYHOLE SURGERY

　鍵穴手術は、医学用語では**腹腔鏡手術**といわれる。手術のなかではもっとも侵襲性の低い手法で、外科医は1cm程度の非常に小さな開口部を通して手術を行う。長いハンドルがついた手術器具と、内視鏡に似た腹腔鏡というカメラがついた装置を開口部から挿入し、画像を見ながら操作する。作業するのに十分な空間を得るために、二酸化炭素を吹き込んで腹部を膨らませることもある。この手法は胆石の除去や胃がんの摘出、ヘルニアの治療などによく使われる。利点は多く、出血が

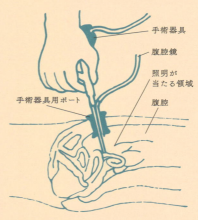

手術器具
腹腔鏡
照明が当たる領域
手術器具用ポート
腹腔

少なくて済み、開腹に必要な時間も短縮され（手術当日に退院できることもある）、手術後に必要な鎮痛剤（「鎮痛剤」を参照）の量も減る。

人を対象とした最初の腹腔鏡手術は、スウェーデンの医師ハンス・クリスチャン・ヤコビウスによって1910年に実施された。厳密には「腹腔鏡手術」というのは腹腔に対するものに限定される。胸部に対し行われる鍵穴手術は、**胸腔鏡手術**である。

644 形成外科 PLASTIC SURGERY

病気や怪我などで損傷あるいは変形した臓器を再構築する手術のことをまとめて**形成外科**という。英語ではplastic surgeryというがプラスチックとは関係ない。この語は「体を作り直す」という意味をもっているのだ。基本的な再建手術は数千年前から行われてきた。紀元前600年頃のインドで、ススルタという外科医が患者の鼻の再建を行った。この手法は**造鼻術**として知られている。また、古代ローマ人は傷跡を取り除く手術を行っていた。

近代において形成外科手術の恩恵を最初に受けた人物は、イギリスの船員ウォルター・ヨーだったといわれている。ヨーは第一次世界大戦中、ユトランド沖海戦で両目のまぶたを失い、ハロルド・ギリス医師による皮膚移植を受けた。ギリス医師は形成外科学の父といわれている。現代では**美容形成外科**という分野が一大産業となっており、豊胸手術から顔のしわ取りまで何でも可能だ。

645 眼科外科術 EYE SURGERY

眼科外科術は眼科学のなかの一分野で、白内障や神経損傷（緑内障）の治療、視力低下した患者がメガネなどの視力補正器具をかけなくて済むように目の一番手前にある角膜の光学的性質を変化させる手術などがある。

一般の人に一番なじみ深い眼科外科術は、視力矯正のためのレーザーを用いた目の治療だろう。PRK（レーザー角膜切除屈折手術）は、レーザーによって角膜のわずかな領域を焼いて取り除くという手術で、角膜の形を変えて通る光の屈折の仕方を変える。この手法は近視、遠視、乱視（角膜が円形ではなく楕円形になっているために焦点を合わせづらくなっている状態）などの治療に使われる。

646 脳外科手術 BRAIN SURGERY

脳外科手術とは、頭蓋骨内部に対して行われる手術全般を指す。脳外科手術は通常、詳細な医用画像の取得から始まり、手順を綿密に計画立ててから実施される。全身麻酔をした患者に対し脳外科医がまずすることは開頭だ。ドリルで頭骨に小さな穴を数カ所開け、その間を電気のこぎりで切って骨弁をはずし、脳にアクセスできるようにする。脳外科手術は脳腫瘍の切除、止血、脳卒中などで生じた血栓の除去など、さまざまな理由で実施される。脳外科手術は脊髄を含む中枢神経系の手術全般を扱う神経外科学の一領域である。

20世紀初頭、ポルトガルの外科医**エガス・モニス**が精神疾患の治療法として**ロボトミー**という手法を開発した。これは鋭い器具を頭骨に開けた穴から挿入し、患者の脳の一部を破壊または切断するという乱暴な手術だった。幸いなことに現在では、ロボトミーはほとんど行われていない。

647 ロボット手術 ROBOT SURGERY

最先端の**鍵穴手術**は**ロボットを遠隔操作**することで行われ、侵襲性がさらに低下している。鍵穴手術とはつまり、執刀者の手が患者の体内に入り込む必要がない手術法であり、切ったり縫ったりという手順はすべて鍵穴から挿入される小さな器具を用いて行われる。この技術を応用すれば、外科医はコンソールの前に座り、手術用ロボットを操作して手術することも可能だ。執刀医が手術室にいる必要もなければ、同じ病院内にいる必要も、同じ国内にいる必要すらない。

2000年にアメリカ食品医薬品局は「da Vinci（ダ・ヴィンチ）」という医療用ロボットを承認した。従来の鍵穴手術では、執刀医は患者の横に立ち、ディスプレイスクリーンと器具を交互に見ながら作業しなければならなかった。ダ・ヴィンチを使うと、執刀医は座ったまま器具を操作することができ、長時間かかる手術も快適に行える。2つの内視鏡により立体視も可能で、手足を使って複数の器具を同時に操作できる。しかも、これらの器具は人間の指や手首の関節よりも可動域が広い。将来的には、この方法で遠隔地にいる

患者の手術が可能になると見込まれている。たとえば、アメリカ国内にいる優れた外科医が、遙か遠くの戦場で負傷した兵士の手術をするなどだ。

Transplant Surgery

移植手術

648 輸血 BLOOD TRANSFUSION

輸血は、怪我や手術などで血液を失った患者に他の健常人から無償で提供された血液を補充する大切な医療技術である。輸血の歴史は古く15世紀にまでさかのぼることができるが、当時はなんとヒツジの血液を人間の静脈に入れていた。人間の血液を使って成功したのは1818年、イギリスの産科医ジェームズ・ブランデルにより行われた。ただし、輸血が信頼できる医療技術になったのは1901年、**血液型**が発見されてからのことだ。異なる型の血液を混合すると、極めて危険な免疫反応が起きてしまう。

レシピエントの血液型	適合するドナーの血液型
A	AまたはO
B	BまたはO
AB	A、B、ABまたはO
O	O

それから十数年後、抗凝固剤を血液に添加することで保存期間を延長できることが分かった。提供された血液を**血液バンク**に保管しておき、必要に応じて患者に輸血することが可能になったのだ。提供された血液はHIVや肝炎ウイルスなどの病原体の存在を調べられてから、赤血球、血小板、血漿に分けられ、各患者のニーズに応じて個別に提供される。

649 臓器移植 ORGAN TRANSPLANTS

人類史上初の成功を収めた**臓器移植**は1954年にマサチューセッツ州ボストンで実施された、双子の兄弟間での腎臓移植である。以来、心臓、肺、肝臓、膵臓、それに皮膚や角膜（「眼科外科術」を参照）などの臓器移植が成功している。1954年のボストンでの移植手術では、レシピエントとドナーが一卵性双生児、すなわち同じ遺伝情報をもっていたため、移植された腎臓がレシピエント

の免疫系によって拒絶される危険がなかった。ほとんど誰もがドナーになれる現代の移植手術では、レシピエントは通常**免疫抑制剤**を投与される。最近ではこれまで不可能だとされていた移植手術も可能になってきている。たとえば四肢移植、顔面移植、そして、自身の幹細胞から移植臓器を作り出す**幹細胞治療**などだ。

650 人工臓器移植 CYBERNETIC IMPLANTS

ある人間の臓器を他の人間へと移植する臓器移植術の確立は医療に革命をもたらした。そして今、さらなる革命が起きようとしている。それこそが、プラスチックや金属で作られた**人工臓器**の開発である。人工臓器は、人間がもともともっている各種臓器の機能を代替することができる。人間の体内に埋め込まれた最初の人工臓器は**ペースメーカー**だ。これは、心臓が正しいリズムで拍動できるように心筋を規則正しく収縮させる電気パルスを送る電子機器である。

最近、アメリカのアリゾナ州に拠点をおくSynCardia社が埋め込み可能なCardioWest Total Artificial Heartという人工心臓を開発した。この装置は2004年に、心臓移植を待つ患者への一時的な対応策として承認された。同社の発表によれば、2010年初頭には800人以上の患者がこの装置を移植したという。人工内耳を埋め込んでいる難聴患者もいるし、カメラを視神経とつなぐ人工眼に関する研究も進んでおり、いくらかの成功を収めている。

651 四肢移植 LIMB TRANSPLANTS

1998年、ニュージーランドのクリント・ハラムは世界で初めて手の移植に成功した。彼は丸のこによるアクシデントで右手を失っていた。術後2年かけて彼は新しい手の使い方を学び、文字を書くこともできるようになった。しかし次第に彼は新しい手に不快感を覚えるようになり、結局2001年に切断することとなった。

長期にわたり良好な結果をもたらした初の手の移植は1999年、ケンタッキー州ルイビルにて、アメリカ人のマシュー・スコットに対して行われた。それ以来手の移植の成功者は多く、両手を移植する患者も少なくない。手の移植手術は概ね8時間から12時間かかる。他の移植手術と同様、新しく移植された臓器を維持したけれ

ば**免疫抑制剤**を飲み続けなければならない。

652 **異種間移植** XENOTRANSPLANTS

1975年以来、数十万人の患者がなんとブタから心臓の弁を移植されている。では、ブタから心臓全体や肝臓全体を移植してもらうことはできるだろうか？ 遺伝子操作が進歩したことで、このSFのような話もあながち不可能ではなくなってきたようだ。この技術のことを、**異種間移植**という。

ただし、異種間移植をすることで、動物由来のウイルスが人体に感染するのではないかと危惧する医師もいる。なんといっても、異種間移植を受けるレシピエントは**免疫抑制状態**にないといけない。実際、かつてエイズやCDJ（「プリオン」を参照）で似たようなことが起きた。それでもなお、動物由来の臓器を人体へ移植できるようになれば、移植臓器が足りないという現状を打破できるだろう。現状では、移植臓器を待つウェイティングリストに載っている患者の半数が、待っている間に死んでしまっている。

653 **幹細胞治療** STEM CELL THERAPY

胚性幹細胞は体内のほぼすべての臓器（血液や皮膚や脳など）になることができる細胞である。この細胞は生まれる前、成長して胎児としての構造を得る前の段階の胚のときに最初に出現する（「細胞分化」と「発生生物学」を参照）。

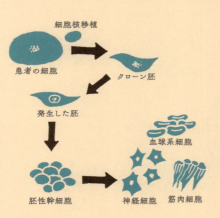

移植手術の主なリスクは**拒絶反応**である。しかし、胚性幹細胞は患者自身の遺伝情報をもつ細胞を使うことになるので、理論上は免疫系による拒絶反応は起こりえない。**治療的クローン**（therapeutic cloning）とよばれるこの手法には、**体細胞核移植**というクローン羊ドリーを作ったのと同じ方法が使われる。胚の段階で

発生を止めて、そこから胚性幹細胞を採取する。この細胞を患者に注入することで、がんや心疾患や脳損傷などの重篤な病態によるダメージを治すために必要な細胞種へと分化させられるのではないかと期待されている。

654 顔面移植 FACE TRANSPLANTS

事故などで顔を損傷した人々にとって、**顔面移植**は文字通り表面的にであっても、いくらかの正常性を人生に取り戻す手段である。2005年、フランスの女性イザベル・ディノワールはまさにそのような状況に陥った。

彼女は飼い犬にひどく噛まれ、顔の下半分を失ったのだ。その年の11月、フランスの外科医ジャンミシェル・デュベルナールは大きな三角形をした鼻や口を含む顔の組織を、亡くなって間もないドナーからディノワールの顔へ移植した。2008年、ディノワールは他人の顔をもちながら生きることの辛さを認めながらも、移植された皮膚の感覚も戻ったと発表した。同年、フランスの他のチームによって、顔面腫瘍により顔が変形してしまった男性患者に対し全顔面の移植が行われ、成功したという。

手術後のレシピエントの顔は、もともとの顔ともドナーの顔ともあまり似ていない。その中間といった感じで、ドナーの顔の特徴がレシピエントの骨や筋肉にそって引き延ばされたような特徴をもつようになる。そして、他の移植と同じように、レシピエントは拒絶反応を抑えるために免疫抑制剤を服用し続けなければならない。

Modern Medicine

655 根拠に基づいた医療 EVIDENCE-BASED MEDICINE

科学技術が全盛の現代を生きる我々は、医師が行うすべての医療がはっきりとした**科学的根拠**に基づいていると考えがちだ。しかし最近まで、多くの医師は個人的な好みや、統計的とはいえない経験則——つまり過去に自分が治療したことのある(数少ない)患者さんに何が効いた、という経験——に基づいて治療方針などを決

定していた。

ただし、今は根拠が勝る時代だ。これは、医師が臨床試験のデータや、世界中の医師らの治療記録に簡単にアクセスできるようになったおかげである。異なる治療法の有効性を科学的に評価し、それを医療に応用することを**根拠に基づいた医療**という。

医療機関は、厳格に執り行われた臨床試験で得られた結果から医師の臨床経験に基づく意見まで、それぞれの根拠にどの程度の信頼性があるかを評価するシステムを運用している。

656 臨床試験 CLINICAL TRIALS

1747年、スコットランドの海軍軍医ジェームズ・リンドは歴史に残る実験を行った。彼は壊血病に苦しむ12名の船員を6つのペアに分け、ペアごとに異なるサプリメントを毎日与えたのだ。あるペアにはリンゴ酒を、あるペアには酢を、またあるペアにはニンニクが入った何かを、といった具合だ。すると、柑橘類を与えられたペアがもっとも回復し、6日間で壊血病を克服した。

このときリンドは、実は、世界初の**臨床試験**を実施していたのである。ちなみに今では、壊血病の原因は柑橘類に多く含まれるビタミンCの欠乏が原因であることが知られている。

今日行われる臨床試験はもっと大規模に実施される。新薬の候補や新たな治療法の有効性や副作用のリスクを、数千人のボランティアを使って評価するのだ。もっとも分かりやすい臨床試験では、特定の薬剤を**プラセボ**と比較する。誰が実薬を投与され、誰がプラセボを投与されるかは無作為に決められる（**ランダム化試験**）。医師側も患者側も、使われる薬が実薬かプラセボか分からない（**二重盲検法**）。臨床試験の結果は、同じ薬に関する複数の臨床試験の結果を統合してサンプル数を増やす**メタアナリシス**という手法で強化できる。

657 レーザー医学 LASER MEDICINE

レーザーは眼科外科術において視覚異常を治療する用途でよく使われているが、他にもさまざまな場面で使われる。手術で使われるレーザーメスは、極めて細い（細胞の直径よりも細い）切れ目を、感染のリスクなしに作ることができる。これは脳外科学の分野で特に

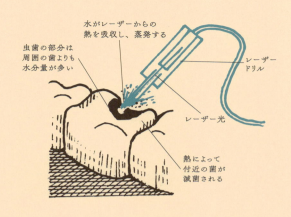

便利な技術で、周囲の繊細な組織を触ることなく腫瘍を焼き切ることができる。また、止血効果もあるので出血しない。歯科学では、虫歯の除去や、ホワイトニングに使われる。

美容外科では、傷、入れ墨、むだ毛などの除去に適している。また、ニキビ、セルライト、ほくろやあざ、産後のストレッチマークの改善にも使われる。さらに最近では、レーザーに鎮痛効果があることを示す研究結果まで得られている。レーザー光線が細胞の機能を変化させるためだそうだ。レーザー治療という新しい領域が生まれてきている。

658 放射線医療 RADIOTHERAPY

放射線医療（放射線治療ともいう）は、電離放射線（「放射性崩壊」を参照）の人体に対する有害な作用（「放射線生物学」を参照）を利用して細胞核のなかのDNAを破壊し、がん細胞など害となる細胞を殺す治療法だ。細胞が分裂し成長する過程で放射線によるダメージも受け継がれ、蓄積していく。やがて成長が鈍化し、最終的には死んでしまう。

放射線治療は体外から患部めがけて照射する方法と、放射線を放出する液体や物質を体内に入れる（服用するか体内に埋め込む）という2種類の方法で行われる。

副作用としては、照射部の体毛が抜けることや、疲労感、そして稀ではあるが治療によって2次的にがんが発生することなどが起こりうる。

659 遠隔医療 TELEMEDICINE

肩が痛んだり、皮膚にできものができたり、何かしら体に異変を感じたときに、病院に走る前にとりあえずインターネットで調べてみるという人も多いだろう。今はそれだけに留まらず、インターネットを介して専門的な医療を受けられる時代になってきた。

遠隔医療の時代が到来したのだ。ビデオチャットでリアルタイムに医師の診察を受け、あるいは自身で集めたカルテのデータをアップロードして医療の専門家に分析してもらったり、ウェアラブルな機器で患者のバイタルサインをモニタリングし、データをリアルタイムに医師に送信したりするような遠隔監視も可能だ。この技術を使えば、石油リグ（海洋掘削装置）や僻地の研究施設など、隔離された環境にいる患者も診療できる。

関連する領域として**e-health**がある。これは患者の記録を世界中の医師がアクセス可能なデータベースへと統合し、患者にインターネットを介したサービスを提供（処方箋の再発行など）し、インターネット上に信頼性の高い健康情報を掲載することなどを目指すものだ。

遺伝子医学 *Genetic Medicine*

660 遺伝子治療 GENE THERAPY

嚢胞性線維症などの遺伝病を引き起こす遺伝子異常を、遺伝子改変の技術を使って修復する分野を**遺伝子治療**という。

新しい遺伝子を**リコンビナントDNA**という形でウイルスに挿入し、そのウイルスを患者に感染させるというのが1つの方法だ。ウイルスは自身のDNAを細胞に挿入するのだが、一緒に新しい遺伝子も細胞に挿入してくれるので、感染したすべての細胞の遺伝子を改変できる。

遺伝子治療の歴史は波瀾万丈である。1999年、ジェシー・ゲルシンガーという少年がペンシルバニア大学で行われたある肝臓疾患に対する実験的な遺伝子治療の臨床試験に参加した。しかし、彼の免疫系が使用されたウイルスに過敏に反応してしまい、直

後に死亡してしまった。これを教訓として実施された以後の臨床試験では、血液疾患、視覚異常、HIV感染症に対する遺伝子治療が成功を収めている。

661 パーソナルゲノム情報 PERSONAL GENOMICS

今や、「あなたのDNA配列を解析します」というサービスを謳う企業が世界中で雨後の筍のように出現している。彼らは私たちのDNA配列を解析し、何らかの疾患にかかりやすい**遺伝学的リスク**をもっていないかを調べてくれる。

たとえば、心疾患を発症するリスクが高いという結果が出れば、それを踏まえて若いうちから健康的な食生活をし、たくさん運動をしてそのリスクを相殺することができるようになる。このような形の予測医学を**パーソナルゲノミクス**という。

ただし、識者のなかには、パーソナルゲノミクスが健康保険業界を衰退させると警告する者もいる。将来の健康リスクが低いことが分かった人はかけ金の安い保険しか契約せず、リスクが高い人はかけ金の高い保険を契約することになるだろう。もちろん、自分たちの「遺伝子スキャン」の結果を保険会社に申告すれば保険料が上がる可能性があるから、正直にいう客はいないに違いない。

すると、保険会社は誰が健康で誰が将来健康を害するか分からないため、一律で保険料を上げざるを得なくなる。やがて低リスクの人は保険を契約しなくなり、ますます保険料は上がりついには市場が壊れてしまうというのだ。

662 生殖遺伝学 REPROGENETICS

生殖医療と遺伝学が融合して**生殖遺伝学**という分野が生まれた。その主な目的は、ハンチントン病や嚢胞性線維症などの遺伝性疾患、ダウン症などの遺伝子異常をもつ胚をスクリーニング検査できるようにすることである。

まず、妊娠を望むカップルが体外受精（「生殖医学」を参照）を行い複数の胚を得る。次にすべての胚の遺伝子配列を解析し、疾患原因となりうる遺伝子変異をもつ胚を排除する。その後、残りの胚からカップルが母体に戻す胚を自由に選択する。論争の的になっているのはこの部分だ。

悪い遺伝子をもつ胚を排除するのと同じくらい簡単に、優れた胚を選択することができるのだ。そうなれば誰しも、高いIQをもつ子孫、運動能力に優れた子孫、あるいは特に魅力的な子孫に育ちそうな胚を選びたくなるだろう。将来実現しそうな、**デザイナーベビー**とよばれるこの技術を、**優生学**の再来だという批評家も多い。

663 ファーマコゲノミクス PHARMACOGENOMICS

人によって、同じものを食べたときに気分が悪くなったりならなかったりするのはなぜだろうか？　同じようなことは医療でも起きる。ある治療が有効な患者もいれば、まったく効果がない患者もいれば、逆に害となる患者もいる。

ある物質の人体への効果を理解する鍵は遺伝子に隠されている。**ファーマコゲノミクス**では、薬剤投与前にその効果を予測し、個人のニーズや生体の化学反応に合わせて薬剤を調合しようとする。患者がある薬剤に対し特に感受性が高い、あるいは低い場合、それに応じて投与量を調節したり、あるいは代替となる薬の投与を考えたりする。

将来的には、ファーマコゲノミクスと強力なコンピューティングの手法を組み合わせることで、患者特有の生体反応（DNA配列から明らかになる）によって特定の効果が得られるような新しい薬分子を患者ごとに調合することが可能になるかもしれない。

664 クローニング CLONING

クローニングとは、遺伝学的にまったく同一な**コピー動物**を作る技術である。まず、成体の動物から採取した遺伝物質を雌個体から採取した卵子（「配偶子」を参照）の核に挿入する。この細胞に電気刺激を加えると発生が始まり、ある段階で母体へ戻すと出産まで成長する。この手法は**体細胞核移植**とよばれる。

この方法で1996年に世界初のクローン動物、ヒツジの**ドリー**が作られた。ドリーは2003年に若くして死亡したが、死因は加齢に伴う疾患と見られている。このため、ドリーの細胞は生まれた時点ですでに、体細胞核移植のドナーの年齢と同じ6歳だったのではないかと考える人もいる。それゆえ、同じ手法でヒトクローンを得ることは今後も長きにわたり承認されないだろう。それでも、クローニ

ングの技術には、幹細胞治療の観点から多大な興味が寄せられている。

665 **RNAi** RNAI

RNA interference（RNA干渉）は生物のDNA配列中に存在する疾患の原因遺伝子を、遺伝子発現を阻害することで抑制(サイレンシング)する方法である。そのためには、短い**二本鎖RNA**とよばれる分子を使う。これは、細胞核のなかにある染色体を形作る二本鎖DNAと似たような構造をしている。このRNA分子を細胞に挿入すると、遺伝情報を核からタンパク質産生工場であるリボソームへ運ぶメッセンジャーRNAの作用が妨害される。そしてこの二本鎖RNAは、特定の遺伝子を標的としてサイレンシングできるようにチューニングされている。

この手法が確立すれば、インフルエンザ、肝炎、がん、エイズなどの原因ウイルスの遺伝子発現を止めるためにも使えると研究者たちは見込んでいる。この技術のパイオニアであるアメリカの生物学者**アンドリュー・ファイアー**と**クレイグ・メロー**は2006年ノーベル医学生理学賞を受賞した。

Complementary Medicine

666 **サプリメント** DIETARY SUPPLEMENTS

1日1錠のビタミン剤から効果が疑わしい「天然素材の脂肪分解剤」まで、人々は毎年世界中で6兆300億円(2006年の数値)も**サプリメント**につぎ込んでいる。アメリカだけでも2兆6700億円も使っている。サプリメントには生薬、ビタミン、ミネラル、アミノ酸、消化を助ける酵素などがある。私たちの多くは健康増進にいいと信じてサプリメントを摂取する。単純なビタミン剤は確かにそうだが、なかには効果が明確ではないサプリメントもある。

サプリメント業界の規制は製薬業界に比べ厳しくない。たとえばアメリカでは、サプリメントは薬品ではなく食品に分類されており、販売前にFDAによる承認を得る必要もない。それどころか、製造会社には、サプリメントが記載通りの効果をもつことを証明する

義務もない(製薬業界ではもちろん、有効性を臨床試験で確かめないといけない)。一方、サプリメントを支持する人たちは、サプリメントを服用している膨大な数の人々が、史上最大規模の臨床試験に参加しているのと実際上は同じことだと反論する。

667 ホメオパシー HOMEOPATHY

ホメオパシー療法は「同種療法」ともいわれ、治したい病気と同じような症状を引き起こす化合物を投与することでその病気の治療を目指すものである。投与する際、その化合物が理論上は1分子も含まれないというところまで水で希釈する。そのため、ほとんどの医学関係者はホメオパシーを**似非科学**だと見なしている。実際、科学的根拠や、プラセボ効果以上の有効性がないことを示した臨床試験などもこの見方を支持している。ホメオパシーの効果のよりどころとしてもっとも有力なものは、1988年にネイチャー誌に掲載された、水がかつてそこに溶けていた物質を「記憶」していると主張する論文である。

しかし、他の複数のグループが行った追試はすべて失敗している。

668 鍼 ACUPUNCTURE

鍼は体の特定の部位の皮膚に数mmの深さで細い針を挿入する代替医療で、主に鎮痛の目的で行われるが、他の症状の治療にも使われる。鍼は中国で始まった治療法で、体内の「**経絡**」とよばれる道を「気」が流れるという考えに基づいている。

その流れが滞ったり、経絡の上にある「つぼ」の圧を緩めたりすることで心身の機能が影響を受ける、というのがその理論だ。ただし、この考え方を科学的に裏付けることができる生物学的なメカニズムは存在しない。

実際、鍼の効果に関する科学的根拠はほとんどなく、多くの医学関係者がその有効性に疑問を呈している。ただし、鍼治療に効果があったと報告する患者はとても多い。これはプラセボ効果によるものかもしれないが、MRIで鍼が脳の活動に影響を与えることが示唆されてもいる。

669 プラセボ効果 PLACEBO EFFECT

医者から治療に効果があるとして投与された薬に効果があったが、実はその薬には有効成分が含まれていなかった、という場合、これを**プラセボ効果**という。プラセボは、信じる力によって働くもので、いわば「心が体を支配する」ことの効果だ。プラセボ効果が実在することを示す科学的根拠はあるのだが、実際どのような機序でプラセボ効果が得られるのかについての統一見解はない。いくつかの研究で、**内在性オピオイド**（脳内麻薬ともよばれるエンドルフィンなど）が関わっている可能性が示唆されている。

興味深いことに、プラセボ効果の逆の**ノセボ効果**も知られている。これは、害がある薬だと説明したうえで偽薬を投与したときに、患者が気分がすぐれないなどの副作用を呈することをいう。現代の新薬を用いた臨床試験ではプラセボ効果についても評価できるような試験をデザインしている。

670 カイロプラクティック CHIROPRACTIC

筋骨格系疾患の治療や予防を目的として関節や筋肉を手技によって調整する代替医療を**カイロプラクティック**とよぶ。

マッサージ、エクササイズ、サプリメントなどと組み合わせることで、特に**腰痛**の治療に効果的であるということが臨床試験で明らかにされている。しかし、脊柱に対して行うカイロプラクティックによって筋骨格系とは関係のない疾患、特に小児における疝痛、摂食障害、耳感染症、喘息などのさまざまな病態にも効果があるとする主張は論争を巻き起こしている。

2008年には、サイエンスライターのサイモン・シンがカイロプラクティックの有効性を公に否定、イギリスのカイロプラクティック協会が名誉棄損であるとして彼を訴える事態に発展した。1890年に創始されたカイロプラクティックは今日、西洋医学と歯科学に次いで、3番目に施術者が多い分野になっている。

671 オステオパシー OSTEOPATHY

関節や筋骨格系の軟組織を手技で調整するもう1つの補完医療が**オステオパシー**（整骨）だ。しかし、整骨で使われる手技はカ

イロプラクティックのそれとは大きく異なる。オステオパス（施術者）はカイロプラクターとは異なり、特にアメリカにおいては通常の医師と同様の医学教育を積むため、骨と筋肉に特化した医師という位置づけになっている。実際、そのことを踏まえてこの分野は「**オステオパシー医学**」と名前を変えつつある。

他の補完医療と同様、オステオパシー医は**全体論的アプローチ**に基づいて、身体全体を1つのユニットと考えて治療を行う。ただし、カイロプラクターとは異なり、オステオパシー医は対象とする疾患領域を筋骨格系疾患に限定し、自分たちが施す治療によってそれ以外の病態を治せるとは考えない。

オステオパシーはアメリカの医師アンドリュー・テイラー・スティルによって1874年に創始された。

672 神経言語プログラミング
NEUROLINGUISTIC PROGRAMMING

神経言語プログラミング（NLP） は**神経言語学**に基づく心理療法の代替医療である。脳機能と学習とのつながりを利用すること、そして言語を使って我々の考え方を変えること、ひいては我々の行動を変えようとすることを基本とする。

実践者は、この手法は恐怖症、うつ、不安障害、その他の心理学的問題を効果的に、かつ従来の心理療法に比べて短時間で治療可能だと主張する。

NLPでは、患者が使う**言語**を分析すれば患者がもつ問題を明らかにでき、患者の**身振り手振りや表情**、たとえば話しているときの視線の方向からも患者の心のなかを描き出すことができ、それに基づいて変化を促す働きかけが可能だと考える。

NLPの技法を取り入れているコーチングや自己啓発セミナーも多い。特に、社員教育に取り入れられる例が近年増えており、主催者側は、受講者の対人技能や説得力が向上すると主張する。ただし多くの代替医療と同じく、NLPに効果があることを示すエビデンスはほとんどないという科学者らからの厳しい批判にさらされている。

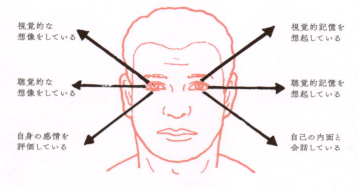

視覚的な想像をしている

視覚的記憶を想起している

聴覚的な想像をしている

聴覚的記憶を想起している

自身の感情を評価している

自己の内面と会話している

社会を社会たらしめるものは何だろうか？　人間の集団をコミュニティや文明といった単位にまとめる要因は何なのだろうか？　この問い、そしてさらにそこから派生する問いに答えようとする学問が社会科学だ。
　社会科学には、言語学（我々がどうやって話しコミュニケーションをとるのか）、心理学（我々の脳がどのように現実を把握し、それに対する反応を支配するのか）、経済（物資やサービスの交換時に社会がどう機能するのか）、政治（人々の集団がどのように将来を決める意思決定に至るのか）など、多岐にわたる分野が含まれる。
　人類史上初の社会科学者は中世イスラムの学者だった。11世紀ペルシャの科学者アル＝ビールーニが複数の社会を比較した最古の書物を執筆している。そのなかでビールーニはアジアから中東にかけての民族を文化の視点から論じた。
　「社会科学（social science）」という言葉は、19世紀初頭にアイルランドの作家ウィリアム・トンプソンが著した、生産者が労働の対価として給料をもらわなければならない理由を論じた書物のなかで初めて使われた。フランスのオーギュスト・コントがこの概念をさらに発展させた。コントは社会学的問題に対し科学的手法を初めて応用した人の1人である。
　社会科学者は、社会における因果関係の科学的研究から偉大な変化をいくつももたらしてきた。たとえば、国営の医療サービス、教育、福祉、最低賃金の設定などだ。

Linguistics

言語学

673 記号論 SEMIOTICS

どのように言語が出現し進化したか、また人類がどのようにそれを使いこなしてコミュニケーションをとるようになったのかなどを論じ、言語に関する科学的探究を行う学問を**言語学**という。言語学のなかでももっとも基本的な分野は**記号論**、すなわち記号やその用法、その意味についての科学だろう。手や顔で作るジェスチャー、図やシンボル、文字などが記号になりうる。記号学者は記号をとてつもなく複雑な構造に分割して考える。記号を「**シニフィアン**」（記号表現）という実際の手振りや単語と、シニフィアンによって表される概念「**シニフィエ**」（記号内容）とに分けるのだ。記号にはいくつかの種類がある。**類像記号**はシニフィアンがシニフィエに似ているもの（絵など）、**指標記号**はシニフィアンとシニフィエの間に因果関係があるもの（煙と火など）、**象徴記号**はシニフィアンとシニフィエとの関係が慣習的に決まっているもの（言語など）である。

674 言語の起源 ORIGIN OF LANGUAGE

現生人類が進化してくる途中で、我々の脳は**言語を獲得する**に足るまでに複雑化した。記号を発展させ、特定の声音（「シニフィアン」）によって特定の概念（「シニフィエ」）を表す能力を獲得したのだ。実際どのようにしてこれが起きたのかについてはいくつかの説がある。**ドンドン説**では、初期の人類が言葉における類像記号（「記号論」を参照）のように、形容しようとする概念を真似るような音を作りだしたと考える。**プープー説**は、初期の言語や語句は空腹や怒りといった感情や気分を表現するものだったのではないかという説だ。**ワンワン説**というのもあり、これは、最初の言葉は動物の鳴き声を真似たものだったのではないかという説だ。

現生人類（ホモ・サピエンス）はおよそ20万年前にアフリカに出現し、3万年前までにはそれ以前のすべての人類（ネアンデルタール人やホモ・エレクトスなど）と置き換わったと考えられている。この理由を、我々の先祖が、おそらく言葉を介した、優れたコミュニケーションスキルをもっていたからではないかと考える古生物学者もいる。

675 言語獲得 LANGUAGE ACQUISITION

言語獲得とは、人間の赤ちゃんが言語を使えるようになるプロセスのことをいう。この分野は**氏か育ちか論争**の戦場になることが多い。現在では、「氏」も「育ち」も寄与するということでおおよそ決着がついている。「氏」の部分が赤ちゃんに文法を理解する能力を与える一方、「育ち」のほうは赤ちゃんに他の人間が話している音を与え、真似する場を提供するというのだ。

言語学者は言語獲得の「氏」の部分を、人間の赤ちゃんが生まれながらに理解できる、全言語に共通する文法であるとして**普遍文法**(「生成文法」を参照)と名づけた。赤ちゃんが学ばなければならないのは、彼らが使うことになる特定の言語に見られる文法上の癖のようなものだけだということになる。言語能力は生後9カ月〜1年頃に発達し始める。

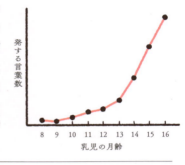

676 言語構造 STRUCTURE OF LANGUAGE

言語は複数の成分から成り立っている。**音声学**は任意の単語の音、その音がどのように発せられるか、そしてどのように理解されるかなどを扱う。言語学者はあらゆる言語の発音を表すことができる**発音記号**を編みだした。アルファベットには107種類の音(音素)と、アクセントやイントネーションを表す多数の補助記号がある。**記号論**は単語の特定の意味について論ずる。**形態論**は語句の内部構造や、その基礎となる言語特有のルール(たとえば英語では「happy」と「ness」をつなげることで、ある人が幸せであるということを表す単語を作ることができるが、つなげるときにyをiに変える、というようなもの)について論ずる。**語用論**は、文脈が単語や文章の意味に与える影響について論ずる。たとえば、「I am in the red」という文章が、私に借金があります(赤字です)という意味なのか、私は真っ赤なスーツを着ていますという意味なのか、といった具合だ。そして、**統語論**(構文論)は個々の単語がどのように集まって文章となるかを決める文法に対し

て言語学者が与えた名称だ。「名詞」「形容詞」「動詞」などはすべて構文の要素である。

677 生成文法 GENERATIVE GRAMMAR

生成文法とは、アメリカの言語学者**ノーム・チョムスキー**による**統語論**(「言語構造」を参照)の理論である。もっとも基本的な考え方として、この理論では文法を、全人類が生まれながらにもっている普遍文法(「言語獲得」を参照)の1種である**深層文法**と、言語によって異なる**表層文法**の2種類に分ける。生成文法においてチョムスキーは、すべての言語における文法的に正しい文章、正しくない文章を示す数学的枠組みを作り上げた。そして彼は、このルールは生来人間の脳に刻み込まれているものだと主張した。

生成文法は言語構造を解析するための強力かつ万能なツールである。アメリカの作曲家フレッド・ラーダールはこの理論を使って音楽への理解を深めたという。ただし、生成文法が言語学者に全面的に受け入れられているというわけではまったくない。

678 認知言語学 COGNITIVE LINGUISTICS

生成文法の理論と相容れないといわれる**認知言語学**は、言語は人類の考える力の一部分として発生したものであり、人類の脳に「あらかじめプログラムされた」文法など存在しないとする理論である。この理論の提案者は、言語や語彙に対する知識も他の分野に対する知識とまったく同じであり、同じように脳の引き出しに保管され、使うときに引き出されるのだという。

これら2つの理論は、意味にどれほどの重きを置くかという部分で異なっている。生成文法は意味とは完全に独立した文法の理論であって、構文のルール(「言語構造」を参照)だ。一方、認知言語学は、意味や意味の解釈こそが主体だと考える。

679 社会言語学 SOCIOLINGUISTICS

社会言語学は言語学のなかの一分野で、言語がそれを使う社会と共に変化し、進化していく様子について論ずる。よい例が、階級が異なると言葉遣いも異なるというものだ。上流階級の人々は伝統的かつ正統な言葉を使い、下流の階級の人々はスラング

だらけの早口な言葉を話す。

また、人は時と場所に応じて話し方を変える。友人と話すときは職場で話すときよりもカジュアルな言葉遣いになる、という人もいるだろう。これは**コードスイッチング**という現象だ。

関連する分野として**進化言語学**があり、こちらは時間と共に言語がどのように進化するかを調べ、それをもとに過去に言語が発生し変化した過程を再構成し、将来どのように変化していくかを予測する。インターネットや他のコミュニケーション技術の出現により、言語はこれまでにない速度で進化しているようだ。しかもそれだけでなく、これまでとは違う方向に変化していっているようである。チャットなどのインスタントメッセージングが普及するにつれ、新たな形のスラングや短縮形が生まれてきているからだ。

680 神経言語学 NEUROLINGUISTICS

言語の形成や使用の際に脳内(「神経生物学」を参照)で起こっているプロセスを明らかにしようとする科学の分野を**神経言語学**という。言語スキルは脳の前頭葉にある**ブローカ野**という部分にある。ある患者が話す能力を失ったのは、脳のこの部分に損傷を負ったためだということを発見したフランスの医師**ピエール・ポール・ブローカ**にちなみ名づけられている。一方で、言語を理解する能力は脳の左半球後方にあるもう1つの部位にある。ここはドイツの神経学者**カール・ウェルニッケ**にちなんで**ウェルニッケ野**と名づけられている。

神経言語学と密接に関連するのは**心理言語学**という領域で、脳の構造や化学的性質だけでなく、心理状態や過去の経験といった心理学的要因が言語プロセスに与える影響を考える。神経言語学は、代替精神療法である神経言語プログラミングという分野を生み出した。

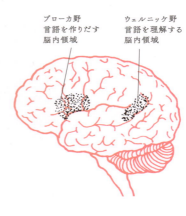

ブローカ野
言語を作りだす脳内領域

ウェルニッケ野
言語を理解する脳内領域

心理学

681 精神療法 PSYCHOTHERAPY

心理学は心のしくみや癖や欠陥、心が人間の行動に及ぼす影響について扱う科学の一分野である。**精神療法**とは精神問題を抱える患者や、精神障害の患者の治療に心理学の知識を応用することだ。精神療法士は患者との対話から彼らの思考プロセスの根源、考え方、心理状態を知ろうとする。使われるのは言葉のみで薬剤は使用しない。これは、精神的な問題は脳機能の異常ではなく心に端を発するという精神療法士の考え方を反映してのことだ。そしてこれが精神療法と、精神医学(精神疾患の治療を目的とする純粋医学)との相違点である。精神科医は、投薬などさまざまな治療オプションのなかの1つとして精神療法を施すこともある。

682 精神分析 PSYCHOANALYSIS

オーストリアの精神分析医**ジークムント・フロイト**は19世紀後半から20世紀初頭にかけ、精神療法の一環として**精神分析**を考案した。フロイトのアイデアは、**無意識**状態の心のなかで起きることが人の行動を決めるというものだ。特に無意識に閉じ込められた**感情のエネルギー**によって精神疾患が引き起こされるという。彼は、カウンセリングによってこの封じ込められたエネルギーを解放できると考え、患者に幻想や夢について詳しく語るよう促した。その際、**自由連想法**という、ある言葉を与えたときに患者が最初に思い浮かべる言葉を話してもらうという手法を使った。

フロイトは、心には3つの領域があるとした。心の理性的な部分で、分別のある意思決定ができる**自我**、我々の肩に乗った天使で、何をすべきかを道徳的に説く**超自我**、そして反対側の肩に乗る悪魔、我々が本当にしたいことを求める**エス**だ。フロイトは、人間の心がこれら3つの力の間で板挟みになっていると考えていた。

683 行動主義 BEHAVIOURISM

行動主義とは、心理学の実証主義的考え方であり、患者の精神状態を評価する際、真に重要なのは行動のように測定・定量化が可能なものだけだという立場をとる。それだけでなく、我々の行動すべては過去の経験から獲得されるものだともいう。

行動主義心理学を1913年に創始したのは、アメリカの心理学者**ジョン・B・ワトソン**である。彼は、ロシアの科学者**イワン・パブロフ**による犬を用いた実験からその着想を得た。この有名な実験でパブロフは犬に餌をやる度にベルを鳴らした。するとやがて、犬はベルの音を聞くだけで唾液を出すようになった（たとえ餌をやらなくとも）。すなわち、この犬の行動は過去の経験によって条件付けられたのだ。同様に、行動主義の支持者が論じるところによれば、人間の行動も**オペラント条件付け**（アメとムチで学んでいくこと）によって導かれているという。20世紀半ばまでは広く浸透した影響力のある理論だったが、行動主義には遺伝的行動（「社会生物学」と「氏か育ちか」を参照）を考慮する余地がほとんどないことから、現在ではあまり評価されていない。

684 認知心理学 COGNITIVE PSYCHOLOGY

　認知心理学は、今日科学者が扱うべき最良の心理学的モデルかもしれない。1967年にアメリカの心理学者**ウルリック・ナイサー**によって名づけられた認知心理学のエッセンスは、我々の**思考プロセス**こそがすべての心理学的・行動学的現象の根源であるというものだ。

　認知心理学の中心となる考えは情報処理だ。我々の脳は膨大な量の情報を五感から得て処理する。そして、この理論によれば、我々の行動は情報処理の結果決まるという。この見方における脳とは、周りの世界からデータを取り込むコンピューターのような存在で、個々の心はそのコンピューター上で動くソフトウェアということになる。認知心理学者は現在、脳というコンピューターの正確なスペックと、個々の人間がその上で走らせているプログラムがどのようなものなのかを明らかにしようとしている。

685 発達心理学 DEVELOPMENTAL PSYCHOLOGY

　我々が歳をとるにつれて心がたどる発達的変化に関する学問を**発達心理学**という。この分野の専門医は各年齢段階における人の**心理的発達**をチャート化する。たとえば、乳児期から次の段階へと移行するとき、人は恥やプライドといった**複雑な感情**をもつようになる。さらに年齢を重ねていくと、他者の感情に**共感**する能力が発

達する。多くの人々は児童期、青年期、成人期と移行していくにつれ人生観も変化していき、ふつうはより賢く、よりバランスのとれた人間になってゆく。

重要な課題は、発達心理学に遺伝や環境がどれだけ寄与しているのかということだ。行動に変化が起きたときに、その変化のうちどの程度が人生経験(「行動主義」を参照)によるもので、どの程度が遺伝子にあらかじめ組み込まれていた(「社会生物学」を参照)ものなのだろうか? このあたりが今まさに研究が進められている領域である。

686 性格特性 PERSONALITY TRAITS

人のさまざまな心理を科学的に分類しようという試みのなかで、心理学者は、ほとんどの人間が程度の差こそあれもっている主要な性格特性を明らかにした。5つの因子があるとされ、各因子をスコア化することでほとんどの人の考え方を表すことができると心理学者は考えている。その5因子とは、新しいことにどれほど積極的に取り組めるかを示す**開放性**、どれほど自己鍛錬されていて注意深いかを示す**勤勉性**、他者と行動を共にすることをどの程度好むかを示す**外向性**、他者から見てどれほど付き合いやすいかを示す**調和性**、そしてどの程度ストレスがかかりやすく気分を害しやすいかを示す**神経症傾向**だ。

スイスの心理学者カール・ユングも似たような分類を考案しており、これはしばしば人の性格を知るための心理測定テストに使われている。**マイヤーズ・ブリッグス性格診断テスト**として知られるこのテストでは、外向性-内向性、感覚-直観、思考-感情、判断的態度-知覚的態度という4つの指標が使われている。

687 社会心理学 SOCIAL PSYCHOLOGY

社会心理学とは心理学の原理を個人の行動ではなく、集団の行動に当てはめようとする考え方である。社会心理学では社会を理解するために科学的手法が用いられ、宣伝の説得力やリーダーの政治戦略(「社会工学と政治的策略」を参照)などに光を当てる。

社会学者と心理学者では社会学に対するアプローチ法が異なる。**心理学者はボトムアップ型**であり、まず個人に着目し、多くの個人の行動を総合して、集団の行動を説明しようとする。それに対し

社会学者は**トップダウン型**のことが多い。すなわちまず集団の行動を明らかにし、その後個々人の行動について2次的に考慮する、というやり方だ。

688 環境心理学 ENVIRONMENTAL PSYCHOLOGY

誰しも、暗く気が滅入るような部屋に長くいたいとは思わないだろう。こんな当たり前の事実も今は科学の一領域だ。人間とそれを取り巻く環境との相互作用を研究する学問を**環境心理学**という。建築士や設計士は、環境心理学に基づいて従業員の生産性が上がる職場や、患者の回復が早くなる病院（単に窓をつけて眺めをよくするだけでも効果がある）を作る。

都市計画者も遅まきながらこの考え方を取り入れつつあり、環境心理学に基づいて犯罪を抑制し幸福度を上げる**都市空間をデザイン**するため、人と建物と場との相互作用を評価したりしている。そのような都市は、実用的かつ美しい街路の配置や最先端の建築物、そして豊富な緑地を組み合わせて作られる。イギリスではすでに、環境心理学を応用し、都心部の陰鬱なスラム街地区の環境を部分的に再生する試みがなされている。

Brain Function

689 知能 INTELLIGENCE

我々の学習する機能、推理力、問題解決力、知識を記憶して後に利用する能力などはすべて**知能**という心の特性にまとめられる。最古の知能の理論としては1904年にイギリスの心理学者**チャールズ・スピアマン**が提唱した**一般知能**という概念がある。スピアマンは、一般知能は**知能指数（IQ）**という、精神年齢を実年齢で割り、100をかけた値ただ1つで定量化できると考えた。

その後、イギリス系アメリカ人の心理学者レイモンド・キャッテルがこの考え方を発展させ、**流動性知能**と**結晶性知能**という2つの知能がある主張とした。「流動性知能」とは生来備わっている学習能力や推理力のことであり、「結晶性知能」とは人生のなかで獲得していく知識や能力のことを指す。

1983年、アメリカの発達心理学者**ハワード・ガードナー**は**多重知能**を提案した。多重知能では、個人の知能は言語的知能（言葉や言語に関する能力）、論理数学的知能（数学的問題解決能力）、空間的知能（空間のパターンを認識する能力）、音楽的知能（リズムを聞き、感じる能力）、運動的知能（体の全体や一部を使う能力）、対人的知能（他人と関わり合う能力）、内省的知能（自己を理解する能力）という7種に分けられると考える。

　研究によれば、知能の75％程度は遺伝で決まるという。つまり、知能の高い両親からは知能の高い子供が生まれる傾向があるということだ。残りの25％が経験（「氏か育ちか」を参照）で決まる。ただし、知能を決める遺伝子を見つける試みは失敗に終わっている。どうやら我々に生来備わっている知能は、DNAの複数の領域の複雑な相互作用によって生じるらしい。

690 心の知能 EMOTIONAL INTELLIGENCE

　心の知能（EI）とは、心理学者ハワード・ガードナーによって提唱された多重知能を補完する考えとして、1985年にアメリカの当時大学院生だった**ワイン・ペイン**が自身の博士論文で発表した考えである。大まかには、自分や他者の感情を知覚することができ、感情的な考え方も推論過程に取り入れることができる力と定義されている。

　心の知能指数が高い人々は人間関係がよくなり、チームの一員としても、またチームリーダーとしても優れた能力を発揮するとされる。これに気づいた企業がEIを測定するテスト（「性格特性」を参照）を行い、入社希望者の心の知能指数を測定することもある。

691 直観 INTUITION

　直観とは、人が事実を詳細に分析することなく、正しい判断を知っている能力である。マイヤーズ・ブリッグス性格診断テスト（「性格特性」を参照）において、直観は感覚の対極におかれる。心理学者が考える直観の最良の説明は、特定の分野や活動で経験を蓄積することでその分野を把握することが容易になるため、入力されるデータを意識状態では不可能なスピードで無意識が処理しているというものだ。

『第1感「最初の2秒」の「なんとなく」が正しい』の著者マルコム・グラッドウェルは、ある領域の専門家というものは、膨大な量の情報のなかの無関係な情報をふるいにかけ、インプットを絞ることができるのだという。彼はこれを**シン・スライシング**とよび、アメリカの人間関係を専門とする心理学者ジョン・ゴットマンを引き合いに出して紹介している。ゴットマンは、カップルが15分間話すのを聞いただけで、15年以内に離婚に至るカップルを90%の確率で予想できたという。

692 創造性 CREATIVITY

何もないところから革新的な解決策や新たなアイデアを思いつける人と、そういった創造性とは無縁の人の違いは何なのだろうか？ 科学者たちによれば、脳のなかに**創造性**を司る中心的な領域はないという。むしろ、精神的柔軟性や、脳のなかで一見無関係に見える領域を独特なやり方でつなぐことのできる能力が創造性なのだそうだ。そういう意味では、創造性というのは**脳全体が協調的に働く結果**であるともいえる。これを裏付けるかのように、分離脳の人間は一般的に創造性が低いといわれている。

動物実験では、ちょうど有性生殖（「配偶子」を参照）で既存の遺伝子がごちゃ混ぜになるプロセスと同じように、過去の行動が混ざり合って創造性が生じるらしいことが示されている。つまり、新しいアイデアが進化していく過程というのは、新しい生物種が進化していく過程と似ているのだ。

多くの精神療法士は、幸福度を上げるために創造的探求を行うことを推奨しており、うつの治療にも有効だとしている。ただし、これもまた諸刃の剣である可能性があり、ボルチモア州にあるジョンズ・ホプキンス大学の精神科医ケイ・レッドフィールド・ジャミソンは、長年ささやかれてきた**創造性と精神疾患が関連**しているという説の正しさを確認した。成功している芸術家は気分障害を患っている割合が統計学的に有意に高いという結果が得られたのだ。

693 記憶 MEMORY

記憶を保管する神経のデータバンクが我々の脳のなかのどこにあるか、正確には分かっていない。これも創造性と同じことで、記

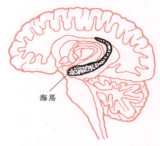

海馬

憶力というのは脳の特定の部位に限局されているわけではなく、脳のなか全体に広がっているということなのかもしれない。

　分かっていることは、脳のなかには記憶の処理を行う領域があるということだ。私たちがもつ記憶は**短期記憶**と**長期記憶**に分けられる。短期記憶は、情報を長期記憶に渡す前に最大1分程度その情報を保持する。情報を渡すという作業は、脳の深部にある**海馬**という領域で行われているらしい。長期記憶に書き込まれた情報を強化するには、睡眠も重要だと考えられている。

Psychological Phenomena

心理現象

694 作話 CONFABULATION

　2003年、心理学者エリザベス・ロフタスとジャクリーン・ピクレルは、ワシントン大学で人間が過去をどれほど正確に思い出せるかを検証する実験を行った。24名のボランティアに、それぞれの子供時代の話を小冊子にまとめたものを読んでもらった。そのなかには1つだけ完全にでっちあげの、ショッピングセンターで迷子になったが、心優しい老婦人に助けてもらいめでたく両親と再会することができたという作り話が含まれていた。

　ロフタスとピクレルが、読んだストーリーについて参加者にインタビューしたところ、1/4の人はショッピングセンターで迷子になった日のことを鮮明に覚えていて、冊子に書かれていなかった詳細について話し出す人までいた。

　なぜ人の記憶はこのような方法で簡単に粉飾されてしまうのか（心理学用語で**作話**という）を説明できる理論はない。1つの可能性は、我々の記憶が理性的思考によって変えられているということだ。ワシントン大学での実験に参加した被験者は、信頼できる親類に取材した話だと聞かされたため、これらの話がすべて真実であると信じ込んでしまったのかもしれない。

695 錯視 ILLUSIONS

脳をだますのは、作話による誤った記憶だけではない。ある特定の形や色を組み合わせることで視覚野をだますこともできる。これを、**錯視**という。有名な例は**カフェウォール錯視**というもの

だ。特定の場所に着目して見てみれば、すべての黒い四角と線が平行に並んでいることが分かる。しかし全体を見ようとすると、所々くさび形のように傾いて見える。これは、心理学者が**ボーダーロッキング**と名づけた現象のせいだと考えられている。

簡単にいうとこれは、脳が形の端を見つけ出すときに色の変化を見ていることと関連がある。絵の上端と下端ではパターンが単純なので、線で仕切られた四角形の端を見つけるのはたやすい。それに対して絵の中央あたりでは、端を見極めるのが難しくなる。この傾向は視線を外しているときに特に顕著で、それがこの線を傾けて見せるのだ。

696 トップダウン処理 TOP-DOWN PROCESSING

錯視は、我々の脳の視覚系がいかにだまされやすいかを示すものだ。しかし、欺かれやすいのはなにも目だけではなく、耳も簡単にだまされる。それがよく分かるのが**トップダウン処理**という、私たちの耳が「聞くように仕向けられたもの」を聞いているという現象だ。

いい例が、レッドツェッペリンの「天国への階段」という歌に見られる。この歌には、逆再生すると隠されたメッセージが聞こえてくる（**バックマスキング**という現象だ）という気味の悪い噂がある。何も知らずに逆再生してみても何のことやらさっぱり分からないだろう。しかし、隠されているとされるメッセージを読んでからもう1度聞けば、確かにはっきりとその言葉が聞こえてくる。

トップダウン処理とは認知心理学の用語で、脳のなかで情報が

まとめられている階層構造を指す言葉だ。基礎的な情報は下層にあり、もっとも複雑な、処理された情報が上層にくる。トップダウンとはすなわち、記憶として処理された情報が、感覚器官から入ってくる基礎的な情報に影響を与えるということを意味する。

697 ミルグラム実験 MILGRAM'S EXPERIMENT

錯視やトップダウン処理が私たちの世界の理解を歪めるのと同様に、行動も歪められることがある。それも、恐ろしいやり方で。イェール大学の心理学者スタンレー・ミルグラムによって1961年に行われたぞっとするような実験でこれが実証された。

ミルグラムはまず、記憶力のテストだといってボランティアを集めた。各参加者は先生となり、隣の部屋で待機する被験者の生徒が単語のペアを記憶できているかテストし、間違えた場合は手元のボタンを押して生徒に電気ショックを与えるようにと指示された。また、電気ショックの電圧は、間違える度に上昇していくと教えられた。

実際のところ、電気ショックが与えられているというのは嘘で、役者が生徒になりすましていた。実験開始直後の生徒役は痛いと文句をいうだけだが、間違いを重ね、電圧が上げられていくにつれ次第に生徒のいる部屋からは叫び声が聞こえるようになり、そして最後には不吉な静寂が訪れる。参加者が途中で実験を続けることに対する不安を口にすると実験者がやってきて、実験を継続しなければならない、参加者自身は何ら責任を負うことはないという。すると驚くべきことに、60%を超える参加者が実験を最後までやり遂げ、

生徒役に致死的な強さの電気ショックを与えた。ミルグラムの実験は、権威者の指示を人がどれだけ素直に聞いてしまうかを示している。

698 共感覚 SYNAESTHESIA

共感覚とは、人間の感覚が**混線**している状態のことをいう。だいたい2000人に1人ほどは共感覚をもつと言われていて、特定の文字や数字に色を感じたりすることが多い。すなわち、異なる文字が異なる色で見える現象だ。他にも、歌が聞こえたり、単語に味がついていたりすることもある。

医療画像の研究から、共感覚者には非共感覚者と異なる脳の活動が認められている。単語に色がついて見える共感覚者は、脳のなかで色を処理する部分と言葉を司る部分が同時に活動していて、シナプスのつながりが文字通り混線していることがうかがわれた。

このように脳の異なる領域がつながっていることが、共感覚者に創造性をもたらしていると考えられている。有名な共感覚者には、シンガーソングライターでピアニストのトーリ・エイモス、指揮者レナード・バーンスタイン、物理学者リチャード・ファインマンなどがいる。

699 Kappa効果 KAPPA EFFECT

アルベルト・アインシュタインが残した有名な言葉に、「熱いストーブの上に1分間手をのせてみてください。まるで1時間くらいに感じられるでしょう。ところが、かわいい女の子と一緒に1時間くらい座っていると、1分間ぐらいにしか感じられない」というものがある。彼がここでいいたかったのは、人間の時間に対する感覚は**主観的**なものだということだ。

1953年、とある研究グループが科学誌ネイチャーに似たような研究結果を（ただしずっとつまらない方法で）報告した。彼らは、ドライブする車に乗っているときの時間の感じ方を調べた。そのドライブは2部構成になっている。いずれも時間の長さは同じだが、一方の部では車をかっ飛ばして走り（ゆえにより遠くまで進み）、もう一方の部ではのろのろ安全運転をした。その結果、車に乗っていた人は、

速く走っていた時間（より遠くまで走った）のほうが長かったと感じたのだ。これはKappa効果とよばれている。

700 認知的不協和 COGNITIVE DISSONANCE

認知的不協和は社会心理学の主要な研究分野であり、人間が矛盾する事実を抱えたときに、その矛盾を解消するために、極めて非合理的な信念や行動を生み出してしまうことだ。

たとえば、アニマルライツ（動物の権利）の活動家が皮革製の靴をプレゼントされたときに、「自分が買ったわけではないからこの靴を履いても問題ない」と思い込んでその矛盾を心のなかで打ち消し、その靴を履くなどということがその例だ。

18世紀にはアメリカの政治家ベンジャミン・フランクリンがこの技法を使って政敵を打ち負かしたことがある。彼は、政敵から本を借り、すぐにそれを感謝とともに返却した。一方貸した側は、敵に好意的な行動をとったことで認知的不協和を抱えることとなり、それを解消するために、自分はフランクリンのことが実は好きだったのだと思い込むことにした。その後この2人は本当に大の友人になってしまったのである。

701 集団心理 HERD MENTALITY

人間は誰かからの命令（「ミルグラム実験」を参照）に従わずとも、自分自身の行動に対するコントロールを失うことがある。ヒツジなどの群れで行動する動物と同じく、我々は他者の行動を追いかける性質がある。自分よりもその人のほうがよく知っている、と思うときや、単に考えるのが面倒くさいときなどが特にそうだ。

この現象は社会心理学において**集団心理**とよばれ、多くの人が他人の行動を真似する**バンドワゴン効果**のような集団行動をもたらす。よい例として、投資家が狂ったように特定の銘柄の株を売り買いすることがあげられ、これによりバブルが起きたりはじけたりする。また、銀行がほんの少しの信用を失ったことをきっかけに、バンドワゴン効果によって預金を引き出そうとする顧客が殺到し、本当に破綻することさえある。

もう1つの危険な集団心理は**集団思考**だ。集団のメンバーが何らかの決断を下さなければならないとき、単にグループ間での軋轢

が一番少なくなる行動を選択してしまいがちなことを指している。これは、そのグループの見かけ上のコンセンサスに反対するメンバーが、自分だけが馬鹿みたいに見えたり、孤立してしまったりすることを避けるために起こる。その結果は、『「みんなの意見」は案外正しい』の著者ジェームズ・スロウィッキーがいうところの**認知的多様性の喪失**である。

702 クラウド・クレイジング　CROWD CRAZING

　2004年にイケアがサウジアラビアのジッダにオープンし、オープン記念で先着順に大幅な割引を提供するとアナウンスした。イケア側は5000人程度の客を見込み、それに対応すべく準備を進めていた。ところが、ふたを開けてみれば当日ドアの外には2万人が殺到し、16名が負傷、3名が死亡する事態となった。このような出来事は世界中の店で起きていて、他にもアメリカのロングアイランドにあるウォルマートでの2008年の事件や、日本で起きた2002年の事件（西友）などがあげられる。

　このような行動のことを**クラウド・クレイジング**（Crowd crazing）という。心理学者はこれを**集団心理**の1つだと考えている。危機的な混雑状況下で、人々が本能的に利益を得ようと殺到したり、危険から我先にと逃げようとしたりするときに起こるという。どこに行くべきかやどこに並ぶべきかがよく分からず、このままでは何か損をするのではないかと人々が漠然とした不安を感じるような状況、すなわち置かれた状況についての情報が欠落しているときにこの状態になるといわれている。

703 金縛り　SLEEP PARALYSIS

　人が寝入っているとき、筋肉は自然に麻痺したような状態（アトニー）になっている。この麻痺した状態は、短時間ではあるが覚醒した後にも持続したことがよくあり、動けないだけでなく、幻覚を見たり、心と体が分離したような恐怖感を味わったりすることがある。この現象を**金縛り**といい、通常数分間続く。

　超常現象やエイリアンによる誘拐騒ぎの正体が金縛りという場合もあるだろうと考える心理学者もいる。

Mental Illness

精神疾患

704 うつ DEPRESSION

悲しい感情、気分の変動、モチベーションの低下や自殺や死の願望はすべて、**うつ**という精神状態からくる症状である。全人類の17%が一生のうちのある時点でうつを経験するともいわれている。うつはストレス、病、別離や家族の死など、プライベート環境の変化などによってもたらされる。家族性が見られることもあり、遺伝的要因があることも示唆されている。

もっとも強力な科学的エビデンスとして、うつと脳内物質の障害との関連、特に神経伝達因子である**セロトニンの不足**との関わりが示されている。抗うつ薬プロザックのような、脳によるセロトニンの吸収を阻害する選択的セロトニン再取り込み阻害薬（SSRI）がうつの治療に効果的なのはそのためだといわれている。進化生物学者のなかには、うつが自然選択の結果生じたという者もいる。無駄な行動に対する興味を失うように仕向ける適応進化だったというのだ。

705 不安障害 ANXIETY DISORDERS

不安障害は、極端な恐怖や不安を感じる精神状態のことである。不安障害はさまざまな形で現れる。**全般性不安障害**は、明らかな理由やきっかけなしに絶え間ない不安感が長期にわたり持続する状態だ。**社交不安障害**は、社交場面で意味もなく恐怖を感じることであり、**強迫性障害**（OCD）は同じ行為を脅迫的に反復してしまうこと、たとえば何度も手を洗ってしまうことなどだ。（心的）**外傷後ストレス障害**（PTSD）は、肉体的苦痛を伴う、あるいは苦痛を味わうかもしれないという脅威を感じるような体験を経験した後に生じる。

不安障害はGABA（γ-アミノ酪酸）という脳内神経伝達因子に端を発する神経生物学的な状態であると考えられている。GABAには中枢神経系の活動を鈍らせる働きがあるのだが、不安障害の患者ではGABAの量が低下していることが多い。**セロトニン再取り込み阻害剤**（SSRI）という抗うつ薬が不安障害の治療に有効だとされている。これは、このクラスの薬剤がGABA受容体を刺激し、患者に鎮静作用をもたらすためだと考えられている。

心理療法の1つである**認知行動療法**（CBT）の有効性も示されている。この治療法を支持する人は精神疾患が個人の内面にある

考え方や行動によって引き起こされていると考えており、CBTで精神疾患患者の考え方や行動を変えることで治療を目指す。

706 衝動制御障害 IMPULSE-CONTROL DISORDERS

衝動的な行動を起こしがちな心理状態のことを**衝動制御障害**という。これまでに明らかになっている衝動制御障害には5つの基本型がある。**間欠性爆発性障害**（暴力的な攻撃的衝動を制御できない）、**病的賭博**（訳注：2013年に精神障害の診断マニュアルが改訂され、現在では「ギャンブル障害」として、他のカテゴリーの下位分類に入っている）、**窃盗症**（窃盗行為に対する衝動を制御できない）、**放火症**（放火の衝動）、**抜毛症**（毛を抜きたいという衝動）（訳注：上記改訂後、抜毛症は他のカテゴリーの下位分類に入っている。現在の分類には、間欠性爆発性障害と窃盗症、放火症の他に反抗挑戦性障害と素行障害が含まれている）である。

衝動制御障害は、不安障害、うつ、摂食障害、パーソナリティ障害など他の精神障害に併発することが多いようである。うつと同様、神経伝達因子セロトニンが衝動制御に大きく寄与していることが示唆されており、プロザック類の抗うつ薬が治療に有効だとされている。

707 パーソナリティ障害 PERSONALITY DISORDERS

パーソナリティが原因で他者との人間関係などに問題が生じていたり、社会的に受け入れられない行動につながったりしている状態を**パーソナリティ障害**（PD）という。心理学者はパーソナリティ障害を3種類に分類している。A群は**奇異型**ともいわれ、妄想性PD（他者を信用しない）、スキゾイドPD（社会から隔絶する）、統合失調型PD（風変わりな思考や信念をもつ）が含まれる。B群は**劇場型**であり、反社会性PD（他者への共感や道徳心の欠如）、境界性PD（感情不安定）、自己愛性PD（自分のことしか考えられない）、演技性PD（自分が注目の的でないと気が済まない）が含まれる。C群は**不安型**で、回避性PD（過度の社会的抑制という感覚をもつ）、依存性PD（他者に過度に依存する）、強迫性PD（極度の完璧主義）が含まれる。ただし、強迫性PDは強迫性障害（「不安障害」を参照）とは異なる。

ちなみに2005年の研究では、犯罪を犯しブロードムーア精神病院に収容されている精神障害者よりも、イギリスの企業経営者層

のほうが演技性、自己愛性、強迫性パーソナリティ障害の出現率が高いことが明らかとなった。

708 双極性障害 BIPOLAR DISORDER

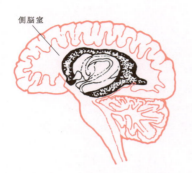
側脳室

双極性障害は以前躁うつ病とよばれており、**極度のうつ状態**（**大うつ病エピソード**）と、気分が異様に高揚した**躁状態**（**躁病エピソード**）とを繰り返すことを特徴とする。各エピソードは数週間以上続くこともある。その病態は脳内物質の不均衡、あるいは解剖学的欠陥により起こると考えられているが、正確な原因を明らかにすることは極めて困難である。ある研究では、側脳室という脊髄とつながっているC字型の構造が、健常人に比べ17%大きいことが示されている。

双極性障害は全人口の2%程度を占めるといわれていて、両親から子孫へと遺伝的に伝わっていく可能性もある。この疾患の遺伝的素因をもつ人のなかには、青年期後期にストレスを感じる出来事を経験したことがきっかけとなって1回目の大うつ病あるいは躁病エピソードを発症したという例もある。

709 摂食障害 EATING DISORDERS

異常な摂食パターンをもたらす精神衛生上の問題を**摂食障害**という。**神経性無食欲症**（拒食症）、**神経性大食症**（過食症）、**むちゃ食い障害**という3つのタイプがある。拒食症は体重増加を恐れるあまり食事をとろうとしないことである。拒食症患者は餓死する寸前まで食事量を減らし、その結果臓器が損傷し死に至ることまである。過食症は過度に食事をとることであり、その後嘔吐したり下剤を服用したりといった何らかの方法で食べたものを体内から排出しようとする浄化行動を伴う。摂食、浄化というサイクルを続けることで消化器系に損傷が起きることもある。また、浄化方法が嘔吐である場合、胃酸に繰り返し曝されることで歯もダメージを受ける。む

ちゃ食い障害の患者は過食症患者のように大量に食べるが、浄化行動を伴わない。そのため、過度に体重が増加し、肥満や糖尿病を発症することがある。

摂食障害の原因としてはいくつもの神経生物学的原因が考えられている。両親から受け継いだ遺伝的素因や、セロトニン、ノルエピネフリン、ドーパミンなど脳内神経伝達物質の不均衡などだ。

710 自閉症 AUTISM

自閉症は通常、出生後3年以内に発現し、生涯にわたって持続する学習障害である。コミュニケーションスキルや社会的スキル、想像力を著しく損なう病態である。自閉症児は通常、想像力を使うような遊びやごっこ遊びに一切興味をもたず、特定の行動を繰り返すような遊び（たとえばおもちゃをひたすら一列に並べるといった）を好む。自閉症の症状は脳内のシナプス（1つのニューロンから次のニューロンへと信号を伝えるつながりの部分）の異常によって起こるというエビデンスが得られている。自閉症の患者では、シナプス構造が部分的に壊れているというのだ。自閉症の原因は、胎児の発生初期段階における免疫系の不必要な応答、環境中の汚染物質、あるいは両親から受け継いだ遺伝的要因によって生じる脳の発育異常だといわれている。ただし、現時点で確定的な結論を出せるほどに自閉症の理解は進んでいない。

自閉症はときに**スペクトラム症候群**といわれ、その症状の度合いは人によってさまざまだ。このスペクトラムには、「**アスペルガー症候群**」などの特定の名前でよばれるものが含まれる。アスペルガー症候群の患者は強迫性の行動パターンを示すが、働ける程度のコミュニケーションスキルや社会的相互作用スキルは保持している。

711 認知症 DEMENTIA

加齢に伴い理解力が低下していくことを**認知症**といい、老年医学の範疇に入る。もっとも有名なものは**アルツハイマー型認知症**で、異常な形に折りたたまれたタンパク質が脳細胞の周りに集まって**プラーク**（斑）を作り、細胞内部にも凝集して神経原線維変化（NFT）を形成する。プラークやNFTは細胞の機能を阻害し死に至らしめる。その結果、脳が徐々に変性していく。症状はまず、最近覚えたこと

を思い出せなくなることから始まり、より重度の記憶障害、会話困難へと進行し、運動機能喪失、そして24時間の介護が必要になっていく。世界人口のおよそ0.4%（2700万人）が認知症を患っていると推定されている。医学の発展により寿命が延び続けるなか、この数字は増加の一途をたどると予想される。

712 統合失調症 SCHIZOPHRENIA

統合失調症は、空想と現実の区別がつかなくなる精神疾患である。幻覚や妄想的信念など、いわゆる**「精神異常」**とひとくくりにされる症状を呈する。また、思考の障害や緊張病（沈黙し、動かず、刺激にも応答しない状態）などの症状も見せる。この疾患はアメリカ人の（訳注：日本人でも）およそ1%に見られる。統合失調症の治療にあたっては、**抗精神病薬**と**精神療法**（「不安障害」を参照）を併用する。

意識 *Consciousness*

713 心 THE MIND

意識をもっていることに、ほとんどの人が同意するだろう。ところが、科学者や哲学者が数世紀にわたり精力的に研究を続けてきたにもかかわらず、意識を作りだす頭のなかのプロセスは驚くほど分かっていない。意識は我々の現実に対する理解をつなぎ合わせ、今自分が存在している場所として認識しうる統一した世界観を作りだしている。

意識を研究する科学者は、頭のなかにある重さ1.4kgほどの柔らかい灰色の物体である脳と心、つまり、意識の総体やその感情の状態、経験、信仰、欲望との間に線引きしようとする。彼らが問うているのは**心の哲学**、すなわち我々の心の正体、特に**心と体の関係**だ。

17世紀フランスの哲学者**ルネ・デカルト**は**二元論**を唱えた。これは、実体をもたない心と、物理的存在である体の特性はまったく異なるものだという考え方である。ただ現代においては、麻酔、すなわち物理的存在である特定の物質が無意識状態をもたらすことから、この考え方は明らかに間違いだとされている。

714 自己認識 SELF-AWARENESS

カトリック教会のヒッポのアウグスティヌスが5世紀に「私は私が理解することを理解する」といったように、意識の鍵となるのは、自己認識（自分の考えを、それを生みだす存在から切り離して考えられる能力）という考え方だ。

動物学者は**ミラーテスト**という手法を使って動物が自己認識できるかどうか調べる。動物の体にインクなどでマークをつけて、前に鏡を置き、そのマークが鏡ごしに見えるようにする。このときに自分の体につけられたマークを探すそぶりを見せる動物は自己認識ができていると考える。これまでにこのテストに合格してきた生物種はヒト、オランウータン、チンパンジー、ボノボ、ゴリラ、ハンドウイルカ、シャチ、ブタ、ゾウ、カササギの10種だ。ヒトの乳児はだいたい**1歳半**ぐらいからこのテストにパスする。

715 クオリア QUALIA

意識をもつ者の心によって知覚される体験のことを**クオリア**という。たとえば赤色の「赤さ」、りんごの味、つま先をぶつけたときの痛みなどのことだ。これは**主観的感覚**であり、説明することが難しい。ある人が体験した赤さは、他の人が感じる赤さとは違うかもしれない。実際、クオリアを他人に説明することは不可能である。それは言葉では表現できない体験であって、アナロジー（類似するもの）によってしか伝えることができないからだ。たとえば、何か赤いものを指して、これと同じような色という具合だ。

716 原始的感覚と知恵 SENTIENCE AND SAPIENCE

哲学者と心理学者は、クオリアを体験できる生物は**原始的感覚**という意識内容をもつと主張する。クオリアは痛みや苦痛といった体験も含んでいる。すべての動物が原始的感覚をもつというのがアニマルライツ活動擁護派の主張である。原始的感覚と関連する概念に、**知恵**というより高度な認知力を示す能力がある。優れた知能や、考えたり推論したりする能力として現れるのが知恵である。

717 意識に相関した脳活動
NEURAL CORRELATES OF CONSCIOUSNESS

意識に相関した脳活動（NCC）とは、我々の心がクオリアを経験したときに脳で起こる物理的プロセスのことである。NCCの研究は、**核磁気共鳴画像法**（MRI）など、脳をスキャンする技術が発展したことで大きな一歩を踏み出した。fMRIで脳活動のリアルタイムイメージを見ることができる現在、被験者が経験しているクオリアを研究者に報告している間の脳の様子をスキャンすることが可能なのだ。

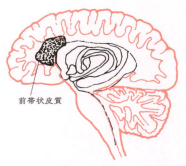

前帯状皮質

そして、被験者の報告と脳のスキャン結果とを比較することで、特定のクオリアを生みだす脳活動のパターンを明らかにできるかもしれない。たとえば我々が嫉妬心を感じているとき、スキャンでは前帯状皮質という部位が色づいて見える。

NCCを探索する研究においてもっとも有意義な脳スキャン実験は、**仏教僧**を対象に行われたものだ。というのも、仏教僧たちは与えられた精神状態を再現し長時間持続させることができる。そのため、その精神状態に対応する脳の機能についてはっきりとしたスキャン画像が得られるのだ。

718 意識のハードプロブレム
HARD PROBLEM OF CONSCIOUSNESS

「私たちはなぜクオリアを体験するのか？」という単純な問いこそが、**意識のハードプロブレム**とよばれる命題である。意識研究に対する他の数多くの問いがどれも簡単に思えるほど難しい問いである。心にあるすべてのクオリアと、それに対応するNCC（「意識に相関した脳活動」を参照）をすべて一対一対応させることができたとしても、なぜ我々がそれを体験するのかという問いに対する答えは得られないだろう。意識のハードプロブレム（Hard problem of consciousness）という名称はオーストラリアの哲学者**デイヴィッド・チャーマーズ**によってつけられた。

719 分離脳 SPLIT BRAINS

　意識の正体に関するいくつかの興味深い知見は、**分離脳**患者を対象として実施された研究から得られている。分離脳患者は重度のてんかんの治療の結果として、**脳梁**とよばれる脳の左半球と右半球をつなぐ部分が切断されている。体の片側の刺激は反対側の脳によって処理されることから、分離脳では脳にある意識を片側ずつ検証することが可能である。たとえば、左の視野に置かれた情報に対する行動は、脳の右側の活動にのみ由来する。

　このような実験から、脳の2つの半球における意識の正体がかなり異なるということが示唆されている。視野の右に絵を置かれた患者は、何を見たかを言葉を使って説明することができる。一方、左側に絵を置かれた患者は、言葉で説明することはできないのだが、後に複数の絵のなかから見たものがどれだったかを当てることはできる。これが意味するところは、脳の右側は何を見たかを記憶できる一方、左側は我々の言語や創造性に関する能力をすべて引き受けているらしいということだ。そして、左脳は右脳に比べ、全体的な意識レベルが高いようである。

720 時間の繰り上げ ANTEDATING

　意識に関する研究において、驚くべき、しかし困惑するようなブレイクスルーが1979年に起きた。カリフォルニア大学サンフランシスコ校の神経生物学者**ベンジャミン・リベット**らは、多数の被験者の脳を直接刺激するという実験を行った。最初の実験では、刺激が0.5秒以上持続した場合のみ脳がその刺激を記録するということが分かった。次の実験では、同様に脳を刺激した後、1/4秒後に皮膚にわずかな刺激を与えてみた。彼らが予想していたのは、両方の刺激の検出が0.5秒ずつ遅れるという結果で、被験者はまず脳の刺激を感じてから、1/4秒後に皮膚の刺激を感じるであろうと予想していた。ところが、すべての患者が皮膚への刺激を最初に感じたと報告したのだ。それはまるで、脳が皮膚の反応の0.5秒の遅れを編集して切り取り、刺激とその知覚が同時に起きたかのように幻覚を作りだしているようであった。

　リベットは、脳がすべての感覚入力について同じ**繰り上げ処理**を

して、入力信号が神経を伝わっていく時間を補正しているのだと考えた。これによって脳は入力された情報とそれがもたらすクオリアをつなぎ合わせ、現実を正しく把握するのだという。

721 自由意志 FREE WILL

人は誰しも、自分自身の意志に基づいてものごとを決定していると信じたいものだ。しかし、カリフォルニア大学サンフランシスコ校の**ベンジャミン・リベット**が時間の繰り上げ研究の後に続けて行った研究は、我々が自分たちの無意識に屈していることを示唆するものだった。

1980年代、リベットはボランティアの被験者を脳のモニタリング装置につなぎ、脳の**準備電位**とよばれる、筋肉の動きを司る運動野で生じる活動を測定した。彼は被験者に手首を動かすよう指示し、また手首を動かそうと意識的に意図したタイミングがいつだったか、目の前の時計を見て報告するように指示した。その時点ですでに知られていたことなのだが、準備電位は手首の動きに先行した。これは脳からの信号が神経を通って手首へと伝わるまでに時間がかかるからである。リベットが予測していなかったのは、準備電位が、動かそうとする**意志をも先行**していたということであった。準備電位は、被験者が意識的に動かそうと意図した時間におよそ0.5秒先行して生じていたのだ。リベットの実験は、自由意志が幻想であるということを意味しているかのようだ。

722 量子脳 QUANTUM MIND

物理学の一般相対性理論と量子論分野に多大な貢献をしたオックスフォード大学の数学教授**ロジャー・ペンローズ**は1989年、意識に関する理論を発表した。アリゾナ大学の麻酔科医スチュワート・ハメロフとの共同研究で彼は、脳細胞のなかで足場のような細胞骨格のを形成する微小管という管腔構造を作るタンパク質の間で起こる量子過程の結果として意識が生じると主張した。さらに、ペンローズとハメロフは、この量子過程が脳の創造性、直観、革新、特に数学者や科学者が備える問題解決力を生んでいると主張した。これは現代のコンピューターができることを遙かに凌駕するものであり、なぜなら、ゲーデルの不完全性定理に基づき

コンピューターはコンピューターの範囲内に制限されるからだ、とペンローズはいう。著書『皇帝の新しい心』のなかでペンローズは、量子脳理論のことを「統合された客観収縮（Orch-OR）」理論として紹介している。

723 体外離脱 OUT-OF-BODY EXPERIENCE

二元論（「心」を参照）は誤りであることが証明されたが、多くの人々は意識が体の外に存在しうるという考えを捨て切れずにいる。10人に1人が**体外離脱**を経験したことがあると主張し、そのとき彼らは周囲を体の外側からの視点で見ることができたという。

体外離脱に関する科学的研究は多くなされているが、実際に心が脳という実体から遊離することを示す説得力のある証拠は得られていない。イギリスの心理学者**スーザン・ブラックモア**は、体外離脱というのは覚醒状態下で夢を見ているような状態だと考えている。そのような状況では、人の意識は物理的感覚から分離し、脳のなかのどこかにある夢のようなイメージで歪められていると考えている。

Social Trends

724 人口動態学 POPULATION DYNAMICS

保全する必要がなさそうな生物種といえば、我々ホモ・サピエンスだろう。乳児の死亡率を低下させ、出生率を効果的に上昇させ、同時に寿命も延長させ、死亡率を低下させる医学の進歩のおかげで地球の総人口は約40年ごとに倍増している。この傾向は今後も続くと見られている。

人口増加の速度は集団内の個体数に比例するため、人口は**指数関数的**に増加する。この傾向はイギリスの牧師**トマス・マルサス**が19世紀初期に行った初期の**人口動態学**に関する研究から導かれ

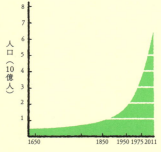

たため、**マルサスの法則**として知られている。マルサスは人口が地球の許容力を超えて増加することで、食物やその他の資源が不足するという人口過剰の潜在的危険性をいち早く指摘した人物でもあった。

725 フリン効果 FLYNN EFFECT

学校や大学の試験はだんだん簡単になってきているから、今の学生に30年前の試験を受けさせたら高得点を取れる者はほとんどいないだろうと言われる。しかし実は、このような主張に真っ向から反対するような現象が知られている。それは、1980年にこれを発見した科学者ジェームズ・フリンにちなんで**フリン効果**とよばれている。分かりやすくいえば、知性全般の尺度であるIQが、10年ごとにおよそ3ポイント上昇しているというものだ。

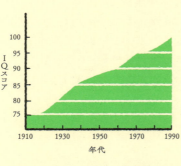

IQは各年代の集団の平均値が常に100になるように補正される。ところが、フリン効果によれば、1930年代の子供が今日のIQテストを受けると、彼らの平均点は75程度になることになる。フリン自身はこの理由を、科学技術が発展し日常生活がいろいろな意味で複雑化したことに人類がついていかなければならなくなった結果であると考えている。

726 身長 HEIGHT

多くの人が、人類は世代を経るごとに背が高くなっているという考えに異論を挟まないだろう。ウエストラインについてはまぎれもなく大きくなっている（「肥満」を参照）ようだ。しかし、オハイオ州立大学のリチャード・ステッケル教授が各年代の骨格標本を測定してみたところ、**身長**については違った結論が得られた。低身長から高身長へと徐々に進化していったどころか、中世初期（9世紀〜11世紀）に北ヨーロッパに住んでいた男性は産業革命が始まった1750年頃の比較対象よりも数cm身長が高く、現代の人間とほぼ同じ高さだったという。

ステッケル氏は、集団の身長がその地域の繁栄の度合いを示していると考えている。身長の差は、温暖な気候に恵まれ、食物も豊富だったと見られる中世初期と、その後小氷河期が到来し食物が不足していた16世紀〜19世紀という環境の違いに由来するというのが彼の予想だ。

727 幸運 LUCK

　何度でも幸運が訪れる人と、惨めなほどに**幸運**と無縁な人がいるのはなぜだろうか？　その答えはラッキーアイテムとはまったく関係なく、どちらかというと心理学と関係している。イギリスハートフォードシャー大学の心理学者**リチャード・ワイズマン**は、自分のことを幸運だと感じている人は非常に外交的な社交家で、見知らぬ人と話したり新しい人の輪に溶け込んだりすることが得意であり、それによってチャンスを得る機会が増えていると考えた。一方、自分のことを**不幸**だと考えている人は内向的で、自分に対する期待も低い。幸運をつかむチャンスが得られる新しい出会いが少ないばかりか、機会を与えられたとしても自信喪失しているために躊躇し、チャレンジしない。この、内向性・外向性というパーソナリティはある程度両親から**遺伝**するものなので、そういう意味では幸運の星のもとに生まれてくる人がいるというのは真実である。

728 グローバリゼーション GLOBALIZATION

　良くも悪くも、我々はみな地球村の一員である。**グローバリゼーション**は1980年代に始まった動きで、海外との取引を楽に行いたかった銀行や金融機関によって進められた。コミュニケーション技術が発展したことで、確かに世界の市場はシームレスに動くようになった。そのすぐ後に続いたのが**インターネット**の普及で、これによってすべての人がグローバリゼーションできるようになった。地球の反対側に住む見知らぬ人と出会い、リアルタイムでチャットすることが可能になったのだ。同時に、ある国の人が合法的に、他国では違法となるコンテンツを国境を越えてオンライン上に投稿することも可能になった。

　グローバリゼーションはコミュニケーション分野だけにとどまらない。今や、世界中の国々が融合し1つになりつつある。**格安航空**

会社の出現により、多くの人々がオンラインでのチャットに飽き足らず実際に地球の反対側へと飛べる時代になった。グローバリゼーションは技術の進歩の結果生じたものであるが、利益（世界情勢に関する意識の高まりや国際的な災害復旧活動など）と不利益（貧困国の搾取）の双方を我々にもたらした。しかし、賭けてもよいが、グローバリゼーションの流れはこれからも続くだろう。

729 環境保全主義 ENVIRONMENTALISM

人類の活動が環境を傷つけているという意識の高まりから**環境保全運動**が生まれた。この運動は、原子爆弾に対する恐怖と、公害やDDTなどの殺虫剤によって環境が汚染されているという認識とが合わさった1960年代に始まった。人類の活動が地球の生態系に多大な悪影響を及ぼしているという懸念が急速に広まると同時に、大気中の炭素の量と気温の上昇との間に相関がありそうだと認識され始めた。科学が**気候変動**を発見した瞬間である。1970年代後半には、人類が排出する炭素量の抑制を求める科学者たちが声を上げ、さもないと21世紀中には地球温暖化によって我々は破滅的な結末を迎えることになるかもしれないと訴えた。しかし、政治家たちがその声にまともに耳を傾け始めたのはそれからさらに20年経ってからのことだった。

730 文明崩壊 SOCIETAL COLLAPSE

太平洋に浮かぶポリネシア諸島の1つ**イースター島**には、絶頂期にはおよそ7000人が住んでいたと考えられている。今日まで残されている数百体もの見事な石像「**モアイ像**」を見ても分かる通り、イースター島はかつて文明が栄えた場所だった。ところが、西洋人が18世紀初頭に島に上陸したとき、彼らが見たものは、およそ3000の人がまるで原始時代のような状態で、野蛮で不潔な暮らしをしている様子だった。島では乏しい食料を巡って部族間での闘争が続くなか、人食いが横行していた。

イースター島は、資源を消費しつくして崩壊した社会の一例とされている。成功の犠牲者とでもいうべき先進的な島民が花開かせた石材の加工、建立、輸送技術を実現するには、島の木々を伐採し、自然の産物をはぎとらなければならなかった。古代イース

ター島の人々が迎えた結末は今日、文明社会が環境破壊を続けることの危険に警鐘を鳴らす教訓として語られる。

Humanities

731 人類学 ANTHROPOLOGY

人文科学とは、人類の経験や人類たる条件について立証し、記述し、明らかにしようとする研究分野であり、社会学、歴史学、哲学などを含む。そのなかでももっとも基本的な分野といえば**人類学**だろう。これはヒトの進化、歴史、文化、行動などをひとまとめにした**人間の科学**である。

人類学は4つの主分野に分けられている。**社会人類学**は人とその人がもつ文化、アイデア、信仰などを扱う。**自然人類学**は人類の起源(「アフリカ単一起源説」を参照)や人種の差を生む生物学的要因などを扱う。**言語人類学**は言語やコミュニケーションが人類の問題(「言語学」を参照)に与える影響について論じ、**考古人類学**は古代人類の生活や文明について研究する(「考古学」を参照)。

732 歴史 HISTORY

人類の過去についての学問を**歴史学**という。非常に大きな学問で、目撃者がまだ生存している最近の出来事である近現代史から、考古学で発掘される遺跡が頼りの数十万年前の人類誕生の頃までをカバーする。歴史学者のアプローチは非常に科学的である。彼らは、過去に関する仮説を支持するような強いエビデンスを探し求める。エビデンスには、直接見聞きした**一次証拠**と、事象と直接は関わりがない報告である**二次証拠**という2通がある。

歴史学者は過去を扱いやすい単位とするため、**時代**へと分割している。一般的には、西暦476年の西ローマ帝国の滅亡までを**古代**とする。そこから15世紀末までが**中世**、そしてそれ以降現在までの事象が**近現代**である。最初の歴史家は紀元前5世紀を生きた古代ギリシアの哲学者**ヘロドトス**と**ツキディデス**だ。

733 社会学 SOCIOLOGY

人間社会の研究を**社会学**という。この学問は18世紀から19世紀頃、ニュートンの万有引力やダーウィンの自然選択といった重要な科学的発見の後に真面目に取り上げられるようになった。科学者や哲学者は、物理的世界と同様、人間や文化、人間同士の相互作用を科学的探求により理解することができないかと考えていた。社会学の父はフランスの哲学者**オーギュスト・コント**で、彼は社会問題の答えは**実証哲学**のなかにあると信じていた。

現代の社会学は人々の間に形成される関係を基礎とし、その関係が層構造のネットワークを作り上げることで社会が成り立っていると考える。今ではグローバリゼーションによりこの人間関係のネットワークが拡張していて、地球全体をカバーする1つの社会を作り上げている。

734 哲学 PHILOSOPHY

哲学者は日々、世界について思いを巡らせながら過ごす。厳密には科学ではないものの、哲学は現実の奥底にある真実をつまびらかにしようとする。その探究こそが知識や論理的思考の支えとなり、ひいては科学的手法の必要不可欠な部分となる。

哲学には4つの主分野がある。**認識論**は知識について論ずる。知識とは何なのか、どのようにして獲得され、処理されるのか、などということだ。**倫理学**は道徳的なジレンマを解消しようとする学問だ。合成生物学のような生命の創造に関わる科学研究は、厳密な倫理的検討のもとで進められるべきものになってきている。**論理学**は我々の推理や演繹のプロセスについて論ずる。最後に**形而上学**は、科学的に検証することができない領域にある世界の現実についての問いを研究する学問である。たとえば、「神はいるのか？」などという問いだ。哲学（Philosophy）という言葉はギリシア語に由来するものであり、「**知（智）を愛する**」という意味である。

735 ヒューマニズム HUMANISM

ヒューマニズムは生命哲学の一種で、個々の人間の価値を中心に考える。根拠を好み、宗教や霊的で超自然的なものを拒絶する。

ヒューマニストは、迷信ではなく**証拠**に基づいて考えるのだ。彼らは、来世での報酬や罰など規定せずとも、人間は善と悪のどちらかを選ぶことができると考える。ヒューマニズムは人道的な倫理観や民主主義に則った哲学でもあり、全人類の考えが尊重されなければならないとする。ヒューマニストの課題リストの上位には、人権、人種平等、性的平等などが並ぶ。ヒューマニストはここに示すような「**ハッピーヒューマン**」のロゴを採用している。

736 経済理論 ECONOMIC THEORY

経済とは貿易の科学であり、すべての人間を満足させるに足る量がない場合の貨幣、モノ、サービス、その他資源の流れを司る。他の分野の科学者は経済学のことをふざけて「陰気な学問」とよんだりもする。

経済学者は経済学を**ミクロ経済学**と**マクロ経済学**の2つに大別する。ミクロ経済学は企業や家庭といった小さな構成単位における経済学について扱う。マクロ経済学はより大きな視点で、経済成長や国の豊かさといった部分を扱う(「経済成長」を参照)。

世界のマクロ経済学で現在優勢なのは**資本主義**であり、これは企業がモノやサービスを作り上げ、販売し、得られた利益が企業の持ち主へと還元されるしくみのことである。これによって持ち主の**資本**が増加すると、資本を投入して資産やサービス（通常、労働者）を購入できるようになり、それによりさらなる富が生まれる、という構造だ。資本主義の反対は**共産主義**であり、得られた利益は労働者間で均等に分配される。

737 需要と供給 SUPPLY AND DEMAND

経済をもっとも根源的なレベルで見ると、それは**需要**と**供給**によって突き動かされている。モノやサービスの供給が需要を上回るとその価格は下がり、反対に需要が上回ると上昇する。

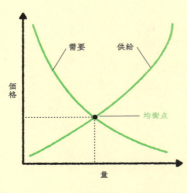

経済学者は需要と供給の関係を、価格と量でプロットしてグラフに表す。**需要曲線**は人々がその物品がある量存在している場合にいくら払いたいかを表している。量が少ないところでは価格が高く、量が増加するごとに価格は下がる。同様に**供給曲線**は、ある価格のときに供給者がその物品をどれくらい生産したいかを示す。収入を最大化したい供給者は、製品の価格が上昇すればその製品をより多く作ろうとする。この2つの曲線が交わる点が**均衡点**であり、その点に向かって価格は収束していく。需要と供給は、金利(金を借りるコスト)を上げることがインフレーション抑制になぜ効果的なのかを説明できる。金利が高いと消費者は金を借りなくなって、貯蓄に回すようになる。すると支出が減り、需要も減り、価格が下がってインフレーションが抑制されるというわけだ。

738 限界効用理論 MARGINALISM

限界効用理論とはミクロ経済学の用語で、製品やサービスを売り買いする価格を決めるときに、さまざまなメリット・デメリット(プロスとコンスともいう)を積み重ねていって判断を下すことをいう。以下のような例だ。あなたは、とある製品を売るために広告を打とうとしている。広告1回につき100ドルかかるとしよう。そして、過去の経験からあなたは、初回の広告で400ドル売り上げが増えることを知っている。同様に、2回目の広告を打つと200ドル、3回目は100ドル、そして4回目の広告では50ドルしか増えないことも知っている。1回目の広告を打てば300ドルも得をするから、これは明らかに得策だ。ちなみにこの300ドルを**差益**という。2回目の広告もまぁ意味があり、

広告数	単位あたりの費用	利益	差益
0	$0	$0	$0
1	$100	$400	$300
2	$100	$200	$100
3	$100	$100	$0
4+	$100	$50	$–50

100ドルの差益が得られる。ただし、3回目の広告で差益はゼロとなり、その後はマイナスだ。よって、限界効用理論の観点からは、2回だけ広告を打つべきだという結論が得られる。

同様に生産の現場でも、限界効用理論によって**限界費用**（生産量を1単位増加させたときにかかる費用）と**限界便益**（追加で生産した1単位を売ることで得られる収益）とを比較することで、最適な生産量を決めることができる。差益がゼロになるところで、生産量を増加させることの費用対効果は失われる。

739 収穫逓減 DIMINISHING RETURNS

収穫逓減の法則とは、ある製品を生産するために単一のリソース（労働者数など）を増加させ、その他のリソース（たとえば道具や装置など）を一定のままにした場合に、差益（「限界効用理論」を参照）が減少していくことを指す経済学用語である。小さな工場の労働者数を例にとってみよう。1人の労働者は、観葉植物用の植木鉢を1日16個作ることができる。この植木鉢は1つ20ドルで売ることができる。このとき、労働者の日給150ドルを差し引いた1日あたりの差益は170ドルだ。利益を3倍にするためにさらに2人労働者を雇ったとしよう。1人労働者を増やすことで、1日に32個の植木鉢ができるともくろんでいたが、工場のキャパシティの関係で実際には28個しか作れない。つまり、新しい労働者から得られる差益はたった90ドルだ。なお悪いことに、3人目の労働者が働き始めても、同様の理由から植木鉢の1日あたりの生産数は34個までしか伸びない。1日あたり48個生産できるというもくろみは見事に外れ、今や3人目の労働者から1日あたり30ドルの損失が生まれていることになる。

ここで収穫逓減が起きたのは、3人の労働者が道具や装置を共用で使わないといけなかったためだ。これはビジネスで一般的な現象である。この状況の打開策の1つは、労働者を増やすと同時に、**設備投資**に資本を投下することだ。

労働者数	1人あたりの日当	追加で生産できる植木鉢の数	追加で生産できた植木鉢による利益	差益
0	$0	0	$0	$0
1	$150	16	$320	$170
2	$150	12	$240	$90
3	$150	6	$120	$–30

740 経済指標 ECONOMIC MEASURES

　マクロ経済学者は多くの**経済指標**を使って国家の経済状態を数値化しようとする。それによって政府は経済状況を把握でき、経済的仮説に基づく予測を実験的に確かめることができる。

　国の生産性の主な指標は**国内総生産**（**GDP**）であり、1年間にその国で生み出されるモノやサービスの総額で表される。2008年の全世界の総GDPはおよそ60兆ドルだった。個々の国で見ると、アメリカが14兆ドルと最大で、次いで日本や中国が続く。国内に居住する人数で割って「1人あたり」の値で表されることも多い。

　他の経済指標としては、年間のモノやサービスの価格上昇率を表す**インフレ率**、働く能力と意思がある人のうち失業している人の比率を表す**失業率**などがある。

741 経済成長 ECONOMIC GROWTH

　1人あたりGDP（「経済指標」を参照）が増加することを**経済成長**という。通常パーセントで表され、たとえば1人あたりGDPが1万ドルから1万1000ドルに増えた場合、経済成長率10%と表す。経済成長の傾向を把握するため、四半期ごとに評価されることが多い。

　経済成長は国家の繁栄の指標である。GDPが上昇するということは、より多くの人が金を稼ぎ、その金を使うということなので消費も増える。消費が増えると、増加した需要に追いつくように雇用が増えて、さらに消費が増え……と続いていく。このサイクルは一見永遠に続きそうだが、偶発的な出来事によって（たとえば2007年のサブプライムローン問題のような）突如終わりを迎えることがある。このようなときには経済成長が鈍化し、ひどい場合はマイナスに転落することもある。2四半期連続で経済成長がマイナスだった場合景気後退という状態になる。大規模な**景気後退**（数四半期にわたるマイナスの経済成長）は**不況**という。

742 証券取引 STOCK EXCHANGE

　証券取引所（金融商品取引所）は投資家が株式、デリバティブ、その他の有価証券を売り買いする場である。証券取引をする投資家は株式の将来のパフォーマンスを予測する。業績がよさそうな

会社の株は人気が出て需要が上がり、価格が上昇する（「需要と供給」を参照）。その結果、よい投資対象となる。

証券取引所はニューヨーク証券取引所（NYSE）、ロンドン証券取引所（LSE）、NASDAQ（ナスダック、National Association of Securities Dealers Automated Quotations）など世界中に数多くある。会社の株式は通常、1度に1つの証券取引所にしか上場できない。市場は代表的な会社の株価の平均で表される**株価指数**で評価され、**ナスダック総合指数**や**ダウ・ジョーンズ工業株価平均**などがある。これらの指標は、**上げ相場**（株価が上昇している）か**下げ相場**（株価が下がっている）かなどの市場のトレンドを見極めるのに使われる。突然かつ劇的な株価指数の下落は**株価大暴落**として知られる。

743 デリバティブ DERIVATIVES

デリバティブは「オプション取引」や「先物取引」などを含む変動しやすい市場商品であり、投資家が証券そのものを売り買いするのではなく、将来の定められた期日に定められた価格で定められた量の証券を買えることを保証するオプションを購入するものである。実際にその期日になったときに、証券の価格がオプション購入時に合意していた額よりも上昇していた場合、オプション保有者はそれを購入してすぐに売却することで利益が得られる。もし価格が下がっていたら、オプション保有者はそれを購入しなくてもよいのだが、デリバティブを購入した分の損失が出る。デリバティブ取引は**ブラック-ショールズ方程式**という、1973年に**フィッシャー・ブラック**と**マイロン・ショールズ**が発表した数式で価格づけされる。

$$\frac{\partial V}{\partial t} + \frac{1}{2}\sigma^2 S^2 \frac{\partial V}{\partial S^2} + rS\frac{\partial V}{\partial S} - rV = 0$$

悪魔のように複雑なブラック-ショールズ方程式だが、デリバティブトレーダーは絶対に忘れてはいけない

744 ヘッジファンド HEDGE FUNDS

ヘッジファンドは投資ファンドの一種であり、あらゆる市場情勢においてプラスの収益を追求する。株式やデリバティブなどを広く買うことでリスクを**ヘッジ**（回避）し、市場がどのように動いたとしてもか

ならず利益が得られるようにするためこの名がついている。たとえば市場が下げ相場の場合、株式投資を基本とする伝統的な投資戦略では得られる収益が減少、あるいはマイナスになる。このような場合でも、ヘッジファンドはプラスの収益を上げ続ける。

　ファンドマネジャーがよく使う戦略は**空売り**という、株式をまず売却し、その後買い戻すという手法だ。ファンドマネジャーは、将来的に値を下げそうだと予想した銘柄を空売りすると同時に、将来的に値を上げそうだと予想した銘柄を買う。相場が上がった場合、空売りした銘柄で生じた損失は、買っていた銘柄の利益でカバーできる。下げ相場のときには逆のことが起きる。

745 計量経済学 ECONOMETRICS

　計量経済学とは、経済学と統計学の学際領域であり、経済データのなかから傾向や相関を見つけ出して新しい経済理論を打ち立てたり、理論を実際に試してみたりすることである。計量経済学は学者が注目している特定の変数に依存することになる。たとえば、計量経済学者が人々の収入と車の購入価格の間に何らかのパターンがあるのではないかと考えて統計データを探っていたとしよう。この場合、収入以外に購入価格に影響を与えうる数多くの交絡因子、たとえばデータに隠れている地域的なトレンド、性別による違い、年齢による違いなどについて考慮する必要がある。

746 経済物理学 ECONOPHYSICS

　経済物理学は、物理学で発展した理論を基本とする数理経済学の一分野である。量子電磁気学（QED）が電磁場を介する正および負の電荷について論じる一方、この経済学バージョンは、「**裁定取引**」というトレーダーの場を介した正と負のお金、すなわち資産と負債について論ずる。

　QEDが場の理論であるのと同様、この理論は裁定取引の場のなかに存在し、極めて短時間に消失する仮想粒子を仮定する。学者はこの粒子をランダムに起こる機会とみなし、そのような機会を逃さず利用するトレーダーである「投機家」によってすぐに捕まえられてしまうものとした。投機家がいない状態では、通常のデリバティブの**ブラック－ショールズ方程式**を当てはめることができる。ここ

に投機家が出現すると、デリバティブトレーダーが投機家の行動に対して取引をヘッジできるような（「ヘッジファンド」を参照）新たな方程式ができあがるのである。

747 ロングテール　THE LONG TAIL

ロングテールとは小売店が販売機会の少ない商品を幅広く提供するビジネスモデルのことであり、少数の**ベストセラー**アイテムを大量に売るという従来のビジネスモデルの対極である。「ロングテール」という名称は、商品の販売数を縦軸にとり、商品の人気順に並べてグラフを作ると右側に長く尾を引くような曲線が得られることに由来する。

このグラフで重要なことは、テール側の販売総数がベストセラー部分のみの販売数と同等になることである。小売店はオンラインショッピングの台頭によってロングテールモデルを採用できるようになってきている。店舗にストックしてある非常に多くの種類の商品の在庫を消費者が簡単に検索できるようになったからだ。実際、オンライン小売店であるAmazonはこのモデルで成功を収めている。

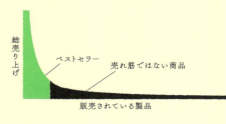

748 予測市場　PREDICTION MARKETS

1906年、イギリスの科学者**フランシス・ゴルトン**が田舎のフェスティバルを訪れると、牛の体重を当てるコンテストが開催されていた。1回予想するごとに6ペンスかかるのだが、実際の体重にもっとも近い予想を立てた人には賞品がある。787回の予想のなかに、1198ポンドという正解に近かったものは1つもなかったが、その予想の平均値は1197ポンドと、ほとんど的中していた。翌1907年、ゴルトンはこの発見を科学誌ネイチャーに発表した。

1945年、オーストリアの経済学者**フリードリヒ・ハイエク**はゴルトンの結果を用いて、市場価格はすべての問題に関する世論を（産物の価値から誰が選挙で勝つかまで）測るのに有効だと主張した。その後、

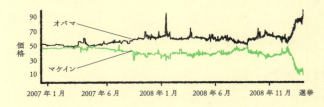

アイオワ大学はハイエクの説が正しいのか検証するためアメリカ大統領選予測市場の実施を決めた。そのアイデアは、大統領候補者が選挙遊説を行うごとに、トレーダーは予測テーマという債券を売り買いすることができるというものだ。市場の力によって、債券の価格が各候補者の当選確率を反映するようになる。「**アイオワ電子市場（IEM）**」とよばれるこの予測市場の結果は、世論調査よりも74％優れた精度で候補者を予測することができ、2008年のバラク・オバマの当選も正しく予測した。今や、オンライン上には映画の興行収入からフットボールの点数まであらゆるものごとに対する予測市場が存在する。

Politics

749 政治学 POLITICAL SCIENCE

政治学は、政治における原因と結果を探求する。原因や結果を数値化することの難しさから、政治学が厳密な科学かどうかという疑問が残り、それゆえほとんどの学者は政治学を**ソフト・サイエンス**とよぶ。それでもなお、政治家が近代政治というぬかるみのなかを前進していくために有用な戦略を政治学は与えることができる。

初期の政治学者はイタリアの哲学者**ニッコロ・マキャヴェッリ**で、16世紀初期に政治に関する思想を『**君主論**』にまとめた。この著作のなかで彼は、政治で成功するための戦略を述べている。マキャヴェッリの主要なテーマは今日にも通じるものがある。たとえば、公共の場では信頼できる人間であるかのような振る舞いをしながら、その裏で政治目標を達成するためにあらゆる手段を使うというものだ。この**二枚舌戦略**を受けて、今や「Machiavellian」という形容詞は、「権謀術数的な、ずるい」という意味で使われている。

750 自由主義と保守主義 LIBERALISM AND CONSERVATISM

　西洋政治の2つの大きく対立する主義は**自由主義**と**保守主義**である。自由主義は個人の権利や自由（言論の自由など）を重んじる。一方で保守主義は伝統的なものに価値を見出し、しばしば個人の利益より国家の利益を尊重する。自由主義者と保守主義者はそれぞれ**左翼、右翼**とよばれることがあるが、この言葉は18世紀末のフランス革命にさかのぼる。フランスの議会では左側に革命派の変化を求める者が座り、右側には伝統や体制を保持したいという考えの者が座っていたのだ。

　最近では、この2つの主義の境界は曖昧になってきており、**新保守主義**というものも出現している。新保守主義は自由主義と保守主義を部分的に取り入れたイデオロギーであり、武力や経済制裁などの他国への内政干渉も是とする。これは、純粋な自由主義者も保守主義者も是認しないイデオロギーである。

751 社会正義 SOCIAL JUSTICE

　政治家が求める政府とは、すべての人に等しい機会が与えられる公明正大な社会システムである。アメリカの政治哲学者**ジョン・ロールズ**は1971年に著した『**正義論**』のなかで、社会正義の完璧な形を追求する思考実験において、真の公平性を得るには「**無知のヴェール**」が必要だと説いた。自分自身が置かれた状況を知らない政治家によってもっとも公平な決断がもたらされる（不利益を被るリスクがあれば、個人的利益を追求するような政策をとれない）という考え方だ。たとえば、自分が奴隷になるか奴隷を監督する側に回るかが分からないような状況下では、絶対に奴隷制度など支持しないはずである。

752 民主主義 DEMOCRACY

　民主主義は多数決に基づいてものごとが決まるという政府の形態である。現実世界に存在する民主主義政府をより正確にいい表すならば、それは**代表民主制**であり、政策決定は全国民ではなく、あらかじめ選挙で選ばれた代表者によって行われる。ほとんどの民主主義政治では、人種、性別、社会的地位によらずすべて

の人に投票権が与えられる。唯一の例外は刑務所に収容されている人々であり、彼らは刑期が終了するまでは投票権をもたない。すなわち民主主義の権利が一時的に失効している状態にある。

イギリスでは、1215年のジョン王によるイングランド国王の権限を一部国民へと譲渡することを認めたマグナ・カルタの制定を受けて初の民主主義議会が1265年に開催された。アメリカで最初の議会は1789年、ニューヨークシティで開催された。

753 独裁政権 DICTATORSHIP

民主主義とは対照的に、**独裁政権**の国では国民が政策決定に口出しすることができない。独裁政権は通常1人の人間(独裁者)によって政権が握られており、しばしば**全体主義**を伴う。全体主義とは、国が国民よりも絶対的に優位な存在であり、その力を使って国民の生活のすべてをコントロールしようという考え方だ。独裁政権は専制政治ともよばれる。ドイツのヒットラーや、イタリアのムッソリーニなど、歴史上ほぼすべての独裁政治が悪政だった。それでも、最良の政府の形は「慈悲深き独裁者」だと考える人は少なくない。すなわち、支配者が国と国民の利益のために尽くすのである。次期の当選を目指して4年に1度有権者にこびへつらった政策を約束する必要はない。これは、行き過ぎた減税措置など、長期的に見ると害のある政策をとらなくてよいのでとても有益だ。ただし、多くの政治評論家は、慈悲深き独裁者など非現実的な理想論に過ぎないと考えている。

754 無政府主義 ANARCHISM

いかなる形の行政機能も存在しない状態を**無政府**というものだ。無政府状態はふつう、無秩序が蔓延する好ましくない事態であるが、政治哲学者のなかには**自己組織化された無政府**こそがもっとも効率がよく、国民が幸福になれる国の運営法だと考える者もいる。アメリカの哲学者および言語学者の**ノーム・チョムスキー**は無政府的自治を支持している。当局が国民を統制する力をもつことを当然とするのではなく、当局はその存在が正当化される形で存続するか、さもなくばその職権を放棄すべきだと考えているのだ。

無政府状態の社会の原則は、個人の**利他主義**を深く信頼すると

いう点にある。すなわち、国民が弱者をいたわり養うことを求め、基本的なサービス提供のために自発的に寄付をし、個人の欲求よりもコミュニティのニーズや福祉を優先すべきだとする。問題は、現在の人類がこれらの要件に応えられそうにもないことだ。

755 メリトクラシー MERITOCRACY

民主主義では、選挙日当日にもっとも人気のあった誰かしらに国をコントロールする手綱が渡されるが、**メリトクラシー**の政府では、国のリーダーは純粋に素質や能力、つまり実績によって決められる。すなわち、自身のリーダーとしての適性を、建前でしかない政治的発言やうわべだけの好感度ではなく、経験や、場合によっては試験によって示した者が政権を握る政治家となる。

メリトクラシーのリーダーは民主主義や他の政治主義の国のリーダーが得られないような尊敬を得ることが可能であり、素質や勤勉さに対する報酬を身をもって知らしめることができるため、国民のなかに目指すべき価値観をはぐくむことができるという声もある。今日のシンガポールはメリトクラシーの生きた例である。

756 社会工学と政治的策略 SOCIAL AND POLITICAL ENGINEERING

アメリカ合衆国政府は、特定の状況に対し人々がどのように反応するかを測るために社会心理学の知見に興味を寄せているという噂である。このような試みをするのは**社会工学**という領域である。使い方によっては、政治家が社会学や社会科学系分野で得られた知見を利用して、国民を間接的にコントロールすることができる。たとえば、支持されなさそうな政策をニュースで報道するときには、人気がある裏番組をやっていて、国民がそちらのほうを見そうな日を選ぶといったことがある。

社会工学は、法案を通したり政策を決めたりといった比較的伝統的な手法で政府が国民の行動に影響を与える**政治的策略**と密接に関連している。環境に配慮した車に対して減税措置をとることで、国民が環境に優しいドライバーになるよう仕向けるなどといったことが政治的策略の例だ。

INFORMATION
情報

紀元前3世紀、当時のエジプトの首都アレクサンドリアに創設された偉大なアレクサンドリア図書館には、天文学や数学から蒸気機関(と信じる者がいる)のような先進技術まで、あらゆる事柄に関する著作物が保管されていたといい、その蔵書数は60万から100万冊と見積もられている。しかしこの図書館は遠い昔、蓄積されていた大量の知識と共に焼失してしまった。この出来事1つだけで、人類の科学技術の進歩が1500年ほど遅れてしまったといわれている。

　翻って現代社会においては、イギリスの哲学者フランシス・ベーコンが1597年にいったように「知識は力なり」だ。科学的な視点から得られた世界に関する知識はかつてないほどに価値のある商品となった。これからもその傾向は変わらないだろう。

　我々の知識は情報という言語に符号化される。コンピューターやインターネットなどの情報技術を通して、我々が新しい知識にアクセスしたり、手を加えたり、発見したりするスピードは急激に加速している。

　そんななか、かつてアレクサンドリア図書館があったとされる位置に新アレクサンドリア図書館という名の巨大な図書館が再建されたのは意義深いことである。その存在は、同じ名のものが何世紀も前に破壊されたことで一旦は停滞してしまった人間の知識の偉大さを証言してくれるだろう。

Scientific Method

科学的方法

757 科学的理論 SCIENTIFIC THEORIES

科学は原子よりも小さな粒子から生命体、もっと巨視的には宇宙そのものまで、自然の仕組みに関する知識を見出す手法である。その流れは、理論を提案し、理論に基づいて予測し、観測結果や実験結果と予測結果を比較するというものである。

科学的理論は単なる示唆や最良の推量ではなく、厳密な数学や長年にわたる研究成果に裏付けられた思慮に富む論理的構成物である。優れた理論というものは、定式化したときにもともと対象としていた事象より多くの事象を予測できる理論である。

758 反証 FALSIFICATION

科学的理論を反映できるのは、我々がそれまでに得た知識でたどり着ける最高地点までだ。科学的理論が他の理論と異なる点は、誤りであるケースしか証明できないということだ。科学者がよりよい装置を作りだして世界や宇宙の観測を詳細に行えるようになり新しいデータが得られると、理論は新しいデータに対し再度テストされる。そしてこれが続いていく。

その理論が新たなテストに毎回合格したとしても、それが確実に正しいことを意味するわけではない。単に次の観測結果が得られるまではその理論が通用するということに過ぎない。一方、理論がテストに落ちると、それが確かに誤りだったということが分かる。

太陽系についての見方がよい例だ。古代ギリシア人は地球が太陽系の中心にあり、太陽や他の惑星が周囲を回っていると信じていた。しかし17世紀になされたイタリアの天文学者ガリレオによる観察がこの理論が誤っていることを示し、今日の太陽を中心とする見方への道を開いた。**反証可能性**を科学の基軸であるとする考えを最初にとったのは、哲学者**カール・ポパー**である。

759 セレンディピティ SERENDIPITOUS DISCOVERIES

ときに重要な科学のブレイクスルーはまったく偶然に起こる。おそらくもっとも有名な例は**ペニシリン**の発見だろう。この驚異の抗生物質は、数百万人では済まない数えきれない命を救い、第二次世界大戦中に負傷した連合軍兵士のうち15%程度はこれがな

ければ壊疽などの感染症で死んでいたといわれている。ペニシリンの抗菌作用を1928年に最初に発見したのは、コンタミネーションによりアオカビが偶然混入していたシャーレのなかで細菌の成長が止まったことに気づいたスコットランドの生物学者**アレキサンダー・フレミング**である。

他には**X線**、抗凝固性薬**ワルファリン**、自動車タイヤに使われるゴムの**加硫処理**、**天王星**の発見などが**セレンディピティ**によるものだった。

760 オッカムの剃刀 OCCAM'S RAZOR

科学的理論を構築するとき、複雑な理論と単純で説明に要する仮説を最小限に抑えた理論、どちらを選ぶべきだろうか? 常識的にいってもおそらく後者だろうが、14世紀イギリスの論理学者**オッカムのウィリアム**は、科学全体を支える原則にまでこの考えを押し上げた。

これはオッカムの剃刀として知られるようになり、多くの人はそれ以来、対象とする理論ができる限り**単純**で**直接的**になるように、余分な部分を切り詰める剃刀を想像した。理論が実測値によるテストに落ちた場合に限り、より複雑にすることを考えるべきである。ただし、今日の大部分の科学者はオッカムの剃刀を「原則」とよぶことをためらい、**発見法**の類だと考えることを好む。

761 ヒューリスティックス HEURISTICS

ヒューリスティックス(発見法) は、科学者であってもなくても物事を決定する際に用いている厳格ではない方法、あるいは「**経験則**」である。例として、温度を摂氏から華氏に変換するときの「2倍して32を加える」というものがある。

科学者が用いるもっとも一般的な発見法は数学や工学の問題に対する「試行錯誤」で、まずありうる解を試してみて、そのなかで整合性のよかった解が完全に整合するまで調整していくという手法である。他に**オッカムの剃刀**や、いわゆる**注視ヒューリスティック**(飛んでくるボールをキャッチするにはふつう、その軌道を支配する複雑な方程式を解くよりもボールをよく見るほうがうまくいくなど)といった方法がよく用いられる。

762 還元主義 REDUCTIONISM

還元主義によれば、あらゆる科学的概念は小さな部分が合わさってできあがる。たとえば、気体分子運動論では気体の温度は跳ね回りながら互いに衝突する個々の原子や分子の影響へと還元できる。そして量子論は原子と分子の振る舞いを説明することができ、さらに最終的には弦理論とM理論が量子効果を説明する。

還元主義を提唱したのは、世界は多数の部品で構成された機械のようなもので、その全体としての仕組みは個々の部品の動作に分解することができると考えた17世紀フランスの哲学者**ルネ・デカルト**である。還元主義を極限まで適用すると、理論の基礎をなす大統一理論にたどり着く。還元主義の対極にあるのは、システムは部品の単なる寄せ集め以上の存在であるとする**全体論**だ。

763 実証主義 POSITIVISM

実証主義という考え方は、価値ある知識とは**経験的**に理解できるもののみであるという信念から生まれた。そこから転じて現代の実証主義は、科学こそが知識への唯一かつ真の道筋だと考える。反対派は、宇宙論や多世界解釈などいくつかの量子論の分野においては、そのアイデアを観察可能かどうか自体に議論の余地があることから、実証主義は適用できないと主張する。

実証主義と対立するのは、物理学の範疇を超えた外側の世界を研究する**形而上学**だ。形而上学は定義からして科学研究では答えられない概念を扱う学問となっているため、多くの人は疑似科学だと考えている。

764 帰納的推論 INDUCTIVE REASONING

雨は湿っている。したがってすべての雨は湿っている。これが、個別の観測結果から一般的な法則を見出そうとする**帰納的推論**の例である。選挙のときの出口調査も1つの例で、調査で得られた民主党に投票した人の割合を用いて、投票者集団全体で見てもその割合は同じだろうと推論する。科学者は理論を構築するために帰納的推論を使う。たとえばリンゴが木から落下することを受けて、重力はどこにでも存在する引力であると考える。これは一見当

たりまえだが、同じ法則が太陽系の奥深くにも当てはまると推測することはかなりの飛躍である。それでも天文観測でそれが正しいということが示された。帰納的推論は思索的な概念を導くものであり、後に実験によって検証されなければならない。

逆は**演繹的推論**であり、推論した上で論理的必然性を付け加えるものである（たとえばA=BかつB=CならばA=Cであることが「演繹される」）。

765 計算科学 SCIENTIFIC COMPUTING

科学的理論の定式化、すなわちモデル化しようとする物理現象を記述する方程式を一揃え構築することはかなりの困難を伴うが、それらの方程式を解いて解を得ることとなると、もはやほとんどの場合不可能だ。そのため多くの科学者はその割に合わない仕事をコンピューターにやらせる。コンピューターに初期条件を与えて計算を任せるのは紙の上で答えを出そうとするよりもずっと簡単だ。

天文学者は**計算科学**を早期に導入し、それによって銀河形成や宇宙進化などの複雑な過程をモデル化してきた。今日では大部分の研究分野がこの手法の恩恵を受けられる。方程式を代数計算によって解くソフトウェアもある。さらに、計算して数値解を得るだけではなく、ペンと紙でやるような捉えどころのない問題すらもコンピューターが解いてくれる。1977年、この方法により**四色定理**が証明された。

766 データマイニング DATAMINING

購買傾向を細かく調査するスーパーマーケットからダウンロードランキングを利用する楽曲配信サービスの提供者まで、統計的情報を得るためにデータベースを徹底的に調べるデータマイニングは大きなビジネスになりうる。今日の科学者もデータマイニングに新しい発見をもたらす力があるということに気づき、その流れに乗りつつある。保管されている情報をデータマイニングのアルゴリズムで解析すると、人間ならまず見落とすであろう思いもよらないような隠された関係性を暴いてくれるかもしれない。たとえば流星群と火山噴火の関係とか、日食と大気の質との相関関係とか、同じくらい奇妙な、科学の未知の領域の存在をうかがわせる関連性までも明らかにされるかもしれない。実際、すでにスウェーデンのウプサ

ラ・モニタリング・センターでは科学者らが臨床薬の副作用を発見する早期警報システムとしてデータマイニングを活用している。センターは医療データベースを徹底的に検索し、同一の薬に対する有害反応の症例に標識をつけていっている。これは「ファーマコビジランス(薬剤監視)」の一例だ。

767 倫理学 ETHICS

倫理問題の考察は科学、特に生物学や保健学、医学の進歩においてますます重要になってきている。たとえば動物実験の実施、幹細胞作製のために人間のクローンを作ること、我々の命令通りに動く新たな生命体を設計すること、あるいは合成生物学という新しい分野を切り開くことは正しいことなのだろうか? これらの問いはすべて生命倫理学者が回答すべきことである。以前は未知のものを知りたいという欲求だけが原動力だった科学研究に、今や倫理的側面が欠かせない。

我々が将来人間並みの人工知能を開発し、宇宙人と接触し、微視的世界を支配する力を我々に与える分子工学を用いてナノ・ロボットを構築し、時間旅行を通して過去を変える方法を発見するようになるにつれ、倫理問題は他の科学分野でも重要になっていくだろう。

768 疑似科学 PSEUDOSCIENCE

疑似科学は科学的に見せかけてはいるが実はその手法が科学的とは程遠い探究のことである。

超常現象、UFO目撃、そして手相や占星術など占いに関する主張はしばしば疑似科学の烙印を押される。科学的に調査される可能性もあるし、いくつかは実際に調査されているが、このような物事について主張する人々は、客観的に調べることができないような曖昧な言い方をすることも多い。ほとんどの科学者は、疑似科学が真の科学的探究に対する公衆の理解を阻害し、民主的社会の正常な機能に欠かせない合理的な意思決定能力を損なうと考えており、疑似科学に積極的に反対している。

769 科学的表記法 SCIENTIFIC NOTATION

我々は日々の経験を通して、2、37、875のような数を扱う方法を知る。しかし、科学のなかで出現する数はそれとはかけ離れていることがあり、たとえば天文学では何十億、何百億という我々の日常とはかけ離れた大きさを取り扱う。反対の端では、素粒子物理学や量子論が10億分の1のさらに何分の1などという極小スケールでの物質の振る舞いを表す。科学者はこれらの大きな数を表すときに、10のべき乗を使う**科学的表記法**で表す。たとえば100は10の2乗（10×10）、すなわち10^2で、同様に100000は10^5と書かれ、500000000（5億）は$5×10^8$となる。

小さな数も同じように表すことができる。100分の1（1/100, 0.01）は10^{-2}と表記され、100万分の1（1/1000000, 0.000001）は10^{-6}だ。100億分の5（5/10000000000）も$5×10^{-10}$となっていれば少しは扱いやすくなる。

770 SI接頭語 SCALE PREFIXES

科学的表記法は0が長く連なる数を扱いやすい形に短縮するうまいやり方ではあるが、それでもなお見た目はいくぶんややこしい。そのため、頻出する10のべき乗は接頭語としてまとめられている。おそらくもっとも有名なものは1000または10^3を表す「k（キロ）」で、1kmは1000m、1kgは1000gだ。

他の大きな数を表す接頭語としては、100万すなわち10^6を表す「M（メガ）」、10億すなわち10^9を表す「G（ギガ）」、1兆すなわち10^{12}を表す「T（テラ）」といったものがある。たとえば1テラバイトのハードディスクドライブは1兆バイトのデータを保持できる。近いうちに、ペタバイト・ハードディスクドライブ（10^{15}すなわち1000兆バイトの情報を保持できる）が購入できるようになるだろう。

小さな数に対するSI接頭語も存在する。「m（ミリ）」は1000分の1すなわち10^{-3}（たとえば1mmは1000分の1m）、「μ（マイクロ）」は10^{-6}すなわち100万分の1、「n（ナノ）」は10億分の1すなわち10^{-9}である。つまり、ナノテクノロジーは10億分の1mというスケールでの工学である。さらに小さいところでは、「p（ピコ）」は10^{-12}すなわち1兆分の1、「f（フェムト）」は10^{-15}すなわち1000兆分の1である。

771 素数 PRIME NUMBERS

自分自身と1以外のどんな整数でも割ることのできない整数は**素数**とよばれる。2、3、5、7、11などだ。現時点では素数を予測できる確固たる数式は存在せず、コンピューターを用いてしらみつぶしに探すしかない。新しい素数を見つけることは想像以上に難しく、現在までに記録されているもっとも大きなものは1300万桁近い長さである。あらゆる非素数の整数は素因数のかけ算として書くことができる。新しい素数を発見すること同様、非常に長い非素数を素因数に分解することはとても難しく、このことが符号や暗号の基礎となっている。数学者は**リーマン予想**を通して素数に対する理解が進むことを期待している。

772 黄金比 GOLDEN RATIO

ひもを手に取り、短い側と長い側の長さの比率と、長い側と全長の比率が等しくなるように分割してみよう。**黄金比**として知られる1.618となるこの値は、その割合が見た目に特に美しいとされ、建築物やモナリザを含む多くの偉大な芸術作品のなかに登場する。黄金比の最初の数学的研究は紀元前300年頃にギリシアの哲学者**ユークリッド**によって行われたが、芸術家はもっと古く紀元前5世紀には黄金比を作品に取り入れていた。

数学的には、この比率は**フィボナッチ数列**から生じる。フィボナッチ数列は、0と1から始めて、前の2つを足し合わせて新しい数を作りだすことによって得られる数列で、0、1、1、2、3、5、8……と続く。この数列において連続する2つの数の比率が、数が大きくなるにつれ黄金比に近づいていくのである。

773 無限大 INFINITY

数が際限なく大きいとき、数学者はそれを**無限大**であるとよぶ。任意の数の無限大倍は無限大であり、任意の数を無限大で割る、つまり無限の小さな部分に切り刻むと0になる。無限大は数字8を横倒しにしたような記号∞を使って表記される。厳密にいえば無限大は数ではないため、有限の数を圧倒してしまう無限大を方程式に代入することはほとんど無意味なことである。変数が大きく

なったときの方程式の振る舞いを決定するときには細心の注意を払わなければならない。数学者は通常、**漸近解析**というやり方で近似解を得ようとする。

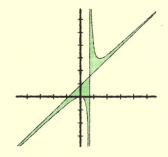

グラフ $y=x^2/(x-3)$ の漸近解析。
x を無限大にすると上界、下界とも無限になるが、大きな x に対する式の近似解は直線 $y=x+3$ に漸近する

774 フェルマーの最終定理 FERMAT'S LAST THEOREM

フェルマーの最終定理の見た目は至ってシンプルで、さほど難解には見えない。3つの正の整数を選びそれをa、b、cとする。次に2より大きな整数を1つ選びnとする。フェルマーの最終定理は式 $a^n + b^n = c^n$ を満たすa、b、c、nの組は存在しないというものだ。この定理は1637年に数学者**ピエール・ド・フェルマー**によって提案された。一握りのケースについては証明されていたがa、b、c、nのすべての値に対して有効なフェルマーの最終定理の一般的証明は、1994年にイギリスの数学者**アンドリュー・ワイルズ**が発表するまで誰もできなかった。

775 四色定理 FOUR-COLOUR THEOREM

長年にわたって数学者の頭脳を独占してきたパズルはフェルマーの最終定理だけではない。もう1つ、四色問題として知られている一見簡単そうな問題がある。これは、「どんな地図であっても、地図上のすべての国を、隣接する国が同じ色にならないように塗りつぶすには四色あればよい」というものだ。定理はもちろん地図だけでは

アメリカ西部の州を塗り分けるのに必要な色は4色で十分である

なく、多数の連結する領域に分割された任意の2次元平面にも適用できる。

四色定理は1853年の数学論文に初めて登場したが、その証明は1977年の数学者ウルフガング・ハーケンとケニス・アッペルの論文まで待たなければならなかった。それでもなお彼らの証明の多くが計算科学によって実行されていたので、証明に対する疑問が残った。しかしながら2004年に実行されたごく最近の研究は、当時の証明が有効なことを示している。

776 ポアンカレ予想 POINCARÉ CONJECTURE

テニスボールに沿わせて輪ゴムを引き伸ばしてみよう。ボールの表面上を中央付近からすべらせて輪ゴムを円形から点状まで連続的に縮めていくことは簡単だ。この輪ゴムを一旦切ってコーヒーカップの把手に通してからもう一度環状に縛ると、今度は輪ゴムをすべらせていってもそれを1点に収縮させることができない。

数学用語では、テニスボールなど3次元空間のなかにあるすべての球体は「**単連結**」だが、コーヒーカップはもっと複雑だ。フランスの数学者**アンリ・ポアンカレ**は4次元空間のなかにあるすべての球体も単連結なのではないかと考えたが、それを証明することができなかった。これが**ポアンカレ予想**である。彼は1904年にこの問題を数学コミュニティに投げかけた。そしてついに2002年と2003年にロシアの数学者**グリゴリ・ペレルマン**が発表した一連の論文によって証明されたのである。

777 リーマン予想 RIEMANN HYPOTHESIS

1859年、ドイツの数学者**ベルンハルト・リーマン**によって提案された**リーマン予想**は素数の性質に対して興味深い洞察を与えている。それはリーマンのゼータ関数として知られる複雑な数式の要ともいえるものだ。任意の数sに対して、ゼータ関数は、すべての正の整数nについて$(1/n)^s$の和、すなわち$1+(1/2)^s+(1/3)^s+\cdots$として与えられる。リーマンは、sより小さな**素数の数**が、sのゼータ関数が0を横切る回数で与えられると予測した。

そして彼はゼータ関数のすべての0は1つの明確に定義された線上にあるとの仮説を立て、以来それはリーマン予想として知られる

ようになった。小さな数についてはそれを確かめることができたが、リーマン自身も一般的証明に到達することはできなかった。彼の予想が正しいならば、それは素数がどういうときに出現するかの理解に向けた壮大な一歩となる。そういうわけでマサチューセッツ州ケンブリッジの**クレイ数学研究所**は正しい証明を見つけた人に100万ドルの賞金を提案している。

778 ゲーデルの不完全性定理
GÖDEL'S INCOMPLETENESS THEOREM

　1931年にオーストリアの数学者**クルト・ゲーデル**によって発表された**不完全性定理**は、数学のなかには数学それ自身では答えることができない問題が存在すると主張する。ゲーデルは、**エピメニデスのパラドクス**の数字版に相当するものを作ることでこの定理を証明した。紀元前5世紀のギリシアの哲学者エピメニデスにちなんで名づけられたこのパラドクスは「この発言は偽である」という文章に端を発する。発言が正真正銘偽ならば、それが言うところの逆、すなわち発言は真でなければならないことになる。一方発言が真ならば、それの言うところ、すなわちそれが偽であるということが真にならなければならない。パラドクスは解消しない。

　ゲーデルは同じように、式そのものは証明されていないということが明らかな、同様の自己言及の数式を考えた。式が証明できるならば式そのものが偽でなければならないが、もしそうであるならばこの数式は実際には偽であるものを真であると証明したことになる。首尾一貫した数学法則がこのような存在を許さないのであれば、数学を使用しては**証明できない数学的真理**が存在することになる。この定理は今もなお数理論理学と数理哲学の主要な到達点であり続けている。

Applied Mathematics

779 カオス理論 CHAOS THEORY

　カオスとは厳格かつ清廉潔白そうに見える物理学の法則のなかから、まったくもって予測不可能な振る舞いが出現することである。

それは我々を取り巻く世界の特徴であり、量子論、宇宙、経済、気象、果ては蛇口から水滴が落ちるタイミングまでさまざまな事柄の背後にひそかに存在する。

カオスは一見**ランダム**だが実際は極めて**秩序**立った現象であり、物理系の初期状態に対する感受性が極端に高いことによって引き起こされる。つまり、系の初期状態におけるわずかな違いが、時間的変化に伴い拡大していくということだ。**予測不可能性**の原因は我々が系の初期状態を十分正確に測定できないことにあり、これが天気の長期予報が極めて難しい理由の1つでもある。

780 フラクタル FRACTALS

数学者は系が初期状態から時間経過と共に変化していく様子を表す**相図**を使ってカオスを無秩序からふるい分けている。そして彼らは、相図のなかにある、初期状態から始まる変化の経路が収束していく**アトラクター**とよばれる領域を探すのだ。単純な振り子を例にとると、相図は単に振り子の位置と速度をプロットしたグラフとなり、アトラクターは円となる。しかし系の複雑性が増すにつれアトラクターの形もより複雑になっていく。

カオス系は**フラクタル**構造のアトラクターをもつ。フラクタルはさまざまな縮尺で見ても同じ見た目になるとりとめのない形をしていて、その構造が複雑であることから系がランダムだという錯覚を生みだす。もっとも単純なフラクタルは直線を3等分し、真ん中の線分を取り除くという作業を残った線分に対して際限なく続けることで作られる。フラクタルは「**フラクタル次元**」という数によって分類される。

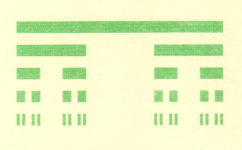

781 カタストロフィー理論 CATASTROPHE THEORY

カオス理論と密接な関わりがある**カタストロフィー理論**は、滑らかに少しずつ変化していくところから生じる突然の不連続的変化に

関する理論である。もっとも単純な例はロープの先につるしたおもりを徐々に増やしていくというものだ。ロープは当初、おもりの増加に応じて連続的に伸びていくが、ラクダの背骨を折る最後の藁1本ということわざ通り、限界を超えるわずかな量のおもりを追加することでロープは突然プツンと切れる。小さく連続的な原因が大きくなり、ついに不連続な変化という破局への引き金を引く**帰還不能点**はときに**転換点**とも称される。

カタストロフィー理論は1960年代にフランスの数学者**ルネ・トム**によって開発され、地滑り、病気の蔓延、気候変動など多くの現実世界の現象に当てはめられている。

782 極値理論 EXTREME VALUE THEORY

堤防を決壊させる異常な潮位や株式市場を奈落の底に突き落とす銀行業務上の大事故などの極端な事象は、正常なシステムを混乱に陥れる。**極値理論（EVT）**はこのような極端な事象を扱う数学の一領域である。EVTの中核は「**極値分布**」とよばれるもので、その分布はどんな並びの数列に対しても、過去のエビデンスに基づきもっとも確からしい最大値と最小値、すなわち極限値を与えることができる。たとえば、過去の潮位のデータが与えられると極値分布は任意の与えられた期間中に起こりうる最高潮位を予測することができる。そのため、計画立案者はこれに基づいて最大級の高潮に十分対処しながら資源の無駄使いにならない程度に費用対効果の高い堤防を建設する。

EVTの基礎は1958年ドイツの数学者**エミール・ユリウス・ガンベル**によって確立された。ごく最近この理論は、100m走において人類が到達可能な最速タイムを予測するのに使われ、9.51秒という答えが導かれた。

783 スモールワールド理論 SMALL WORLD THEORY

ケビン・ベーコンゲームをご存知だろうか。俳優の名前が与えられ、その俳優とハリウッド俳優ケビン・ベーコンとをできるだけ少ない数の出演作でつなぐというゲームである。たとえばミシェル・ファイファーは「ウルフ」でジャック・ニコルソンと共演しており、ジャック・ニコルソンは「ア・フュー・グッド・メン」でケビン・ベーコンと共

演しているから2ステップでつなぐことができる。このつながり方は**スモールワールド理論**として知られる。数学者は6つのステップによって地球上の68億人すべてが網羅できる、言い換えると人は誰でも、アドレス帳にある名前を介して世界中のあらゆる人と6つのステップでつなげられると主張する。これが「**6次の隔たり**」という言葉の語源である。

スモールワールド・ネットワークの肝は、長い距離をまたぐつながりである。たとえばあなたが近所に住むたくさんの友人と、カトマンズに住む1人の友人からなる友達の輪をもっているとすると、そのたった1つの長距離間のつながりによって、彼とネパールにいる彼の友人すべてと、あなたとあなたの近所の友人すべてをつなぐことができる。

784 巡回セールスマン問題 TRAVELLING SALESMAN PROBLEM

ここで難問を1つ。あるセールスマンが自宅を出て多くの都市を回らなければならない。各都市には商品を売るためにしばし留まる。すべての都市を1回ずつ訪問した後に彼は晴れて我が家に帰ることができる。すべての都市を回り（順番は問わない）家に帰るルートのなかでどれが最短だろうか？

都市の数が少ない場合は比較的簡単だし、なんならすべてのルートについて一巡するのにかかる時間を計算するという力技を使えば、簡単に解くことができる。しかし都市数が増加するにつれこの問題は急激に難しくなっていく。一般にN個の都市+セールスマンの自宅に関して、可能なルート数は$N!=N×(N-1)×(N-2)……×1$で与えられる。仮にN=10とすると選択肢は360万通りにもなる。

未だ**巡回セールスマン問題**の一般解は見つかっていない。小さなNに対しては解が存在するものの、N

ドイツの15の大都市を回る際の最短ルート

が大きくなるとこれらの解は破綻してしまう。巡回セールスマン問題は移動だけに関わる話ではなく、マイクロチップの設計や遺伝子配列の解析などさまざまな領域で生じる。

785 ゲーム理論 GAME THEORY

トランプゲームから軍事活動まで、勝者が明確な利益を得るような競争は**ゲーム理論**という数学理論を使って分析することができる。片方のプレイヤーが使える全戦略と対戦者が採用する可能性のあるすべての戦略を比較し、数字的な価値をそれぞれに割り当てることができる。そして、プレイヤーはもっとも高額の報酬が得られる戦略に従うのが最良ということになる。

ゲーム理論は専ら**ゼロサムゲーム**、つまり勝者が敗者の損失から利を得る(勝者の得点と敗者の失点の和が0になる)ゲームを扱うために1920年代に考案された。後にこの理論は実生活で経験する状況をより正確に反映できる**非ゼロサムゲーム**にも使えるように拡張された。ゲーム理論は今では、経済学者、政治ストラテジスト、さらには進化を研究する生物学者によって、競合の振る舞いを説明するために使われている。

786 ケリー基準 KELLY CRITERION

ケリー基準はギャンブラーが最適な賭け金を計算するのに使われる公式である。あるギャンブラーが賭け金1ドルに対して勝てば2ドルがもらえる2/1オッズを提示され、しかも勝てるチャンスが50%であることをギャンブラー自身が知っているとしよう。

そうすると半分の確率で1ドルを失い、残りの半分は2ドルを得ることになる。こんなとき、彼はいくら賭けるべきなのだろうか? 50%負ける確率があるので、全財産を賭けるのは明らかに間違い(50%の確率で破産してしまう)だ。

1956年にアメリカの数学者**ジョン・ケリー**によって公式化されたケリー基準によれば、オッズが$b/1$で勝率がpのとき、ギャンブラーは$(b\times p)+p-1$をbで割った額に等しい額を賭けるべきだという。上の例では$b=2$、$p=0.5$であるから、ギャンブラーは持ち金の4分の1を賭けるべきとなる。

情報

Information

787 2進データ BINARY DATA

コンピューターのハードディスク上のデータは0と1からなる**2進数**の流れとして蓄積されている。これはオフ（0）とオン（1）という2値のどちらかを選択する極小のスイッチを使って情報を符号化するというのが電子装置の特徴だからだ。コンピューター内の各スイッチはそのような2進数1桁、つまり**1ビット**の情報を記録でき、いくつかのビットが集まって1よりも大きな数を記録する。たとえば、2ビットあれば0から3までの任意の数を記録することができる。3は両方のスイッチがオン、2は1番目のスイッチがオンで2番目がオフ、1は2番目がオンで1番目がオフ、0は両方ともオフだ。8ビットコンピューターでは8個の独立したビットから構成される**バイト**が、0から255までの任意の数を記録している。

2進法についてはインドの学者**ピンガラ**が紀元前5世紀に書物に残している。西洋においては、17世紀にドイツの数学者**ゴットフリード・ライプニッツ**の著作のなかで初めて現れた。

788 情報理論 INFORMATION THEORY

TVに届くデータストリーム、コンピューター上の2進データフロー、携帯電話をめがけて発せられる信号など、我々は皆情報に依存している。

どのように情報を蓄え、送信し、操作するかに関する数学的研究は**情報理論**とよばれる。これは、1940年代後半にアメリカの電子技師**クロード・シャノン**によって先鞭のつけられた領域で、雑音や干渉のなかから信号を取り出すことを可能とする誤り訂正や、大きなデータファイルを効率的に蓄え送信するためのデータ圧縮のような重要な技術を含むものだ。情報理論は計算、暗号、神経生物学、さらにはホログラフィック宇宙という発想へと導くブラックホールの物理学などの分野を開拓する鍵となっている。

789 データ圧縮 DATA COMPRESSION

データ圧縮とは大容量の情報を効率よく蓄える方法である。簡単な例はコンピューター上の画像ファイルである。もし画像の大部分が同じ色であるならば、画素ごとに色を指定するのではなく、色

とその色で塗る領域の大きさを指定することで、非常に効率よく記録できる。

データ圧縮には無損失と損失の2形式がある。**無損失データ圧縮**は圧縮されるデータの正確性において妥協がなく、その形式で圧縮した文書ファイルを電子メールで送ると、受信者が取り出すものは送信者が添付したファイルそのものになる。一方で、**損失データ圧縮**はデータファイルのある部分を取り除くことを伴う。MP3音楽ファイルは損失圧縮形式を使用していて、人間の耳が敏感に聞き取ることができない音を棄てることでCD品質の音響トラックを1/11にまで圧縮する。

790 情報エントロピー INFORMATION ENTROPY

情報理論における**エントロピー**は熱力学的エントロピーの概念と関係している。しかしながら、熱力学量が系の乱雑さを表しているのに対して、情報エントロピーは確率変数の**不確かさ**を表す。不確定性が高まるにつれエントロピーは大きくなる。たとえば、投げ上げたとき毎回表が出るように細工されたコインのエントロピーは0であるが、表裏が完全にランダムに出るコインは表か裏のいずれかが出るので、1ビットのエントロピーをもつ。

この概念は、理論のなかに現れる量が統計力学における熱力学的エントロピーの定義と数学的によく似ていることに気づいた情報理論の父である**クロード・シャノン**によって提唱された。事実、熱力学的エントロピーは物質のすべての粒子の状態を完全に規定するために必要な情報量と考えることができる。系を加熱すると系がより高いエネルギー状態を有することになり、各々の粒子がとる状態数が増える。エントロピーが温度と共に上昇するのもこのためだ。情報エントロピーは無損失データ圧縮に制限を与えるものでもある。

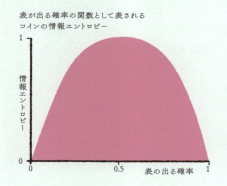

表が出る確率の関数として表されるコインの情報エントロピー

791 誤り訂正 ERROR CORRECTION

CDを再生した後ケースに戻し忘れ、その結果ひどいひっかき傷がついてしまったことはないだろうか？ それでも多くの場合その傷ついたCDはうまく再生できるはずだ。これは**誤り訂正符号**のおかげである。これは、データストリーム中の雑音や干渉の存在をチェックし訂正することのできるアルゴリズムである。これには色々なやり方があり、そのうち1つは既知の一連の情報をデータストリームにつなぎ合わせるという方法だ。この情報の列に入り込んだ誤りを測定することで、受信機側はストリーム中の他のビットをどのように訂正すればよいかを知ることができる。

誤り訂正はスーパーマーケットのバーコードリーダーにも使われている。クシャクシャのポテトチップ袋のバーコードを読み取ることができるのもそのためだ。

792 ミーム学 MEMETICS

人気のYouTubeの動画、笑える冗談、セレブリティの恥ずかしい写真には共通点がある。これらはすべて**ミーム**なのだ。ミームというのは伝えたいとか共有したいという衝動を感じさせるような情報のかけらである。この意味においてミームはインターネット全体に拡散されたり、口コミによって広がったりしながら自律的に生きながらえていく。

ミーム（meme）という用語は生体のDNAに刻まれた遺伝情報を表す「**遺伝子（gene）**」から派生している。これはぴったりなネーミングである。ダーウィンの**自然選択**によって環境にもっとも適応した遺伝子が生き延びるように、ミームももっともおもしろい冗談や最高の動画が一番長生きする。進化と情報に見られるこのような類似性は**情報生態学**の例としてしばしば取り上げられる。

ミームは生物学者**リチャード・ドーキンス**によって、彼の著書『利己的な遺伝子』で最初に語られ、イギリスの心理学者**スーザン・ブラックモア**によってさらに発展した。ミームはバイラル・マーケティングという、急速に拡散するミームのなかに企業が宣伝を埋め込むマーケティング法の根幹をなす。

793 暗号学 CRYPTOGRAPHY

暗号学は情報符号化の科学で、送信メッセージを傍聴する盗聴者がメッセージを解釈できないようにするためのものだ。この世に絶対に破ることのできない暗号はほとんどないので、これは絶対に解読できないという意味ではない。もっとも有名な暗号解読者は、第二次世界大戦中にドイツのエニグマ暗号を破った頭脳明晰な数学者**アラン・チューリング**が率いたイギリスのチームだろう。

現代の暗号の一般的な形式は**公開鍵暗号**とよばれる、大きな数の素因数分解が困難であることを利用したものである。送信者は2つの大きな素数を選びかけ合わせる。これが「**鍵**」で、メッセージを暗号化するのに必要となるすべてである。鍵は公開されるものの、コードを復号するには両方の素数が必要となる。大きな素数の因数分解は今日のコンピューターの領域を超えているが、来るべき量子コンピューティングの時代には可能になるかもしれない。

794 量子通信 QUANTUM COMMUNICATION

1984年IBMの科学者チャールズ・ベネットとモントリオール大学のジル・ブラッサールは絶対に盗聴できない安全な通信システムを構築するために**量子理論**の不可思議さを使う方法を提示した。ベネットとブラッサールが頭に描いていたのは、送信者アリスが1と0からなる2進データを、光子の偏光を利用して暗号化し、秘密暗号鍵として受信者ボブに送るという暗号化法だ。

アリスは1と0をそれぞれ暗号化するための偏光フィルターのセットをもっていて、各光子にどのフィルターを使ったかを書き留めておく。それぞれのフィルターは光子を1または0に対応する偏光状態にする。ボブも同じフィルターをもっていて、受け取った光子を測定するためにフィルターをランダムに選ぶ。このとき間違ったフィルターを使って測定すると、意味のない結果が得られる。次にボブはアリスに電話して、測定した実際のビット値ではなく彼が使ったフィルターの順番をアリスに伝える。そして今度はアリスがボブに彼女のフィルターの順番を伝える。最後にアリスとボブは彼らが同じフィルターを使っていた光子に対応するビット値を鍵として使うのだ。

途中で光子を測定しようとする盗聴者は不確定性原理により不

可避的に光子に干渉を与える。ボブとアリスは彼らのフィルターの選択を比較するときにこれに気づくことができるので、その場合はその鍵を廃棄して最初からやり直すことになる。

量子暗号は量子コンピューティングや量子ゲームを含む量子情報という広大な領域の一部である。

795 情報依存症 INFORMATION ADDICTION

2007年2月、26歳の中国人男性が、7日間にわたりトイレ休憩とわずかな仮眠をとる以外はオンラインゲームをプレイし続け、死亡した。オックスフォード大学人類未来研究所のニック・ボストロムはこれを**情報依存症**とよぶ。情報中毒者が求めるものは、「ワールド・オブ・ウォークラフト」や「セカンドライフ」のようなオンライン環境から次々に提供されるデータだけだ。

ボストロムはこれを、かつて欠乏していた栄養分である脂肪や糖をできるだけ多く含む食物を追い求めるように進化してきた人類の性質を利用して、食品業界が常習性の高いスナック類を売り、多くの人がバランスの取れた食事よりそのようなものを好んで大量消費している現状になぞらえる。同じように、今や現実世界よりも強烈で刺激的なオンライン環境が存在するために、多くの人がその中毒になっているのだとボストロムは言う。

Computing 計算

796 アルゴリズム ALGORITHMS

アルゴリズムは問題を解くことができる有限の命令列で、問題を解くために次に何をするかを人間あるいはコンピューターに教える決定木を形成する。部屋の照明を確実につけるための簡単なアルゴリズムは次のようなものだ。

1. 部屋に明かりがついているか（はい／いいえ）？
「いいえ」のときは2へ行く。「はい」のときは3へいく。
2. 照明スイッチを入れる。3へいく。
3. 終了

とはいえアルゴリズムはより複雑な仕事に広く応えるために存在

し、あらゆるコンピューターソフトウェアの中心部分には、考えられる限りの偶発的な出来事に際してどんな行動を取るべきかをコンピューターに教えるアルゴリズムがある。コンピューターのコードに翻訳される前に、アルゴリズムの意思決定プロセスはしばしば**フローチャート**、すなわち各ステップ（手順）を表す箱同士を矢印でつないだ形で可視化される。アルゴリズムはある意味で発見法（経験則）の対極にあると考えられている。

797 チューリングマシン TURING MACHINE

チューリングマシンはイギリスの数学者であり現代計算機科学の父といわれる**アラン・チューリング**によって1936年に提案された仮想機械である。その機械はメモリとして細長いテープを用いる。テープは長さ方向に沿ってセルに分割されていて、各セルは1つの情報が符号化された単一の記号を保持している。

チューリングマシンはたくさんの「状態」のなかの1つをとる。ここでの状態は機械が現在動作中のセルに書かれた記号に応じて次に何をするかを示す命令群によって決まる。命令は「記号Xを記号Yに変更せよ」、「テープを左にセル3つ分動かせ」、「機械を状態1から状態2に変えよ」等々の形をとる。チューリングは彼の機械が、明確に定義されたアルゴリズムが存在する数学問題ならば**どんなものでも解くことができる**一方で、計算不可能な種類の問題も存在するということを示した。

798 アナログ計算機 ANALOGUE COMPUTERS

デジタル電子工学時代以前のコンピューター（計算機）は、数学問題を解くために機械部品、光学部品、非デジタル電子部品を用いて動作する機器であり**アナログ計算機**とよばれていた。たとえば、機械式計算機は歯車と連結機構からなる複雑な配列を用いている。歯数45の歯車と歯数9の歯車を嚙み合わせると小さな歯車は大きな歯車が1回回転するときに5回回転する。これが、この機械が45÷9=5を計算する方法である。機械式計算機は第二次世界大戦中に大砲の砲手や航空機の爆撃手が軌道を計算していた頃から、1960年代に計算尺の代わりに電卓が使われるようになるまで用いられていた。

知られているもっとも古いアナログ計算機は紀元前2世紀にさかのぼる**アンティキティラ島の機械**である。ギリシアの海岸沖の沈没船から発見され、天文計算に使われていたと考えられている。アナログ計算機は1940年代のデジタル計算機の誕生によって、より高速で効率的な装置に取って代わられた。

799 論理学 LOGIC

演繹的推論と**帰納的推論**は共に**論理学**という推論科学の一分野である。19世紀イギリスの哲学者**ジョージ・ブール**は100年近く後のコンピューターサイエンスの発展において不可欠となる論理数学理論を展開した。彼の**ブール代数**によって、ANDやORといった演算の数学的表現が可能になった。これらの**論理ゲート**は2つの2進入力信号を受けて1つの2進出力を返す。たとえば、**AND**ゲートは2つの入力が共に1のときに1を出力し、他の場合は0を出力する。一方**OR**ゲートは2つの入力が共に0のときに0を出力し他の場合は1を出力する。論理ゲートは情報処理の構成要素であり、デジタル計算機(コンピューター)が決定を下すことを可能にする。たとえば、温度が13℃を下回り、かつ(AND)就業時間中である場合のみオフィス内の暖房システムにスイッチを入れるようにコンピューターをプログラムすることができる。

800 デジタル計算機 DIGITAL COMPUTERS

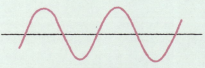

アナログ計算機は情報を連続波として転送する

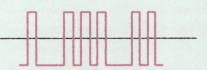

デジタル計算機は情報を2進データの0、1に対応させてオンまたはオフの離散パルスとして転送する

世界初のデジタル電子計算機コロッサスは、1943年ロンドンにあるイギリス中央郵便本局研究所に「建設」された。アナログ電子機器が本質的に連続した電気信号を扱うのに対し、デジタル機器は0、1からなる2進データの記録に最適な不連続な電圧範囲を利用する。コロッサスや

初期のデジタル機器は単純論理演算を、電流を切り替えることで実行しており、そのために真空管とよばれる電気構成部品を使っていた。

1947年の半導体材料の開発はトランジスタの発明につながり、かさばり効率が悪く壊れやすい真空管を急速に置き換えた。最初のトランジスタ計算機のスイッチは1953年、イギリスのマンチェスター大学で入れられた。しかもその直後に、マイクロチップの発明という、さらに大きなコンピューター革命が続いた。

801 マイクロチップ MICROCHIPS

1958年アメリカの技術系企業テキサス・インスツルメンツの**ジャック・キルビー**は、デジタル計算機に革命を起こし、世界を永遠に変えることになる**マイクロチップ**を発明した。マイクロチップとはシリコンやゲルマニウムなど半導体材料の薄い円盤（ウェハー）に腐食性化学薬品を用いてエッチングし、細密な自己完結型の電子回路を構成したものである。それゆえ、マイクロチップは別名「**集積回路**」ともよばれている。小さなマイクロチップのひとつひとつがたくさんのトランジスタを内蔵できるため、かつては部屋を埋めつくすほどの大きさだったコンピューターを机の上に置ける大型のタイプライター程度にまで縮小することが可能になった。世界初の**マイクロコンピューター**は、1970年代初頭に購入できるようになった。マイクロチップは電子機器の小型化に弾みをつけ、今や携帯電話から宇宙船まで、あらゆるものに搭載されている。

802 ムーアの法則 MOORE'S LAW

1995年アメリカのマイクロチップメーカー、インテルの共同創始者**ゴードン・ムーア**はマイクロチップがどんどん小さくなっているという興味深い傾向に気づいた。特に、同じ大きさの単一のチップ上に詰め込まれるトランジスタの数は約2年ごとに倍になっていた。トランジスタの数だけでなく質の向上も考慮すると、チップの性能は18カ月おきに2倍になる。これは**ムーアの法則**として知られるようになった。

現在もこの法則は続いていて、血球細胞に貼り付けられるほどに小型化したトランジスタを何十億個も抱える安価なマイクロチッ

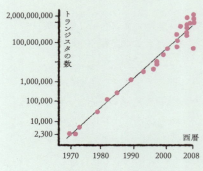

プが登場している。しかし、この絶え間ない微細化は永遠には続かない。最終的にチップ上のトランジスタは原子の大きさに近づき、自然が「もはやここまで」と宣告してムーアの法則は破綻するだろう。未来学者はそれが2020年頃に起こると予測している。

803 ソフトウェア SOFTWARE

コンピュータープログラマーは問題解決の過程を記述したアルゴリズムをコンピューターが理解可能な一連の命令の束である**ソフトウェア**に翻訳する。ソフトウェアという名称は1958年にアメリカの数学者**ジョン・ターキー**によって作られたものだ。

ソフトウェアの中核は**プログラム言語**である。初期の言語は**低水準言語**とよばれ、プログラマーはコンピューターのプロセッサ（中央演算処理機構）が使用する数値コードで話すことを学ばねばならなかった。その後より直観的な**高水準言語**が現れ、1964年に開発されたBASIC（初心者向け汎用記号命令コード、Beginner's All-Purpose Symbolic Instruction Code）はコンピューターのプロセッサへ命令を伝達するためにIF、THEN、PRINTのような単語を使うことができる。高水準言語自身は**コンパイラ**とよばれるソフトウェアを必要とし、それによってユーザーの命令がプロセッサも読める数値コードへと翻訳される。C++、Ruby、Pythonのように今日よく知られているプログラム言語はどれも高水準言語である。

804 オープンソース OPEN SOURCE

ほとんどのソフトウェア業界の団体が営利のために存在するなか、**オープンソースコード**は誰でも自由にダウンロードし、使用し、新しい改造版を同じように誰でも自由に使えるようにすることを条件に改造することができる。**ソースコード**というのはコンパイラを通しプロセッサが解読できるデータに変換される前の、高水準言語による

指示の羅列のことである。

　オープンソースイニシアチブは1998年にプログラマーの**ブルース・ペレンズ**と**エリック・レイモンド**によって設立された。ソフトウェア開発がお金のかかるビジネスであることは間違いないことで、プログラム作成作業を広く一般に託すことはコスト削減になるし、組織にはパブリックドメインにいるプログラマーたちが特定の目的のために最適化していった多数の改造ソフトウェアがもたらされる。最近ではオープンソースという言葉は創造段階から一般の人々が関わることを目指す「**オープンガバメント**」のような他の運動についても使われるようになった。オープンソースはクラウドソーシングの一例と考えることもできる。

805 並列計算 PARALLEL COMPUTING

　初期のマイクロコンピューターにはプログラマーの書いた命令をこつこつこなす単一の**コアプロセッサ**しかなかった。その後**並列プロセッサ**が出現するやすべてが変わった。並列プロセッサは2つ以上のコアプロセッサをもち、同時に別々のタスクを実行可能だったからだ。

　並列プロセッサは気象システムのシミュレーションや巨大な回転銀河の形成過程のような複雑な科学計算用途のために1970年代に初めて登場した。今日、多くのデスクトップコンピューターが1970年代の最先端スーパーコンピューターの何千倍も優れた能力をもつデュアル（2個）やクアッド（4個）コアプロセッサを備える。2009年末時点で最速のスーパーコンピューターはテネシー州オークリッジ国立研究所・国立計算科学センターのJaguarとよばれる改造版Cray XT5である。そのシステムは15万個以上のプロセッサをもち、デスクトップコンピューターの1万倍以上速く、1970年代の先祖の1千万倍も速い。

806 進化的アルゴリズム EVOLUTIONARY ALGORITHMS

　進化的アルゴリズムは計算問題の解法を最適化する新たな手法で、ダーウィンの自然選択の過程、特に適者生存の考えを模倣することで解の母集団を進化させ、最適解を見つけようとする。

　基本的なアイデアとしては、まず候補解の母集団から出発する。

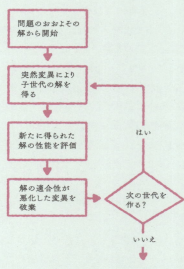

次のステップではこれらの解を「繁殖」させ、解のペアをつなぎ合わせ、そこに突然変異を導入することで次世代の候補解を作りだす。次に、得られた新たな子世代解の問題解決性能が測定される。親よりも改善している解は繁殖して次世代を作ることが許され、残りは淘汰される。この過程を繰り返すと次第に母集団の解が洗練されていく。進化的アルゴリズムは演算能力を大量に消費するが、並列プロセッサの出現により有効な問題解決ツールになりつつある。

807 DNAコンピューター DNA COMPUTERS

　DNA分子は電子計算機のように情報を蓄えていて、電子計算機がマイクロチップに搭載された微小スイッチを使って情報を処理するように、DNAに蓄えられた情報は生体酵素によって加工され処理される。このような酵素は厳密な数学的ルールにのっとってDNA鎖に刻まれた情報を変化させることで、ANDやORといった論理ゲートのように働く。

　たとえば三目並べ（〇×ゲーム）をするために構築された**DNAコンピューター**ではまず、ゲームの格子に相当する9個のウェルを用意し、そのなかに培養された微生物をセットする。次に酵素を各ウェルのなかでDNAと反応させ、蛍光を発するようにする。ここが、コンピューターが〇または×を置くと決めたウェルである。

　DNAプロセッサは、何百というDNA分子に符号化された情報という同一の開始状態に対し、さまざまな候補解を適用し、最適な最終解を選ぶという形で並列演算を実現している。

808 量子コンピューター QUANTUM COMPUTING

　量子論のなかで**不確定性原理**として知られる、粒子が同じ時刻に複数の場所に存在しうるという性質を利用すると信じられないほど強力なコンピューターを作り上げることができる。一般的なコンピューターは値が0または1のビットからなる2進データで符号化するが、量子コンピューターでは1ビットが同時に0と1両方をとりうるので、8ビットのデータからなる1バイトは2^8、つまり256個の数を同時に表現できる。この**1量子バイト**に対して計算を実行するだけで、そこに含まれる256個の数ひとつひとつに対して同じ計算を同時に実行したことになる。

　量子ビット（Quantum bit）は「**キュビット**（qubit）」とよばれ、多数のキュビットからなる量子プロセッサは大量の計算を並列実行できる究極の並列コンピューターである。現在はまだ非常に基本的な量子プロセッサが研究室で作りだされているのみで、デスクトップ型が実現するのはずっと先のことになるだろう。

809 量子ゲーム QUANTUM GAMES

　量子コンピューターは量子の世界の奇想天外な法則を利用することで強力な情報処理を可能とする。科学者らは量子コンピューター上で行われるゲームが新たな戦略をもたらし、これらの戦略を研究することでゲーム理論に量子の原理を適用する**量子ゲーム理論**という科学の新たな領域が派生することを発見した。

　単純な量子ゲームは量子コインを放り上げるようなもので、量子コンピューターでは表裏をたとえば量子スピン状態で表すことができる。たとえば、表として電子の「上向きスピン」を、裏として「下向きスピン」を与えるなどだ。一般的なコインは表か裏のどちらかしかとれないが、量子コインは同時に表と裏両方でありうる。量子ゲーム理論が許容するような新たな戦略を理解できれば、それを利用する狡猾さをもつプレイヤーは優位に立つことができる。

　量子コインに類似した構成部品が**量子コンピューター**設計の際に使われている。プログラマーがこれらの超先進的なマシン上で走るソフトウェアを開発する際は、量子ゲーム理論を心に留めておく必要があるだろう。

データ

810 穿孔テープ PUNCHED TAPE

1940年代のイギリス製コロッサスのような初期のデジタルコンピューターはデータの記録に電子媒体を使っていなかった。最初期のコンピューターは固い厚紙片に開けられた穴のパターンで情報を記録する**穿孔カード**を使用していた。操作者は手動でカードをコンピューターに送り込み、排出する必要があった。予想通りというべきか、コンピューター科学者はすぐにこれに耐えられなくなり、穿孔カードは穿孔テープという、いわば穿孔カードを細長い帯状に連結し、コンピューター自身がその上を往き来できるようにしたものに道を譲った。穿孔カードや穿孔テープは孔を通り抜けることのできるバネを内蔵した針で読まれていたが、やがて孔に光線を通過させる光学技術に基づくものに変わっていった。このようなデータ記憶システムは実は長い歴史をもっていて、最初は18世紀初頭に織機のための「プログラム」を保存するのに使われた。

811 揮発性メモリ VOLATILE MEMORY

初期の家庭用コンピューターは**揮発性メモリ**という、常に電源を必要とするメモリにデータを蓄積していた。メモリの内容を不揮発性記憶装置に保存せずにコンピューターの電源を切れば、すべてを失ってしまう。もっとも一般的な揮発性メモリは**RAM**（**ランダムアクセスメモリ**）で、2進データをマイクロチップ上のトランジスタ内に電荷として記録する。最初の頃のデスクトップコンピューターはRAMしかもっていなかった。今日ではRAMは計算結果を不揮発性記憶装置に移す前の一時記憶として、コンピューターがプログラムを走らせるときにさまざまな関連タスクを実行するために用いられる。

家庭用コンピューターに話を戻すと、1970、80年代の不揮発性メモリはカセットテープやフロッピーディスクで構成されていた。今日では、ハードディスク、光学記憶、フラッシュメモリなどのより使いやすいものに置き換わっている。

812 ハードディスク HARD DRIVES

コンピューターの**ハードディスク**は今日主に使われる**不揮発性メモリ**である。ハードディスクはそれ以前のカセットテープやフロッピー

ディスクと同じような磁気媒体であり、その性質が「ハード」ディスクの語源となった。フロッピーディスクは金属粒子が塗布されたプラスチック薄膜で作られており曲げることができるのに対し、ハードディスクはデータを載せる磁性材料層が塗布されたガラスなどの硬い素材で作られているのだ。

　ディスクの表面は多くの小領域に分割されている。各領域は磁化することで1ビットのデータを格納することができる。これは磁化すると方向性（地球の磁場が南北方向であることを考えれば分かりやすい）が生じることに起因し、磁化の向きを変えることで記録するビットの値を0から1へ、また逆へと切り替えることができる。現代のデスクトップ型ハードディスクは最高10000rpmで回転し、また、格納し

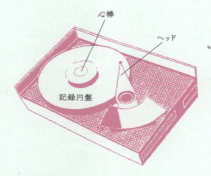

たデータの正確性向上のため誤り訂正符号が備わっている。

813 フラッシュメモリ　FLASH MEMORY

　かつてはフロッピーディスクやカセットテープが**可搬型データ記憶媒体**として最良の選択肢だったが、今や**フラッシュメモリ**が席捲している。SDカード、メモリースティック、USBフラッシュカードなどは皆フラッシュメモリの類である。フラッシュは不揮発性メモリであり、コンピューターから外したときにもスイッチオンまたはオフの状態をそのまま残すことができるトランジスタの類が乗ったマイクロチップを使うことで、電源を切ってもデータを保持する。オン状態のトランジスタは2進データ1を記憶し、オフ状態のトランジスタは0を記憶する。

　フラッシュメモリチップは現在iPod、デジタルカメラ、携帯電話、ビデオカメラなどに使われている。また、その耐衝撃性能からラップトップコンピューターやモバイルコンピューターのハードディスクをも置き換え始めている。

814 光学記憶 OPTICAL STORAGE

最初の**光学式データ記憶媒体**は高品質デジタルオーディオを市販するために音楽出版社が使用した**コンパクトディスク**である。この不揮発性メモリはディスク上にデータを刻み込んだものであり、ハードディスクとは根本的に異なる方法で動作する。コンピューター用のCD-ROMはプラスチックディスクの表面にプレスされた小さな「穴」という形でデータを保持する。各穴の深さが2進データのビットを符号化し、穴にレーザービームを反射させることでビットの値を読みだすことが可能となる。ユーザーが書き換えることができる書き込み可能CDの仕組みは少しばかり異なり、レーザーを使って穴の有無を再現できるようにディスクの反射率を変える。

1983年最初の音楽CDが発売され、直後の1985年に最初のCD-ROMが発売された。CD-ROMは700メガバイト(MB)の容量

しかもっていなかった。新しい光学記憶媒体はこの点に関して飛躍的に改善されていて、たとえば**DVD**（デジタル多用途ディスク）は最大9.4ギガバイト(GB)、つまり94億バイトのデータを格納できる。

815 ホログラフィックメモリ HOLOGRAPHIC MEMORY

CDやDVDのような光学式記憶媒体は記憶媒体の表面にデータを符号化することで機能するが、**ホログラフィックメモリ**はデータをホログラムとして内部に記録する。レーザービームを使って感光性物質内にホログラムを焼き付けるという仕組みだ。

まずビームが2つに分割され、1つ目のビームは、蓄積すべき2進データが刻まれたフィルターを通して照射され、もう一方は鏡で反

射されて1つ目のビームと交差するように照射される。それらが記憶媒体内で交わり、データのイメージが記録される。この方法で膨大な量のデータが記録可能で、現状のHVD（ホログラフィック多用途ディスク）の試作版は500ギガバイトを保持することができるが、理論限界は数テラバイト/c㎡と予想されている。

時間と共に劣化しデータを失うハードディスクや従来型光学記憶と異なり、ホログラフィックメモリは長期保存に耐える非常に頑強なデータ記録形式である。

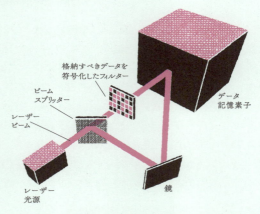

816 スピントロニクス SPINTRONICS

揮発性RAMやフラッシュメモリなど従来の電子記憶媒体は電子という亜原子粒子の電荷を利用して情報を符号化するという仕組みだが、現在新しく生まれつつある**スピントロニクス**という分野では、電子の量子スピンを利用する。量子スピンはアップとダウンという2つの状態のうちどちらかであるため、電子のスピン状態は2進データの0、1を表現することができるのだ。

最初のスピントロニクス素子は1980年代に実験室で作られた。技術面ではハードディスクの性能向上にすでに応用されているが、主たる恩恵はこれからである。スピントロニクスメモリは既存のものに比べてより小さく、より高速で、より耐久性があることが約束されている。記録密度が改善されながら消費電力が大幅に減るのだ。さらに、量子情報の**キュビット**を格納できるようになれば量子コンピューターへ応用ができると期待されている。

Online Technology

オンライン技術

817 インターネット THE INTERNET

　1958年、アメリカはライバルたちの先をいく革新を維持することを目的にシンクタンク兼研究組織である**国防高等研究計画局（ARPA）**を設立した。それから10年あまり後、ARPAは離れた場所にあるコンピューター同士がデータを交換する方法を考えついた。1969年**ARPANET**として知られる構想が実現され、UCLAに置かれた1台のコンピューターと、スタンフォード大学に置かれたもう1台のコンピューターがつながった。

　すぐにもう2台のコンピューター（ノード）が接続され、1971年には15台になった。1980年代までには同類のネットワークが他の国の学会によって確立された。するとすぐに商用の実装が続き、一般家庭のユーザーがインターネット接続の初期形態であるダイヤルアップモデムを使って公衆網に接続することが可能になった。これによってユーザーが電子メールを送ったり、電子掲示板に投稿された情報を見たり、原始的な多人数プレイのゲームで遊んだりすることを可能にした。さらに、**インターネット**を今日のようなよく知られているものに変える主な要因となった**ワールドワイドウェブ**が後に続くこととなる。

818 電子メール EMAIL

　初期のインターネット上のデータ通信はほとんどがEメール、つまり**電子メール**で占められていた。大多数の専門家はアメリカのプログラマーの**レイ・トムリンソン**がそれを発明したと考えている。1971年、彼は史上初のEメールを送信し、彼が働いていたインターネットの前身ARPANETのソフト開発を請け負っていたアメリカの企業BBNテクノロジーにある2台のコンピューター間でメッセージが転送された。

　彼は同一コンピューター上のユーザー間で運用されていたメッセージ伝達プログラムをベースに、ネットワークでつながった異なるコンピューター間でファイルを転送するための要素を付け加えることですべてのARPANETユーザーが互いにメッセージを送ることを可能にしたのだ。受取人の名前が分かるように**@（アットマーク）**の記号を使うことを推進したのも彼である。ところで、彼は最初のメッセー

ジに何を書いたか覚えていないそうだ。それからわずか7年後に、ジャンクメールである最初の「**スパムメール**」が登場した。

819 ワールドワイドウェブ WORLD WIDE WEB

スイス-フランス国境にあるCERN粒子加速器研究所で働いていたイギリスの物理学者ティム・バーナーズ=リーはインターネットを使って遠隔のホストコンピューター上にある文書にアクセスできるようにならないかと考えていた。そしてしかも、ハイライトされた言葉をクリックするとユーザーは他の文書(同一コンピューター上にある必要はない)へと導かれる。もし誰かが文書を投稿したとき、それを既存の資料と関連づけられればなおよいだろう。かくして**ワールドワイドウェブ**が誕生した。それは1989年のことだった。

1990年バーナーズ=リーはウェブページを符号化する**ハイパーテキストマークアップ言語(HTML)**を作った。1992年までにはウェブサイトを格納するコンピューターである総計26台のウェブサーバーが世界中に点在するようになった。実際、その頃のウェブサイトは単一の索引ページしかもたない小さなものだった。そして最初の**ウェブブラウザー**であるモザイクグラフィカルウェブインターフェースが1993年にリリースされたことで、突如**ウェブサーフィン**が大衆の娯楽となった。これを契機として人気が飛躍的に高まり、最終的には今日のワールドワイドウェブである無秩序に広がった電子空間へとつながっていった。

820 インターネット接続 INTERNET ACCESS

コンピューターを**インターネット**に**接続**するもっとも基本的な方法は、コンピューターを電話回線につなげる**ダイヤルアップモデム**を経由することだ。するとコンピューターは**インターネットサービスプロバイダー**という、インターネットとの間でEメールやワールドワイドウェブのページ読み込みなどのようなデータ通信をするための中継局を電話でよび出す。ダイヤルアップはインターネットに接続する方法としては今や苦痛なほど遅く、2進データを56キロビット/sの速度でしか送ることができない。

1990年代後期、最初の広帯域サービスが利用できるようになった。DSL(デジタル加入者回線)は初期の例だが今日でも使われてお

り、ふつうの電話回線に膨大な量の情報を詰め込むデジタル技術を用いている。最新の最速DSL回線は最高24メガビット/sのダウンロード速度を実現しており、ケーブルTVと同じ経路でデータ送信するケーブルモデムでもDSLと同等のスピードが得られる。今日ほとんどの人は**家庭用広帯域通信データ**を**ルーター**で受信し、それを家庭内に向けて電波信号として無線で飛ばしている。いわゆる**Wi-Fi**だ。

821 携帯インターネット MOBILE WEB

ソーシャルネットワークやブログはユーザーに絶え間なく情報を供給し、そのため家庭やオフィスのみならず移動中でもインターネットに接続したいという要望が生まれた。これに応えるために、今や多くのバーやカフェが無料のWi-Fiインターネット接続を顧客に提供している。いくつかの都市はいわゆる**都市型Wi-Fi**という送受信局が中心市街地全体を覆う包括カバーエリアを作る仕組みを構築してきた。エリア内のワイヤレスノートパソコンやWi-Fi携帯をもつすべての人がインターネットに接続することができる。カリフォルニア州サニーベールは2005年にこれを行ったアメリカ初の都市となった。今や都市型Wi-Fiネットワークはフィラデルフィアやミネアポリスなど他の都市でも運用されている。

都会の外では多くの携帯端末が**第三世代携帯ネットワーク(3G)**上でのデータ送受信が可能で、携帯信号のあるところならばどこでも数メガビット/sというダウンロード速度が得られる。

822 ブルートゥース BLUETOOTH

ブルートゥースは携帯電話やコンピューターのようなハードウェア間でファイルやデータ転送を行うための**短距離無線ネットワークシステム**である。特に携帯電話などのモバイル機器で便利だし、ブルートゥース対応のキーボード、マウス、プリンターはオフィスのケーブル数を減らすのにとても役立つ。ブルートゥースは2進データを最高3メガビット/sで送信することができる。公式には、通信距離は100mに制限されているが、マニアはアンテナを追加してこれを2km（1マイル以上）近くまで伸ばすことに成功している。「**ブルースナイピング（Bluesniping）**」とよばれるこの方法は、不正アクセスをする目

的で他人のブルートゥース対応の機器に接続するために使われることがある。これは「**ブルースナーフィング（Bluesnarfing）**」とよばれる、一種の電子的不法侵入である。

823 インターネットセキュリティー INTERNET SECURITY

　全世界を網羅するネットワークにおいては全員が信用できるとは限らない。多くの金融取引がオンラインで行われるようになるなか、コンピューターをインターネットに接続することで安全上の脅威がもたらされることは避けられない。危険はコンピューターを直接狙う**ハッカー**としてやってくることもあれば、敵意のあるアプリケーションによって攻撃されることもある。たとえば**ウイルス**に感染しているEメールやデータ記録媒体は、コンピューター上に自身をコピーして機能を混乱させる。一方**スパイウェア**は、コンピューターに自身をインストールし、パスワードなどの情報を集めるためにキーストロークを監視して第三者に流す。そして**ボット**は、コンピューター資源を乗っ取り他のコンピューターに攻撃を仕掛けるためにそれを使うプログラムである。これら悪意のあるソフトウェアは「**マルウェア**」と総称される。これらは定常的にハードディスクをスキャンして既知のマルウェアを探し出し削除するソフトウェアをインストールすることで防衛できる。今日、ほとんどのコンピューターやインターネットルーターはその背後にあるコンピューターに権限なしにアクセスしようとする試みを阻止する「**ファイアウォール**」を装備している。これがハッカーによる攻撃を阻止する主な手段である。

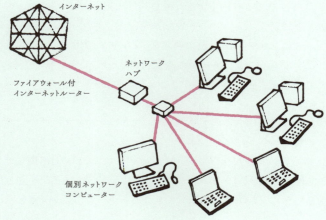

824 グリッドコンピューティング GRID COMPUTING

グリッドコンピューティングは広義の並列計算で、プログラムの実行を1つのコンピューター内で個別のプロセッサに分けるのではなく、インターネットを経由して相互に接続された多くのコンピューターに分けるという発想である。グリッドコンピューティングの特筆すべき点は、研究者が使うワークステーションの就業時間外の時間のような、何もせずアイドリング状態のコンピューター資源を使用することである。グリッドコンピューティングの一例として**SETI@Home**とよばれるプロジェクトがある。一般人が所有するコンピューターが、使用されていない時間を使ってSETI（地球外生命体探査）に関連する電波望遠鏡の大量データ解析を行っているのだ。世界中の多くの大学が科学研究のためのグリッドコンピューティングに協力している。

最近では、グリッドにひとひねり加わった**クラウドコンピューティング**というアプローチが現れている。これは企業がコンピューター資源をインターネット上で提供するというもので、ユーザーはガスや電気などのように使った資源の分だけ料金を支払う。

825 インターネット2 INTERNET2

グリッドコンピューティングに関わる大学のネットワークは大量のデータを転送している。**インターネット2**は200を超えるアメリカの大学間の超高速インターネット接続を提供することで増え続ける要求を満たそうとする計画である。今日最速の通常のインターネットは数ギガビット/s（Gbps）のデータ転送を行う。インターネット2技術を用いればこれが100Gbpsに達する。**ハードウェア**がすべてということではなく、インターネット2の基盤にはネットワーク全域で情報の流れを加速させる**ミドルウェア**という革新的なデータ処理ソフトウェアも必要となる。

826 セマンティック・ウェブ SEMANTIC WEB

特定の情報を見つけようとしてウェブ検索エンジンと苦闘したことのある人は誰でも、それが何と苛立たしい作業であるかを知っているだろう。根本的な原因は、コンピューターが、我々が何を探し

たいかを本当には理解していないことにある。コンピューターは検索ワードのなかの個々の単語を単にウェブサイトのキーワードと一致させているだけだ。たとえば、「数年前に壁を走り抜ける人々が印象的だったリーバイスの宣伝に使われた音楽は？」と検索窓に入力したとしよう。そこで得られるのは検索に使った単語が登場するウェブサイトばかりで、多くの場合本当の意味を捉えたものは出てこない。ヘンデルの「サラバンド」という正しい答えなど、とても得られそうにない。そこで**セマンティック・ウェブ**の登場だ。これは単純なキーワードによるのではなく蓄積情報の意味に従ってウェブページを索引するプロジェクトで、ワールドワイドウェブの父、**ティム・バーナーズ=リー**によって進められている。

バーナーズ=リーはセマンティック・ウェブプロジェクトを1999年に立ち上げた。それ以来ウェブページを記述する**ウェブオントロジー言語（WOL）**のような新たなコンピューター言語やSwoogleのようなセマンティック・ウェブ検索エンジンも開発された。しかしながら、長い計画期間にもかかわらず、セマンティック・ウェブの使用は未だにまったくの初期段階のようである。

827 RSS

更新されているかを継続的にチェックするためにウェブサイトやブログを次から次へと渡り歩く時間がないとき、RSSの出番となる。要するに、サイトの更新を監視するソフトウェアを使用するということだ。利用者は興味のあるサイトの**RSSフィード**を購読する。すると、新しいコンテンツが掲載されると直ちにソフトウェアがテキストを自動ダウンロードし利用者に更新を通知する。

RSSは1990年代にまでさかのぼる長い開発史をもつが、広く知られるようになったのはやっと2005年あたりからで、ジャーナリストのような最新情報の供給が必要な専門家に恩恵をもたらすことが示されている。RSSは、文字のフィードではなくiPodや他のMP3プレーヤーで聞くことができる音声コンテンツを購読できる**ポッドキャスティング**を導いた。

828 ファイル共有 FILESHARING

ファイル共有はその名から推察される通り、個人のコンピューター上の公開フォルダーに置かれたファイルにインターネットを使用している誰もがアクセス可能になるというものだ（もちろん無料で）。たとえば、ほしいファイルのキーワードをファイル共有ネットワークの上で検索すると、そのファイルをダウンロードさせてくれるネットワーク上のすべてのコンピューターのリストが表示される。音楽MP3や映画のMPEGファイルでこれを行うと、ナップスター（Napster）やカザー（Kazaa）のように、**著作権の侵害**という非常に厄介な問題を巻き起こす。

ナップスターは1つの中央サーバー上に格納された中央データベースを使っているため制御が簡単であり、そこさえシャットダウンすればネットワークを完全に停止することができた。グヌーテラ（Gnutella）のような今日のファイル共有ネットワークは集中データベースが存在せず、代わりにコンピューターが互いと直接通信するので、止めることがずっと難しい。

ファイル共有ネットワークは**ピアツーピアネットワーク**とよばれることもある。

829 ブログ BLOGGING

「weblog」の短縮形である**ブログ**は公開日記、あるいはワールドワイドウェブ上に残される個人記録である。最初のものが1990年代の後半に作られて以来、高い人気を博してきた。初期のブログはヘビーユーザーによって維持されたが、今日では政治家やさまざまな職業の著名人がそれを好んで使う。

ブログは素早く、あまり練られない会話的な論調でも公表できるので、ジャーナリストが重要な話をすぐに公表するために自身のブログを用いることもある。

最近では、既存の大量のブログによって作りだされた情報過多に起因して短文形式の「**マイクロブログ**」が人気になってきている。マイクロブログは入力文字数が制限されていることが多い。もっとも人気のあるマイクロブログサイトは**ツイッター**であり、ひとつひとつの投稿はSMSのメッセージの長さと同じ140文字に制限されている。

830 ソーシャルネットワーキング SOCIAL NETWORKING

友人と連絡を取り合うのが不得手な人にとって**ソーシャルネットワーキングサービス**は関係を保つことが容易なアプリケーションを提供する天の恵みである。ほとんどのソーシャルネットワーキングサービスはユーザーに電子メールやチャット、自分自身の情報を投稿するホーム画面となる「**プロフィール**」ページを提供している。これをもとに他のユーザーのプロフィールページを見たり、メッセージを交換したりできる「**友達**」として追加できる機能がある。そしてマイクロブログのように、ユーザーは1人ではなくすべての友達が見える形で「土曜日は私の家でパーティー」のようなメッセージを投稿することができる。今日最大のソーシャルネットワーキングサービスは**マイスペース**（MySpace）と**フェイスブック**（Facebook）である。

831 ソーシャルブックマーク SOCIAL BOOKMARKING

ソーシャルネットワーキングサービスはユーザーが友達とつながり続けられるようにする一方で、**ソーシャルブックマーク**はブックマーク、つまり、よく訪れるウェブページへのリンクを友達や広く世界と共有する手段である。ファイル共有とは異なり、共有されダウンロードされるのはウェブのアドレスであり、実際のコンテンツではないのでソーシャルブックマークに違法性はない。

ソーシャルブックマークの仕組みは、ユーザーが好きなサイトをブックマークし、検索できるように**タグ**をつけて分類しておくことで、ある話題に関連した人気サイトを検索することが可能になるというものだ。ウェブページの内容を理解しないコンピューターではなく、内容を知っている人が検索タグを割り当てるので、ウェブサイトを探すときにはさまざまな意味で従来型の検索エンジンよりも有効である。有名なソーシャルブックマークサービスには**Digg**や**del.icio.us**がある。

832 ライフログ LIFELOGGING

人生で起こったあらゆる出来事を網羅して電子的に記録したらどうなるか想像してみよう。見たこと、聞いたこと、読んだこと、教えられたことのすべてがキーを何回か打つだけでアクセスできる検

索可能なデータベースに格納される。これがいわゆる**ライフロガー**とよばれる人たちが目指すゴールである。彼らはウェアラブルカメラやマイク、GPS機器を使って時間の索引がついた人生の目録を構築しようとする。

この分野はトロント大学の科学者**スティーブ・マン**によって先鞭がつけられた。彼はカメラなどのライフロギングに必要な装置を身に着けて休みなしで人生の記録を構築するという試みを1994年に開始した。ただしそのような大きな情報を格納するには近年開発された大容量のハードディスクが必要だ。

しかしながら、多くの人はライフロギングをプライバシーの観点から心配している。警察や当局が捜査の助けになると思った場合、彼らには蓄積された記憶を押収する権限が与えられるのだろうか？

833 仮想世界 VIRTUAL WORLDS

多人数参加型のオンラインロールプレイングゲームは古くから存在していて、1970年代や1980年代のワールドワイドウェブに初期の先駆的なものが登場している。いわゆる**マルチユーザーダンジョン（MUD）**はARPANETやイギリスのJANET学術ネットワークといったネットワーク上で動くゲームだった。

今日これらの原始的なゲームは**大規模多人数同時参加型オンラインロールプレイングゲーム（MMORPG）**にその座を奪われた。エバークエスト、ワールドオブウォークラフト、イブオンラインなどのゲームは洗練されたグラフィカルユーザーインターフェースを提供し、極めて多人数のプレイヤー同士の間で大量のやりとりを可能とする。MMORPGは仮想世界というオンライン環境の部分集合であり、そこではユーザーは自身の**アバター**とよばれるオンラインの人格を通じて別世界での人生を送る。

他の仮想世界としてはセカンドライフやスモールワールドがあり、これらはMMORPGとは異なり空想やSF的舞台設定を必ずしも必要とせず、単純に日常生活を映す鏡であったりする。ユーザーがタイプした文字列をリアルタイムに交換するチャットルームも初期型の仮想世界といえる。

834 クラウドソーシング CROWDSOURCING

　TVのクイズ番組ミリオネアでもっとも効果的なライフラインは「友達に電話」だ。今や企業も本来なら請負業者にお金を払ってやってもらうような仕事を一般社会に投げかけることで大衆の力を有効活用している。たとえば、携帯電話製造会社は異なるネットワークや異なるOSについて、どの組み合わせでもっともうまく動作するかを知りたいと思っている。自身で、または誰かを雇ってすべての選択肢を網羅的にテストする代わりに、企業はOSとネットワークの組み合わせが異なる携帯電話を一般の人に渡す。そして、経験したことを企業にフィードバックした人は報奨金を受け取ることができるようにする。当然のことながら、これは請負業者に調査させるための支払いよりずっと少なくて済む。

　クラウドソーシングは科学界でも採用されてきている。たとえば、銀河動物園というのは一般メンバーの協力のもと、高性能の天体望遠鏡が撮影した銀河の写真を音叉図に従って分類するというクラウドソーシングのプロジェクトである。

835 サイバースラッキング CYBERSLACKING

　我々の多くがやったことがあるだろう**サイバースラッキング**というのは、職場や学校で、仕事や学業とはまったく関係のない目的でインターネットを使うことである。2009年10月現在、ITサービスグループMorseは、ツイッターやフェイスブックのようなソーシャルネットワーキングサービスは、イギリス経済に年間14億ポンドの生産性の損失を与えていると見積もっている。一方、America OnlineとSalary.comが実施した1万人以上の会社員に対する調査によれば、ほぼ半数は個人的なインターネットの使用が仕事中にもっとも気が散る行為だと考えている。

　現在多くの企業は賭博、チャット、ファイル共有のような「不適切」と見なされるウェブサイトへの社員のアクセスを阻止し、さらには従業員のウェブ閲覧習慣を監視するソフトウェアを利用している。それでも何人かの従業員は完璧なサイバースラッキング技術を身につけ、仕事とは関係ない複数のアクティビティを同時に行う、いわゆる「**マルチシャーキング**（multishirking）」ができる。

836 ウィキ WIKIS

　クラウドソーシングの偉大な応用例の1つは、**ウィキ**というタイプのウェブサイトである。もっとも有名なウィキはオンライン百科事典**ウィキペディア**で、誰でも項目の書き込み、編集ができる。特定の分野に精通する者たちが専門知識を共有し、称賛されたいという欲求、あるいはむしろ称賛を失うことに対する恐怖が投稿内容の信頼性を担保することにつながっている。2005年イギリスの科学誌ネイチャーは百科事典の比較テストを行い、ウィキペディアは少なくともブリタニカ大百科事典と同等に優れているという主張をした。

Artificial Intelligence

人工知能

837 チューリングテスト TURING TEST

　1950年イギリスのコンピューター先駆者**アラン・チューリング**は、機械の知性を測定する方法を発表した。基本的な考え方はこの上なくシンプルで、人間が機械とおしゃべりするというものだ。1台の機械と1人の人間と話をするのだが、今話している相手がどちらなのかは知らされない（人間と機械は同じインターフェースを使って会話する）。もしあなたが会話の内容から話し相手が機械であると見破れなかったら、機械は人の知性を示したと言えるのではないか。この構想はそれ以来**チューリングテスト**として知られるようになった。

　以来コンピューター科学者らは、彼らの作ったソフトウェアが人工知能（AI）としての何らかの資質、すなわち

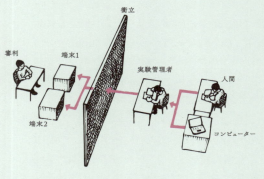

意思決定力やひょっとすると意識など、人間と同等の能力をもつか評価するためにチューリングテストを用いてきた。

838 チャット・ボット CHATBOTS

一部のプログラマーは、チューリングテストに合格することを目的に、人間と会話を続けるソフトウェアである**チャット・ボット**を作りだした。本物の人工知能を目指すものがある一方で、多くは会話の中身を一切理解することなく動作している。漠然とした返答によって会話が新しい方向に向かうように反応したり、キーワードとなる句を捉えて特定の応答を返すようにプログラムされていたりするのだ。たとえば、こちらが何か質問をしたときにはただ単に「なぜ?」とか「知らない」と答えるようにプログラムされる。

1990年、科学者らはチューリングテストに合格するようなチャット・ボットを競わせる年1回の**ロブナー賞コンテスト**を始めた。その年の最高のチャット・ボットには少額の賞金が、コンテストの審判12人のうちの4人をだますことができた最初のボットには10万ドルが授与される。2008年の勝者はElbot(www.elbot.com)で、3人の審判がこのボットを人間だと考えたという。

839 ニューラル・ネットワーク NEURAL NETWORKS

ニューラル・ネットワークとは、人間の脳におけるニューロンの動作、特に情報を処理して学ぶという脳の能力を再現しようとするソフトウェアである。大規模なデータのなかからパターンを見つけることを非常に得意とし、そのようにして得た知識をもとに予測を行う。イギリス企業Epagogixは映画の興行収入を予測するためにニューラル・ネットワークを利用している。過去の映画のデータ(ジャンル、予算、主演俳優その他と、興行収入の最終損益に関するデータ)を使った「訓練」の後、新しい映画の試写会データからそれがどれくらいのお金を稼げるか予測する。それは実に正確で、Epagogixは5000万ドルの予算で作られた2007年の映画Lucky Youがアメリカとカナダで1250万ドルの収益に終わることを予測した。その映画は実際、たった570万ドル稼いだだけで失敗に終わった。

ニューラル・ネットワークはパターン認識、たとえば写真のなかの顔検出や医療診断、さらには読唇術にも使われる。

840 自然言語処理 NATURAL LANGUAGE PROCESSING

かつて、科学者が数字の列でコンピューターと通信する時代があった。今ではそこからいくらか進歩していて、**高水準言語**により、プログラマーはコンピューターが理解できるようあらかじめ定義されたコマンドを使ってコンピューターに指示を与えることができる。しかし究極の目標は人間とコンピューターが英語などの**自然言語**を通じて通信することができるインターフェースを開発することである。そのためこの研究領域は**自然言語処理**とよばれている。

これはふつうの人が考えるほど単純ではない。克服しなければならない主な問題は、自然言語の**曖昧さ**である。たとえば「大きな顎髭を生やした豚の農場主」とは、豚を飼育する顎髭を生やした大きな農場主なのか、はたまた大きな顎髭を生やした豚を飼育している農場主なのだろうか？ また、「feeding tigers can be dangerous」という文章は、トラに食物を与えることが危険だと言っているのか、それとも何かを食べているときのトラは危険だと言っているのだろうか？ 我々は通常、前後関係や他の手掛かりからどちらが正しいかを知るが、このような直観的な部分をどのようにコンピューターに教えればよいかはまったく明らかになっていない。自然言語処理は現在盛んに研究されている領域である。

841 自律コンピューティング AUTONOMIC COMPUTING

自律コンピューティングは自分自身を管理する知的なコンピューターシステムのことである。人体の呼吸や心拍、治癒といった不随意プロセスを制御する自律神経系にちなみこの名前ができた。自律コンピューターシステムは1台のコンピューター上ではなく相互接続されたネットワーク上で、仕事を完了させるためのシステム資源を管理し、能力を最適化することができる。また停電やウイルスなど予想外のトラブルにも人間が介入することなく対応できる。この領域の研究の大部分はIBMによって実施されてきた。

自律化技術は今や純粋計算以外の分野にも応用されていて、たとえば自動車の**アンチロックブレーキング・システム（ABS）**は車輪がロックされたことを検出すると瞬間的にブレーキを緩める。

842 群知能 SWARM INTELLIGENCE

　群知能はたくさんの小さなユニットが集団的に行動することで生まれる知性の一種である。魚群や鳥の大群の整然とした振る舞いは自然界における群知能の例である。コンピューター関連の群知能では、計算問題を解くためにこの振る舞いを模倣する。

　主な応用としては**最適化**、つまりできるだけ効率的に問題を解くことがあげられる。たとえば、科学者は大きなアリのコロニーの採餌行動を綿密にモデル化するアルゴリズムを見出した。このアルゴリズムに従うコンピューター内では「人工アリ」のコロニーが餌の代わりに問題に対する解を探し回るようにプログラムされている。巡回セールスマン問題の解を探すときなど、これが効果的に使われる。さらに、群知能はたとえば他の惑星の表面を掃除したり探索したりといった仕事を協調してこなす小型ロボット群を制御するために、ロボット工学研究者によっても利用されている。

843 セル・オートマトン CELLULAR AUTOMATA

　セル・オートマトンは生体のもつ複雑さが単純な規則からどのように生じるかを示すモデルである。もっとも有名なセル・オートマトンはコンウェイの**ライフゲーム**で、1970年ケンブリッジ大学の数学者**ジョン・コンウェイ**によって作られた。このゲームは、いくつかの方眼（マス）が黒く塗られ、残りは空白のままの状態の1枚の大きな方眼

孤独　隣接するセルに黒いセルが2つ未満しかないセルは死ぬ

過密　4つ以上の黒いセルと隣接するセルは死ぬ

繁殖　3つの黒いセルと隣接する空のセルには生命が誕生する

静止　2つまたは3つの黒いセルに隣接するセルはそのままの状態を保つ

紙から始まる。黒く塗られたマスは規則集に従いステップごとに変化していく。コンウェイのライフゲームのための規則は、隣接したマスに黒マスが2つ未満しかない黒マスは白マスになり、4つ以上の隣接した黒マスをもつ黒マスも白マスになり、2つまたは3つの黒マスに隣接する黒マスは黒のまま残り、3つの黒マスと隣接する白マスは黒マスになる、というものである。このようにして、開始状態に依存しながら、あらゆる種類の複雑な振る舞いがこれらの単純なルールから生じる。

セル・オートマトンは生物学の分野で見られる細胞のコロニーが空いたスペースを求めて成長していき、他の細胞に囲まれると養分が得られなくなり死滅するという振る舞いを模倣しているので、ときに「**人工生命**」の例として引用される。

844 強い AI　STRONG AI

人工知能の究極の目標は人間の脳の能力と同等か、もしくは上回るコンピューターを作りだすことである。このことを指す「**強いAI**」という用語は、カリフォルニア大学バークレー校の哲学者**ジョン・サール**によって導入された。既存の人工知能プロジェクトは知性を装う（大部分のチャット・ボットのように）にせよ、脳の機能の部分集合を実装する（ニューラル・ネットワーク）にせよ、まだこれには達していない。強いAIシステムは**自然言語処理**を組み込み、**推論や学習**が可能で、さらに人間並みの感性と自己認識能力を発揮する必要があるだろう。

こういった課題は、人工知能研究者が開発する必要があるソフトウェアを明示するが、ハードウェアに対しても高い要求がある。アメリカの未来学者**レイ・カーツワイル**は強いAIを実装するには毎秒1京回（10^{16}）の計算能力をもつコンピューターが必要だと見積もっている。

845 人工脳　ARTIFICIAL BRAINS

強いAIを実現するための有望な手段は、生体ニューロンの正確な機能と脳内での配置や相互作用を完全に模倣した電子システムである**人工脳**の構築である。スイスのBlue Brainプロジェクトの研究者はまさにこれに取り組んでいる。彼らは、リバース・エンジニ

アリングしようと人間の脳の構造を解析している。すでにラットの脳の完全な実用模型を作り上げるところまできていて、完全な人工脳が2020年までに達成可能だと考えている。人工脳は人工知能の開発を手助けするだけでなく、認知症のような脳疾患研究のためのツールとしても応用されていくだろう。

846 人型ロボット ANDROIDS

日進月歩の**人工知能**は人型ロボットという構想をより現実に近づけている。ただし、C-3POを実際に作りだせるのはまだまだ先のことになりそうだ。これまでの人型ロボットを創造するという試みのなかでもっとも印象的なものの1つは歩いたり走ったり、さらには階段の昇り降りができる二足歩行ロボットの**ホンダ・アシモ**である。アシモは金属関節がもつ34の**自由度**（1つの関節を上下または左右に動かすことができる能力）によってその動きを可能としている。ちなみに、人間は200以上の自由度をもっており、この柔軟性を模倣し、制御することは大変な難題である。

アシモは物体や顔を認識することも可能で、名前がよばれると反応することもできる。ときには逆効果になることもあるが、人型ロボットには人間の顔が与えられることもある。ロボット工学の専門家は、ほとんど人間に見えるが完全ではないロボットが薄気味悪く見える**不気味の谷**というものがあるという。これは、人間が人型ロボットに対して抱く肯定的な反応を、ロボットがどれくらい人間に近く見えるかに対してプロット

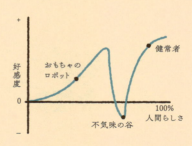

したときに得られるグラフに存在する急激な落ち込みのことだ。イギリス・シェフィールド大学のコンピューター科学者ノエル・シャーキーは、人型ロボットはまずは高齢者の介護者、あるいは友人として利用されることになるのではないかと考えている。

ほとんどの人は、日常生活に影響する技術を通して科学に触れる。このような技術は応用科学として知られ、多かれ少なかれ現代社会における生活の枠組みを作っている。我々が今日享受している輸送手段、建築物、エネルギー、情報伝達、電子機器、ホームエンターテインメント、省力化装置、熱、光などはすべて応用科学の賜物である。十分な食料を供給できるのも科学技術のおかげである。

　歴史的には、常に応用が科学の原動力だった。長弓や三段櫂船は国家に軍事上のアドバンテージをもたらした。熱力学の発展は効率よく移動する手段である蒸気機関をもたらした。さらに、洋上で経度を測る手法は、人類が世界中を行き来したいという願いをかなえるために編み出されたものだ。

　特定の目的のもとで研究を進める応用科学は今日も非常に栄えている分野である。ただし、今は「ブルースカイサイエンス」も科学技術の応用に一役買っている。ブルースカイサイエンスとは、特段の実用化の目的を設定せずに行われる科学研究のことだ。ブルースカイサイエンスは科学に対する理解を深めるという意味でそれ自身が重要な存在だが、ときにそこで得られた知見が、研究開始当初は誰も予想だにしなかったようなかたちで応用、実用化されることがある。

　量子コンピューターや幹細胞治療はこのようにして誕生した技術である。前者は21世紀の情報技術において確固たる地位を築くだろうことが予想されるし、後者は認知症などの重篤な疾患に対する治療法の確立につながるはずだ。純粋科学という難解な分野から思いがけず日常生活に大きなインパクトを与えるイノベーションが生まれうるということを忘れてはならない。

Engineering

工学

847 機械工学 MECHANICAL ENGINEERING

力学、熱、液体に関する物理学の法則を物質化学と組み合わせることで、機械工学という革新的な分野が生まれた。**機械工学**とは機械的な力の相互作用からなる構造体をうまく建造するためのものであり、車、船、飛行機などの建造は、すべて機械工学のなかの一部門である。よりハイテクな分野である**ロボティクス**や**宇宙船の設計**なども機械工学に含まれる。

古代に存在した初期の機械工学者はピラミッドなどの巨大なモニュメントの建造を効率化するために滑車やギアなどを開発した。ギリシアの偉大なる博識者**アルキメデス**は紀元前3世紀に水を高いところへもち上げるスクリューを発明した。近年は機械のミニチュア化に成功し、微細なギアやリンク機構を集積させたデバイスが開発されている。1000分の1mm単位で作られるデバイスを**MEMS**、100万分の1mm単位のものを**ナノテクノロジー**（分子工学とも）とよぶ。

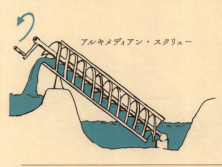

アルキメディアン・スクリュー

848 土木工学 CIVIL ENGINEERING

道路や橋や高層ビルやダムなど、大規模な設計、建造を行うことはひっくるめて土木工学という分野に入る。土木工学は文明の基盤となる構造体を建てる科学である。そのため土木工学は工学のなかでももっとも古い分野であり、エジプト人やマヤ人が先駆者となり、その後ローマ人も参入した。こうして、初の帝国にあらゆる種類の道路、陸橋、要塞が巡らされていった。

もっとも偉大な土木工学者は**イザムバード・キングダム・ブルネル**だろう。彼は鉄道を敷設し、橋を建設し、櫂ではなくプロペラで駆動する最初の大西洋横断汽船を建造した。

849 電気工学 ELECTRICAL ENGINEERING

電球とモーターから始まり、計算機工学、テレビ、ラジオ、衛星

通信へと連綿とつながっていった**電気工学**とは、電気や磁気の科学を新しいデバイスの設計・開発に応用するものである。

電気工学分野の世界初のエンジニアは紀元前3世紀頃のイラクにいて、**バグダッド電池**と名づけられたものを作った可能性がある。これは電気が発見される遙か昔のものである。この電池には陶器でできた壺の内部に鉄と銅からなる電極のようなものが取り付けられている。壺をレモン汁のような酸で満たすと電気化学反応によって金属の間に電圧が生じ、電流が流れる。歴史学者は、安い金属を金でメッキするためにこの装置が使われたのではないかと推測している。実際、イラクでは同年代の遺跡から、薄い金メッキが施された加工品が出土している。

電気工学は19世紀に電磁気に関する**マクスウェル方程式**が発見されたことで飛躍的に発展した。電話、ラジオ、発電機などの多くの重要な発明がなされたのもこの頃だ。それからほどなくして、厳密に定められた電気的性質(抵抗、静電容量、インダクタンスなど)をもつデバイスによって電気の流れを制御しようとする**電子工学**という分野が派生した。

850 計算機工学 COMPUTER ENGINEERING

電気工学やそこから派生した電子工学は、今日あらゆる場面で活用されている**計算機工学**を生んだ。近代的なコンピューターは、原子よりも小さな電子という粒子の流れを利用して2進データを保管したり処理したりする電子機器である。初期のコンピューターが一部屋を占領してしまうほどの大きさであったのに対し、最近のコンピューターは携帯電話やMP3プレーヤーに組み込まれるなど、手のひらサイズ以下にまで小型化している。そして今や、テレビ、自動車、飛行機などを構成する要素にもなっている。

計算機工学は多岐にわたる学問分野をカバーしているため、ハードディスク、プロセッサ、インターフェース(コンピューターを別のデバイスとつなぐもの)などの設計・構築技術や、ソフトウェア(コンピューターに作業をさせるためのプログラム)を作成するための幅広いスキルなどが必要となる。今も**量子コンピューター**や**DNAコンピューター**など新たな種類のコンピューターが登場しようとしており、将来が期待される分野でもある。

情報が科学、ビジネス、家庭を制しようとしている現在、計算機工学が工学の最終形態になるのではないかと予想する未来学者もいる。他の工学分野がすべて廃れた後にただ1つ生き残るのが計算機工学なのではないかというのだ。

851 サイバネティクス CYBERNETICS

サイバネティクスは機械工学と電気工学、そして計算機工学、さらには生物学、応用数学、心理学などの分野が合わさってできた工学分野である。厳密な意味ではサイバネティクスは**システム制御**、特にシステムの応答を入力によって制御することを目的とする。たとえばロボットなどの工学システムを電子機器やコンピューターで制御するなどという例が考えられる。他にもさまざまな人の集団が政府の介入（入力）にどのように反応するか、などを記述することもサイバネティクスの範疇である。

この言葉はやがて、一般的な用法においてロボットや人工知能とほぼ同義として使われるようになり、ロボットや体内埋め込み式の電子機器によって能力を増強された人間などの生命体を指す**サイボーグ**（cybernetic organismの短縮形）という言葉も生まれた。最近では、もともとの意味でのサイバネティクスという分野に対する興味がよみがえりつつあるようだ。

852 航空宇宙工学 AEROSPACE ENGINEERING

大気圏内外を飛行する機体を建造するのは**航空宇宙工学**という分野の守備範囲である。最初の動力つきの飛行器具は**レオナルド・ダ・ヴィンチ**によって15世紀に設計されたが、そのような原始的なヘリコプターが実際に作られることはなかった。1903年にアメリカで**オーヴィル・ライト**と**ウィルバー・ライト**の兄弟が最初の「空気より重い飛行機」による動力飛行を成功させた。ライト兄弟の飛行機は極めて基本的な流体力学と機械工学のコンセプトを利用していた。今や飛行機は飛躍的に洗練されたものとなっている。

今日の飛行機の設計や製造は電気工学、計算機工学、応用数学、新素材、ジェット推進やロケット推進などを組み合わせて進められる。大気圏を超えて飛ぶ宇宙旅行のための「宇宙機」すらも視野に入っている現在では、関連分野のリストに地球の周回軌

道の飛行、大気圏への再突入、そして宇宙物理学も加わっている。

853 化学工学 CHEMICAL ENGINEERING

興味深い、あるいは役に立つ性質をもつ化合物を大量生産する機械類の設計は**化学工学**とよばれる。特定の化学物質に対する産業界からの需要を考えれば想像がつくように、**化学プラント**は非常に大規模な施設である。石油の精製が古典的な例であり、その過程では原材料（この場合原油）を処理し、石油、潤滑油、プラスチックの原料となる物質などさまざまな有用な物質が作りだされる。製油所で石油を精製する際には**分留**という手法が使われ、熱せられた原油の蒸気が巨大なタワーを上昇していく。蒸気が高く昇っていくにつれ温度が下がり、その過程でそれぞれの沸点に応じた温度で化学物質は凝縮して液化し、タワーから出ていく。化学プラントで大規模に製造される他の物質としては肥料、薬、ある種の食品などがあげられる。

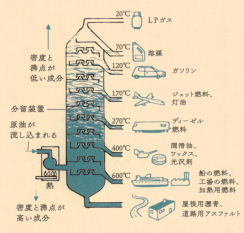

854 ナノテクノロジー MOLECULAR ENGINEERING

ナノテクノロジーはナノメートル（nm、10億分の1m）レベルでの工学のことを指す。ナノテク構造の物体は全長が100nmほどのこともあり、これは多くの細菌よりも小さく、いくつかの分子よりわずかに大きい程度である。それゆえ、ナノテクノロジーは**分子世界における工学**ともいえる。これが**分子工学**ともよばれる所以だ。分子工学はさまざまな重要な分野に応用され、カーボンナノチューブなどの新素材や、将来的にはナノスケールでメンテナンスを行えるような小さな小さなロボットの作製などが期待されている。

分子工学の基礎的研究のほとんどが1980年代にアメリカの工学者**エリック・ドレクスラー**により行われたが、この分野が実際に発展し始めたのは走査型電子顕微鏡など分子世界を精密に観察する手法が発明されてからのことだった。

ナノテクノロジーには倫理的な懸念があり、科学者や環境保護団体のなかには、知能をもったナノロボットが自己増殖して最終的に地球上のすべての物質をナノロボットの塊に変えてしまう、という「グレイ・グー」シナリオを恐れる者たちがいる。

材料科学

Material Science

855 セラミックス CERAMICS

非金属の無機物質を焼くことで作られる素材はすべて**セラミックス**とよばれる。セラミックスは産業で広く応用されており、おそらくもっとも古い利用例は**陶器**、そしてそれに続く**磁器**の作製だろう。セラミックスの電気的性質は、コンデンサ（静電容量をもつ電子部品）に使用する誘電体素材に適している。また、耐熱性があるために、家庭で使う暖房器具、コンロの天板、自動車や飛行機のエンジン部品や、宇宙船が地球の周回軌道を離れて大気圏へ再突入するために必須な耐熱材などにも使われる。

多くのセラミックス素材は金属よりも硬く、機械部品、防弾チョッキ、戦車の装甲、刃物（鉄製のものよりも長期間切れ味が持続するため）などの素材として理想的である。ただし、強靱さ、硬さ、耐久性には優れているものの、セラミックスは往々にして**もろく壊れやすい**ため、慎重に取り扱わなければならない。

856 複合材料 COMPOSITES

性質の異なる2つの素材を組み合わせると、もとの素材よりも優れた性質をもつ素材を作ることができる。たとえば、硬質ポリマー（プラスチック）や樹脂は高い剛性をもつが、強度がない。一方、グラスファイバーは強度があるが、剛性をもたない。そこで、この2つを組み合わせると、強度も剛性もある素材ができあがるのだ。これは**繊維強化プラスチック**（FRP）とよばれる。このような軽量かつ強靱

な**複合材料**は従来の金属などの素材を上回る性能をもち、工学の分野に革命をもたらしている。

複合材料の主な用途は航空工学で、プラスチックがベースの複合材料は金属に匹敵する強度をもちながら重量はずっと軽く、そのため従来よりも少ない燃料でより多くの荷物を搭載できる飛行機を作ることができる。2007年に運行開始したエアバスA380は現在、最多搭乗者数を誇る航空機であり、その機体の25%は複合材料でできている。

857 エアロゲル AEROGEL

現在知られている物質のうちもっとも奇妙なものの1つは**エアロゲル**である。これは知られているなかでもっとも軽い固体であり、空気よりも密度が低い。エアロゲルはまた驚くべき断熱性能をもつ。NASAの印象的なデモンストレーションでは、マッチを乗せたエアロゲルの下からバーナーであぶってもマッチが燃えないことが示されている。エアロゲルは1931年にアメリカの化学工学者**サミュエル・スティーブン・キスラー**によって発明されたもので、シリカゲルの液体成分を乾燥させて多孔性の固体を残すというやり方で作られた。この固体は半透明で若干青みがかって見えるので、科学者は「**凍った煙**」とよぶ。

エアロゲルは軽量であることから優れた断熱材として宇宙船や宇宙服に使われている。また、スターダスト探査機は彗星の尾の部分を通り抜けたとき、塵の粒子をつかまえるのにエアロゲルの塊を使った。

858 バイオミメティクス BIOMIMETICS

数百万年にも及ぶ生物進化のなかで、動植物は環境からの負荷に対し驚異的な対策を講じてきた。最近ではエンジニアたちもそれに気づき始めている。製図台にかじりついてこつこつとデザインを考えるのではなく、自然界から新たな製品や素材に関するインスピレーションを得ようとしているのだ。これが、**バイオミメティクス**（**生物模倣技術**）という分野だ。生物模倣はいたるところで見られる。**ベルクロ**（**面ファスナー**）は硬いフックと柔らかい素材を用いてもの同士を手軽に繰り返しくっつけたりはがしたりできる技術で、1941年

にスイスのエンジニアのジョルジュ・デ・メストラルによって発明された。彼は犬と散歩している途中、自身の服や犬の毛にゴボウの実がたくさんくっついてくる様子を見て面ファスナーのアイデアを思いついたという。その実をよく観察した彼は、細かいフックに覆われた表面構造に気づいたのだ。

生物模倣の他の例としては、**道路鋲**（キャッツアイ）、視覚障害者の補助のための**エコーロケーション**（コウモリの超音波による反響定位〔ソナー〕から着想）、**サメ肌**の流体力学的構造をもとに作られた競泳水着、そして蝶の翅の鱗粉の色が変わる機構からヒントを得て開発された**電子ディスプレイスクリーン**などがある。

859 バイオマテリアル BIOMATERIALS

生命体に埋め込むことで能力を増強したり損傷を修復したりする材料のことを**バイオマテリアル**とよぶ。たとえば、歯の治療で詰め物として使われる複合素材、コンタクトレンズに使われる高分子、豊胸手術で使われるシリコンなどである。

そして今日、医学の分野でもっとも先進的なバイオマテリアルが使われている。たとえば**人工股関節置換法**では、チタンでできた関節と、セラミックスとポリエチレンで作られた関節軟骨（ボールジョイント）が使われている。しかもこの人工関節には表面にハイドロキシアパタイト加工が施されていて、新たな骨の成長を促す。また、動脈を開いたまま維持するためのステントを作るメッシュチューブにはステンレスや形状記憶合金までもが使われることがある。生物由来のバイオマテリアルもある。たとえば、ヒトで損傷が見つかった心臓弁を置換するときにはブタの心臓弁が使われる。

860 半導体 SEMICONDUCTORS

半導体は完全な導体でも完全な絶縁体でもない存在だ。半導体は限られた量の電子を流すことができる。そして、半導体中を電子が動くことで生じる**正孔**（ホール）は相対的に正の電荷を作りだす。科学者たちは、この正孔の流れを利用しておもしろい性質をもつ電子機器を作ることができるのではないかと考えた。

そのおもしろい電子機器の1つが**トランジスタ**だ。1974年にベル研究所にいた**ウィリアム・ショックレー**により発明されたそれは、**P型半**

導体とN型半導体を交互に重ねた構造をしている。正に帯電した半導体（正孔をもつ）がP型半導体、電子を過剰にもつ方がN型半導体とよばれる。

Bに電流を流すと、それより多くの電流がCからEへと流れる

NPNトランジスタでは、中心の層の電圧を上げると電子の数が増え、それにより中心の層をサンドイッチのように挟んでいる両側の層に電子が通りやすくなり、結果としてトランジスタを流れる電流が増える。トランジスタは1950年代、デジタルコンピューターの優れたスイッチとして使われた。そのすぐ後、小型化されたトランジスタがマイクロチップに搭載されるようになった。半導体は近代的なコンピューターを作るためには欠かせない素材である。

861 形状記憶合金 SHAPE-MEMORY ALLOYS

形状記憶合金という素材が実用化したおかげで、我々は間違えて眼鏡の上に座ってしまっても新しい眼鏡を買わずに済む時代に生きている。形状記憶合金は、曲げたり押しつぶしたりしても一瞬でもとの形に戻る素材である。形状記憶効果は弾性（「フックの法則」を参照）の極端な例で、ある種の金属や高分子がある温度域にあるときに起こる。引き伸ばされた後に戻る形を周囲の温度や磁場を変化させることで制御できる形状記憶合金も存在する。

形状記憶素材は眼鏡を変な場所に置いてしまううっかり者の救世主というだけでなく、医学でも多くの場面で応用されている。たとえば、血栓をトラップするフィルターや、歯列矯正で使われるワイヤーなどだ。そして今では、形状記憶のフォームラバーも登場し、使用者の体にぴったりフィットするクッションやマットレスなどが開発されている。

862 d3o D30

スノーボーダーは、安全性とスタイルを両立させるというジレンマを抱えている。分厚いヘルメット、ひじ当て、ひざ当てが最大級の安全性を確保できることは明らかだが、そんなものを装着したら

動きが制限されてしまう。しかし新たな素材の登場によってそんな時代は終わりを告げるかもしれない。イギリスの発明家リチャード・パーマーが開発した「**d3o**（ディー・スリー・オーと発音する）」は、通常はゴムのように柔らかい。しかしひとたび衝撃を受けると硬化し、優れた衝撃吸収材になるのだ。つまり、普段は柔らかい衣類が、必要なときには保護具として機能するというわけだ。

パーマーによれば、d3oの秘密は「知的」分子にあるという。その分子の振る舞いは非ニュートン流体である**ダイラタント流体**に似ている。今日、数多くのd3oを使った保護衣が開発されていて、スポーツマンやモーターサイクリストに恩恵をもたらしている。最近、d3olabという会社がPUMAとコラボレーションしてd3oサッカーボールを開発した。このボールは低速ではコントロールしやすく、強く蹴るとより遠くへ飛ぶのだという。

863 カーボンナノチューブ　CARBON NANOTUBES

炭素原子が作りだす超強力なネットワークをシート状の格子に並べ、それをナノレベルで筒状に丸めると、史上最強かつもっともしなやかな素材ができあがる。**カーボンナノチューブ**として知られるこの素材は、鋼鉄の300倍以上の引っ張り強度をもつうえに、極めて優れた導体で銅の15倍の熱伝導性と1000倍の導電性をもつ。

世界初のカーボンナノチューブは1991年に日本人科学者**飯島澄男**によって作りだされた。ヘリウムガス雰囲気中で2つの黒鉛電極の間に電流を流すと、黒鉛のうちいくらかが蒸発し、容器の壁にナノチューブとして凝結する。製造コストが下がり、その性質をうまく制御できるようになれば、建設、エネルギー貯蔵、半導体、分子工学などへの応用が期待できる。

864 メタマテリアル　METAMATERIALS

材料科学者はときに自然界に存在する物を超越した素材を必要とすることがある。こういうときこそ**メタマテリアル**の出番だ。メタマテリアルとは、エンジニアが特定の性質をもたせて注意深く作り上げた素材のことである。驚くべき性能をもったメタマテリアルの一例は**負の屈折率**をもつ物質で、これが意味するところは、この素材を使えば**透明マント**、すなわち物体にかぶせると存在が見えなく

なってしまうような覆いが作れるということだ。インペリアル・カレッジ・ロンドンの科学者らの手により2006年に開発されたこの物質は、存在を隠したい物の周囲の光を屈折、迂回させ、まるでそこに何も(物も覆いも)なく、ただ真っ直ぐに光が突き抜けてきたかのように見せることで姿を隠す。このときの光の通り道は、水が川の真ん中にある岩を避けて流れる様子に似ている。将来、メタマテリアルによって**超高性能の顕微鏡**や、電子ではなく光子で動く**光コンピューター**の開発が可能になるかもしれない。

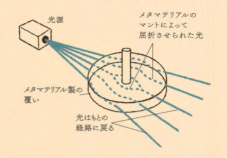

光源／メタマテリアルのマントによって屈折させられた光／メタマテリアル製の覆い／光はもとの経路に戻る

Energy Generation エネルギー産生

865 石炭 COAL

おそらくもっとも原始的なエネルギー産生法は、可燃性の物質を燃焼させて熱という形で化学エネルギーを放出させるというものであろう。**石炭**の燃料としての使用は紀元前3000年までさかのぼることができると考えられている。石炭はアメリカの電力需要の半分をまかなっている。発電所では通常、粉砕された石炭をバーナーで点火する。その熱で水を蒸気に変え、蒸気がタービンを回し、発電機が稼働するという仕組みだ。

アメリカでは石炭のほとんどは**露天掘り**という手法で採掘されているが、他の地域では石炭が地下深くに存在するため、ほとんど採用されていない。そのような場所では炭層に到達するまで**坑道**を掘る必要がある。石油と同じく、石炭による火力発電は今日の地球温暖化の原因とされる**温室効果ガス**を大量に放出する。アメリカではエネルギー関連で放出される二酸化炭素の1/3は石炭火力発電由来だ。そのため、石炭火力発電をやめることが破滅的な気候変動を避ける第一歩だと考える者は多い。

866 石油 PETROL

輸送に使われるエネルギーは主に**ガソリン**だ。ガソリンは**石油**から**分留**という化学工学的プロセスで作られる。石炭と同様、石油は地中から採掘される**化石燃料**で、動植物の死骸が高温高圧条件下で押しつぶされて生じた液体が堆積岩のなかの孔（孔隙）に浸透したものだ。石油会社は地面に穴を開けて地中深くまで掘り進み、石油を掘り当てるとそこから地表へと管を通して送る。

石油に関しては、最短であと10年ほどで枯渇してしまうのではないか（**石油ピークシナリオ**）という懸念がある。また、自動車によるガソリンの燃焼は大気汚染（地球温暖化や気候変動の主因とされる二酸化炭素など）の大きな要因でもある。そのため、自動車用の代替エネルギーの開発が活発に進められている。電気やバイオ燃料がその主な例だ。

867 原子力発電 NUCLEAR ELECTRICITY

大きな衝撃を与える事故が多く起きているにも関わらず、**原子力発電**が我々の使える方法のなかでもっともクリーンかつ現実的なエネルギー産生法であるという声は多い。太陽光発電や風力発電などの**再生可能エネルギー**では需要に追い付けないというのだ。原子力発電は軍艦にも採用されているし、将来的には宇宙船の推進システムとしても使われる可能性がある。原子力には融合と分裂という2通りがある。現存する原子力発電システムは**核分裂**の原理に基づいている。産生されるエネルギーのほとんどは熱として放出され、それが水を蒸気に変え、タービンを回す。

一方の**核融合**は太陽のエネルギー源だが、まだ技術として実用化されていない。その主な理由は、核融合反応では100万℃という極めて高温な状態を作りだす必要があり、そのよう

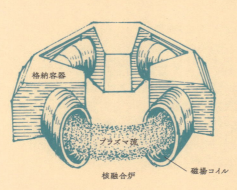

格納容器
プラズマ流
核融合炉   磁場コイル

な条件下で生じるプラズマを、産生されるエネルギーより少ない量のエネルギーで閉じ込める方法を見つけられていないためだ。**磁気閉じ込め方式**が現在もっとも有望なアプローチ法だと考えられており、フランスのカダラッシュ原子力研究センターに建設中の国際熱核融合実験炉（ITER）でこれについてさらに検証が進められる予定である。

868 風力タービン WIND TURBINES

　海沿いの散歩に出かけると、誰もが風に秘められた力を体感することだろう。この力を手なずけて発電に使う1つの手段が**風力タービン**である。モダンな風車とでもいうべき外観の風力タービンは、翼が風を受けて回転することで発電機を回し、電流を作りだす。

　風力発電は需要に十分に応えられるエネルギーを産生できないだとか、風力タービンが景観を損なうだとか、批判されることも少なくない。ただし、新たな研究結果はこれらの懸念事項を払拭できる可能性を示した。発電効率を最大化できる風力タービンの設置場所があり、それは沖合だというのだ。沖合であれば誰の目にもとまることはないし、強い海風が翼を回してくれる。

　風力タービンの地球規模のネットワークを作ることができれば、世界中で必要とされる量の5倍以上の電力を供給できると予測されている。

869 海流発電 SEA POWER

　月と太陽の引力によって地球上に**潮汐**が生じる。このとき生じる強い水の流れもまた発電に利用できる。水中に風車に似たタービンを置くと、これが潮の流れを受けて回転し、風力タービンと同じ原理で発電できる。これが海流発電だ。また、海面の波の動きに合わせてうねるように動く、ヘビのような奇妙な外観のフロートを用いた発電法も考案されている。潮力を用いた発電計画はサンフランシスコ湾やイギリスのセヴァーン川など、世界各地で進行中である。

870 太陽光パネル SOLAR PANELS

　太陽は膨大な量のエネルギーを絶えず生み出している。その量

はなんと毎秒4×10^{26}ワットだ。もし我々がこのエネルギーのうち地球に降り注ぐ分のそのまた少しだけでも利用することができれば、世界のエネルギー需要の1万倍以上ものエネルギーを供給できる。**再生可能エネルギー**への期待が高まるなか、**太陽エネルギー**にも注目が集まっている。

太陽エネルギーの利用方法には2通りが考えられる。1つは**太陽熱エネルギー**で、もう1つは**太陽電池**(**光電池**)だ。こちらは太陽光からの光子が当たるとそれに反応して電流を発生させるというもので、アルベルト・アインシュタインが発見した**光電効果**に基づく、太陽のエネルギーを利用する便利な方法である。

進歩的な人々はマイクロ発電の一環として家の屋根に続々と太陽光パネルを設置していっている。究極の太陽光パネルは**ダイソン球**だろう。これさえあれば、人類は太陽から受け取るすべてのエネルギーを利用することができるようになる。

871 太陽熱発電 SOLAR THERMAL ENERGY

太陽エネルギーを利用した発電には、太陽光パネルの他に**太陽熱発電**がある。鏡を並べて作る**太陽炉**で太陽の熱を一点に集めることで水を沸騰させ、水蒸気を作りだしてタービンを回す。また、溶解塩を使って集めた熱エネルギーを蓄えることができる太陽炉もある。世界中で多くの太陽炉が稼働しており、カリフォルニア州のモハベ砂漠にも巨大な太陽熱発電所が設置されている。

他にフラットパネルを利用する方法もあり、セントラルヒーティングのように張り巡らされたパイプのなかに水が通されている。パネルに太陽光が当たるとパイプ内の水が温まるという寸法だ。このようなシステムは給湯などの目的で家庭に設置するのに向いている。

872 地熱発電 GEOTHERMAL ENERGY

地熱発電は地下の熱い岩石が存在する場所へと水を送り込んで水蒸気に変え、地上に噴出してくる蒸気でタービンを回すという発電法だ。ほとんどの地熱発電井の深さは3km未満だが、その程度でも温度が100℃ほど上昇する。地球内部の熱は主に、惑星形成の激しいプロセスと不安定な物質の放射性崩壊に由来している。

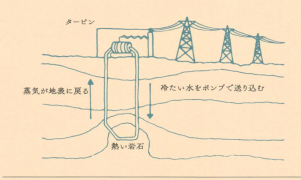

873 地中熱ヒートポンプ GEOTHERMAL HEAT PUMPS

　個々の家も、冷暖房用に地熱発電の恩恵を受けることができる。そのために必要となるのが**ヒートポンプ**という、ある場所から他の場所へ熱を移す装置である。熱の移動は温度の勾配を利用して行われる。

　この仕組みを理解するには、室温の気体で満たされたピストンを想像してみればよい。ピストンを押し込むと、気体が圧縮され熱を帯びる。次に、このピストンを屋外にもち出して冷まそう。このとき、熱が大気中に放出される。そしてピストンをもう一度部屋のなかへもってきて、ピストンを引っ張る。するとなかの気体は膨張し、その温度は室温よりもずっと低くなる。ヒートポンプを利用する家庭には、地中に**熱交換器**とよばれるパイプが埋設されている。夏はパイプのなかを通る水から周りの地中へ、冬は地中からパイプの水へと熱が移動する。

874 マイクロ発電 MICROPOWER GENERATION

　小型で安価な太陽光パネルや太陽熱発電機、風力タービンや地中熱ヒートポンプが登場し、多くの家庭で**自家発電**ができるようになった。この発電様式を**マイクロ発電**という。マイクロ発電している人々の多くはそれだけで家の電力すべてをまかなえるわけではなく、従来通り電力会社からの供給も受けながら、補助的に自家発電を利用している。電力会社によっては、ユーザーが家庭で作った電気を送電網に送り返し売電できる仕組み（**ネット・メータリング**）が提供されており、さらに電気代を削減することが可能だ。

　最近のもう1つのトレンドは「**コジェネレーション**」とよばれる、ガス

ボイラーで水を熱するだけでなく、その過程で生じる熱い排気をタービンを回すのに利用して発電するというものだ。このような装置は**熱電併給(CHP)システム**とよばれる。

Energy Storage

エネルギー貯蔵

875 フライホイール FLYWHEELS

エネルギーを蓄えるもっとも単純な方法は、**フライホイール(はずみ車)** という重い回転体を使うことだろう。フライホイールを回すと、回転軸が回転しエネルギーが蓄えられる。質量の大きなフライホイールは摩擦や粘性によるエネルギーの損失がほとんどなく回転し続ける。このフライホイールを何らかの力学系に接続すれば、仕事をさせたり電気を作ったりすることができる。

3000rpmで回転する重さ100kgのフライホイールは100ワットの電球を30分間ほど点灯させることができる。列車は重さ数トンの巨大なフライホイールを使った「**回生ブレーキ**」というシステムを利用している。減速するときに運動エネルギーがフライホイールに蓄えられ、列車がその後再び動き出すときに利用されるのだ。惑星の自転も超巨大なフライホイールとみなすことができ、抵抗がほぼ0の真空の宇宙空間を数十億年にわたり回転し続けている。

876 貯水池 WATER RESERVOIRS

地球の重力が作用するなか、大量の水をより高い位置にもち上げ留めておく**貯水池**は、力学的にエネルギーを貯蔵する方法の1つである。山の上へ水を運ぶにはエネルギーが必要だ。頂上まで送るにはポンプを使うか、実際に運ばないといけない。運び上げた水を放水すれば、水の急な流れという形で山のふもとにエネルギーが戻される。この流れは、たとえばダムに設置されたタービンを回すことなどに利用できる。

電力会社は、夜間、電気使用量がオフピークの時間帯に電気を使って水を貯水池までポンプで汲み上げている。そして、電力需要が大きく電気代が高い時間帯にこの水を利用して電気を作るのだ。

877 電池 BATTERIES

iPod、携帯電話、ノートパソコンは、軽量でコンパクトな電力源である**バッテリー**（電池）がなければ実用化されていなかっただろう。電池は化学エネルギーを電気に変換する働きをする。一般的には2つのそれぞれ異なる金属でできた**電極**が、化学物質を含む**電解液**という溶液によって隔てられている。一方の電極の金属と電解液が化学反応を起こして電子が放出される。もう一方の電極では逆の反応が起こり、電子が吸収される。全体として見ると一方の電極が負に帯電し、もう一方が正に帯電しているという状態であり、電気回路にこれを接続すると電流が流れる。

電池には硫酸など液体の電解質が使われることもあるが、最近ではリチウムなどの固体の電解質が使われることも多い。**充電池**は電極の金属と電解質に特殊な組み合わせを用いることで、電極間に電流が流れるときに化学反応の逆反応が起こって「充電」できるようになっている。

878 バイオ燃料 BIOFUELS

自動車を走らせたり発電したりするために使われる植物由来の可燃性燃料を**バイオ燃料**という。バイオ燃料にはいくつかの種類がある。アルコールベースの燃料は植物や植物由来の廃棄物を発酵させ、その後エタノールを蒸留することで作られる。いわばスピリッツ（蒸留酒）燃料だ。もう1つのタイプは**バイオディーゼル**で、アブラヤシ（パーム）やセイヨウアブラナ（菜種）など油分を多く含む作物から作られるもので、ディーゼルエンジンで使用可能なことからその名がつけられた。

バイオ燃料を燃やすことは気候変動に寄与しないということになっている。これは、バイオ燃料を燃やすことで放出される炭素はもともと自然の炭素循環の一部分であって、原料となる植物が成

長過程で環境中から吸収したものに過ぎないと考えるためだ。一方、ガソリンなどの化石燃料を燃やすことがなぜ有害なのかというと、もともと地中に閉じ込められていた炭素を環境中に新たに放出することになるからだ。ただし、十分な量のバイオ燃料を供給するためにその原材料となる作物の栽培面積を拡大することは、結局自然環境の破壊につながるという見方もある。

879 合成炭化水素燃料 SYNTHETIC HYDROCARBON FUEL

バイオ燃料以外に環境中に新たに炭素を放出させずに自動車用の燃料を作りだすためには、化学工業プラントで燃料を作ってしまうのがよい。たとえば、水に電流を通すと水素が放出され、これを大気中の二酸化炭素と反応させると可燃性のメタンガスが作られる。もし初めに使った電流が再生可能エネルギーに由来しているなら、このプロセス全体が環境に優しいものとなる。

これは宇宙探査にも有用である。人類を火星に送るときの大きな課題は、地球への帰還に必要となる膨大な量の燃料をもっていかなければならないということだ。1つの解決策は、小さな水素タンクだけをもっていき、火星の大気中に豊富に存在する二酸化炭素と混合して火星上でメタンを大量生産することだ。

880 水素 HYDROGEN

水素燃料電池は自動車の動力源として注目される技術で、水素を大気中の酸素と反応させることで電気と、クリーンな副産物である水を作りだす。それにはまずこの逆向きの反応で水素を作る必要がある。この意味では、作られた水素は電気を貯蔵する方法の1つであり、このとき使われる電気が風力タービンなどのクリーンな再生可能エネルギー由来のものであれば、水素発電は環境に負荷をかけないクリーンな技術となる。

その成功は、自動車メーカーが**電気モーター**でも優れたパフォーマンスを発揮する自動車を開発できるかどうかにかかっている。そして現在このゴールは達成されつつあり、2008年にテスラ・ロードスターというリチウム電池で動くスポーツカーの生産が始まった。電池がフル充電された状態で約400km走行可能であり、それにかかる燃料代はたったの5ドルだ。しかもその性能に妥協はなく、0から

100km/hへの加速はわずか3.7秒という申し分ない速さである。唯一の欠点はフル充電に3.5時間かかるということだ。充電池から水素タンクに乗せ換えることができれば、充電もガソリン補給並みに簡単になるだろう。

881 超電導コイル SUPERCONDUCTING COILS

超電導は-270℃付近の低温まで冷やしたときに**電気抵抗がゼロ**になるという、ある種の金属で観察される性質である。これの意味するところは、超電導ワイヤーで作られたループに流した電流はそのなかを永久に回り続ける、すなわち貯蔵されるということだ。

現実問題として、超電導体を低温に保つためにかかるコストがこの技術の効率を低下させてしまうので、この方法が有効なのは短期間の電力貯蔵に限られる。たとえば、夜間に作られた余剰電力をバッファリングしておいて、日中の電力需要が高まる時期に補てんするなどといったことだ。しかし現在も室温での超電導に関する研究は続いており、それが実現できれば冷却の必要がなくなるので、超電導コイルによるエネルギーの長期保存が現実味を帯びてくる。

Communication Technology

882 アルファベット ALPHABET

アルファベットは我々がコミュニケーションするときに使っているもっとも単純な発明である。26個の文字のセットで言葉や文章を書き綴ることができ、郵便やEメールなどの手段で距離を超えて情報を伝達することができる。世界最古の文字はおそらく、古代エジプトのヒエログリフであり、今から約5000年前に使われ始めたと考えられている。

文語体の英語は**ルーン文字**で表記される古英語から5世紀頃に発展した。古英語で書かれたもっとも重要な文学作品の1つが、8世紀に書かれた古英詩**ベーオウルフ**だ。

11世紀後期になると、ブリテン島におけるノルマン征服を経て古英語は**中英語**へと変化する。ほとんどの人が理解できる形であ

る**近代英語**は1500年代中盤に使われ始めた。最初の英語辞典は1603年に発行されている。

883 電信 TELEGRAPHY

電気と磁気に関する理解が進んだ19世紀、書かれた言葉を郵便よりも早く伝達する新たな方法が生み出された。**電信**の誕生である。基本的な考え方は、電流のパルスという形で**情報を符号化**し、それをたとえば2つの町をつなぐ電線を通して送ることで、ほぼ瞬間的にコミュニケーションをとることができるというものだ。

初期の電信は各アルファベットに対応する複数本の電線を使って信号を送っていた。しかし1837年、画家で発明家の**サミュエル・モールス**が1本の電線でメッセージを送る方法を思いついた。彼は、ドット（短点）とダッシュ（長点）の組み合わせからなる、アルファベットの各文字に対応するコードを作成したのだ。この「**モールス符号**」を用いた最初のメッセージが1838年にスイッチの接点を手動で開閉するという方法で送信された。この技術は広く受け入れられ、1866年には最初の大西洋横断電信ケーブルが敷設された。

A	·–	J	·–––	S	···	1	·––––
B	–···	K	–·–	T	–	2	··–––
C	–·–·	L	·–··	U	··–	3	···––
D	–··	M	––	V	···–	4	····–
E	·	N	–·	W	·––	5	·····
F	··–·	O	–––	X	–··–	6	–····
G	––·	P	·––·	Y	–·––	7	––···
H	····	Q	––·–	Z	––··	8	–––··
I	··	R	·–·			9	––––·
						10	–––––

884 電話 TELEPHONES

電信の次のステップとして登場したのが**電話**、つまり話された言葉を電気によって伝達する機器だ。電話の発明に対する特許は1876年、スコットランドの科学者**アレクサンダー・グラハム・ベル**が取得した。

電話の受話器（厳密にいえば送受話器）にはマイクが内蔵されており、これが音によって生じる空気の振動をもとにワイヤーのコイル内に置かれた磁石を振動させる。すると、**電磁誘導**によってコイルに電流が流れる。この電流は音によって変化する。この変化を伴う電流が電線を通って受け手側の電話に送られると、受話器に組み込まれているスピーカーがマイクと逆のプロセスにより電気的振動を

音に変換し、受け手の耳に届けるという仕組みだ。電話をかけるときはまず電話交換機に通信先の電話番号を送り（発信音という形で送られる）、それをもとに受話者が特定されると交換機から受話者の電話へと電流が送られた。

885 無線通信 RADIO

電信や電話もなかなか優れた技術ではあるが、電線の必要がなくなればより素晴らしくはないだろうか？　科学者は19世紀後期ついにこれを実現させた。**グリエルモ・マルコーニ、ニコラ・テスラ、トーマス・エジソン**などの多くの優れた頭脳が研究を続けた結果、1890年代に最初の**無線電信**の公開実験が行われた。誰が最初に発明したかについては諸説あるが、世界中のたくさんのグループが短距離のメッセージ送受信を成功させた。

無線通信では、**トランスミッター**が電磁波に情報を乗せる。トランスミッターには長い金属でできた構造体（アンテナ）がついていて、電流が流れるとそこからラジオ波が発信される。電流は送ろうとする信号（ここでは音楽としよう）に応じて時間で変化し、その変化が送信されるラジオ波に刻まれる。そして、レシーバー側は同じようなアンテナを使ってその波を捕捉、電流へと戻し、それがスピーカーへ流れると音楽が聞こえてくるというわけだ。

886 携帯電話 CELLPHONES

無線技術（ラジオ）と電話を組み合わせると**携帯電話**のできあがりだ。1947年、ニュージャージー州にあるAT&Tベル研究所の2人の技師ダグラス・リングとレイ・ヤングは、個人使用に耐える小型で軽量の携帯電話というアイデアを提案した。ここで鍵となる革新技術は、各携帯電話と固定幹線網との間で通話を中継する低電力送受信基地局網が信号をカバーするエリアを、六角形の「セル」に分割したことである。

NTTは顧客サービスを行う世界初の商用**セル方式網**を1979年に日本で立ち上げた。最初の携帯電話網はアナログ信号、つまりバックグラウンドノイズに悩まされるごみごみしたデータストリームを送受信していた。1990年代の初め、携帯電話の技術は信号を2進データに符号化するデジタルへと飛躍を遂げた。デジタルに切

り替わったことで、今や電話は音声だけではなくどんな種類のデータでも送受信できる。そこから**テキストメッセージ**が生まれ、すぐに静止画と動画の送受信もできるようになった。単に機能的技術というだけでなく、もち主の在り方を見せるファッション哲学という側面もある携帯電話は、今やおそらくもっとも広く行きわたった、21世紀を象徴する道具へと進化した。

887 衛星電話 SATELLITE PHONES

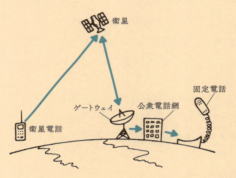

クラーク軌道の発見により、衛星が地球上空に静止して無線信号を一方の大陸からもう一方へと折り返すことが可能になり、究極の携帯電話への道が開けた。

衛星電話は1990年代後半頃の携帯電話と同じくらいの大きさで、本体から突き出たひときわ目立つアンテナをもっている。衛星電話がつながるかどうかは使用者が上空の衛星に対し良好な見通しを確保できているかどうかにかかっているので、携帯電話ほど単純にはいかない。高い木やビルによって遮られる可能性もあるが、辺鄙な地域ではそれも問題にはならないので、衛星電話は携帯電話信号の届かない地域での探査や災害救済に特に向いている。

888 光ファイバー FIBRE OPTICS

電信は電線を通して、無線は電磁波を使って信号を送信する。**ファイバー技術**というのはまた別の方法で、**光ファイバー**として知られる長くて細いプラスチックやガラスの中心に照射される光パルスに情報を符号化する。

この通信システムでは、ときに数千kmにも及ぶ1本のファイバーを用いて、2進データを最高40ギガビット/sの速度で送信することができる。長距離データ送信が可能なことに加え、光ファイバー技

術はファイバーあたりのデータ転送速度が大きく、嵩張るケーブルを最小限に抑えることができる。そのため、オフィスのような小規模ネットワーク上でデータを送るのに便利だ。

889 VoIP VOIP

ブロードバンド（広帯域）インターネットアクセスは古典的な電話網で音声信号を交換するのと同じくらい簡単に、電子音声ファイルの交換を可能にする。スカイプのようなウェブサービスは、これを利用してインターネット経由で他のスカイプユーザーや幹線電話番号に電話をかけることができるようにしている。この技術全体を**Voice over Internet Protocol（VoIP）**とよぶ。**インターネットプロトコル**とはインターネット上で情報交換する際の正式な規則集のことで、VoIPは音声データを送るためにこれらの規則を使っているということを意味する。当初、VoIPユーザーは電話をかけるためにヘッドセットをコンピューターに差し込まなければならなかったが、今や多くの会社が一般的な受話器と同じ見た目でありながらインターネット上で電話をかけられるVoIP専用電話を販売している。

890 インスタントメッセージ INSTANT MESSAGING

インスタントメッセージはインターネットユーザーが友人にメッセージを送ったり、それに即座に返答したりすることを可能にする。これは簡単にいうと、文字列によるリアルタイムの会話をインターネットを使って実現するということである。**チャットルーム**もインスタントメッセージと似たような仕組みで機能する。チャットルームでは電子メールのように単一のメッセージが現れるわけではなく、会話の進行に伴い画面上のリスト中で前のメッセージの下に新しい対話が1行ずつ現れてはスクロールしていく。

基本的な文字列の交換は比較的容易なので、チャットはオンラインで動かせる簡単なアプリとなる。そのため熱狂的なチャット好きは遙かさかのぼること1970年代からオンラインでチャットを利用してきた。今日では、チャットのために専用のウェブサイトにアクセスする必要すらなく、コンピューターに内蔵されたチャット用のアプリケーションを立ち上げれば、同じようなアプリケーションを使っている友人と文字による会話を始めることができる。

891 ビデオ会議 VIDEO CHAT

1990年代後期には**高速インターネットアクセス**が可能となり、チャットルームでも**動画**を送れるようになった。地球の表と裏でチャットする2人がバーチャルの会話を楽しむのと同時に互いの顔を見ることもできる、というのがビデオチャットである。このとき使うのがコンピューターに接続して使うウェブカメラで、インターネット経由で中継するために静止画のフレームを取り込む。このようなシステムは交流目的のためだけに使われてきたわけではない。その高性能版が、ビジネスにおいてサイバースペース上で開催される**ビデオ会議**（バーチャルミーティング）を行うために使われている。

ビデオ会議用のカメラは高精細画像を送信するため通常のウェブカメラよりも高解像度である。最高スペックのビデオ会議システムは1つの部屋全体を占め、通常の会議テーブルと椅子が片側に、もう一方の側に大スクリーンが置かれる。そして、不在の同僚があたかも一緒の部屋にいるように見える。インターネットビデオはTVニュースを配信する組織によって、たとえば紛争地域など他の方法が使えない場所から画像を送信するために使われることもある。

892 スマートフォン SMARTPHONES

携帯電話が広く普及してから、電話をかける以上のことができる機器が登場するまでには長くはかからなかった。まず**テキストメッセージ**が使えるようになり、すぐに**静止画**を送れる拡張メッセージサービスが追従し、その後**ビデオメッセージ**と続いた。そして、新たな電話機、**スマートフォン**ではさらに多くのことができる。スマートフォンが何を指すのかについて、業界全体で受け入れられている厳密な定義はないが、ほとんどはコンピューターの小型版として機能するものだ。WindowsやMac OSのようなオペレーティングシステム（コンピューターの動作を管理するソフトウェア）の簡略版を走らせることができ、これはつまり、スマートフォンがあらゆる種類のアプリケーションに対応できることを意味する。

最新のスマートフォンでは電子メールやインターネットアクセス、すなわちモバイルウェブ（携帯インターネットサービス）のみならず、ウェブサイトからダウンロードできるミニソフトである「アプリ」も使用可

能だ。アプリにはミニブログ、通貨換算、さらにはスマートフォンを即席の水準器として使えるようにするものなどがある。また多くのスマートフォンには衛星航法システム（GPS）もついている。最初のスマートフォンは1990年代の終わりに発表されていたのだが、その価値は21世紀の初めまで認められることはなかった。

Military Tech 軍事技術

893 レーダー RADAR

あなたがもし軍のパイロットで敵の陣地の上を飛んでいるとしたら、敵のレーダーを全力でかわそうとするはずだ。**レーダー**（Radar）は「radio detection and ranging」の頭文字をとった言葉である。送信所から空へ向けて電波が発射され、飛行中の航空機がレーダーの進路を遮ると、機体に当たった電波がはね返って送信元に届く。この反射波をもとに航空機の位置が割り出され、レーダーシステムのディスプレイに輝点として表示される。航空機の位置が分かれば、戦闘機を派遣したり地対空ミサイルを発射したりして迎撃することが可能になるというわけだ。

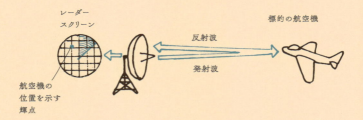

レーダーは第二次世界大戦で導入された。イギリス軍が早期警報システム兼対空砲発射を援護するサーチライトを正しい方向に向けるために、ドイツ軍の襲撃に対し利用したのが最初である。現在では軍用機でも民間機でも、また海運業や宇宙探査においても広く使われている。惑星の周りを回る探査機はパルスレーダーが眼下の惑星表面から反射してくるタイミングを計ることで表面構造を明らかにし、惑星の地形図を描く。

894 ソナー SONAR

ソナーはレーダーの水中版であり、電波の代わりに音波を使う。主に潜水艦の交戦時に使われる。船はソナーを用いて近傍の水域にいる敵の潜水艦の存在を暴こうとし、潜水艦側も海上あるいは海中で近づいてくる敵艦がないか見張るためにソナーを使う。初期のソナーの開発は、1912年のタイタニック号沈没を受けて、氷山の位置を知るという目的からイギリスの科学者によって進められた。しかし1916年、その技術はイギリス軍の駆逐艦がドイツのUボートの脅威と戦うために徴用された。

第二次世界大戦中、アメリカの科学者はこのコンセプトをさらに発展させ、「sound navigation and ranging」の頭文字をとってsonarという、現代でも使われている名前をつけた。ソナーには**アクティブ・ソナー**と**パッシブ・ソナー**がある。パッシブ・ソナーは移動する敵艦から発せられる音を聞くだけで、自らが音波を発することはない。近代的なパッシブ・ソナーは聞こえてくる音の特徴から敵艦の種類をも明らかにすることができる。アクティブ・ソナーは聴音者が**探信音**(ping)を発信し、目標物に反射して戻ってくる音を聞くという仕組みだ。パッシブ・ソナーよりもアクティブ・ソナーのほうが有効だが、戦力が上回っているかもしれない敵艦に自身の位置を知られる危険性が高まるという欠点がある。

895 ステルス STEALTH

不気味な黒い三角形の機体が鋭いエンジン音とともに上空に向けて飛んでいく姿は、まるで宇宙からきた飛行物体のようだ。しかし実際のところ、**ステルス**は人類が開発した、軍用技術を結集させた成果である。その主な目的は、目視によっても、音によっても、レーダーによっても、熱によっても、見つけにくい飛行機を作ることだった。そのためにステルス機はカモフラージュ技術を採用している。エンジンの排気に冷たい空気を足すことで発生する熱を隠しているし、機体も真っ黒なので夜間に見つけることはほぼ不可能だ。

なかでももっとも重要な特徴は**レーダーステルス性**である。ステルス機の形はレーダービームを地表に反射させないように細心の注

意を払ってデザインされている。機体には鋭い角がなく、すべての兵器は機体内部に格納される。そのうえ電波吸収性塗料で塗装してあるので機体表面で可能な限りレーダーが吸収される。このような技術を盛り込んで作られた**B2ステルス爆撃機**は、レーダーで捕捉してもアルミでできたビー玉程度にしか見えない。科学者はステルス技術を船や戦車など他の場所に応用する可能性を探っている。

896 核兵器 NUCLEAR WEAPONS

核兵器とは、原子力発電所で行われる制御された**核反応**（核分裂と核融合）を制御せずに起こすことで膨大な量のエネルギーを放出させ、核爆発を起こさせるものである。世界初の核爆弾は1945年に日本の**広島**上空で炸裂し、核分裂によってTNT火薬1万5000トン分のエネルギーを放出した。

しかしその後開発された爆弾はこれとは比べ物にならない威力だった。世界初の核融合反応（熱核反応）を利用した**水素爆弾**の爆発実験が1952年アメリカにより行われ、その出力は10.4メガトン（TNT火薬1000万トン分）と、広島型原爆のおよそ700倍もの威力だった。実際に爆発した核兵器のなかで人類史上最大の威力をもっていたものは、ロシアのツァーリ・ボンバで、1961年の爆発実験では57メガトンという出力を記録した。

核兵器による被害は主に3段階からなる。まず猛烈な熱がそこら中に火をつける。次に、爆心地から発せられる**衝撃波**が建造物を破壊する。そして最後に、死の灰が降り注ぐ。爆発で生じる放射性物質の灰が広範囲に降り注ぎ、あらゆる生命体を痛めつけるのだ。

897 生物戦 BIOLOGICAL WARFARE

危険な病原体や生物種を兵器として使うのが**生物戦**だ。敵地に毒ヘビを投下したり、炭疽菌をばらまいたりといった方法がとられる。

中世ヨーロッパにおける包囲戦では、腺ペストに感染し死亡した人の体をカタパルトで敵の要塞のなかに投げ込んでいた。第二次世界大戦中にも生物兵器が使われたという報告があるし、朝

鮮戦争では戦場が生物兵器を試す場として利用されたとして、北朝鮮がアメリカを非難している。

多くの国は1972年に署名開放された生物兵器の開発を禁ずる生物兵器禁止条約に署名している。今日の最大の脅威はテロリストによる生物兵器の使用である。2001年には炭疽菌の胞子が入った小包がアメリカの出版社や政治家のもとへ送りつけられ、5名が死亡した。

898 化学戦 CHEMICAL WARFARE

化学戦とは毒性のある物質を用いて敵に毒を盛る戦い方である。歴史を振り返ってみると、戦争状況下で水や食糧が敵によって毒で汚染されたという例は枚挙にいとまがない。近代的な化学兵器が注目されたのは第一次世界大戦で、塩素やマスタードガスによる応酬が繰り広げられた。その効果は恐るべきもので、皮膚に（吸入した場合は呼吸器系にも）ひどい痛みを伴うただれを引き起こし、死に至ることもあった。

第二次世界大戦における毒ガスの使用は若干控えめだったが、連合国側は枢軸国側が化学兵器を使うのではないかという恐怖から備蓄を維持していた。しかし枢軸国側は、もっと恐ろしい化学兵器を作りだしていた。神経ガスである。ドイツの科学者によって1936年に発明された神経剤はヒトの神経系の機能に必須な化学プロセスを阻害することで神経系を破壊し、肺の機能を停止させ窒息死させる。

戦争で実際に使われたことはないが、1995年にテロリストが**サリン**という神経ガスを使用して東京の地下鉄を攻撃した。

899 偵察衛星 SPY SATELLITES

IMINT（Imager intelligence、**画像による諜報活動**）とは、敵の動きに関する情報を収集するためにカメラを使って諜報活動を行うことを指す軍事用語である。**偵察衛星**という、高解像度のカメラを搭載した人工衛星はこの目的を果たすのにぴったりだ。第一次湾岸戦争では、イラクがクウェートに侵攻しようと大量の軍隊をクウェート国境に集結させている様子を衛星写真が鮮明に捉え、多国籍軍側は1週間前から警備を開始することができた。衛星は驚くほど精密な地表の写真を撮ることができ、10cm四方、あるいはそれ以

下の詳細に至るまで見分けることができる。

アメリカは1950年代から偵察衛星を開発しており、1960年代から宇宙に飛ばしている。その多くは**光学衛星**であり、曇天のときなどはターゲットを見ることができない。この欠点を補うためにレーダーを使った衛星が登場した。**合成開口レーダー**（SAR）は衛星が通過する際に多くの画像を取得し、コンピューター上で1枚の画像に合成することで光学画像に匹敵する分解能を得ることができるうえ、曇りの日でも雲の下を見ることが可能だ。

ラクロス衛星はアメリカ初のSARを搭載したスパイ衛星で、1998年から稼働している。この衛星は地球低軌道を周回しており、地上からも上空を通りすぎる様子が観察できる。

900 宇宙兵器 SPACE WEAPONS

2008年2月、アメリカ海軍の巡洋艦から発射されたミサイルがUSA193という故障した人工衛星を破壊した。この衛星はすでに制御不能で地球に落下しつつあったため、破壊することでその突入経路にいる人々に対する危機が回避された。しかし同時に、USA193の破壊は**宇宙兵器**というアメリカの新しい攻撃型兵器を試す重要な機会でもあった。西側諸国は紛争時に戦況を有利にするため、長きにわたりスパイ衛星など宇宙にある装置に頼ってきた。しかし衛星が偵察だけをする時代は終わり、宇宙兵器が実戦に使われうる時代が到来したのだ。

今後、地球軌道上に恐ろしい兵器が配備されるかもしれない。レーザー、粒子ビーム砲（高エネルギーの亜原子粒子を発射する）、さらには「**神の杖**」とよばれる、電柱くらいの大きさの金属の棒を人工衛星から地上へとまるで槍のように発射することで、小型の核爆弾並みの威力をもつ兵器になると考えられている。

901 UCAV UCAVS

UCAV（戦闘型無人機）はパイロットを必要としない戦闘機や爆撃機のことであり、地上から遠隔操作される。この技術はパイロットの命を危険にさらす必要がないうえ、安くつく。UCAVはフルサイズの有人機に比べ軽く、滞空時間も長い。長時間にわたる哨戒が可能なだけでなく、**一撃離脱戦法**、すなわち大量の弾頭を搭載

して空母から飛び立ち、単一の標的に撃ち込むという作戦にも使うことができる。この意味では、UCAVは再利用可能な巡航ミサイルということもでき、ここでもコスト削減を図ることができる。

世界初のUCAVは1960年代のヘリコプターのドローンで、駆逐艦から飛ばして敵の潜水艦へ向けて魚雷を投下するというものだった。その後数十年でこの技術は廃れていったが、1990年代に**ステルス技術**を応用できるようになり表舞台に返り咲いた。今や軍用機の部隊を完全に無人化した、自律的に動くロボット部隊の実現可能性について検討を始めている研究者もいる。ただし、人工知能の専門家たちはこのアイデアには否定的な見解を示している。

902 サイバー戦争 CYBER WARFARE

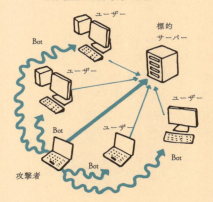

DoS（denial-of-service）攻撃の仕組み

インフラが情報とインターネットに高度に依存するようになった現在、国防計画立案者は爆弾や銃弾による攻撃だけでなく、サイバースペースにおける攻撃の有効性も認識している。**サイバー戦争**ではインターネットを使ったプロパガンダの頒布や電子通信の傍受、敵国のインターネットセキュリティをかいくぐり**マルウェア**とよばれる小さなソフトウェアを忍び込ませ、発電所、通信システム、銀行など国にとって重要なインフラを無効化させることなどが想定される。

特に有効だとされるサイバー攻撃はDoS攻撃で、同一のウェブサイトに多数のコンピューターから同時にアクセスをするという単純なものだ。サーバーはこの通信量（トラフィック）の増大に対処しきれず、そのウェブサイトを本当に利用したい人のアクセスが妨害されてしまう。攻撃に使われるのは一般市民が所有するコンピューターであり、それらは脆弱なコンピューターを求めてインターネット上をうろつくbotというプログラムによってジャックされている。2007年に

はエストニアに対するDoS攻撃で政府のウェブサイト、銀行、オンラインのニュースサイトなどが麻痺した。

Genetic Modification

遺伝子改変

903 遺伝子導入 TRANSGENICS

ある生物種の遺伝子を別の生物のDNAに挿入することを**遺伝子導入**（トランスジェニック）という。目的の遺伝子はDNA組み換え技術によりもとの場所から切り出され、新しい場所に挿入される。

植物での遺伝子導入は、ある品種の花粉を使って他の品種の花を受精させ、交雑種の種子を作らせるという古典的な他家受粉によるものが主流だった。しかしこれは偶然によるところが大きく、あまりあてにならないやり方でもある。

技術の進歩により最近ではもっと確実に遺伝子を導入することが可能になった。植物ならば目的のDNAが組み込まれた細菌を無数に含む液体に植物体の断片を浸すという方法がある。目的のDNAが植物細胞に取り込まれ、この細胞から生じるトランスジェニック植物を栽培するのだ。

動物の場合は、目的のDNAを初期胚に導入し、母体に戻して発生を続けさせて出産させる。このようにして生まれてきた仔は新たな遺伝子構成をもっている。遺伝子導入はたとえばヒトのDNAをウシに導入して人間の母乳を産生する乳牛を作りだすといった、**遺伝子組み換え生物**（GMO）作製の基本となる技術だ。

904 遺伝子組み換え生物 GENETICALLY MODIFIED ORGANISMS

遺伝子組み換え生物（GMO）は遺伝子導入法によりその遺伝子構成が改変された生物のことである。この分野は1970年代にまず

は細菌に他の細菌株の遺伝子を組み込んで発現させたことから始まった。1978年にはこの技術の最初の応用例として、科学者らは糖尿病治療に使われるインスリンを産生する大腸菌を作りだした。1990年代に入るとバイオテクノロジー企業が遺伝子組み換え食品を売り出そうとしたことで、GMOという言葉が新聞の見出しをにぎわすようになった。今日では遺伝子組み換え技術は合成生物学にとってかわられようとしている。

905 合成生物学 SYNTHETIC BIOLOGY

もっとも初歩的な遺伝子組み換え技術では、生物種に新しい性質をもたせるためにさまざまなところから取ってきた変わった性質の遺伝子を導入する。しかし、**合成生物学**の野望はそんな生易しいものではない。その目標は、生命体そのものを1から作り上げることにある。いわば、遺伝子導入技術の究極形だ。

合成生物学者は生命の構成要素となる遺伝物質の塊をもち寄り、つなぎ合わせ、これまで自然界に存在したことがないような生き物を作りだす。やることはレゴを組み立てるのとさほど変わらない。誰でも使うことができる**バイオブリック**（BioBricks）を使う簡単な方法があるからだ。バイオブリックを組み合わせて、クリーンなバイオ燃料を作る生命体や、がん細胞を探しだして破壊する生命体など、我々の生活に役立つ機能をもつ生物ができたら、できあがったバイオブリック生命体は公開され、他の科学者が自分たちの研究に使うことができるようになる。いわば**オープンソースの生物学**のようなプロセスである。

906 レポーター遺伝子 REPORTER GENES

レポーター遺伝子は遺伝子改変、特に合成生物学において、目的の遺伝子が生物に導入されたことを示す指標（マーカー）として使われる。広く使われているものは緑色の蛍光を発するクラゲ由来のタンパク質の遺伝子だ。レポーター遺伝子を目的の遺伝子の隣に挿入しておくと、目的の遺伝子が活性化されたときにレポーター遺伝子も活性化され、生物が光るようになる。

科学者はレポーター遺伝子を指標に目的の遺伝子のDNAが正しく導入されたことを確認する。また、合成生物学ではレポーター

遺伝子はいわば指示薬としても働く。たとえば、一定の温度以上にならないと活動しない遺伝子の隣に**蛍光レポーター遺伝子**をつないで細菌に導入したとしよう。菌が光るようになった場合、その周囲の温度が細菌の活性化に必要な温度以上まで上昇したことがあるということを意味する。この技術は、たとえば低温に保たれなければならない生鮮食品の安全性の指標として使うことができる。

907 遺伝子汚染 GENETIC POLLUTION

遺伝子改変技術の発展に対する反対派の主な意見の1つは、作られた生命体が研究室から逃げ出す、あるいは遺伝子組み換え作物の場合は畑の外に拡散することで、自然環境に新たなDNAが組み込まれて取り返しのつかない結果になってしまうかもしれない、というものだ。一方で賛成派は、実験的に作られた遺伝子組み換え生物は脆弱なため、自然環境下では生存できないと主張する。また、研究者は**ターミネーター遺伝子**をこの組み換え生物に導入し、自然界で増殖できないような措置を講じている。

他にも、合成生物学のツールが悪用されて、危険な病原体の遺伝子が悪の手にわたってしまうのではないかという懸念がある。2005年、科学誌サイエンスがスペイン風邪の原因となったインフルエンザウイルスのゲノム配列を掲載したときにはその是非を巡って論争が起きた。スペイン風邪といえば1918年のパンデミックで5000万人が死亡した恐ろしい病気である。その病原体のゲノム配列が公開されてしまえば、高価な装置をもたないテロリストがウイルスを再構成してしまうと懸念する向きもある。

908 ターミネーター遺伝子 TERMINATOR GENES

遺伝子組み換え作物（GM作物）を不稔にし、自然界に広まらないようにするために導入されるDNAを**ターミネーター遺伝子**という。1990年代、バイオテクノロジー企業はGM作物の種にターミネーター遺伝子を導入することに興味を示し始めた。その魂胆はというと、農家がGM作物を育てても種子がとれないようにして、勝手に種子を増やして蒔くことを阻止しようというものだ。そうすれば農家は種子を毎年購入しなければならなくなる。

ターミネーター遺伝子に対しては強い反発が起こり、この技術が

使われた種子が市場に出回ることはなかった。農家の経済的な問題だけでなく、もし**遺伝子汚染**が起きて自然界の植物のゲノムにターミネーター遺伝子が飛び込んでしまったら、その植物種の生長を阻害するのみならず絶滅に追い込んでしまうという危険性も専門家から指摘されていた。

909 ファーミング PHARMING

遺伝子組み換え生物に薬を作らせる試みをファーミング（Pharming）という。ファーミングに使われる生物は主に微生物で、酵母などがワインやビールを醸造するときと同じようにタンクで培養される。

微生物以外、たとえば哺乳類がファーミングに使われることもある。たとえば遺伝子改変によって有用な化学物質を乳汁中に分泌させるなどの試みだ。マサチューセッツ州を拠点とするジェンザイム社は命を脅かす疾患である血栓症の治療に使う抗凝固剤を遺伝子組み換えヤギに産生させている。

植物が使われることもある。治療に有用な特定のタンパク質を産生するための遺伝子を組み込み、ちょうどサトウキビから砂糖を作りだすように、化学的な処理によって組み換え植物からそのタンパク質を抽出するのだ。カナダの企業メディカゴ社は遺伝子組み換えアルファルファを使い、インフルエンザワクチンを生産している。

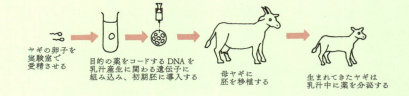

ヤギの卵子を実験室で受精させる　目的の薬をコードするDNAを乳汁産生に関わる遺伝子に組み込み、初期胚に導入する　母ヤギに胚を移植する　生まれてきたヤギは乳汁中に薬を分泌する

910 遺伝子ドーピング GENE DOPING

オリンピックが始まると、パフォーマンスを向上させるために薬物を使用するという過ちを犯したアスリートの話題をニュースでよく目にするようになる。彼らは禁止されている化学物質を使って力やスタミナを高めようという、いわゆる**ドーピング**をしたとして責められるわけだが、遺伝子ドーピングはさらに一歩先をいっている。遺伝

子治療の技術を用いて運動能力を高めるのだ。たとえば、**レポキシジン**（Repoxygen）という遺伝子治療薬は体内でEPOというホルモンを産生させる。EPOは体が作る赤血球の量を増やす。体の隅々まで酸素を運ぶ細胞である赤血球の数が増えることでアスリートの有酸素運動の能力が向上し、自転車競技や長距離走などの持久系スポーツでは特に有利になる。2006年トリノで開催された冬季オリンピックで、レポキシジンが使われたという申し立てが複数あった。運動競技の統括団体などが現在**遺伝子ドーピング**を規制する方法を模索しているが、未だに信頼できる検査法を開発しつつあるという段階である。

911 保全遺伝学 CONSERVATION GENETICS

遺伝学の手法で絶滅の危機に瀕している生物種を救おうという分野を**保全遺伝学**という。この分野の科学者は自然界に存在する生命の**遺伝的多様性**をより深く知り、絶滅の危機にある生物種を救うための保全策を考えようと、生物の遺伝子配列を解読する。

遺伝的多様性はさまざまな遺伝子についてその対立遺伝子を調べることで評価される。たとえば、花びらの色はある遺伝子の異なる対立遺伝子によって決められている。ただ、遺伝子によっては対立遺伝子の違いを見分けることが困難な場合もある。ある集団が1つの遺伝子について同じ対立遺伝子しかもっていない場合、この集団の遺伝的多様性は低いという。そして、遺伝的多様性が低い遺伝子の数が多ければ多いほど、種としての絶滅リスクは高くなる。

遺伝的多様性は生物種が環境の急激な変動を生き抜くために必要不可欠である。たとえば、気温が急激に下がるような変化が起きた場合、耐寒性を与える遺伝子をもつ個体が生き残り、種は存続することができる。しかし遺伝的多様性が低ければ、そのような遺伝子をもつ個体がそもそも存在しない可能性が高くなる。

912 優生学 EUGENICS

優生学とは科学の力で人類の進化を導こうというアイデアで、その目的は種を強くすることにある。こう聞くといかにもよい考えのようだが、実際は真逆である。具体的に優生学で行われることは、

人類の性質のなかでよくないものや弱いものををもたらす遺伝子が後の世代へ伝わらないようにすることだ。その最悪の例こそが、第二次世界大戦中のドイツのナチス政権によるユダヤ人を根絶し、人類の遺伝子プールから抹消しようという試みである。その結果、数百万人ものユダヤ人がナチスのガス室で殺された。

一方、アメリカやカナダなど他の国においても、20世紀初頭には独自の優生政策がとられていた。いずれもナチスドイツほど極端なものではないが、とても歓迎できるものではなかった。その主な手法は**強制不妊手術**であり、遺伝性疾患や精神疾患、場合によってはIQテストの点が低い人々に対し強制的に不妊手術を施したり薬物を使ったりして子供を産めないようにしたのである。今日では、強制不妊手術も優生学という概念自体も忌まわしいものとみなされている。

Food

食糧

913 農業 AGRICULTURE

農業・農耕の発展により、初期の人類は狩猟採集を主とする遊牧的なライフスタイルを捨て、定住型の生活へと移行していった。最初の農業者は土地を耕す方法を考案し、灌漑の技術を開発して作物を育てられるようにした。その過程のなかで現代文明の基礎が築かれていった。

この先駆的な人々は紀元前9世紀頃の中東に住んでいた。作物の収穫量が人々の必要とする消費量を上回っていたため、彼らはすぐに**家畜**を飼い始めた。最初は使役用途に、やがては食糧目的で飼育するようになった。15世紀に長距離の航海が可能になると、家畜や農作物を海外から運ぶことが可能になり、農業の**グローバル化**が起こった。そして19世紀の産業革命により**機械化**が進み、直後に世界初の**化学肥料**が開発されたことで食糧の生産量は一気に増大した。現代社会では、農業は単に食糧を供給するだけではない。バイオ燃料は石油やディーゼル燃料に代わる環境に優しいエネルギーとして期待されている。

914 水耕 HYDROPONICS

水耕栽培される作物は土壌ではなく養分が豊富に含まれた水で育てられる。水に加える養分の量は正確にコントロールできるうえ、土壌に対するよりも多くを加えることができる。つまり、水耕栽培による農作物の収穫高は、従来の土壌での栽培の数倍高くなる。古代エジプト人も水のなかで植物を育てていたという記録が残されているが、19世紀中頃、科学者が水耕栽培で植物を健康に保つために必要な養分を発見したときに現代的な水耕栽培を可能にするブレイクスルーが起きた。

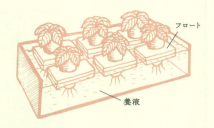
フロート
養液

単に収穫高が上がるというだけではない。水耕栽培はしばしば閉鎖環境で行われるため、害虫や疾患のリスクを減らすこともできる。また、栽培に使われる水はリサイクル可能であるため、たとえば将来計画されるに違いない火星への旅など、長期にわたる宇宙でのミッションにおいて宇宙飛行士の食糧調達源としても有望である。

今日、世界中で多くの水耕栽培農場が稼働している。世界最大の水耕栽培農場はアリゾナ州ウィルコックスにあるユーロフレッシュ・ファームで、1.3km²にわたり広がっている。家庭用の水耕栽培キットも販売されている。

915 農場タワー FARMSCRAPERS

今日地球上に存在する人類すべてを十分に食べさせるための農作物を育てるには、南アメリカ大陸1つ分の土地が必要だといわれている。この先50年にわたり世界の人口が増え続けると予想されるなか、必要な土地面積も40%増加すると見積もられている。この土地問題を回避する1つの方法は、農場を高層ビルのなかに入れ込んでしまい**農場タワー**を作ることだ。発案者はニューヨーク州コロンビア大学の微生物学者ディクソン・デポミエ教授である。彼によれば、30階建ての農場タワーは5万人分の果物、野菜、肉、

魚、そしてきれいな水を提供できるという。

　作物は水耕栽培で育てられ、近郊の都市部から出る排水が養分として利用される。植物は蒸散というプロセスで水蒸気を葉から放出するので、この天然のフィルターで濾過されたきれいな水を集めれば飲用として使える。ビルの電気は太陽光パネルや風力タービンなどの再生可能エネルギーと、収穫後の植物に由来する廃棄物を高効率焼却炉で燃やすなどの方法でまかなう。

　2009年時点で世界初の農場タワーはまだどこにもお目見えしていない。デポミエ教授は数年以内にプロトタイプを完成させることができるとしているが、それには6000万ドルという巨額の費用が必要である。

916 食品科学 FOOD SCIENCE

　食糧の生産、安全性、調理に関する科学はまとめて**食品科学**とよばれる。そこには食品のなかに潜む有害な微生物の存在を検出するための**微生物学**や、農業と化学工学の知識を組み合わせて食品の生産加工プロセスを開発する**食品工学**などの分野も含まれる。

　それだけでなく、食糧品の加工、保存、包装、そして消費者のもとへの輸送など日常的な課題も取り扱う。使われる特殊技術には**殺菌**（牛乳を加熱して有害な細菌数を減らす）や**フリーズドライ**（コーヒーなどの食品を保存可能かつ輸送しやすくするために脱水加工する）などがある。アメリカで食品科学を統括する団体は、1939年に設立された**食品技術者協会**（IFT）だ。

917 遺伝子組み換え食品 GM FOOD

　遺伝子組み換え技術を応用して食糧の品質を向上させたものを**遺伝子組み換え食品**（GM食品）とよぶ。たとえば、南極に生息している魚がもつ冷たい水のなかで凍ることを防ぐ遺伝子をジャガイモに導入すると、耐霜性をもつジャガイモができあがる。同じよう

な技術を使えば害虫耐性の穀物や、長もちするトマト、栄養価が高い食物などを作ることが可能だ。しかし、GM食品に対する一般の目は非常に厳しく、スーパーの棚からGM食品が消えるほどである。

科学者のなかには、GM食品が支持を得るのに失敗したことは、GM食品反対派が考えるGM食品の脅威と同じくらい恐ろしい結末をもたらすと考える人もいる。世界規模で人口が増加し続け、すべての人を満足に食べさせることが困難になりつつある現代では、栄養価を高めたり長期保存可能になったり、生産量を増やすことができる技術をやみくもに拒絶するのではなく、それについてきちんと考えることが重要だと説く。

918 分子ガストロノミー MOLECULAR GASTRONOMY

科学は食品の生産や輸送だけでなく、調理や加工プロセスをも対象とする。今や台所も実験室になりつつある。科学者とシェフは**分子ガストロノミー**とよばれるこの分野で、我々の五感や体が食べ物に対しどのように反応するかを調べ、その情報に基づいておいしく香りも見た目もよいだけでなく、魅力的なテクスチャ（舌触りあるいは「食感」）に仕上げたり、心理学的要素も取り入れたりした素敵なディナータイムを演出する。

分子ガストロノミーの初期の発展はハンガリー生まれの物理学者**ニコラス・クルティ**によるところが大きい。彼は完璧なメレンゲを真空装置で作ったり、電子レンジを使ってなかが熱くて外が冷たい「**フローズンフロリダ**」という、ベークトアラスカの逆バージョンのデザートを作ったりとさまざまな実験的料理を発案した。

今日、分子ガストロノミー分野の先導的役割を果たしているのはイギリスのシェフのヘストン・ブルメンタールである。イギリスのバークシャーにある「ファット・ダック」という彼のレストランでは、カタツムリの粥、辛子のアイスクリーム、液体窒素のなかに落として（ポーチドエッグのように）作られる緑茶とライムのムースなどを楽しむことができる。

919 香料化学 FLAVOUR CHEMISTRY

香料化学は食物科学と分子ガストロノミーの1分野であり、さまざまな風味を生み出すもととなる**化合物の学問**だ。たとえば、アー

モンドの特徴的な味や香りはベンズアルデヒドによるものであり、バニラの香りは4-ヒドロキシ-3-メトキシ-ベンズアルデヒド（バニリン）に由来する。それからボイルドビーフというイギリスの伝統料理の香りはひとことでいうと3,5-ジメチル-1,2,4-トリチオランだ。これらの化合物は**人工的**に作り出すことができ、たとえばビーフ味のポテトチップスがベジタリアンに受け入れられるのもこれが理由だ。

香料化学はまた、好ましくない風味をもたらす化合物やその生成過程についても研究し、そのような不都合な化合物が食品の生産過程で生じないようにする。舌は5つの味を検知できる。甘味、塩辛さ、苦味、酸味、そしておいしさのもとであるうま味だ。これらの味を強めるために食品には化学調味料が加えられる。塩、砂糖、弱酸、そしてうま味を強めるグルタミン酸ナトリウムなどだ。

920 培養肉 IN-VITRO MEAT

研究室で厚切り肉を育てることができ、食べるために家畜を育てるという苦悩から解放されるとしたらどうだろう？　**培養肉**を育てるプロセスは、大まかにいうとヨーグルトや酵母を培養するのと似ている。生きている動物から肉片を採取し、必要な養分がすべて含まれている養液で養うというものだ。この方法の利点は、このようにして育てられる培養肉は神経系（「神経生物学」を参照）をもたないので痛みを感じることがないということだ。

また、牛が排出するメタンのような温室効果ガスも排出されず、広い土地も必要なく、生きて呼吸する動物に比べて必要な栄養分も少なくて済む。水耕栽培と同じく、培養肉の技術も長期にわたる宇宙ミッションで食糧生産に応用できないかとNASAなどの宇宙開発機構が調査を進めている。

921 ナノフード NANOFOOD

　ナノテクノロジーや分子工学の手法を食糧品生産に応用する分野を**ナノフード**とよぶ。この分野の専門家は、ナノテクノロジーが食物の食感や風味を変えるといい、ナノスケールのセンサーで危険な微生物の増殖をモニタリングすることで食の安全性も向上できると主張する。

　食品会社クラフトフーズは**スマートフード**を設計するためにナノテクノロジーを使うことを考えている。スマートフードは消費者の好みに応じて色や味を変えたり、食品に組み込まれたセンサーが体内で不足している栄養素を検知してそれを放出したりできる。クラフトフーズ社はプログラム可能なナノ粒子を含む無味無色な液体を想定している。消費者が小型のキーボードを使って好みを入力するとその情報がマイクロ波に符号化され、それを液体に照射することで必要な分子を活性化させるという寸法だ。またある食品科学者は、いつの日か我々が席について待っている間にナノテクノロジーによってゼロから分子をひとつひとつ組み立て、食事全体を作り上げることが可能になると考えている。

922 指紋 FINGERPRINTS

　我々の指先にある筋状（隆線）の紋様はすべての人間で異なっており、同じパターンをもつ人は2人と存在しない。我々が何かに触れるとき、皮膚から分泌される天然の油分によってこの紋様が触れたものに写しとられる。鑑識官は犯罪現場に残された**指紋**を探し、それをもとに犯人を同定する。ひとりひとり異なる指紋は子宮内で胎児が発生する際に皮膚がくしゃくしゃになったり折りたたまれたりする過程で生じ、生涯変わらないとされる。また、隆線は我々が指でものに触れたときの感覚を増幅させる働きがあると考えられている。鑑識官は犯罪現場でまず指紋の油分に付着する性質をもつ微細な粉末を塗布し指紋を採取する。得られた指紋はコンピューターに登録され、指紋のデータベースと照合される。

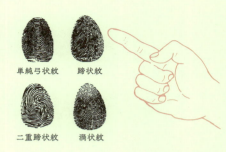

単純弓状紋　蹄状紋
二重蹄状紋　渦状紋

犯罪者のなかには、酸で溶かしたり、カミソリでそぎ落としたりという思い切った方法で指紋の除去を試みる者もいたが、一般的には単に手袋をはめることが多い。家や車のセキュリティシステムのうち指紋を利用して所有者を識別する仕組みのものは、強盗が被害者の指を切断し、それを用いてセキュリティを解除して侵入する恐れがあると懸念されている。

923 痕跡証拠　TRACE EVIDENCE

犯罪現場に残されたごくわずかな遺留品（毛髪、血液、皮膚片など）から、犯人につながる大きな手掛かりが見つかることがある。このような**痕跡証拠**の収集は非常に骨の折れる作業で、捜査官は犯罪現場にはいつくばって丹念に証拠を集めていく。得られた検体は**科学捜査研究所**に送られ、光学顕微鏡、走査型電子顕微鏡、化学組成を調べる試験などあらゆる方法を駆使して分析される。ときには被害者の体から採取された痕跡証拠が容疑者の絞り込みにつながることもある。たとえば、被害者と同じ血液型の血痕が容疑者の自宅で発見されるなどというときだ。

924 DNA鑑定　DNA PROFILING

我々の指紋がひとりひとり異なるのと同様に、我々がもつ遺伝子を構成する**DNA配列**もひとりひとり異なっている。すなわち、犯罪現場に残された血液のシミ、唾液、皮膚、毛髪などの痕跡証拠から容疑者を割り出すことができるのだ。その原理は、ヒトの遺伝情報には膨大な数のDNAの塩基対が含まれており、地上にいる2人の人間が同じDNA配列をもつ確率が事実上ゼロであることに基づいている。**DNA鑑定**ではすべての塩基対の配列を解読するわけではない（時間がかかりすぎる）。そうではなく、**法医学者**はDNA中に存在する繰り返し配列のパターンをチェックしている。これは完全な遺伝子フィンガープリント（指紋）を構築するのとはわけが違うが、

犯罪現場で採取された検体と容疑者から得られた検体が同じ人物に由来するものかどうかを判断するにはこれで十分である。

925 毒物学 TOXICOLOGY

毒物学とは毒物の分析や同定に関わる科学分野である。法医学は死因の特定や、薬物使用の有無（睡眠薬やアルコールを飲んだ状態で車の運転をしていたことが疑われる場合など）の判定を行う。「**法中毒学**」では、尿や血液などあらゆる体液、毛髪などの検体に対し化学的検査を実施し毒性のある化合物の存在を調べる。ときには身体検査結果（注射痕の存在など）と組み合わせて結論を導く。他の間接証拠も重要だ。たとえば死亡者は処方薬を服用していなかったか、その薬を過量服用した可能性はないか、といったことである。法中毒学はスペインの化学者マシュー・オルフィラによって1813年に創始された。この分野は人体生理学、病理学、生化学、疫学が組み合わさって形成されている。

926 法医昆虫学 FORENSIC ENTOMOLOGY

昆虫学（「動物学」を参照）が犯罪捜査の役に立つというのは一見突飛な考えに見える。しかし実際に、昆虫の研究は殺人から薬物の密輸まで広範な事件において極めて役に立つ。

その主な用途は殺人事件における**死亡時刻の推定**である。ハエは被害者の死亡後わずか数秒足らずで死体に卵を産みつける。産み付けられた卵は孵化してウジ虫になり、蛹へと姿を変え、最終的にそこから成体のハエが出てくる。続いてアリ、甲虫、フンバエなど他の昆虫も寄生するようになる。この一連のプロセスは正確なタイミングで進むため、死体に群がる昆虫の状態を調べることで死亡時刻を、ときには1時間未満の誤差で推定することが可能だ。

法医昆虫学が扱う犯罪は死体が関わるものばかりではない。たとえば輸入されてきた薬物に含まれる昆虫を分析するだけで、それが世界のどの場所からきたのかを特定することができる。

927 弾道学 BALLISTICS

法医学における**弾道学**では、銃器と銃弾について研究する。銃身の内側に刻まれた**ライフリング**（施条）とよばれる、銃弾に旋回運

マイクロスタンプによる薬莢への刻印

薬莢

撃針に銃の
シリアル番号が
刻印された
マイクロスタンプが
埋め込まれている

動を与えて精度を上げるためのらせん状の溝によって、発射された銃弾の表面には各銃器に固有のパターンで傷（施条痕）がつく。法医学者はこの施条痕をもとに発射に使われた銃器を特定することができる。弾道学のエキスパートはまた、銃弾が被害者の体内や周囲の物体を通った跡を解析し、どの方向から撃ち込まれたかを明らかにする。さらに、容疑者の衣類や皮膚にわずかに付着する燃焼後の発射薬（パウダー）を化学的に同定することで、その人物が最近銃を撃ったことがあるかを明らかにすることもできる。

犯罪現場に残された薬莢を回収することで、銃撃に使われた銃器の種類を明らかにすることができる。今後新たな議案が通れば、銃の撃針に小さなスタンプ（マイクロスタンプ）を埋め込み、発射時に薬莢にその銃のシリアル番号を刻印するという仕組みが実現するかもしれない。

928 犯罪プロファイリング CRIMINAL PROFILING

プロファイリングの仕事は過酷である。殺人者、性犯罪者、放火犯の内面を見なければならないからだ。しかし犯罪プロファイラーの仕事はなくてはならないものである。プロファイラーは危険人物や暴力的な人物の思想を読み取るプロである。犯罪現場で得られた証拠、被害者や目撃者の証言をもとに犯人の性格や行動パターンを推測する。こうして得られた犯人のプロファイルは、捜査官が容疑者を絞り込む、あるいは新たな容疑者をリストに加えるときの重要な情報となる。

プロファイリングを活用する組織としてもっとも有名なのはアメリカの**連邦捜査局**（**FBI**）である。そのなかにある**行動分析課**は1972年に設立されたが、プロファイリングという分野自体は1957年に心理学者ジェームズ・ブラッセル博士がプロファイリングによってジョー

ジ・メテスキーというニューヨークの爆弾犯を正確に予測したときに誕生した。当初捜査官はブラッセル博士の分析結果を嘲笑したが、犯人が実際逮捕されてみると、多くの捜査官がプロファイリングを真剣に捉えるようになった。

この方法は常に当たるわけではない。2002年にワシントンDCで起きたベルトウェイ狙撃事件では、プロファイラーは犯人を中年の白人男性で、右翼的な政治思想をもつ者であるとした。しかしふたを開けてみれば、真犯人は黒人の2人組で1人は17歳という若さだった。それでもなお、プロファイリングは世界中で凶悪犯罪者の逮捕に貢献しており、難事件捜査の重要な一翼を担っている。

929 法歯学 FORENSIC ODONTOLOGY

殺人事件の被害者の遺体が殺害後長期にわたり発見されないというのはままあることで、死後時間が経っているために遺体の分解が進んでおり、被害者を特定するための特徴がほとんど残されていないことも多い。このようなときには**法歯学**、すなわち歯科所見に基づく個人の特定が有効である。歯を一通り診ることで、被害者の死亡時の年齢を正確に予測できる。被害者の歯の写真を撮影し、その特徴や印象を記録してコンピューターに取り込み、既知の行方不明者の歯科記録と照合して身元を割り出すこともできる。

法歯学にはもう1つの役割がある。被害者の体に残された犯人による噛み跡と、容疑者の歯並びとを照合することができるのだ。1979年のシリアルキラー（連続殺人犯）テッド・バンディの裁判では、被害者リサ・レビーの体に彼が残した**噛み跡が決め手**となり有罪の判決が下った。

930 法医人類学 FORENSIC ANTHROPOLOGY

法歯学と同様、**法医人類学**も腐敗が進んだ遺体の一部を同定することで捜査官を支援する。法医人類学者は遺体の年齢、性別、身長、人種、そして多くの場合**死因**も明らかにすることができる。個別の殺人事件を担当することもあれば、戦争犯罪調査として大規模な合同埋葬場所の遺物の同定に駆り出されることもある。

法医人類学者は時折頭蓋骨から顔面を再建することもある。

頭蓋骨に筋肉層と皮膚を重ねてみることで、頭蓋骨のもち主がどのような風貌であったかを知ろうとする試みである。2005年には科学者がツタンカーメンの頭蓋骨のコンピューター断層撮影（CT撮影）を行い、それをもとにこの少年ファラオの印象的な顔を復元した。

931 デジタル鑑識 COMPUTER FORENSICS

今やほとんどの人がパソコンを所有している。Eメール、インターネットアクセス、ソーシャルネットワーキングなど、日常生活のなかでパソコンが果たす役割も大きくなっている。そのため、警察は犯罪捜査で浮上してくる人物のパソコンを押収し、ハードディスクのなかに手掛かりがないか探す。このプロセスを**デジタル鑑識**とよぶ。

最近ではデジタル鑑識が対象とするものも小型化している。携帯電話、デジカメ、もち運び可能なフラッシュメモリなど、ポケットサイズのものも多い。

Archaeology

考古学

932 アーキオメトリー ARCHAEOMETRY

考古学は慎重な発掘作業により姿を現した人工物や建造物を調査することで、古代について研究する科学である。考古学には科学の多くの分野が関わっており、それらが集まって**アーキオメトリー**とよばれる分野を形成する。

この分野には金属探知、航空考古学、そして考古学的地球物理学などが含まれるが、それだけではなく、厳密な測定法の応用や反証によって科学的検証が可能な科学的理論の構築も目標としている。

933 金属探知 METAL DETECTING

金属探知機を手に野原をうろうろしているとびっくりするようなものを見つけられることがある。2009年9月、アマチュアの金属探知機愛好家がイギリス・スタッフォードシャーで7世紀アングロサクソン時代の金を大量に発掘した。その価値は数百万ポンドにものぼるという。

金属探知機は交流電流（「交流・直流」を参照）を利用し、電磁誘導の原理にもとづいて交流磁場を発生させる。地中に金属が存在すると反対の効果が起こり、金属探知機が作る磁場によって金属にわ

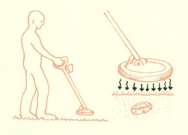

ずかな電流が流れる。それにより金属に誘導される磁場を探知機が検出する。金属探知機は地中に存在する天然の金属堆積物を検出することで採鉱地の探索をしたり、戦争地域で地雷を検知したり、空港でセキュリティチェックに使われたりしている。

934 航空考古学 AERIAL ARCHAEOLOGY

　少し遠くから大きな視点で地形を眺めると、その地形に隠された秘密を知ることができるかもしれない。上方から見る（飛行機や人工衛星、あるいは単に地上の高い地点からというのでもよい）ことによって、その地点の古代の歴史に関する手掛かりが得られることがあるのだ。

　古典的な例はメキシコの**チクシュルーブ・クレーター**だろう。1980年から科学者らは、6500万年前に地球に衝突した巨大な隕石によって恐竜が絶滅したのではないかとにらんでいた。しかし、そうであるならば隕石衝突によってできたクレーターはどこにあるのだろうか？　その答えは1996年に得られた。ユカタン半島の衛星写真にうっすらとリング状の跡が写っていたのだ。これこそ、直径180kmにも及ぶ古代のクレーターの名残であった。

　上空から地勢を測量することで、古代の集落を覆い隠している地面のこぶや隆起が明らかになることがある。土壌の色の違いや、異なる波長の電磁波（赤外線など）を用いて撮影することでも隠された構造体が見えてくる。**航空考古学**の研究結果は、地上にいる考古学者がどこを発掘すればよいか教えてくれる。

935 地球物理学 GEOPHYSICS

　考古学者は**地球物理学**を応用して、すなわち物理学の基本原理に基づくさまざまなリモートセンシングの技術を駆使して地中を調べる。地面に電極を刺すと土壌の**電気抵抗**が測定できる。石

は湿った土よりも抵抗が大きいなど、地中の構造によって測定結果は変化する。また、地中レーダーという、レーダーを地面に向けて打ち込む手法もある。地中に大きな構造物があるとレーダーが反射して地表に戻ってくるので、考古学者が構造物の存在を知ることができるのだ。

磁気探査法では土壌や地中に存在する物体の磁性を測定する。鉄製のものは特徴的な強い磁性を示すし、レンガや石など他の素材も判別可能な反応を示す。

936 コンピューター考古学 COMPUTATIONAL ARCHAEOLOGY

コンピューターやさまざまな**デジタル技術**は科学のあらゆる分野において強力なツールとなっており、考古学においてもそれは例外ではない。考古学者が使う重要なリソースは**地理情報システム**である。陸地の地勢のデータベースとしてはグーグル・アースなどがある。このようなデータベースは考古学的に意味のありそうな地域の簡単なあらましを教えてくれるので、そこを掘るべきか否かという最初の決断をするために必要な情報を安く手に入れることができる。もう1つのデジタルツールは**GPS**(Global Positioning System、**全地球測位システム**)、またの名を衛星航法システムというもので、これを利用することで位置を正確に知ることができる。

コンピューターの高い計算能力により、考古学者は考古学的データのなかからパターンを見つけ出すためにより詳細な統計解析を行えるようになった。最近の洗練されたソフトウェアのなかには、発掘場所をコンピューター上で三次元的に再構築し、そのなかをバーチャルで歩き回ることができるものまである。

937 年代決定 DATING

人工物の年代の推定は考古学の鍵を握るスキルであり、科学は考古学者たちが扱っているものの年代がいつなのか知ることができるよう、多くの信頼できる方法を開発してきた。**放射性炭素年代測定法**は炭素の同位体である炭素14の放射性崩壊を利用する。植物は生きている間この炭素を吸収し続けるが、死ぬと新しい炭素14は供給されなくなり、放射性崩壊が始まる。その半減期は5730年だ。よって炭素14の存在量を測定することで、何年前のも

のなのかを大まかに知ることができる。

　もう1つの方法は**年輪年代学**だ。これは古代の木の年輪パターンを見ることでその年代を推定するというものだ。また、**熱ルミネッセンス**という手法もあり、これは陶器やセラミックス素材が加熱されたときに光子が放出されることを利用している。放出される光の量は、その素材が前回加熱されてから現在までの間に吸収した電磁波の量に比例する。我々は常に弱い電磁波にさらされており、地球上のすべての物体（古代の人工物も例外ではない）はこの電磁波の海に浸っている状態だ。よって、考古学サンプルが放出する熱ルミネッセンスの光の強度は、そのサンプルがどれくらい長い間電磁波を浴び続けていたか、すなわち作られてから（焼成されてから）何年くらい経ったのかを教えてくれる。

938 実験考古学　EXPERIMENTAL ARCHAEOLOGY

　鉄器時代を生きた人類は、どのようにして地中から掘り出した未精製の鉱石から鉄を精錬したのだろうか？　この問いに答える一番よい方法は、鉄器時代の精錬施設を実際に建ててみることだ。これが**実験考古学**の一例である。実験考古学は人工物の調査結果に基づいて古代の手法、建物、技術を再構築してみて、実際それがどのように機能していたかを明らかにするという科学の方法である。

　実験考古学のもう1つの例は世界中でニュースになった、1940年代に建造されたコンティキ号によるペルーからポリネシア諸島への航海である。この実験の目的は、南アメリカ大陸の初期の住民がポリネシアを植民地化する技術をもっていたことを示すことだった。実験考古学は、古代人類の生活について考古学者が立てた科学的仮説を実際に検証することを可能にする重要な学問である。

939 水中考古学　UNDERWATER ARCHAEOLOGY

　数千年も経てば海岸線が変化してしまうため、考古学的に重要な場所は水中にも存在する。**水中考古学**は考古学的手法とダイビングのスキルを組み合わせてこのような場所を調査する学問だ。沿岸地域は地震や陥没、気候変動などさまざまな理由で海面が上昇するのに伴い水没する。エジプト北部ではアレキサンドリアの

古代の港の多くが1700年前の地震活動で現在は海の下に沈んでいる。フランスの考古学者フランク・ゴジョ率いるダイバーらは、それにもめげず海底から絢爛豪華な彫像などを回収した。それらは、エジプトの女王クレオパトラの住居を取り巻いていたと考えられている。ただ、水中考古学が扱うのは何も沈んだ建造物だけではない。難破船や墜落した航空機なども対象となる。

水中考古学の作業は困難を伴う。視界は悪いし、細心の注意を払うべき発掘作業を水が邪魔する。しかも、場合によっては海の底深くでの作業となるため、遠隔操作の無人潜水艇を使わなければならない。そんな困難を乗り越えて無事に遺物を回収できたとしても、水から出して空気に触れさせた瞬間一気に劣化してしまうことがあるので、特殊な保存技術が必要となる。

940 音響考古学 ARCHAEOACOUSTICS

古代の人々は音波の科学についてもかなりのことを知っていたようだ。メキシコのチチェン・イッツァという古代マヤの遺跡にある**エル・カスティーヨ**というピラミッドは偶然とは思えない音の特徴をもつ。ピラミッドの近くで2つの石を打ち鳴らすと、鳥の鳴き声のような音が反響して返ってくるのだ。高い音に続く下降音というこの特徴的な音は、マヤ人が鳥の歌声をまねようとしたのではないかと考えられている。実際、中央アメリカの鳥ケツァールの鳴き声とこの音は酷似している。

一方、世界中で「**響く石（ringing rocks）**」という、叩くとベルのように澄んだ音を出す削りだされた石が見つかっている。なんと、これらの人工物のなかには、原始的な録音装置として、作られた当時の音を記録しているものがあるという説もある。古代の職人が湿った粘土をこねていたとき、近くの音に共鳴した道具の振動がその粘土に刻み込まれたのではないかというのだ。この説は1960年代に最初に提唱されたが、これまでに古代の陶芸品から音を抽出できたという信憑性のある報告は得られていない。

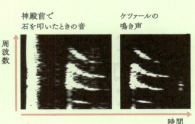

941 天文考古学 ARCHAEOASTRONOMY

　天体望遠鏡は17世紀まで発明されなかったものの、**古代の天文学者**は天についての研究や記録も怠らなかった。最初の星座は古代ギリシア人によって名づけられており、数千年前の人々も夜空に思いをはせていたことがうかがわれる。また、土星までのすべての惑星は先駆的な天文学者らによって先史時代にはすでに発見されていた。彼らは特殊な道具を使うことなく、抜群の視力で夜空を横切る惑星の動きを追っていたのだ。

　これまでに数多くの古代の天文台が発見されている。4500年前に作られた石が環状に並べられたイギリスの遺跡**ストーンヘンジ**は、特定の石と天体が一直線に並ぶ現象を利用して季節を知るための道具だったと考えられている。たとえば1年のうちで夏至の日にだけ、夜明けに昇る太陽がヒール・ストーンと呼ばれる大きな石と一直線上に並ぶ。

　他にもエジプトのアブ・シンベルやメキシコの**チチェン・イッツァ**でも古代の天文台が発見されている。

942 古生物学 PALAEONTOLOGY

　考古学と生物学が合体して**古生物学**という分野が生まれた。古生物学が扱うのは恐竜などの先史時代の生命体で、証拠のほとんどは考古学的手法を用いて得られる。

　古生物学者は古代の生き物の化石を発掘し、この星における生命進化の**系統樹**構築を目指す。系統樹は、自然選択というプロセスで新たな生物種が生まれたり、生物種が絶滅したりするなかで形作られる。化石は生物が上を覆う土や堆積物などに数百万年にわたり押しつぶされ、石になることで生じる。

　古生物学者は大きく2つのグループに分けられる。古の植物を扱う**古植物学**と、古の動物を扱う**古動物学**だ。彼らは地球上の生命を30億年程度もさかのぼって発見することに成功している。化石研究は、その化石が発掘された地層の岩石を研究することでもある。それゆえ、古生物学研究の成果が地学にも貢献することがある。

943 墓荒らし TOMB RAIDING

エジプト学や建築が得意だった古代文明を研究する考古学者は、亡くなったリーダーや王の壮麗な墓を探し回る。これまで発見された墓のうちもっとも壮麗なものは紀元前1323年、古代エジプト文明がもっとも栄えたエジプト新王国とよばれる時代に亡くなった少年のファラオ、**ツタンカーメン**のものである。イギリスの考古学者**ハワード・カーター**が1922年にその王墓を発見したのだが、その時点でツタンカーメン王の墓は、長い歴史のうちに数回にわたり**盗掘**されていたようである。真面目な考古学者らは盗掘という行為を極めて不愉快に思っており、多くの国では違法である。

歴史的発明
Landmark Inventions

944 自転車 BICYCLES

人類史上もっとも普及した発明品の1つ、**自転車**は今やどこでも見ることができる。車よりも圧倒的にクリーンで、歩くよりは速い**自転車**は、通勤通学の主要な手段である。郵便配達、警察、救急医療隊員にも使われるし、もちろんレクリエーションでも使われる。

さまざまな形状の自転車が多くの発明家によって19世紀初期に作りだされた。それらは不格好で乗り心地は悪く、乗りこなすのも難しいものだったが、19世紀の終わり頃までにチェーン駆動、空気タイヤ、ブレーキケーブルなどの重要な発明が連続して起こり、現在の自転車の形によく似たものが出現した。現代の自転車は極めて複雑な構造をしており、高性能のディスクブレーキを採用したり、でこぼこした土地での操縦性向上のためにサスペンションを搭載していたりする。

945 水洗トイレ FLUSH TOILETS

水洗トイレなしに生きていきたいと思う人は今やほとんどいないのではないだろうか。しかしアジアやアフリカなどの第三世界ではトイレはかなり基本的な形状をしている。地面に開けられた原始的な穴かそれ以下だ。水洗トイレはエリザベスI世に仕えていたイ

ギリスの作家**ジョン・ハリントン**によって16世紀に発明された。それ以来多くの改良がなされデザインが向上し、タンクを付けたことでいちいちバケツの水をもち上げて流す必要もなくなった。そしてU字型トラップの発明により汚物の悪臭を防ぐ対策がとられるようになった。

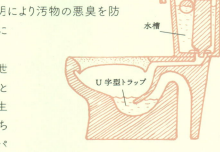

水槽
U字型トラップ

　水洗トイレは水で排泄物を流し去り、飲み水と分離したことで公衆衛生を著しく向上させた。ちなみに近代型トイレのパイオニアはイギリスの配管工のトーマス・クラッパーであり、今でもイギリスでは「**クラッパー**」はトイレの代名詞だ。

946 貨幣 MONEY

　サイーリンはパンがほしいと思っているが、実際はほしくもない鶏肉をもっている。ハソックはパンを一斤余分にもっているが、夕飯のために鶏肉が必要だ。この2人は明らかに互いを助けることができるが、サイーリンは鶏肉のほうがパンよりも価値があると思っている。こんなとき、両方の品物の価値をタカラガイの貝殻で表せたらどうだろうか。たとえばパン一斤が貝10個、鶏肉は30個というように。これなら、サイーリンは喜んで鶏肉をハソックのパンと交換し、さらに貝を20個ハソックからもらい、明日それで何か買い物するだろう。

　この例は作り話だが、**貨幣**という概念が誕生したのはこのようないきさつからだ。アジアに住む人々は紀元前1200年頃から貨幣単位として**タカラガイ**という巻貝の貝殻を使っていた。最初の硬貨はリディア（現在のトルコの一部）で紀元前7世紀頃に鋳造された。貨幣の登場によって人々はその時点で所有する物や農作物、サービス以上の価値を富として蓄えられるようになった。今日、コンピューターやインターネットによって貨幣は実体のないものになりつつある。銀行からよその国へ多額の送金をするのも、もはや電線のなかを通る電子の流れに過ぎない。

947 避妊法 CONTRACEPTION

　1960年代、**内服薬**(ピル)による産児制限という画期的な発明がなされて世界は一変した。グレゴリー・ピンカス博士が開発したピルは1960年に発売され、他の方法よりも信頼性が高いだけでなく、避妊することを自ら選ぶ力を女性に与えた。性革命の始まりである。

　避妊法は他にもあって、たとえばもっとも古典的な**コンドーム**は数千年前の古代エジプト人も用いていたといわれる。世界初のコンドームはリネンで作られていたが、やがて動物の小腸が使われるようになった。中世になると、恐ろしい性感染症である梅毒の予防を主目的にコンドームは使われた。そして、1980年代にHIVウイルスが原因の感染症エイズが広がり始めたことを受け、コンドームのブームが再来した。

948 自動車 MOTOR CARS

　現在地球上を5億台以上の**自動車**が走り回っているという事実にイライラしている人がいるならば、それはそもそもの始まりを作った**カール・ベンツ**という人物のせいだ。ドイツの技術者だったベンツは1885年に1000ccのガソリンエンジンを搭載した、ほぼ「馬が引いていない馬車」という見た目の自動車を世界で初めて作り上げた。この「**モトールヴァーゲン**」に取り付けられていたエンジンの性能はみじめなものであり、そのトップスピードはわずか時速16kmであった。

　しかし、エンジン性能はみるみる向上し、1903年には**ヘンリー・フォード**がフォード・モーター・カンパニーを創業した。1908年には**T型フォード**の生産を開始した。これは人類史上もっとも成功した自動車で、馬車っぽさが減り自動車らしい見た目になったことに加え、余計な装飾を排し手の届きやすい価格にしたことで、1500万台以上も売れた。

　今日の自動車にとっては機械工学と同じくらい電子工学やコンピューターも重要であり、車のすべての機能が今やコンピューターによって精密に制御されている。ガソリンに代わって電気で動く電気自動車の開発が進むなか、自動車分野で電子工学が占めるウエイトはますます大きくなっている。

949 電子レンジ MICROWAVE OVENS

電子レンジはレーダーの開発から偶然生まれた調理器で、食べ物をあっという間に温めることができる。マサチューセッツ州ウォルサムにあるレイセオン社で働いていた**パーシー・スペンサー**という電子工学の技術者によって1945年に電子レンジの原理が発見された。**マグネトロン**という軍用レーダーに使われる電波発生装置の試験を行っていた彼は、ポケットに入れていたチョコバーが溶けていることに気づいた。マグネトロンが発するマイクロ波が原因だとにらんだスペンサーは、ポップコーンをレーザービームの通り道に置いた。すると彼の読み通り、スイッチを入れるとポップコーンが弾け始めたのだ。

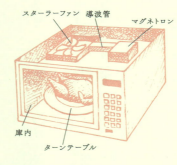

マイクロ波は電磁波の一種で、波長は約12cmである。電子レンジは**誘電加熱**という方式で食品を加熱する。食品中に含まれる水分子が電場と揃うように並ぼうとした結果衝突し振動が起こる。すると、気体分子運動論が示す通り、この振動が熱となる。

950 レーザー LASERS

レーザーは1957年に発明され、DVDプレーヤーから光ファイバー通信まであらゆるものの基礎となり世界を変えた。レーザー（**laser**）という言葉は「輻射の誘導放出による光放出（light amplification by the stimulated emission of radiation）」の頭文字をとったものだ。フィラメント電球のような一般的な光源では、あらゆる波長の光子がランダムに放出される。一方、レーザーはすべての光子が同じ波長をもち、足並みを揃えて進む「**コヒーレント**」な光を生み出す。レーザー光は収束性に優れ、拡散せずに細いビームのまま保たれる。

レーザーはアルベルト・アインシュタインが理論的基礎を確立した**誘導放出**という原理に基づいている。原子をあらかじめ定められたエネルギー準位に励起した状態にし、そこに外部からエネル

ギー準位差と等しいエネルギーをもつ光子をぶつけると、エネルギー準位差に相当する光を放出しながら低いエネルギー準位に移る。この光子が同じ励起状態の原子にぶつかることで連鎖反応的に遷移が起こり、位相の揃ったコヒーレントな光が生み出されるのだ。

DVDなどの光記憶装置はレーザーでディスクから情報を読み取る。レーザーの波長が短いほどディスクに保管できる情報量は増える。1990年代、科学者は短波長の青い光を放出するレーザーを開発し、これによりブルーレイという次世代の高容量光ディスクが誕生した。

95 | 衛星航法システム SAT NAV (GPS)

世のなかには、カーナビゲーションからの頼りになる音声がなければ致命的に道に迷ってしまう人がいる。彼らを救う**衛星航法システム**（全地球測位システム、**GPS**）は、地球周回軌道上の人工衛星からの信号を使い、ユーザーの地表上での位置を決定するためのものだ。2009年時点で29基の**GPS衛星**が稼働しており、互いの軌道を横切りながらまるで原子核の周りを飛び回る電子のように、地球の周りを回っている。

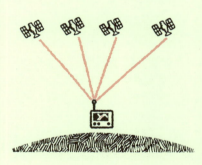

各人工衛星は標準時刻の信号を発信していて、この時刻を受信機の時刻と比較することで、信号を乗せた電波が衛星から受信機まで届くのにかかった時間、そして距離を計算することができる。このような作業を4個以上の衛星からの信号について行えば、地球上での位置を正確に割り出すことができる。

GPSは1989年に人工衛星の打ち上げが始まった。当初は純粋に軍事目的であったが、韓国の旅客機が誤ってロシア（当時ソ連）の領空内に迷い込み撃墜されるという事故が起きた後、ロナルド・レーガン大統領がこのシステムを民間も利用できるようにと命じた。現在では、民間航空機、船舶、個人用のナビゲーションシステム、

携帯電話などで使われている。

952 走査型電子顕微鏡
SCANNING ELECTRON MICROSCOPES

　走査型電子顕微鏡（SEM）は驚くべき装置だ。ふつうの顕微鏡と同じく小さなものの画像を得るための機械なのだが、SEMにとっての「小さい」は桁違いだ。画像の解像度は1nmのレベルに達するので、血液細胞や微生物、物質の結晶構造などを鮮明に描き出すことができる。顕微鏡は、観察対象となる試料に光のビームを当てて照らすという仕組みである。光の波長が短くなると、より細かいところまで観察できる。この光を電子のビームで置き換えたものがSEMである。粒子と波動の二重性により、電子はそれ自身波長をもつのだが、その波長は光の25万分の1という短さで、圧倒的に精細な画像が得られる。

　SEMは1930年代に開発された。1981年には**走査型トンネル顕微鏡（STM）**が作りだされた。STMはSEMの一種で、鉛筆のような探針を試料表面上で前後に移動させながら観測する。試料表面のでこぼこによって探針と表面の間でトンネル効果により電子が放出されるのだが、このときに生じる電流を測定することで超高精細に表面構造を描き出すことができる。**0.1nm**の構造も観察できるほどで、個々の原子を見ることも可能である。

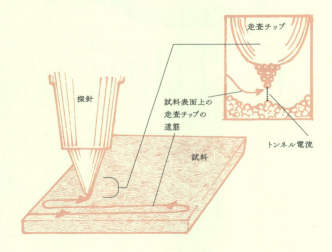

西暦2100年、2500年、あるいは10000年の未来には、人類はどのような生活をしているのだろうか？　地球外生命体との接触によって社会は変わっているだろうか？　タイムトラベルの秘訣を明らかにできているだろうか？　エイズや脊髄損傷など深刻な病気や怪我は完治できるようになっているだろうか？　まだ見ぬブレイクスルーや発見や発明について推測することは、科学のなかでもっともおもしろい領域だ。

　かつては未来予想といえば予言者や詐欺師がやることだったが、今や未来学という立派な科学の一分野となっている。未来学者（フューチャーリスト）は技術や社会の動向を外挿したり、現在の出来事とよく似た歴史上の出来事を探したり、専門家の意見を尋ね回ったりして未来を描く。彼らの発見は政府、経済学者、企業、科学者にとって大きな意味をもつ。

　最近になって未来学者らは、未来学の将来について悲観的な推測結果を発表した。彼らは未来（人によってはわりに近い将来を想定している）のある時点において、科学技術が突如急激に発展する「技術的特異点」が出現すると予測したのだ。特異点で起きる変化があまりにも劇的すぎて、その先の未来を予測することは不可能なのだという。

Future Physics

未来の物理学

953 時間旅行 TIME TRAVEL

1905年、アルベルト・アインシュタインが特殊相対性理論を提案し、長さの収縮と時間の遅れという奇妙極まりない結果が導かれた。特に時間の遅れという部分は、光速に近い速度で飛んでいく宇宙船に乗った人が何年か経過した後に帰還してみると、地上では多くの年数が過ぎ去っているということを意味する。旅行者は**未来へ**飛んでいったというわけだ。

その10年後にアインシュタインが一般相対性理論を公表したときには、**過去へ**と移動できる可能性が示された。そのためには、一般相対性理論が可能にした空間をつなぐトンネルであるワームホールの2つの口を使う。1つを宇宙船につなぎ光速に近い速度で移動したとすると、時間の遅れによって2つの口の間に時間差ができる。このときワームホールの「未来側」の口に飛び込んだ人は、過去側にあるもう1つの口から出てくることになる。このような構想を実現することの技術的困難さは相当なものであるが、何世紀かの間に実現可能だろうと推測する物理学者もいる。

954 テレポーテーション TELEPORTATION

物体を構成する全原子の状態を計測し、その情報を受け手に「照射」すると受け手側に物体が再構成されることは空想科学の長年の夢であった。しかしそもそも、**テレポーテーション**は原理的に可能なのだろうか？ 長い間、ハイゼンベルグの不確定性原理によると、原子に関するすべての情報を知ることはできないのだからそれは不可能だと思われていた。しかしながら1993年、国際研究チームは量子通信に似た過程である**エンタングルメント**を使って**不確定性を回避**する方法を発見した。

原子をもう1つの粒子ともつれさせて受け手側に送ることで、不確定性によって隠されている原子に関するすべての情報をそのまま運ぶことができる。原子の完全なコピーが受け手側で再構成される一方、その過程で原型は破壊される。2004年、アメリカとオーストリアの研究者らが彼らの研究室間で**原子を移送することに成功**し、その構想を実証した。しかし、大きな物体のテレポーテーションを実現するにはまだ多くの年数を要するだろう。

955 反重力 ANTIGRAVITY

1996年、フィンランドのタンペレ大学の物理学者ユージーン・ポドクレトノフは、他の物体からの重力を遮蔽する世界初の**反重力機器**を作り上げたと発表した。彼は、イットリウム・バリウム・酸化銅からなる超電導体で作られた30cmの円盤を-230℃まで冷却し5000rpmで回転させると、その上に乗せた物体がおよそ2%軽くなったと主張した。

もしこれが正しければ、宇宙船の打ち上げに大きな影響を与えるだろう。しかしながら、NASA、ボーイング、イギリスの航空宇宙関連企業BAEシステムズの科学者など、世界中のチームがこの主張の検証を試みているが、成功していない。

956 超光速移動 FASTER-THAN-LIGHT TRAVEL

アインシュタインの相対性理論の重要な予測の1つは、**光より速く移動できる物体は存在しない**ということであった。しかしながら、1994年ウェールズ大学の物理学者ミゲル・アルクビエレはそれを可能とする理論的枠組みを考えついた。彼はそれを「**ワープ・ドライブ**」と命名した。

アインシュタインの一般相対性理論の眼目は、空間が曲がること、そしてその曲率が含まれる物質によって決まるということである。アルクビエレは、非常に特殊な性質をもつ物質を使って適切な方法で宇宙船の周りを囲むと、宇宙船の前方の空間を急速に収縮させると同時に後方の空間を同じ速度で膨張させることが可能になり、それによってその間に存在する空間を押し流すような動きが生じ、光よりも速く目的地へ向けて宇宙船を運ぶことができると考えた。ただし問題はアルクビエレが想定した特殊な性質をもつという**エキゾチック物質**が負の質量をもつことである(「ワームホール」を参照)。少量のエキゾチック

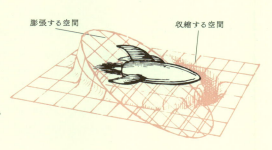

膨張する空間　　収縮する空間

物質であればカシミール効果によって作りだされたことがあるが、実用的なワープ・ドライブを作るためには太陽質量の1/3にも相当するエキゾチック物質が必要となる。

957 修正ニュートン力学 MODIFIED NEWTONIAN DYNAMICS

科学者のなかには、暗黒物質は存在せず、その効果はニュートン力学に小さな修正を加えるだけで説明できると考える者がいる。1983年、イスラエルのテルアビブにあるワイツマン科学研究所の物理学者モルデハイ・ミルグロムは、**修正ニュートン力学**（MOND）という理論を提案した。この理論は簡単にいうと、**超長距離では重力の法則がニュートンの理論から逸脱する**と考えるものである。そう仮定すると、銀河の中心からの距離と回転速度をプロットし

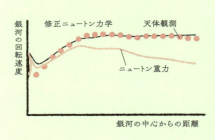

たグラフが示す銀河の回転曲線問題（暗黒物質が存在するという根拠の1つ）を、暗黒物質の存在を仮定せずに説明することができる。

最近になって、エルサレムにあるヘブライ大学のヤコブ・ベッケンシュタインはアインシュタインの相対性理論にも合致するMONDの変形であるTeVeS（テンソル・ベクトル・スカラー重力）という理論を開拓した。TeVeSはMONDが説明できなかった重力レンズ効果をも説明することができる。

未来の化学
Future Chemistry

958 スマートドラッグ NOOTROPICS

スマートドラッグとは、知能、記憶力、集中力などの認知機能を亢進させる化学物質の総称である。すでにテスト前の追い込みのときに**モダフィニル**（ナルコレプシーという睡眠障害の治療薬）や**リタリン**（注意欠陥・多動性障害ADHDの治療薬）などの薬を使って注意力や記憶力、活力を高めようとする生徒たちの存在が欧米のメディアを賑わせて

いる。しかも薬はこれら以外にもたくさん存在する。このような薬は重要な神経伝達物質の量を増やすと同時に、精神を研ぎ澄ますために必須な酵素やホルモンも増加させる。たとえばアセチルコリンは記憶形成に関わる神経伝達物質だし、チロシンやフェニルアラニンといったアミノ酸は体内で天然の興奮物質アドレナリンやドーパミンを作らせる。

頭をよくするという目的でこのような薬を処方する医師はほとんどいないはずで、これらの薬剤はだいたいインターネット上の薬局で入手されている。しかも多くのスマートドラッグは医薬品よりも規制が緩いサプリメントとして販売されている。イギリス政府による2005年の報告では、そう遠くない未来にあらゆる脳機能を増強できる薬が開発され、将来的には辛い記憶にふたをしてくれる薬まで登場するという。

959 酔い覚め薬 SOBER-UP PILLS

飲み会の終わりに1粒飲むだけでアルコールの影響を消し去ってくれて、安全に車を運転して帰宅できるし翌朝二日酔いにも悩まされることがない、などという夢の薬があったらどうだろうか？ カリフォルニア大学ロサンゼルス校のチームは、このような効果をもちうる候補薬Ro15-4513について研究を行った。1984年に発見されたこの薬はアルコールが関わる脳の経路を阻害することが分かっている。脳細胞がもつ受容体に結合し、細胞がアルコールを吸収できないようにすることで機能しているらしい。

研究者らは、こういった**アルコールの解毒剤**はパーティー好きの酔いを覚ますだけでなく、アルコール依存症の治療にも使えるとし、気分を高揚させるというアルコールの性質だけを用いた治療というのも可能になるのではないかと考えている。

Future Biology

960 絶滅種のクローニング CLONING EXTINCT SPECIES

科学者はクローニングの技術を使ってヒツジ、ネズミ、ウマなどで遺伝的に完全に同一なコピー（クローン動物）を作りだしてきた。こ

の技術を使って**死に絶えた生物種をジュラシックパークさながらによみがえらせる**ことはできるのだろうか? そのアイデアはこうだ。保存してある絶滅種のサンプルから遺伝物質を抽出し、現存する近縁の種のメスから採取した卵細胞に注入する。この卵細胞を母体に戻し発生を進めさせれば、いずれ子供が生まれるだろう。

2007年には、1万年前のマンモスの死体が毛も残っている状態でシベリアの氷のなかから発見された。生物学者のなかには、この体から採取したDNAをゾウの卵子に注入してはどうかと考える者もいた。しかし、それには解決すべき**技術的・倫理的な問題が山積み**だ。クローニングは極めて難しい技術で、哺乳類初のクローン成功例であるクローンヒツジのドリーも277回実験を試みてやっと1頭作りだせたほどだ。また、適切な生息環境も生き方を指南できる親もいない動物を作りだすことは果たして正しいことなのだろうか?

宇宙生物学 XENOBIOLOGY

もしこの宇宙のどこかの惑星に生命が存在しているとしたら、どのような恰好をしているのだろうか? 1つだけいえることは、それは人類とは違うということだ。それどころか、たとえば地球上での生命の進化の歴史をすべて巻き戻して最初からスタートしてみたとしたら、人類が出現する確率はほぼ0に等しい。とにかく進化はランダムすぎるのだ。

他の惑星に住む異星人も、その環境にもっとも適合できたものが生き残るという自然選択によって形作られるはずだ。それゆえ、たとえば強い重力がかかっている世界では、背が低くずんぐりして、太くどっしりとした骨でその重量を支える生命体が誕生するだろう。一方、重力が弱い世界では、生命体の背はもっと高くなるはずだ。そしてそのような場所では大気が薄いため大型の肺が必要になり、その肺を格納するための大きな胸腔をもつはず

重力が弱い場所で予想される生命体　重力が強い場所で予想される生命体

だ。もっと奇妙な環境の世界には、我々の想像を超えた形をした生命体が闊歩しているかもしれない。アメリカの天文学者カール・セーガンは、巨大な風船のような形をした生命体が、くらげのように木星の大気中をたゆたっていると推測した。

962 キメラ動物 CHIMERAS

キメラ動物は2種の異なる生物の細胞から作られる。遺伝子あるいは細胞レベルで2種を融合させる**雑種**（ハイブリッド）とは異なり、キメラは各々の生物に由来する細胞が混ざった状態である。異種移植を受けた者は、ドナー動物の細胞を体内にもつ軽度のキメラといえる。

キメラ研究は2005年4月に幹細胞治療に関する論文が発表されたことで一躍注目を浴びる分野となった。その論文では1つの章を割いて「異種間の混合」について論じている。というのも、著者らが言うように、ヒト幹細胞の研究をするためにはそれに先立って他の動物で手法の有効性を確認する必要があり、そのときにキメラ動物を作らざるをえないからだ。このような動物実験によって、ヒトと同等の知性と自我が体に閉じ込められているような生き物ができてしまう可能性があると考える研究者もいる。これに対応するために、キメラ実験の実施に関しては厳格なルールが定められており、実験対象にヒトと類似した特徴が認められた時点で実験を停止することとなっている。

963 DIY遺伝学 DIY GENETICS

かつては裕福な企業や最先端の研究を行う研究室にしかない特別なものであったコンピューターが今や一般家庭に普及しているように、いつか我々が**自宅の台所**で**遺伝子をいじくりまわす**ような時代がくるかもしれない。プリンストン大学高等研究所の物理学者で未来学者のフリーマン・ダイソンはこう予想した。彼は、コンピューター業界を現在の高みに押し上げる原動力となった創造性は「遊び」、すなわちコンピューターが子供のおもちゃになったところから生じたと考えている。

さらに彼は、バイオテクノロジーの真の力を解き放つには同じことが起きないといけないと考えている。もしこれが正しければ、我々

は皆いつの日か、庭で育てる遺伝子組み換え植物（「遺伝子組み換え生物」を参照）を設計したり、合成生物学を使ってペットを作ったりするようになるのかもしれない。

964 ヒトクローン作製 HUMAN CLONING

幹細胞治療に使うために細胞を育てる**治療的クローン**の作製は世界のいくつかの国で承認されている。しかし、クローンを作りだすという困難さや、運よくうまくいったとしてもその後に生じる正常発生を妨げる障害などを考えると、ヒトの**生殖的クローン**を作りだすことが近い将来認められるとは考えにくい。

そもそも、誰がそんなことをしたがるのだろうか？ この技術を望むのは、不妊治療ですべての手段を使い果たしてもう打つ手がない、子をもたないカップルだろう。たとえば父親の遺伝物質を母親の脱核した卵子に導入することが考えられる。その卵子から発生して生まれてきた子は、父親と完全に同一の遺伝情報をもつことになる。2003年、イタリアの異端の不妊治療医セベリノ・アンティノリがクローニングの技術を使って3人の女性を妊娠させることに成功したと発表した。ただし、他の医師はこの発表には信憑性がないとしている。

965 トランスヒューマニズム TRANSHUMANISM

トランスヒューマニズム（超人間主義）とは科学者の介入により、自然選択でたどり着けるよりもさらに先へと人類を進化させることをいう。その方法には遺伝子組み換え、人工臓器移植などの他、寿命とQOLを向上させるさまざまな技術が含まれる。

未来のトランスヒューマンの血液中には損傷を修理するためのナノ医学で作りだされたロボットが巡り、抗エイジング薬（「不死」を参照）を定期的に注射し、糖尿病やがん、心疾患などの重篤な疾患を

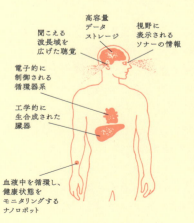

高容量データストレージ
聞こえる波長域を広げた聴覚
視野に表示されるソナーの情報
電子的に制御される循環器系
工学的に生合成された臓器
血液中を循環し、健康状態をモニタリングするナノロボット

防ぐための遺伝子治療を受けたりするのかもしれない。反対派は、トランスヒューマニズムは優生学に似ており、支配者となる人種を作りだしかねないという懸念を示している。

未来の地球

Future Earth

966 パンゲア・ウルティマ大陸 PANGAEA ULTIMA

かつて大陸移動があったということは、大陸が数百万年のときを経て変化するということを意味する。過去にはこの動きによってすべての陸地が惑星表面上に集まり、超大陸が形成されていた。科学者らは将来（2億5000万年ほど経ったころ）また同じように大陸同士が衝突するだろうと予想している。その正確な形についてはいまだに議論の的だが、主に2つの可能性が議論され、**パンゲア・ウルティマ大陸**と**アマシア大陸**という名前もつけられている。パンゲア・ウルティマは大西洋の拡大が止まり、複数の地学者がありうると主張する通り縮小に転じ、アフリカ大陸、ユーラシア大陸、アメリカ大陸がもう1度くっつくことで生まれる。

アマシアはもう1つのシナリオで、大西洋が拡大を続け、ユーラシアと北アメリカがシベリアのところで融合して生じる大陸だ。この場合、太平洋は縮んでいき、大西洋よりも小さくなり、やがては消滅することになる。

パンゲア・ウルティマ大陸　　アマシア大陸

967 超巨大火山 SUPERVOLCANOES

地球の歴史のところどころで、**超巨大火山（スーパーボルケーノ）** の恐ろしい噴火が起きてきた。スーパーボルケーノはベスビオ山やクラカタウのような通常の大型火山の百万倍もの物質を噴き出し、30倍もの力で爆発する。スーパーボルケーノは我々が知る山のような

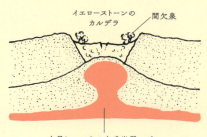

円錐の先から溶岩が噴き出る通常の火山とは似ても似つかない構造をしている。スーパーボルケーノのマグマは地表のすぐ下にあるとみられ、数十km四方の大きさのマグマ溜まりに閉じ込められている。上に乗っている岩石の重量によってマグマはそこにとどめられているが、マグマの圧力が高まりすぎるとその領域全体が爆発する。

スーパーボルケーノの噴火は大陸全土を火山灰で覆うとともに、大気中にも火山灰を放出し、以後数百年、数千年にわたり気候に影響を与え続ける。現在、イエローストーン国立公園のスーパーボルケーノが噴火する可能性が懸念されている。この超巨大火山はおよそ60万年おきに噴火しており、最後に噴火したのが64万年前なのだ。カルデラの標高が2004年から2008年の間で20cmも上昇し、1923年の観測開始以来の大規模な上昇に緊張が走ったが、2009年には上昇率が低下した。

968 地球コアへの旅 JOURNEY TO THE CORE

2003年、カリフォルニア工科大学の科学者デビッド・スティーブンソンは地球のコアまで小型の無人探査装置（プローブ）を垂らしていく手段についての理論的枠組みを発表した。彼の計画では、核爆弾などを使い地殻に巨大なひびを入れ、そのなかにグレープフルーツ大のプローブを数十万トンもの溶解鉄とともに流し込む。

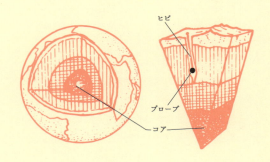

その量は、世界中の製鉄所で1週間に作りだされる鉄の総量にほぼ等しい。鉄は周りの岩石よりも2倍重いので、コアへ向けて数日間かけてプローブとともに沈み込んでいくはずだ。

スティーブンソンは、地中を伝わる音の振動である地震波を利用してプローブと通信することを提案している。このプロジェクトは10億ドル程度の予算で実施可能であり、これは無人の宇宙探査でこれまで使われてきた費用の数分の1だと言う。

969 気象制御 WEATHER CONTROL

天気を変えることは思っていたよりも簡単らしい。1946年、アメリカの化学者ヴィンセント・シェーファーは人工降雨の原理を発表した。化学物質(ヨウ化銀など)の粒を空気中に撒くとそれが凝結核のような働きをし、その周りに水滴が形成されて雲ができるというものだ。これは乾燥地帯の降雨量を増やす目的で考案された。

その逆のプロセスも可能である。2008年のオリンピック開催期間中、中国当局は航空機、ロケットランチャー、地対空砲などを用いて化学物質を撒き、雨雲がスタジアムに到達する前に霧散させた。また、NASA先端構想研究所の科学者ロス・ホフマンはより大規模な計画を考えている。彼が行ったコンピューター解析の結果、比較的小さな(2〜3℃程度)温度変化によってサイクロンの進路が劇的に変化しうるということが分かったのだ。彼は、地球の軌道を周回する人工衛星網から発生初期のサイクロンに向けてマイクロ波を当てるという方法を提案している。サイクロンを形成する雲は水でできているわけだから、電磁波を受けると加熱されるはずである。このような方法を用いれば、2005年のハリケーンカトリーナのような大規模災害は回避できるかもしれない。

970 小惑星衝突回避 ASTEROID DEFLECTION

宇宙から彗星や小惑星が地球に突っ込んでくる天体衝突は、この星にとって非常に大きな脅威である。だが頼もしいことに、科学者らはこのような危険な物体が地球に衝突する前に、**宇宙空間で軌道を変える**ためのさまざまな戦略を考案してくれている。核兵器を使うというオプションはハリウッド映画で何度か試されているが、この方法が有効であるためにはその爆発によって小惑星をたくさん

の小さな破片に分割するというだけでは不十分である。ライフル弾を粉々に破裂させるくらいの威力がなければならない。

宇宙機衝突(Kinetic impact)という方法も考案されている。巨大な物体を彗星や小惑星に衝突させることでその軌道を変更させようというものだ。もう1つ、より風変わりな発想として、小惑星に色を塗るというものがある。色によって太陽からの熱の吸収率や反射率が異なることを利用して、小惑星に十分な時間をかけて熱を吸収させてその進路を変えることを目指すものだ。

未来の宇宙科学
Future Space

971 マグセイル　MAGSAILS

ソーラーセイルは太陽からの光の運動量(「慣性と運動量」を参照)を利用して動作するわけだが、我々にもっとも近い恒星の表面から定常的に押し寄せる荷電粒子である**太陽風にヒッチハイクさせてもらう**ことが可能かもしれないと考える科学者もいる。**マグネティックセイル**または「**マグセイル**」宇宙船は、粒子を捕まえる帆のかわりに自身の周囲に広大な磁場を作りだす。磁場は到来する太陽風粒子を偏向させ、それによって宇宙船は突き飛ばされて速度が上がる。

マグセイルの標準的なデザインは直径50km(30マイル)ほどの巨大な超電導線輪(「超電導」を参照)で構成される。しかしながら、これは重さが40トンほどになり軌道に打ち上げるには大きすぎる重量である。

972 宇宙エレベーター　SPACE ELEVATOR

地球の大気圏外に衛星や宇宙船を打ち上げることはとてつもなく高価で、1キログラム当たり何千ドルもの費用を要する。この経費を削減できると科学者が考える構想の1つにいわゆる**宇宙エレベーター**がある。地球を周回するプラットフォームから伸びた長いケーブルで貨物を宇宙空間へ巻き上げるというものである。宇宙エレベーターは建設費(現在のところ400億ドルとされている)が回収された後は50ドル/kgまで経費を削減可能だと見積もられている。

大まかな原理は1895年ロシアの宇宙先駆者コンスタンチン・

ツィオルコフスキーが**宇宙へと続く塔**を提案したことで初めて示唆された。1959年、ロシアのユーリ・アルツターノフが軌道を回るカウンターバランスウェイトから吊り下げられたケーブルを最初に提案したとされる。現代版では、地球表面と軌道間の固定ケーブルを上下移動する「昇降機(climber)」が使われる。

　宇宙エレベーターを設計する上では自重に耐えられるだけの十分な強さをもつケーブル素材を見つけることがハードルとなる。しかし今や、カーボンナノチューブの発見がこの問題を解決しているのかもしれない。

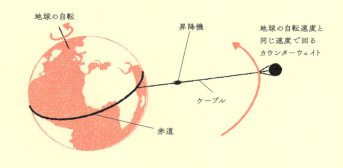

973 月面基地 MOONBASE

　月面基地には多くの利用法がある。火星など太陽系内の他の目的地へ向かう宇宙船を打ち上げる中継地として、また将来の火星入植者のための訓練場所としての役割も果たす。他にも地球の光が遮られる月の裏側に天文台を置くことが提案されている。一方で、軍事上の関心を集めることは避けられない。このような規模のプロジェクトにかかる膨大な建設コストと運用コスト、そして国際協力の欠如によりこれまでは常に計画が消滅してきたが、今後は違ってくるかもしれない。なぜなら、月はヘリウム3という核融合原子力発電システムの燃料源として有望な同位体が豊富にあるとされているからだ。おそらく最初の月入植者は採鉱作業者であろう。

974 宇宙人との交信 ALIEN CONTACT

　1960年、フランク・ドレイクという名前の天文学者はウェストバージニア州グリーンバンクにある26m(85フィート)電波望遠鏡を使っ

て空を見回すことを始めた。しかし、ドレイクは星や銀河を見ていたわけではなく**地球外生命からの電波信号**を探していたのだ。これが**SETI**（**地球外知的生命探査**）という言葉でひとまとめにされる他の文明からのメッセージが載った宇宙電波を監視する一連の実験の第1回目だった。しかしながら、現在までのすべての探索が徒労に終わっている。

　SETIの科学者は、天の川銀河の星の数を考えると地球が知的生命のいる唯一の世界だと考えることに無理があると考えている。そこで、6m電波望遠鏡を350台並べて協調的に動作させることで、差し渡し1000mの単一の可動型電波望遠鏡に匹敵する能力をもつ電波干渉計を建設中だ。もし我々の銀河の一角に知的生命がいるならば、**アレン・テレスコープ・アレイ**（マイクロソフトの共同創設者で多くの資金提供を行ったポール・アレンにちなむ）とよばれるこの新たな望遠鏡がきっとそれを見つけられることであろう。

975 テラフォーミング　TERRAFORMING

　テラフォーミング（**地球化**）は仮説に基づいたやり方により、他の惑星の大気を操作して地球と同じような環境にしようとするものだ。テラフォーミングの一番の候補は火星である。火星は地球と似たような大きさの世界で、表面下には氷や液体の状態で水が閉じ込められているだろうことが知られている。テラフォーミングには、まず遺伝子組み換え植物（「遺伝子組み換え生物」を参照）を使って大量の酸素を発生させ、次に何らかの温室効果ガスを使って表面温度を上げて火星に貯蔵されている氷を溶かすことが必要だ。温室効果ガスであるアンモニアが豊富な小惑星を火星との衝突コースに誘導すれば達成可能だと提案する科学者もいる。テラフォーミングの支持者は、人口はすぐに地球だけで維持できないほどに増加するので、テラフォーミングの技術の開発は我々種族が生き残るためには必須だと主張する。

976 自己複製機械　VON NEUMANN MACHINES

　最初の宇宙人との接触は小さな輝くロボットとの間でなされるのではないか、というのがハンガリー生まれの数学者ジョン・フォン・ノイマンの予測である。彼は1940年代後半に文明を求めて銀河

を探索するもっとも効率的な方法は、科学的観測を行いつつ自身のコピーを作りながら星から星へ移動することのできる**自己複製機械の集団**を構築することだと提案した。以来、これらのロボットは**フォン・ノイマン・マシン**として知られるようになった。

そのアイデアは、遠方の恒星系に到着したロボットが小惑星由来の無機物などの現地調達可能な原料を使って、おそらく分子工学の技術でもって自身のコピーをたくさん作る、というものである。でき上がった新しいマシンは他の世界への旅に送り出され、そこでこの過程が繰り返される。この方法ならフォン・ノイマン・マシンはおよそ3億年のうちに銀河全体にコロニーを作ることができるだろう。

Future Health and Medicine

977 クリオニクス CRYONICS

クリオニクス(人体冷凍保存術) は、後世で技術が発展したときによみがえらせてくれることを期待して死体を超低温下(−130℃)の液体窒素中で冷凍保存する技術だ。クリオニクスは、心臓が止まってから体内の細胞が死ぬまでに数時間の猶予があることを利用している。死亡直後に体を凍らせて、医学が発展して冷凍した死体を適切に解凍できる技術が確立し、さらに患者の「死んだ」原因となった病態を治療できるようになるまで保存しておくのだ。

2009年末、アリゾナ州にある**アルコー延命財団**は89体の遺体を液体窒素に保存していることを公表した。全身が冷凍保存してあるものや頭部のみが保存されているものがあるという。アルコー財団での冷凍保存を希望する者は死ぬまで年会費5万ドルを払い続け、全身保存を希望する場合は15万ドル、頭部保存を希望する場合は8万ドルを支払う必要がある。

978 不死 IMMORTALITY

何人かの科学者は、**死(少なくとも自然死)** はいずれ過去のものになるだろうという結論に達している。アメリカの未来学者**レイ・カーツワイル**は2005年にニュー・サイエンティスト誌に「私は死ぬつもりはない」と語っている。彼は不死を達成する計画を、橋を渡るように急

激に発展する医学を利用していくという意味を込めて「橋に続く橋(a bridge to a bridge)」と名づけた。彼の「第1の橋」は、毎日150粒にも及ぶサプリメントを服用し、アルカリ水をコップ10杯、そしてフリーラジカルを撃退するために緑茶をコップ10杯飲むというものだ。彼はこの習慣を続けて、「第2の橋」まで科学が発展するのを待つのだという。その「第2の橋」は、パーソナルゲノミクスや遺伝子治療など遺伝子医学の手法の発展により、重篤な疾患にかかるリスクを判断し必要に応じて治療可能になることだ。これによって、彼は自身が「第3の橋」がかかるまで生きながらえることを期待している。「第3の橋」はナノ医学で、血管内に小さなロボットの一群を放ち、加齢によって細胞に生じるダメージを常に修繕し続けることが可能になるという。

979 思考制御 MIND CONTROL

　脳への人工臓器移植は、障害をもつ人が思考によってコンピューターを動かすことを可能にしつつある。2004年、24歳のマシュー・ネーゲルは**ブレインゲート**という実験的機器を脳に埋め込む手術を受けた。彼はナイフで首を刺されたことで頸椎を損傷し四肢麻痺となっていたのだ。ブレインゲートは脳のなかで運動を司る運動皮質の表面に電極を埋め込むことで機能する。この装置は、ネーゲルが上下左右に動くことを考える際に皮質で生じる電気活動のパターンを記憶し、識別するようにプログラムされていた。すぐに彼は、その装置の出力でテレビやコンピューターを操作したり、テトリスというゲームまでこなせるほどに器用な動きもできるようになった。

　2009年にはロボットアームを動かせるサルが誕生し、義肢をつけている人々を喜ばせた。

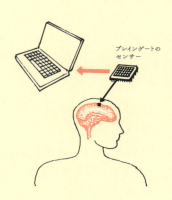

ブレインゲートのセンサー

980 ナノ医療 NANOMEDICINE

　ナノテクノロジーとは、全長数百ナノメートル（10億分の1m）ほどの機械を作る科学分野である。この急激に発展している分野は多くの驚くべき新技術をもたらす。その1つが、ヒトの体内で血流のなかを泳ぎ回りながら切断部位や損傷部位を修復したり、感染症と闘ったり、発がんにつながるDNA損傷を修復できたりするような**医療ナノロボット**というアイデアである。カリフォルニア州パロアルトの分子製造研究所のロバート・フレイタスは、世界初の医療ナノロボットはおそらくダイヤモンドやグラファイトなどの丈夫な炭素素材で作られ、2030年までには実現すると予想している。

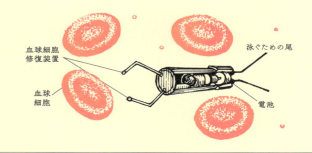

血球細胞修復装置
血球細胞
泳ぐための尾
電池

981 エイズワクチン AIDS VACCINE

　HIVウイルスがエイズという病気の原因であるということが1984年に明らかになったときには、2年以内にワクチン（「ワクチン・抗ウイルス薬」を参照）が完成するだろうと思われていた。それから25年以上が過ぎたが、ワクチンは未だに見つかっていない。2008年末までにエイズにより死亡した患者の数は、世界中で3300万人を上回る。問題の1つは、HIVが急速に変異しながら自然選択によって新たな環境へと適応していくことにある。特定のウイルス株に有効なワクチンを開発できたとしても、その株が数世代経て変異した後には効果がなくなってしまうのだ。

　しかし、かすかな希望も見え始めている。2008年にHIV陽性患者が白血病治療のために骨髄移植を受けたところ、20カ月後には体内からHIVウイルスが検出できなくなったのだ。これは、骨髄のドナーがCCR5というHIVが細胞内に入り込むときに使う受容体の

遺伝子に**特別な変異**をもっていたためだと考えられている。骨髄移植は危険を伴うためこれを治療法にすることはできないが、**RNAi**などの遺伝子医学の技術を用いたCCR5遺伝子を標的とする治療の確立が期待される。

982 脊髄再生 SPINAL RECONNECTION

　末梢神経系へのダメージは再生できることがあるが、脊髄を含む中枢神経系へのダメージは再生できないため、脊髄損傷は特に悲惨な病態である。その治療として現在有望なのは、幹細胞を損傷部位に注入して新たな神経線維に発生するように促す**幹細胞治療**だ。2010年初頭の時点で、GRNOPC1という外傷性脊髄損傷に対する有望な治療薬候補の臨床試験が始まっている（訳注:2011年に資金難によりGRNOPC1の開発は中断された）。切断された脊髄を完全につなぎなおして再生させる手術法が確立すれば、多臓器不全や重篤な怪我に苦しむ患者が**全身移植**、すなわち頭部だけをドナー由来の新しい肉体へ移植させることすら可能になるかもしれない。この医療技術は、頭部を冷凍保存（「クリオニクス」を参照）している患者を生き返らせるためにも必須である。

未来の社会科学 Future Social Science

983 貨幣の未来 FUTURE OF MONEY

　偉大なるSF作家であった故アーサー・C・クラークは、2016年までに世界中の**通貨は廃止**され、メガワット時（エネルギーの単位で発電量や電力消費量を測るのに使われる単位）という**世界統一通貨**に置き換えられると予言した。各国の物質的な裕福さ（たとえば金の貯蔵量などで測られる）に基づく従来の通貨は、技術の応用力が国の成功の尺度になる未来においては無意味になるというのがその理屈だ。もっとも力のある国家とは、技術を発展させる余地をもっとも多くもつ国家、すなわちもっとも**エネルギー貯蓄量が多い国家**となる。2009年のイギリスにおける1メガワット時（100Wの電球を1万時間点灯させられる電気量）の電気代は139ポンド（アメリカでは120ドル）だった。

984 フューターキー FUTARCHY

　予測市場は明日の天気から選挙で誰が勝つかまで、あらゆることを予想する際の強力なツールとなる。しかしバージニア州のジョージ・メゾン大学の経済学者ロビン・ハンセンは、誰であれ選挙に勝つ人間は、予測市場を使って政策を決定するだろうと主張する。ハンセンは政府という系全体も予測市場に基づいていると考えた。彼の考える「**フューターキー**」**という政府体制**では、投資家らが重要だと思う政策に投資していき、市場でもっともシェアを得た政策が法案になる。選挙で選ばれた代表者が国家の日々の運営を務めるが、**政策決定は投資家が行う**というわけだ。

　ハンセンは、市場においてどの選択を採択するかを決定するよい指標として、国の一般的な成功度を表すGDP（「経済指標」を参照）をあげている。その場合、投資家はGDPの増加につながると思われる政策に投資し、実際にGDPの増加につながった政策に投資できた投資家のみが支援者に配当金を支払うことになる。

985 銀河帝国 GALACTIC EMPIRES

　宇宙旅行をするようになった文明が**銀河を横切って広がる帝国**を築き上げるにはどれほどの時間がかかるだろうか？ カリフォルニア州マウンテンビューにある地球外知的生命体探査研究所（SETI）上級天文学者セス・ショスタクは、過去に地球上に誕生した帝国との比較を行っている。ローマ帝国はヨーロッパのほぼ全域を占め、外からの脅威に対応することもできた。具体的には、帝国の片側からもう片側まで、数カ月というタイムスケールで軍を送り込むことができていた。同様に、イギリス帝国は世界中に支配地を拡大していったが、やはり脅威に対しては数カ月以内に対応することができた。

　ショスタクは、宇宙における帝国も同様の制約を受けると考え、帝国は端から端まで数カ月間で移動できる範囲までしか拡大できないとした。これでは光の速度をもってしても、もっとも近くにある恒星（数光年先）すらも範囲外になってしまうため、銀河帝国は非現実的なものとなる。ただし、太陽系に存在する惑星や衛星の間に広がる「**太陽系帝国**」というアイデアなら可能かもしれない。

986 地球外政治 EXOPOLITICS

　地球外生命体が地球にやってきたら我々の社会はどのような影響を受けるだろうか？　1939年、H.G.ウェルズの小説『宇宙戦争』をオーソン・ウェルズがラジオ番組化して放送したところ、リスナーが本当の火星人侵略のニュースだと信じ込み、アメリカ全土がパニックになった。だが、もしそれが平和的な接触だったとしたらどうだろうか？　カリフォルニア大学デイビス校の心理学者アルバート・ハリソンはそれがもっともありうるシナリオだと考えていて、宇宙人からの信号を検出することは社会にとって有益で、分裂している我々の世界を一体化させる効果があるとする。

Future Information

未来の情報

987 未来の仮想現実 FUTURE VR

　仮想現実（VR）は映像や音で視覚や聴覚といった感覚を刺激することによってユーザーのために人工環境を作りだす。新しい技術では、人体の感覚ネットワークを素通りしてコンピューターが直接脳につながる。すでに映像を**直接視覚野に送り込む**技術が出現し始めている。ソニーは超音波を使ってこれを実現する手法に関する特許を取得した。思考制御技術と組み合わせれば、ユーザーの脳がマウスやキーボードなしにインターネットや仮想世界を散策することができるようになるだろう。

988 合成テレパシー SYNTHETIC TELEPATHY

　障害者の脳に人工臓器を埋め込むことでコンピューターを思考で制御できるようになるように、一部の科学者は類似の技術がいつか人々の間で一種の**テレパシーを可能にする**かもしれないと思っている。

　カリフォルニア州にある分子製造研究所のロバート・フレイタス博士は、人間の脳内にいて主人の思考をモニターするナノ・スケール・ロボット（「ナノテクノロジー」を参照）の群れを想像している。伝達しようとする任意の思考が、ナノロボットから頭蓋骨に埋め込まれたセ

ンターハブに超音波として放射され、ハブはデータを無線に変換して外へ放射する。携帯電話をかけるように心のなかにあるアドレス帳から連絡先を選ぶと、あなたからの「電話」は受取人の頭の内部にある似たようなハブにつながれる。受取人の脳内のナノロボットが聴覚神経を直接刺激してあなたが伝えたい内容を聞かせる。そして一連のプロセスを逆向きにすることで受取人はあなたに返答することができる。フレイタスは**合成テレパシー**が2050年までには実現すると予測する。

989 オンラインの意識 ONLINE CONSCIOUSNESS

科学技術は人間が**コンピューターに脳をアップロード**できるところまで進歩するのだろうか？　実際これは、字面ほどには現実から遠くかけ離れた考えではなさそうだ。人間の脳アーキテクチャの機能を模倣する電子機器である人工頭脳を構築するプロジェクトは高度に発展している。スイスのコンサルタント会社Futurizonの未来学者イアン・ピアソンも2050年までに我々は肉体を捨て、我々の意識をもった脳をコンピューターにアップロードし永久に保管できるようになると考えている。頭を冷凍保存（「クリオニクス」を参照）してある患者は将来このような方法でよみがえるかもしれない。コンピューターが決してクラッシュしないと仮定すれば、それは不死の実現を意味するのかもしれない。

990 銀河インターネット GALACTIC INTERNET

1980年代後半に科学ジャーナリストのティモシー・フェリスによって提案された**銀河インターネット**は、銀河のあちこちに点在する文明との接触速度を上げるための概念である。基本的な構想は、銀河のあらゆる知的な種がその文明に関するすべての情報を宇宙船に搭載されたウェブサーバーにアップロードすることだ。その後宇宙船は星間空間に打ち上げられ、他の隣接する恒星系に向けて彼らの情報を放送し始める。それぞれの宇宙探査機（宇宙船）は他の文明からの情報を受信すると、それを故郷に向けて発射するとともに、送信するデータにそれを加える。

この構想の変種に、サーバーの宇宙船自体もフォン・ノイマン・マシンのように自己複製を行うという考えがある。こうして銀河のな

かにビーコン（標識局）ネットワークが作られれば、何十万光年も離れたところにある文明に関する情報に対し地球からほんの数百光年以内のところでアクセス可能になる可能性がある。

991 ベッケンシュタイン境界 BEKENSTEIN BOUND

データ記憶装置は小さくなり続けているが、将来行き着くところの絶対的な最小値は何だろうか。エルサレムのヘブライ大学の物理学者ヤコブ・ベッケンシュタインは、**任意の情報量を圧縮できる最小容量**を算定した。ベッケンシュタインは、ブラックホールの物理現象との類似性に着目し、情報は熱力学の法則に類似した規則に従うと考えた。彼は、記憶媒体がいわゆる**ベッケンシュタイン境界**より大きな情報量を含むならば、ブラックホールにそれを落とすことは物理学の神聖にして侵すべからざる柱である熱力学の第2法則を破ることになると数学的に証明した。彼の計算によれば、ちょうど直径1000分の1mmの大きさの将来のコンピューター・メモリ・チップが、最大10^{22}ビット、つまり1兆ギガバイトという途方もない情報を保存できるという。

992 技術的特異点 THE SINGULARITY

強いAIは、科学者がいつの日か人間の知力を遙かに超える人工知能、いわゆる**超知能**を作りだす可能性を示している。これが実現すれば、超知能は自分自身をさらにより知的にするために自身の構造を再設計することができるようになるだろう。それは人間よりずっと賢く、ずっと速くなっているはずだ。生体の脳細胞が1秒間におよそ200回発火できる（200Hzで動作）のに対し、最新のコンピューターはおよそ2GHz（20億Hz）のクロックで動作している。これは、人間の脳が1年かけて考えることすべてがコンピューターでは3秒ちょっとで処理できるということを意味する。新たな再設計のたびに超知能はさらに賢く、さらに速くなり、計算のみならず技術的にも常に進歩が続く。その速度はすぐに

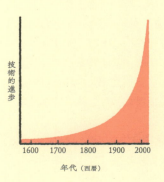

技術的進歩　年代（西暦）

指数関数的になり、無限に速くなる方向へ向かう。

　技術的進歩が事実上無限大になる時点は**技術的特異点**として知られている。この用語はSF作家ヴァーナー・ヴィンジによって作られ、アメリカの発明家で未来学者のレイ・カーツワイルによって広められた。カーツワイルは21世紀が終わる前にこの特異点が出現すると予測している。

Future Applied Science

993 自動高速道路 AUTOMATIC HIGHWAYS

　時速110kmで、前の車と1mしか車間距離をとらずに走ることを想像してみてほしい。今そんなことをしたらほとんど自殺行為だが、将来は**自動高速道路**のおかげでふつうの光景になっているかもしれない。高速に乗ったところで車の制御を中央コンピューターシステムに委ねると、コンピューターシステムが高速道路上に存在するすべての車を無線回線によって制御するという仕組みだ。道路の舗装に埋め込まれた磁石のマーカーによってスピードと位置を割り出してアクセル、ブレーキ、ハンドルを制御する。車は12台ほどの「小隊」で移動する。同じ小隊に含まれる車はすべて同じタイミングでアクセルとブレーキを踏むので数珠つなぎで進むことができ、小隊同士は十分な車間距離をとって進む。このシステムの推進派は、この方法ならば安全でより多くの自動車が路上を走れるという。

　1997年、カリフォルニア州のサンディエゴ北部の高速道路の一区間でこのようなシステムの試験運用が行われた。さらに、2007年から2010年の間にカリフォルニア州の高速道路805号線でも試験運用が行われた。

994 空飛ぶ車 FLYING CARS

　マイカーのように簡単に乗ったり降りたりできる**空飛ぶ移動手段**はサイエンスフィクションではもう昔からお馴染みの光景だ。しかし悲しいかな現実世界ではまだ実現していない。今日、それにもっとも近い存在は**モラー・スカイカー**だろうか。4人乗りで、8つのエンジンをもち、設計者のポール・モラーによれば最高時速は576km、航

続距離は1207kmだという。モラーによれば、自動制御の部分が大きいためパイロットのフルライセンスは必要ないという。

とはいえ、40年間にも及ぶ開発期間を経てもスカイカーはいまだプロトタイプの段階で、数m程度の高さでホバリングするのがやっとだ。モラーはまだFAA（連邦航空局）の承認を得ることもできておらず、承認取得予定時期は延期され続けている。そのようなわけで、SFのこの夢の実現だけは、しばらくおあずけのようだ。

995 石油ピーク PEAK OIL

石油やガソリンなどの石油系燃料は我々の輸送、発電、産業、農業のエネルギー源となる。しかし1956年、アメリカの地球物理学者キング・ハバートが石油は永遠に存在し続けるわけではないと予言した。彼の**ピーク仮説**によると、アメリカのアラスカ・ハワイを除く48州における石油の産出量は1970年頃にピークに達すると予測された。そして実際、その通りになったのだ。1020万バレル/日をピークに産出量は徐々に減少を続けている。

専門家が現在恐れているのは、**石油ピークが世界中の石油供給量にも当てはまる**かもしれないことだ。2009年のイギリスエネルギー研究センター（UKERC）の報告によれば、世界の石油産出量は2020年に減少に転じうるという。石油ピークは石油に代わる代替エネルギー（水素やバイオ燃料など）の開発を進める際の意味づけとしてよく引き合いに出される。しかしこれらの新しい技術が成熟するより早く石油が枯渇してしまわないかが懸念されている。

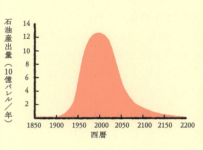

996 記憶補綴 MEMORY PROSTHETICS

サウザンプトン大学の研究者らは、**記憶補綴**という一味違った人工器官の研究を進めている。現状ではその技術はライフロギングの延長であり、ウェアラブル装置を使って日々の出来事を動画や音声で記録し、さらにはタイムスタンプを付加したEメールやウェブ

ブラウザの閲覧履歴、パソコンでどの文書やファイルを開いたかまで記録する。このプロジェクトの要は異なるメディア間を横断的に検索できる優れた検索技術にある。たとえば、あなたがどこかで読んだ情報について思い出そうとしているとする。いつどこで読んだかは思い出せないが、それを読んだときにヘンデルの「サラバンド」を聴いていたことは思い出せたとする。するとこの検索ソフトはまずMP3プレーヤーであなたがいつその曲を聴いていたかを調べ、その日時に閲覧していた文書やウェブページを検索する。この研究が進めば、ビジネス、教育、研究に携わる人々や、鍵をどこに置いたかすぐ忘れてしまう人々の記憶を補強できるようになるだろう。

997 フリーエネルギー　FREE ENERGY

大気中から魔法のようにエネルギーを取り出すことができる道具を開発できないかというのは、何世紀にもわたり偉大な思想家たちを悩ませてきた課題だ。2007年、ドイツのケルン大学のソーステン・エミグ博士は実際に機能しうる**フリーエネルギー装置**を考案した。彼のアイデアは、真空中にわずかな距離を開けておかれた2枚の金属板の間に小さな引力が働くというカシミール効果に基づいている。エミグは「カシミールラチェット」という、この効果を利用するための機器を設計した。それは、滑らかな板の代わりに波打った形をした板を使い、横方向の力を生じさせることで板同士が互いにずれ合うようにしたものである。波の形を非対称にすることで、この滑り運動を一方向だけに制限し、利用できるようにしたのだ。

カリフォルニア大学リバーサイド校のチームはこの横方向のカシミール効果をすでに実験的に示すことに成功している。エミグは今では、彼が設計した装置はナノ医学の分野などで数えきれないほどの応用が考えられる小さなナノロボット（「ナノテクノロジー」を参照）を動かすことができると考えている。

998 ジオエンジニアリング　GEO-ENGINEERING

悲観的な気候学者らは、地球上で起こっている気候変動はすでに後戻りできないところまできており、海面上昇と厳しい暑さに文明は屈服し、もはや人類が何をしようと地球規模のメルトダウンに

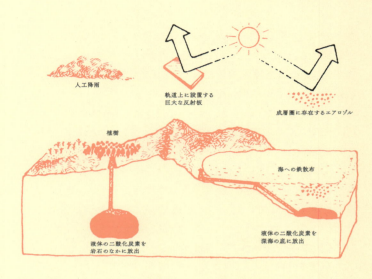

人工降雨
軌道上に設置する巨大な反射板
成層圏に存在するエアロゾル
植樹
海への鉄散布
液体の二酸化炭素を岩石のなかに放出
液体の二酸化炭素を深海の底に放出

突き進むことを止めることはできないと信じている。一方で、すでに後戻りできないところまできているとしても、**ジオエンジニアリング**という超巨大スケールの建造物の設計や建設によって壊れた惑星を修理し、気候変動を反転させることができるのではないかと考える科学者もいる。

　提案されているアイデアのなかには、巨大な日よけを宇宙に浮かべて太陽光を部分的に遮るとか、世界中の産業プラントをネットワークでつなぎ、二酸化炭素を吸い出して1カ所にまとめ、圧縮して液体にして地中に流し込むとか、大量の肥料を海に撒き、海洋植物の成長を促し光合成により大気中の二酸化炭素を吸収してもらうなどといったものがある。ただし批評家はそのような方法をとるとまた予期せぬ問題が生じるかもしれないという懸念を示している。

999 ロボット兵士 ROBOT SOLDIERS

　世界中の紛争をロボットが解決してくれて、戦場の最前線に人間が行って命を危険にさらす必要がないとしたらどうだろう？　まるで映画「ターミネーター」の1シーンのようだが、ますます実現が近づいている分野である。2009年のアメリカ軍が保有する**無人戦闘攻撃機**（UCAV）は7000機、偵察や地雷からの信管除去が任務の**無人地上車両**1万2000台と推定されている。2007年、アメリカ空軍はミサイルや爆弾を搭載でき、地上にいるパイロットが遠隔操作

できる**武装無人機**「リーパー」のイラクやアフガニスタンへの実戦配備を開始した。現在、防衛企業らは機械でできた兵士に自律性をもたせようとしている。アメリカ国防高等研究機関（DARPA）は地上戦において集団行動し、互いにコミュニケーションをとりながら敵を探し出し、見つけたら攻撃して滅ぼすことができ、しかもその過程で多くの意思決定を自ら行うようなロボットを開発中だといわれる。専門家たちは、このようなロボットが完成したら火薬や核兵器の出現と同レベルの**戦争革命**をもたらすと考えている。

グレイ・グー GREY GOO

グレイ・グーは未来の大惨事のシナリオに与えられた名称で、ナノテクノロジーが制御を失い暴走し始め、惑星全体を自己複製するナノロボットの塊に変えてしまうというものだ。「グレイ・グー」という名称は、ナノテクノロジーの父エリック・ドレクスラーの著書『創造する機械』のなかで作られ、その後SF作家の故マイクル・クライトンの著書『プレイ-獲物-』で一躍有名になった。

ナノテクノロジーではナノ医学などの分野で極小スケールで仕事をするミニチュアの機械を作る。しかし、自身のコピーを作るようプログラムされたナノロボットが制御不能となったら何が起こるだろうか。そのロボットが出会うこの惑星上のすべての物質が、コピーを作るために消費され尽くされてしまうのではないだろうか？

実際には、自己複製するナノロボットはまだ作れていないし、もし作れたとしても、自己複製させることは工場内で特定の仕事を繰り返させることよりも効率が悪い。どこかの誰かが自己複製をするナノロボットを作りだし意図的に兵器の一種として環境中に放出しない限り、グレイ・グーシナリオは起こりえない。

2	2進データ	418	一般外科学	340	宇宙の座標	243
4	四色定理	411	一般相対性理論	41	宇宙の終焉	293
C	CHON	298	遺伝	158	宇宙の地平線	243
D	d3o	459	遺伝子	134	宇宙のなかの人類	298
	DIY遺伝学	515	**遺伝子医学**	350	宇宙兵器	479
	DNA	133	遺伝子汚染	483	宇宙望遠鏡	248
	DNA鑑定	492	**遺伝子改変**	481	宇宙膨張	290
	DNAコンピューター	428	遺伝子組み換え食品	488	**宇宙旅行**	294
E	E=mc²	41	遺伝子組み換え生物	481	**宇宙論**	289
K	Kappa効果	373	遺伝子治療	350	うつ	376
M	MRI	335	遺伝子導入	481	海	201
	M理論	73	遺伝子ドーピング	484	エアロゲル	457
P	pH指示薬	97	遺伝子配列	138	エイズ	321
R	RNA	133	遺伝子発現	135	エイズワクチン	525
	RNAi	353	遺伝子変異	136	衛星航法システム	506
	RNAワールド	171	遺伝子流動	166	衛星電話	472
	RSS	439	遺伝的浮動	167	栄養素	116
S	SETI	301	緯度と経度	181	疫学	317
	SI接頭語	409	稲妻	224	エキピロティック宇宙論	288
U	UCAV	479	医用画像	331	**エネルギー産生**	461
V	VoIP	473	医療	312	エネルギー準位	47
X	X線	332	医療処置	325	**エネルギー貯蔵**	466
あ	アーキオメトリー	496	インスタントメッセージ	472	エピジェネティクス	169
	赤の女王仮説	160	インターネット	434	エボデボ	168
	アナログ計算機	423	インターネット2	438	エルニーニョ	224
	アフリカ単一起源説	161	インターネットセキュリティー	437	遠隔医療	350
	天の川銀河	276	インターネット接続	435	園芸学	152
	アミノ酸	114	インフルエンザ	323	エンタングルメント	54
	雨	223	インフレーション	282	エントロピー	16
	アモルファス固体	108	ヴァン・アレン帯	220	黄金比	410
	誤り訂正	420	ウィキ	444	**応用数学**	413
	アルキメデスの原理	23	ウィルオウィスプ	235	オオシモフリエダシャク	159
	アルゴリズム	422	ウイルス	131	オーセチック	106
	アルファベット	469	ウイルス学	318	オートファジー	125
	暗号学	421	ウェブ	439	オープンソース	426
	暗黒エネルギー	291	氏か育ちか	168	オーロラ	253
	暗黒物質	290	渦巻銀河	274	オステオパシー	355
	安楽死	339	宇宙	281	オゾン層	219
	イオン	77	宇宙エレベーター	520	オッカムの剃刀	405
	イオンエンジン	297	宇宙観光旅行	296	オルバースのパラドクス	289
	イオン結合	82	宇宙距離	242	音響考古学	500
	意識	380	宇宙原理	289	音叉図	277
	意識に相関した脳活動	382	宇宙人との交信	521	温室効果	230
	意識のハードプロブレム	382	宇宙生物学	514	温度と圧力	13
	異種間移植	346	**宇宙生命**	298	音波	28
	移植手術	344	宇宙線	250	**オンライン技術**	434
	異性体	89	宇宙の位相欠陥	285	オンラインの意識	529

か

科	141
カーボンナノチューブ	460
界	140
ガイア仮説	239
海王星	265
ガイガー管	67
海岸	199
海溝	203
回折	37
回転体力学	11
カイパーベルト	258
海氷	191
界面活性剤	106
海面上昇	231
海洋	199
海洋学	199
海洋層	200
海流	202
海流発電	463
海嶺	200
カイロプラクティック	355
カオス的インフレーション	284
カオス理論	413
化学元素	78
化学工学	455
化学合成	79
化学合成	117
化学式	86
化学戦	478
科学的表記法	409
科学的方法	404
科学的理論	404
化学反応	91
化学反応式	92
化学分析	97
化学平衡	96
化学変化	91
化学療法	339
化学量論	92
鍵穴手術	341
核結合エネルギー	65
拡散と浸出	81
拡大	37
核反応	64
核分裂と核融合	66
核兵器	477
化合と分解	92
化合物	81
火山	207
火山噴火	208
カシミール効果	53
風	221
火星	262
火成岩	225
化石	229
仮想世界	442
仮想粒子	52
カタストロフィ理論	414
褐色矮星	269
活動銀河	279
金縛り	375
貨幣	503
貨幣の未来	526
ガリレオの相対論	39
カルダシェフ・スケール	302
カルツァ・クライン理論	68
川	191
がん	322
眼科学	315
眼科外科学	342
環境	154
環境心理学	367
環境保全主義	388
還元主義	406
幹細胞治療	346
干渉	39
干渉計	249
慣性系の引きずり	45
慣性と運動量	8
岩石の地質学的サイクル	226
肝臓	309
顔面移植	347
緩和ケア	316
記憶	369
記憶補綴	532
機械工学	452
気候学	230
気候フィードバック	234
気候変動	231
気候モデリング	234
記号論	360
疑似科学	408
技術的特異点	530
気象学	221
気象制御	519
寄生	157
季節	183
気体分子運動論	13
帰納的推論	406
揮発性メモリ	430
キメラ動物	515
救急医療	317
球電	238
共感覚	373
共振	29
共有結合	83
極	180
極性	90
極超新星	274
極値理論	415
キラリティー	89
霧	224
銀河	274
銀河インターネット	529
銀河間空間	274
銀河形成	278
銀河進化	279
銀河団	292
銀河帝国	527
銀河のはみだし者	276
筋骨格系	308
金星	261
金属結合	84
金属探知	496
近代医学	347
菌類	148
クェーサー	280
クォーク	59
クォーク星	273
クオリア	381
薬	336
屈折	36
雲	222
クラーク軌道	296
クラウド・クレイジング	375
クラウドソーシング	443
クリオニクス	523
繰り込み	58
グリッドコンピューティング	438
グレイ・グー	535

グレート・ストーム	212	
クローニング	352	
グローバリゼーション	387	
クロマトグラフィー	100	
軍事技術	475	
群知能	447	
系外惑星	266	
経済	391	
経済指標	394	
経済成長	394	
経済物理学	396	
経済理論	391	
計算	422	
計算化学	110	
計算科学	407	
計算機工学	453	
形状記憶合金	459	
形成外科	342	
携帯インターネット	436	
形態学	143	
携帯電話	471	
計量化学	102	
計量経済学	396	
ゲーデルの不完全性定理	413	
ゲーム理論	417	
血圧	326	
血液	307	
血液検査・尿検査	328	
血管造影法	333	
結晶	107	
結晶学	100	
月食	255	
月面基地	521	
ゲノミクス	137	
ケプラーの法則	12	
ケリー基準	417	
検疫	330	
限界効用理論	392	
原核細胞	121	
原核生物	128	
言語学	360	
言語獲得	361	
言語構造	361	
言語の起源	360	
検死	331	
原子	76	
原子核	64
原子核殻模型	64
原子核物理学	64
原始的感覚と知恵	381
原子番号	76
原子量	76
原子力発電	462
原生生物	129
原生代	186
顕微鏡	331
弦理論	72
核(コア)	198
綱	141
幸運	387
光害	247
光学	36
工学	452
光学記憶	432
合金	107
航空宇宙工学	454
航空考古学	497
光合成	148
考古学	496
光子	35
恒常性	119
向心力	11
洪水	211
恒星	267
合成生物学	482
合成炭化水素燃料	468
合成テレパシー	528
抗生物質	337
酵素	115
構造式	88
行動主義	364
光波	36
鉱物学	228
高分子	109
交流・直流	33
香料化学	489
古気候学	235
呼吸	120
国際日付変更線	182
心	380
心の知能	368
湖水爆発	211
古生代	186

古生物学	501	
固体・液体・気体	18	
コペンハーゲン解釈	50	
コリオリの力	184	
コロイド	105	
根拠に基づいた医療	347	
混合物	80	
昏睡	325	
痕跡証拠	492	
コンビナトリアルケミストリー	110	
コンピューター考古学	498	
さ 細菌学	318	
サイクロン	213	
歳差	184	
最小作用の原理	10	
サイバースラッキング	443	
サイバー戦争	480	
サイバネティクス	454	
細胞	120	
細胞核	122	
細胞生物学	120	
細胞分化	127	
細胞分裂	125	
材料化学	105	
材料科学	456	
作業療法	316	
錯視	371	
作話	370	
殺人光線	215	
撮像	247	
砂漠	194	
サプリメント	353	
酸化還元反応	93	
山岳	191	
三重点	21	
酸性雨	230	
酸と塩基	93	
シーイング	248	
ジェット気流	218	
ジオエンジニアリング	533	
潮津波	202	
歯科学	314	
時間の繰り上げ	383	
時間旅行	510	
磁気・磁性	32	
磁気流体力学	35	
思考制御	524	

仕事とエネルギー	9
自己認識	381
自己複製機械	522
視差	244
四肢移植	345
脂質	115
地震	209
地震発光現象	236
システム生物学	176
地滑り	210
始生代	185
自然言語処理	446
自然災害	208
自然選択	158
自然発火性物質	109
自然発生	169
実験考古学	499
実証主義	406
湿地	193
自転車	502
自動高速道路	531
自動車	504
自発的対称性の破れ	69
耳鼻咽喉科学	315
自閉症	379
島	190
指紋	491
社会学	390
社会言語学	362
社会工学と政治的策略	401
社会心理学	366
社会正義	399
社会生物学	163
社会的趨勢	385
視野角	244
種	142
自由意志	384
収穫逓減	393
収差	38
自由主義と保守主義	399
修正ニュートン力学	512
収束型境界	206
集団遺伝学	166
集団心理	374
集中治療	317
重量分析	97
重力の特異点	43
重力波	45
重力レンズ	292
収斂進化	161
主系列	268
種子	150
手術	340
種分化	160
受容体	118
需要と供給	391
シュレディンガーの猫	50
シュレディンガー方程式	48
巡回セールスマン問題	416
純粋数学	409
準惑星	265
消化器系	309
衝撃波	26
証券取引	394
蒸散	149
状態方程式	20
衝動制御障害	377
消毒薬	336
小児科学	312
小氷河期	233
情報	418
情報依存症	422
情報エントロピー	419
情報理論	418
蒸留	99
小惑星	257
小惑星衝突回避	519
初期の宇宙	281
触診	327
食虫植物	149
食品科学	488
植物	147
植物栄養素	149
植物化学	151
植物学	147
植物行動学	152
植物色素	150
植物知性学	153
植物薬理学	151
食糧	486
除細動	329
自律コンピューティング	446
進化	158
進化遺伝学	164
真核細胞	121
進化的アルゴリズム	427
真菌症	320
神経言語学	363
神経言語プログラミング	356
神経生物学	312
人工衛星	295
人工臓器移植	345
人工知能	444
人口動態学	385
人工脳	448
心疾患	321
新生代	187
心臓	306
腎臓透析	329
人体	306
人体解剖学	306
人体生理学	306
身長	386
心電図	333
浸透	81
心肺蘇生法	329
人文科学	389
心理学	364
心理現象	370
森林・ジャングル	194
人類学	389
水耕	487
彗星	257
水星	260
水洗トイレ	502
水素	468
水中考古学	499
スーパーバグ	324
数理生物学	174
ステルス	476
スピントロニクス	433
スプライト	237
スマートドラッグ	512
スマートフォン	474
スモールワールド理論	415
星雲	267
生化学	114
性格特性	366
星間空間	267
星群	242
生検	328

星座	242
政治	398
政治学	398
生殖医学	313
生殖遺伝学	351
生殖器	311
生殖生物学	144
精神疾患	376
精神分析	364
精神療法	364
生成文法	362
生体エネルギー論	117
生態学	154
星団	270
静電容量	31
生物戦	477
生物相互作用	156
生物多様性	155
生物地理学	156
生物の分類	139
生物物理学	174
生物分類学	139
生命の起源	169
赤外線天文学	250
石筍・鍾乳石	195
赤色巨星	271
脊髄再生	526
石炭	461
脊椎動物	144
赤道	180
石油	462
石油ピーク	532
接合性	135
摂食障害	378
切断	341
絶滅種のクローニング	513
セマンティック・ウェブ	438
セラミックス	456
セル・オートマトン	447
セレンディピティ	404
零点エネルギー	53
穿孔テープ	430
染色体	123
前線	221
潜熱	20
走化性	130
臓器移植	344
双極性障害	378
走査型電子顕微鏡	507
層序学	228
創造性	369
相対論	39
相転移	20
相利共生	156
藻類・菌類	130
ソーシャルネットワーキング	441
ソーシャルブックマーク	441
ソーラーセイル	297
属	141
速度と加速度	8
組織	127
素数	410
ソナー	476
ソノケミストリー	104
ソフトウェア	426
空飛ぶ車	531
素粒子物理学	56
た	
ターミネーター遺伝子	483
体温と呼吸数	326
体外離脱	385
大気汚染	230
大気の層	216
大気の組成	216
代謝	116
堆積岩	226
ダイソン球	302
大統一理論	70
タイムゾーン	182
太陽	251
太陽活動	252
太陽系	251
太陽系の生命	299
太陽圏	259
太陽光パネル	463
太陽黒点	252
太陽熱発電	464
太陽風	253
第四紀	188
大陸	189
大陸移動	207
対立遺伝子	135
大量絶滅	215
楕円銀河	276
多元的宇宙	287
多重連結宇宙	286
多世界	51
脱出速度	294
竜巻	212
谷	192
単振動	29
炭水化物	115
断続平衡説	163
炭素循環	154
弾道学	493
タンパク質	114
地殻	197
地下構造	195
地下水	196
地球	262
地球暗化	232
地球外起源説	173
地球外政治	528
地球科学	180
地球軌道	294
地球コアへの旅	518
地球磁気圏	221
地球照	236
地球大気	216
地球に似た惑星	300
地球の不思議	235
地球物理学	497
地形	188
地形学	188
地磁気	198
地磁気逆転	238
地質学	225
地質学的時間	185
地質年代	185
地質マッピング	229
地中熱ヒートポンプ	465
秩序だった宇宙の生涯	285
地底高熱生物圏	172
地熱発電	464
知能	367
地平線問題	284
チャット・ボット	445
中性子星	272
中生代	187
チューリングテスト	444
チューリングマシン	423

超ウラン元素 …………78	天気予報…………225	ド レイクの方程式……300
超大型赤外望遠鏡… 251	電子殻…………… 76	内視鏡…………… 333
超音波………………332	電磁波…………… 34	長さの収縮と時間の遅れ 40
超巨大火山…………517	電子メール…………434	ナノ医療…………525
超光速移動…………511	電弱理論………… 69	ナノブ…………… 132
聴診………………327	電磁誘導………… 32	ナノテクノロジー……455
超新星………………272	電子レンジ…………505	ナノフード…………491
潮汐…………………201	電信…………………470	ナビエ・ストークス方程式 24
超対称性…………… 70	天体衝突……………214	**波**………………… 27
超大陸………………208	電池…………………467	二元化合物………… 85
超電導……………… 55	伝導と対流………… 14	二重らせん…………133
超電導コイル…………469	天然原子炉…………235	日食…………………254
超流動……………… 55	天王星………………264	日震学………………252
貯水池………………466	電波望遠鏡…………248	ニュートリノ…………60
直観…………………368	**天文学**………………246	ニュートン重力……… 12
鎮痛剤………………337	天文考古学…………501	ニュートンの法則…… 8
沈殿………………… 95	天文測定……………246	ニュートン流体……… 23
通信技術……………469	電離層………………220	ニューラル・ネットワーク 445
月……………………262	電流………………… 30	人間原理……………303
津波…………………211	電話…………………470	認知言語学…………362
強いAI………………448	同位体……………… 77	認知症………………379
強い力……………… 59	**統一理論**…………… 68	認知心理学…………365
抵抗………………… 31	等価原理…………… 12	認知的不協和………374
定在波……………… 28	等級…………………245	ヌクレオチド…………132
偵察衛星……………478	洞窟…………………195	**熱**………………… 13
ティティウス・ボーデの法則…………………255	統計力学…………… 17	熱化学………………102
ディラック方程式…… 56	統合失調症…………380	熱水噴出孔…………203
データ………………430	同素体……………… 87	熱測定………………101
データ圧縮…………418	糖尿病………………323	熱波…………………214
データマイニング……407	動物…………………143	熱放射……………… 17
滴定………………… 98	**動物学**………………143	熱膨張……………… 14
テクトニクス…………204	動物学各分野………146	熱容量……………… 18
デコヒーレンス……… 51	動物行動学…………145	熱力学的平衡……… 16
デジタル鑑識…………496	動物性微生物………129	熱力学法則………… 16
デジタル計算機………424	動力学と運動学…… 10	燃焼………………… 94
鉄硫黄ワールド………170	独裁政権……………400	粘性………………… 23
哲学…………………390	特殊相対性理論…… 40	年代決定……………498
テラフォーミング……522	毒物学………………493	粘土説………………173
デリバティブ…………395	土壌…………………227	**脳機能**………………367
テレポーテーション… 510	土星…………………264	農業…………………486
電荷………………… 30	トップダウン処理……371	農業物理学…………176
電解質……………… 82	ドップラー効果……… 29	脳外科手術…………343
電気化学……………104	土木工学……………452	農場タワー…………487
電気化学分析…………101	ドメイン……………140	脳波…………………334
電気工学……………452	トモグラフィー………334	パーソナリティ障害…377
電気と磁気………… 30	トランジット…………255	パーソナルゲノム情報 351
	トランスヒューマニズム 516	ハードディスク………430

肺	308	
バイオエンジニアリング	175	
バイオ燃料	467	
バイオマス	155	
バイオマテリアル	458	
バイオミメティクス	457	
バイオメカニクス	174	
配偶子	126	
倍数性	123	
排他原理	49	
培養肉	490	
墓荒らし	502	
白色矮星	272	
博物学	142	
発散型境界	205	
発生生物学	145	
発達心理学	365	
ハッブルの法則	289	
波動論	27	
ハドレー循環	217	
場の量子論	57	
鍼	354	
パンゲア・ウルティマ大陸	517	
犯罪プロファイリング	494	
反射	36	
反重力	511	
反証	404	
パンスペルミア説	299	
パンデミック	320	
半導体	458	
反応熱	91	
反物質	57	
万物の理論	71	
光化学	103	
光ファイバー	472	
微生物	128	
微生物学	128	
ヒッグス粒子	62	
ビッグバン	281	
ビデオ会議	474	
人型ロボット	449	
ヒトクローン作製	516	
ヒトゲノム計画	138	
日と年	182	
泌尿器系	310	
避妊法	504	
皮膚	310	

肥満	322	
ヒューマニズム	390	
ヒューリスティックス	405	
氷河	190	
氷河期	232	
病気と病の状態	321	
標準模型	61	
表面張力	22	
病理学	317	
ファーマコゲノミクス	352	
ファーミング	484	
ファイル共有	440	
ファインマン図	57	
不安障害	376	
風力タービン	463	
フェルマーの最終定理	411	
フェルミのパラドクス	301	
不確定性原理	48	
複合材料	456	
複分解反応	95	
不死	523	
フックの法則	19	
物質	18	
物質	79	
沸点上昇法	99	
物理化学	102	
浮遊惑星	266	
フュターキー	527	
フライホイール	466	
ブラウン運動	15	
フラクタル	414	
プラスチック	109	
プラズマ物理学	21	
プラスミド	124	
プラセボ効果	355	
ブラックホール	42	
フラッシュメモリ	431	
フリーエネルギー	533	
フリーラジカル	96	
プリオン	319	
フリン効果	386	
ブルートゥース	436	
プレート	205	
ブログ	440	
分光測定	99	
分子	86	
分子	86	

分子イメージング	335	
分子ガストロノミー	489	
分子間力	84	
分子構造	88	
分子質量	86	
分子生物学	132	
分析化学	97	
ブンゼンバーナー	94	
文明崩壊	388	
分離脳	383	
平原	193	
平坦性問題	283	
並列計算	427	
ベッケンシュタイン境界	530	
ヘッジファンド	395	
ヘルツシュプルング・ラッセル図	268	
ベルヌーイの法則	24	
変圧器	33	
偏光	38	
変光星	269	
変成岩	226	
ポアンカレ予想	412	
法医学	491	
法医昆虫学	493	
法医人類学	495	
貿易風	219	
望遠鏡	246	
棒渦状銀河	275	
包括適応度理論	165	
法歯学	495	
放射性崩壊	66	
放射線医療	349	
放射線生物学	175	
ホーキング輻射	63	
ボース・アインシュタイン凝縮	54	
補完医療	353	
星の形成	267	
星の光の曲がり	42	
保全遺伝学	485	
保全学	157	
保存則	9	
ホットスポット	204	
ホメオパシー	354	
ホルモン	118	
ホログラフィック宇宙	287	
ホログラフィックメモリ	432	

ま

- マイクロチップ ……… 425
- マイクロ発電 ……… 465
- マイクロ波背景放射 282
- マクスウェル方程式…… 34
- マグセイル ……… 520
- マグナス効果 ………… 26
- マグマ ……… 204
- 摩擦 ……… 10
- 麻酔薬 ……… 340
- 丸い地球 ……… 180
- マントル ……… 198
- ミーム学 ……… 420
- 未確動物学……… 146
- 湖 ……… 192
- ミッシングリンク……… 162
- 密度 ……… 19
- ミトコンドリア ……… 123
- 脈拍 ……… 325
- ミラーマター ……… 71
- **未来の宇宙科学** 520
- **未来の応用科学** 531
- **未来の化学** 512
- 未来の仮想現実 528
- **未来の健康・医学** 523
- **未来の社会科学** 526
- 未来の情報 528
- **未来の生物学** 513
- **未来の地球** 517
- **未来の物理学** 510
- ミランコビッチ・サイクル 233
- ミルグラム実験……… 372
- 民主主義……… 399
- ムーアの法則 ……… 425
- 無限大……… 410
- 無政府主義……… 400
- 無線通信……… 471
- 冥王代……… 185
- メシエ天体カタログ… 277
- メタマテリアル ……… 460
- メリトクラシー ……… 401
- 免疫系……… 311
- 免疫抑制剤……… 338
- 毛細管現象 ……… 22
- 目 ……… 141
- 木星……… 263
- モル……… 79
- 門 ……… 140

や

- 薬理学……… 336
- 夜光雲……… 237
- 山火事……… 213
- 有機化合物……… 85
- 優性遺伝……… 136
- 優生学……… 485
- ユーリー・ミラーの実験 169
- 雪・雹 ……… 223
- 輸血 ……… 344
- 酔い覚め薬 ……… 513
- 溶液 ……… 80
- 溶岩洞 ……… 196
- 横ずれ型境界……… 206
- 余剰次元 ……… 68
- 予測市場 ……… 397
- **夜空** ……… 242
- 弱い力 ……… 58

ら

- ライフログ ……… 441
- ラグランジュ点 ……… 256
- ラザロ分類群 ……… 163
- ラボオンチップ ……… 101
- ラマルク説 ……… 164
- 乱流 ……… 25
- リーマン予想 ……… 412
- リウマチ学 ……… 315
- 理学療法 ……… 312
- **力学** ……… 8
- 利己的遺伝子 ……… 164
- リコンビナントDNA … 137
- 利他的行動 ……… 165
- リボソーム ……… 124
- 粒子……… 46
- 粒子加速器 ……… 62
- 粒子族……… 60
- 粒子と波動の二重性 … 47
- 流星 ……… 259
- **流体** ……… 22
- 流体力学 ……… 24
- 量子宇宙論 ……… 287
- 量子化 ……… 46
- 量子化学 ……… 103
- 量子ゲーム ……… 429
- **量子現象** ……… 52
- 量子コンピューター… 429
- 量子自殺 ……… 52
- 量子重力 ……… 62
- 量子数 ……… 49
- 量子スピン ……… 48
- 量子通信……… 421
- 量子脳……… 384
- **量子論** ……… 46
- 臨床試験……… 348
- 倫理学……… 408
- ルックバック時間 …… 243
- レーザー ……… 505
- レーザー医学 ……… 348
- レーダー ……… 475
- 歴史 ……… 389
- **歴史的発明** ……… 502
- レポーター遺伝子 …… 482
- 連鎖反応……… 66
- 連星 ……… 269
- 老年医学 ……… 314
- ロケット ……… 294
- ロボット手術 ……… 343
- ロボット兵士 ……… 534
- ロングテール ……… 397
- 論理学……… 424

わ

- ワームホール ……… 44
- ワールドワイドウェブ 435
- 矮小銀河……… 278
- **惑星** ……… 260
- 惑星形成……… 260
- 惑星状星雲……… 271
- 惑星探査機……… 296
- ワクチン・抗ウイルス薬 338

サイエンス ペディア 1000

発行日　2015年11月20日　第1刷

Author	ポール・パーソンズ
Translator	古谷美央（翻訳協力：小田啓太、古谷明夫）
Book Design/DTP	辻中浩一　内藤万起子　上里恵美（ウフ）
Illustrator	フジイイクコ
Publication	株式会社ディスカヴァー・トゥエンティワン 〒102-0093　東京都千代田区平河町2-16-1 平河町森タワー11F TEL　03-3237-8321（代表） FAX　03-3237-8323 http://www.d21.co.jp
Publisher	干場弓子
Editor	堀部直人

Marketing Group
Staff　小田孝文　中澤泰宏　片平美恵子　吉澤道子　井筒浩　小関勝則
　　　千葉潤子　飯田智樹　佐藤昌幸　谷口奈緒美　山中麻吏　西川なつか
　　　古矢薫　伊藤利文　米山健一　原大士　郭迪　松原史与志　蛯原昇
　　　中山大祐　林拓馬　安永智洋　鍋田匠伴　榊原僚　佐竹祐哉　塔下太朗
　　　廣内悠理　安達情未　伊東佑真　梅本翔太　奥田千晶　田中姫菜
　　　楠本莉奈　川島理　倉田華　牧野類　渡辺基志

Assistant Staff　俵敬子　町田加奈子　丸山香織　小林里美　井澤徳子　藤井多穂子
　　　　　　　藤井かおり　葛目美枝子　竹内恵子　清水有基栄　小松里絵　川井栄子
　　　　　　　伊藤由美　伊藤香　阿部薫　常徳すみ　三塚ゆり子　イエン・サムハマ
　　　　　　　南かれん

Operation Group
Staff　松尾幸政　田中亜紀　中村郁子　福永友紀　山崎あゆみ　杉田彰子

Productive Group
Staff　藤田浩芳　千葉正幸　原典宏　林秀樹　三谷祐一　石橋和佳　大山聡子
　　　大竹朝子　井上慎平　松石悠　木下智尋　伍佳妮　頼奕駿

Proofreader	文字工房燦光
Printing	共同印刷株式会社

・定価はカバーに表示してあります。本書の無断転載・複写は、著作権法上での例外を除き禁じられています。インターネット、モバイル等の電子メディアにおける無断転載ならびに第三者によるスキャンやデジタル化もこれに準じます。
・乱丁・落丁本はお取り替えいたしますので、小社「不良品交換係」まで着払いにてお送りください。

ISBN978-4-7993-1800-3
©Discover 21, Inc., 2015, Printed in Japan.

Science 1001 by Paul Parsons
Copyright© 2010 Paul Parsons

The moral right of Paul Parsons to be identified as the author of this work has been asserted.
All rights reserved. No part of this publication may be reproduced, stored in a retrieval system, or transmitted in
any form or by any means, electronic, mechanical, photocopying, recording,
or otherwise, without the prior permission in writing of the copyright owner and publisher.

All illustrations by Patrick Nugent except:
Page 391: Symbol of the Humanist Movement

Japanese translation rights arranged with Quercus Editions Limited, London through Tuttle-Mori Agency, Inc.,
Tokyo

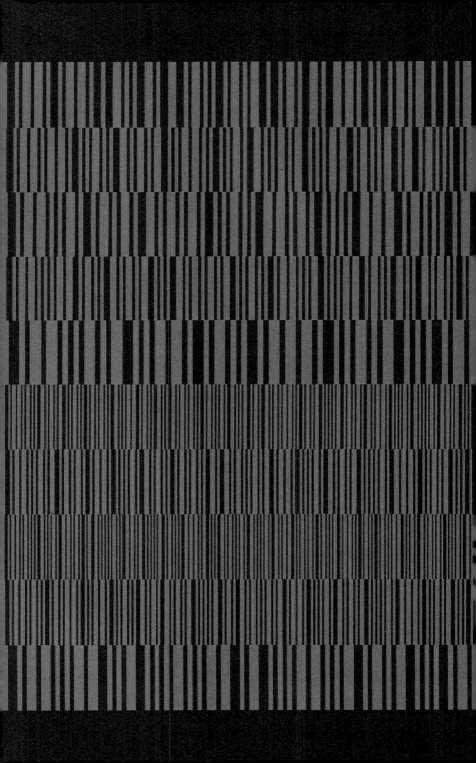